创新型高等职业教育精品教材

机械制图

主　审　武友德
主　编　杨　辉

上海交通大学出版社
SHANGHAI JIAO TONG UNIVERSITY PRESS

内容提要

本书是根据教育部有关高等教育的基本要求和最新颁布的国家标准——《技术制图》和《机械制图》编写而成的。本书根据高等职业教育改革的发展和应用型人才的培养目标，结合机械制图教学改革与用人单位对人才所需知识的要求，对传统的制图教学内容进行了优化整合，依据培养目标所需的知识点及技能点将教学内容划分为课程认识、制图的基本知识与技能、正投影基础、基本体的三视图及轴测图、组合体、机械图样的画法、常用零件的特殊表示法、零件图、装配图、典型零部件的测绘、钣金展开图、焊接图。

本书以“手工尺规绘图和徒手绘图”为主线，将图示能力（即将三维空间物体转化为二维平面图形的绘图能力）和读图能力（根据二维平面图形想象出三维空间物体的结构形状）作为培养的根本目标。同时，结合企业生产实际，精选了大量典型的零部件，并配有三维立体图，作图过程多采用分步的方法展示，符合学生的思维特点和认知规律。

与本书配套使用的习题集，可供学生更好地学习和巩固制图基本知识与技能。

本书可作为高等职业院校、各类函授和继续教育机构机械类和近机类专业教学用书，也可作为其他技术人员的参考用书。

图书在版编目（ＣＩＰ）数据

机械制图 / 杨辉主编. -- 上海 : 上海交通大学出版社，2014（2023 重印）
ISBN 978-7-313-11561-4

Ⅰ. ①机… Ⅱ. ①杨… Ⅲ. ①机械制图 Ⅳ. ①TH126

中国版本图书馆 CIP 数据核字(2014)第 198201 号

机械制图

JIXIE ZHITU

主　编：杨　辉

出版发行：上海交通大学出版社　　地　址：上海市番禺路 951 号

邮政编码：200030　　电　话：021-64071208

印　制：三河市祥达印刷包装有限公司　　经　销：全国新华书店

开　本：787mm×1092mm　1/16　　印　张：20

字　数：395 千字

版　次：2014 年 9 月第 1 版　　印　次：2023 年 9 月第 10 次印刷

书　号：ISBN 978-7-313-11561-4

定　价：49.80 元

前　言

本书以高等职业教育教学改革的要求为指导思想，根据高等职业教育人才培养方案、学生职业能力和课程体系等相关教学要求，参照最新颁布的《技术制图》和《机械制图》及有关国家标准，结合作者多年从事机械制图及教学改革的经验，并在广泛征求用人单位专家及相关院校一线教师意见的基础上、以“简明、精练、实用”为宗旨编写而成。

根据高等职业教育改革的发展和应用型人才的培养目标，本书从高等职业教育的特点出发，采用高职学生易于接受的表达方式进行教学，以培养绘图和识图的基本能力为主线，对空间想象力的培养采取从低起点逐步提高要求的教学方法。因此，本书在教学设计和内容组织上具有以下特点。

（1）本书根据机械类和近机类机械制图课程教学要求“少而精”的原则确定编写内容，以理论知识“实用为主、必须和够用为度”的教学原则处理投影理论和工程图样的关系。

（2）考虑到高职高专学生的学习特点和认知规律，本书在编写时将基本概念和基础理论融入实例中进行讲解，从而将抽象问题具体化，将复杂的理论简单化，便于学生接受和理解。此外，为了提高学生的学习兴趣，在讲解截交线和相贯线的知识点时，所讲解的投影图都配有与其对应的三维立体图，这样有助于突破空间想象力和空间思维能力培养的教学难点。

（3）为了便于老师讲授和学生理解，部分重要知识点后特意附加了注意提示和例题，老师可通过分析、讲解，使学生更容易理解和掌握相关制图知识，顺利完成与本书配套的《机械制图习题集》中的相关作业。

（4）相关国家制图标准是使图样能成为工程界共同语言的技术保证和支撑。为了使本书更加规范，作者在详细解读国家标准的基础上，以十分严谨的态度贯彻执行最新标准。例如，教材中有关表面结构和表面粗糙度的基本概念、符号、代号和标注方法等，均采用最新标准。

（5）“做中学，做中教”是职业教育的教学理念，也是职业教育的教学特点。在机械制图教学中，通过学与练的紧密结合，实现学有所悟，练有所思，从而培养学生的多向思维能力和自主学习的习惯。为此，与本书配套的习题集注重知识与教材的紧密配合，在选题和内容编排上坚持由易到难、逐步深入。

本书采用双色印刷，对制图教学中的基本知识点、基本技能点、重点和难点进行了套色，便于读者快速、有效地掌握相关知识和技能；对于学习中部分需要注意的重要问题本书采用方框和阴影标识。

为学习贯彻党的二十大精神，提升课程铸魂育人效果，本书专门在扉页“教•学资源”二维码中设计了相应栏目，以引导学生践行社会主义核心价值观，涵养学生奋斗精神、敬业精神、奉献精神、创新精神、工匠精神、法制精神、绿色环保意识等。

本书由四川工程职业技术学院杨辉老师担任主编，襄阳汽车职业技术学院何世勇、魏汐岑、四川工程职业技术学院覃才友、李小汝、机电职业技术学院梁国高老师担任副主编。参加编写的还有四川工程职业技术学院的杨志、黄娟、李兴慧、张玲、刘桂花、胡小青、阴俊霞、机电职业技术学院李春萍老师。

本书由四川工程职业技术学院的国家级教学名师武友德教授主审。

本书在编写过程中充分听取了教材编写委员会和本行业多位专家的宝贵意见和建议，并结合行业标准和人才培养目标对教材进行了多次修正和完善，在此一并表示衷心感谢！

欢迎使用本书的读者提出宝贵的意见，以便修订时改进。

本书编委会

主　审　武友德

主　编　杨　辉

副主编　何世勇　魏汐岑　覃才友
　　　　　李小汝　梁国高

参　编　杨　志　黄　娟　李兴慧
　　　　　张　玲　刘桂花　胡小青
　　　　　阴俊霞　李春萍

目　录

序——课程认识

1. 本课程的研究对象

在工程技术中，为了准确表达工程对象的结构、形状、尺寸和技术要求，根据投影原理、国家标准及有关规定画出的图，称为图样。不同行业有不同的图样，建筑行业采用建筑图样；电子行业采用电子图样；机械制造业使用机械图样等。在产品的研发过程中，设计者通过图样来表达自己的设计思想，制造者通过图样来领会设计意图并按图样实施产品的加工、制造及检验，所以图样被称为工程界的技术语言，享有“工程语言”之称。

图 0-1 为常见工具——扳手实物图。若要制造扳手，必须先将实物转换成工程界通用的技术语言，即图样，这样工厂才能按照图样上的具体形状、尺寸和技术要求，生产出合格的扳手。

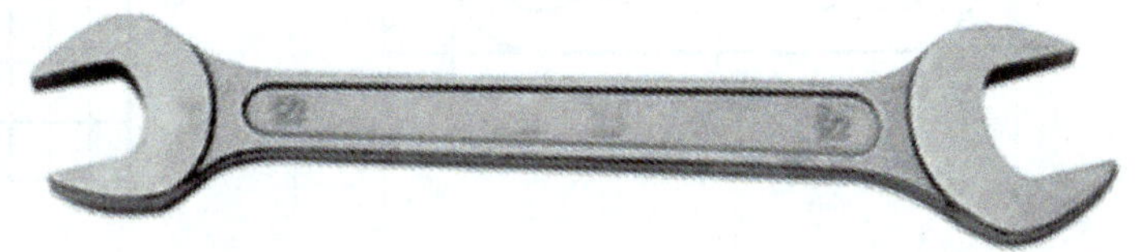

图 0-1　扳手实物图

图 0-2 为扳手的部分图样，包括视图、必要的尺寸标注等。

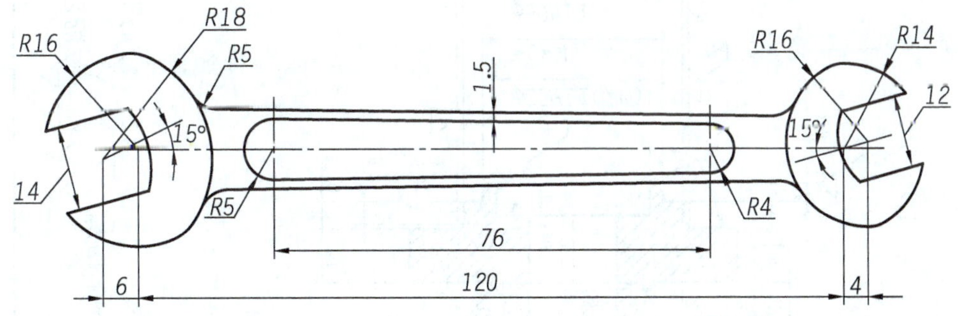

图 0-2　扳手的部分图样

此外，在制造由多个零件构成的机器或部件时，除螺栓、螺母、垫圈、螺柱、螺钉、键、销等标准件可直接购买外，构成该机器或部件的其他所有零件（非标准件）都需画出其零件图样，并需要画出表示该机器或部件中各零件的连接方式、装配关系、工作原理和传动方式的装配图样。

在机械制造业中，零件图样（见图 0-3）和装配图样（见图 0-4）统称为机械图样。机械图样，根据正投影原理，按照制图国家标准的规定绘制出的图样，如图 0-3 所示零件图、如图 0-4 所示装配图。机械制图就是研究图样绘制原理和识图方法的一门技术性、专业性很强的基础课程。

(单位名称)
阀 盖
SDS501-02-06
HT150
阶段标记
重量
比例
1:1
共 张 第 张
标记 处数 分区 更改文件号 签名 年、月、日
设计 标准化
审核
工艺
批准
R12.5
45°
φ70
4xφ14
通孔
75
75
φ53
φ50h11(0 −0.16)
φ41
φ35H11(+0.16 0)
A
5+0.18 0
6
12
4+0.18 0
44 0 +0.39
0.05 A
7 0 −0.21
φ32
C2
R5
5
15
φ20
φ28.5
M36x2
Z = Ra 12.5
Y = Ra 25
技术要求
1.铸件应经时效处理，消除内应力。
2.未注铸造圆角R3~R5。

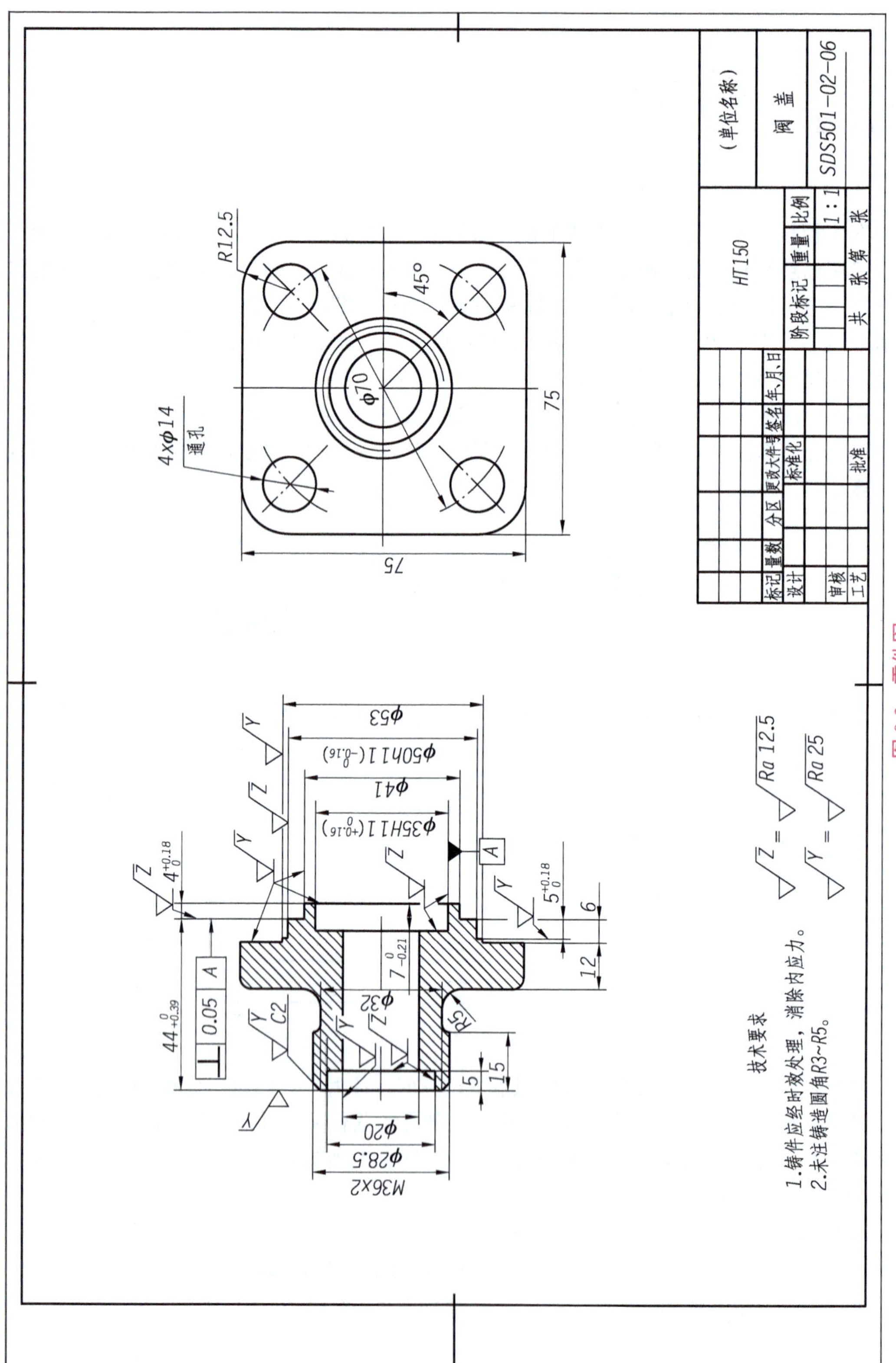

图 0-3 零件图

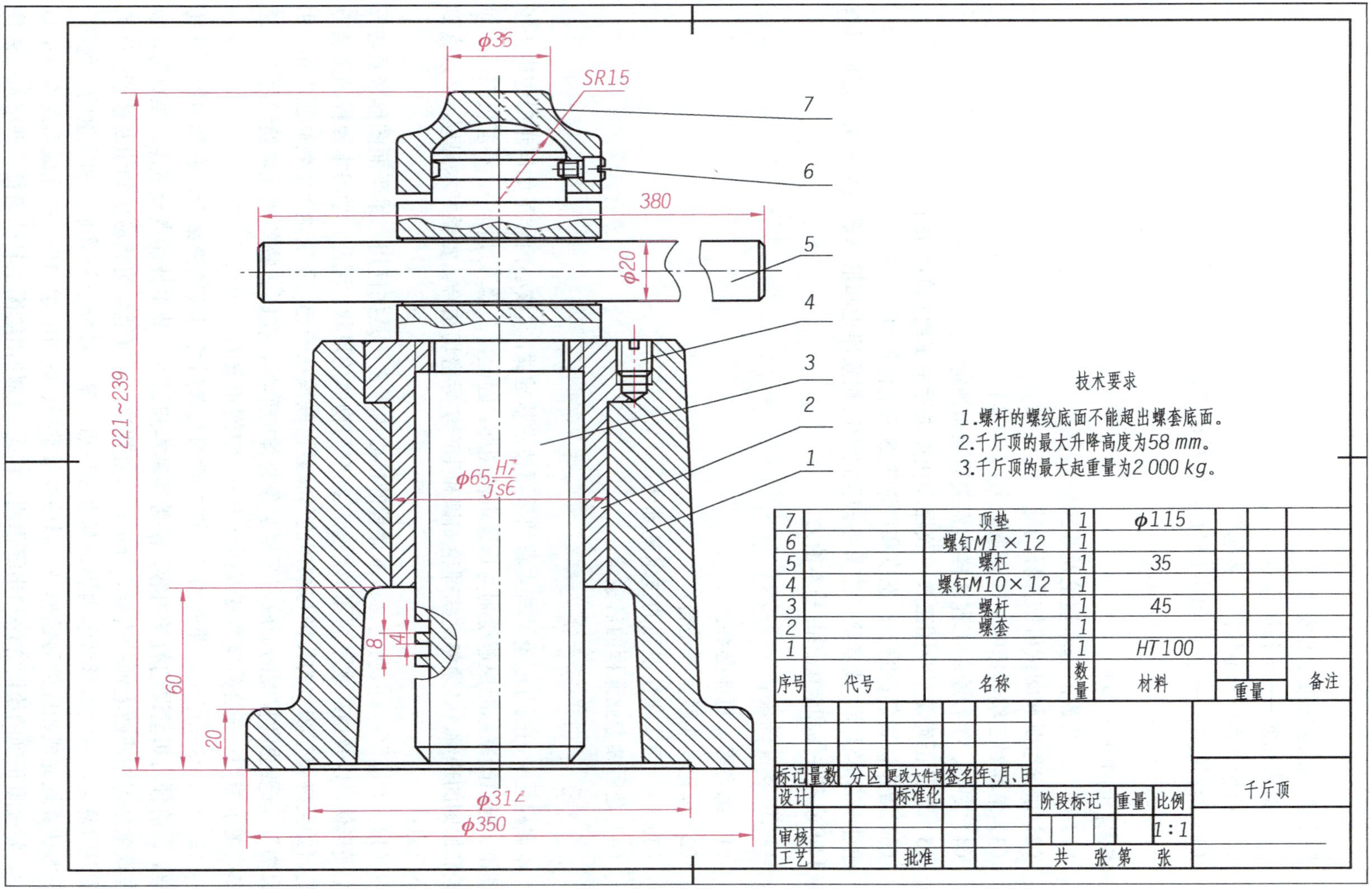

φ35
SR15
7
6
380
5
φ20
4
3
2
1
221~239
φ65 $\frac{H7}{js6}$
8
4
60
20
φ314
φ350

技术要求

1.螺杆的螺纹底面不能超出螺套底面。
2.千斤顶的最大升降高度为58 mm。
3.千斤顶的最大起重量为2 000 kg。

序号	代号	名称	数量	材料	重量	备注
7		顶垫	1	φ115		
6		螺钉M1×12	1			
5		螺杠	1	35		
4		螺钉M10×12	1			
3		螺杆	1	45		
2		螺套	1			
1			1	HT100		

标记	量数	分区	更改大件号	签名	年、月、日	阶段标记	重量	比例	千斤顶
设计			标准化					1:1	
审核						共 张 第 张			
工艺			批准						

图 0-4　装配图

2. 本课程的内容、结构

本课程主要由三部分组成：

（1）画法几何——正投影原理；

（2）机械制图——零件图、装配图；

（3）绘图技能——手工绘图（尺规绘图与徒手绘图）。

3. 本课程的主要任务和基本要求

本课程的主要任务有：

（1）学习正投影的基本理论及其应用；

（2）培养绘制和阅读机械图样的能力；

（3）培养对三维形体的空间想象能力；

（4）贯彻、执行绘制工程图样的相关标准和规定；

（5）培养正确使用绘图工具、仪器和快速进行手工绘图的技能；

（6）培养认真负责的工作态度和严谨细致的工作作风。

通过学习本课程，读者除了应具备较强的空间想象能力和形体表达能力外，还应具有绘制和识读零件图和装配图的基本能力。

4. 本课程的特点、性质

（1）练习多，每课必练；

（2）理论与实践紧密结合；

（3）是一门实践性很强的技术基础课；

（4）是后续专业课程的启蒙课。

5. 本课程的学习方法

本课程是一门既有理论又有实践的重要技术基础课，其核心内容是如何正确应用正投影理论、制图国家标准快速绘制与识读机械图样。因此，在学习过程中，不能仅满足于对理论和原则的理解，必须将这些理论知识和生产实际密切结合。要学好本课程，必须做到以下几点：

（1）由物画图、由图想物。本课程的核心内容之一是如何用二维平面图形来表达三维空间形体，以及由二维平面图形想象三维空间物体的形状。因此，学习本课程的主要方法是自始至终要把物体的投影与物体的形状紧密联系在一起，不断地“由物画图”和“由图想物”，既要思考视图的形成，又要想象物体的形状，在图、物的相互转换过程中，逐步提高图示能力——绘图能力及读图能力——空间想象力。

（2）学、练相结合。课前预习、课中学习与课后练习应紧密结合，在学中练，在练中学。课前预习每堂课的教学内容，熟悉其基本知识点、基本技能点及重点、难点等，以便在课堂学习中跟随老师的引导、分析、示范教学，更好地学习相应的知识及技能；课后还需及时复习、总结课堂教学内容、基本知识点、基本技能点及重难点和注意的问题等，并及时认真地完成相应的习题作业，以便有效掌握、巩固所学知识。在完成习题作业的过程中，要按照正确的绘图方法和步骤作图，养成正确使用绘图工具的习惯，严格执行制图

的相关标准和规定。所完成的习题作业应做到投影正确、尺寸齐全、字体工整、图线分明、图面干净。

（3）严格执行国标。工程图样是国际工程界通用的技术语言，是按国际上共同遵守的规则绘制的。自 1959 年我国正式颁布《机械制图》国家标准至今，相继多次对该标准做了修订，并且又陆续制订了《技术制图》国家标准，它是各专业制图标准共同遵守的通则性规定。因此，无论是学习本课程还是今后走向工作岗位，我们都必须严格遵守国家标准的各项规定，一定要多记制图国际标准中的规定画法、特殊表示法、尺寸标注、技术要求的标注等，培养踏实、严谨的学习态度和一丝不苟的工作作风。

第 1 章　制图的基本知识与技能

【本章导读】

机械图样是表达工程技术人员的设计意图和设计方案的重要技术文件。图样作为技术交流的共同语言必须有统一的规范——必须严格按照国家标准《技术制图》和《机械制图》统一的规定绘制，否则会给生产和技术交流带来混乱和障碍。为此，在绘制机械图样之前，应先掌握《技术制图》与《机械制图》国家标准（GB，简称国标）的一般规定、绘图工具（仪器）的正确使用、常用几何图形的画法以及平面图形的画法等。

【技能目标】

◈ 掌握国家标准中关于图纸幅面、格式、比例、字体和图线的有关规定。
◈ 掌握尺寸标注的基本原则，能够判别图线画法和尺寸标注中的错误。
◈ 能够正确使用绘图工具、仪器，熟练地绘制几何图形。
◈ 掌握简单平面图形的分析方法、作图步骤及尺寸标注。
◈ 较熟练地掌握徒手绘图的作图方法与技能。

1.1　机械制图国家标准的基本规定

工程图样是表达工程技术人员的设计意图和设计方案的重要技术文件。图样作为技术交流的共同语言，必须有统一的规范，否则会给生产和技术交流带来混乱和障碍。为此，国家质量监督检验检疫总局颁布了《技术制图》和《机械制图》等一系列国家标准，对图样的内容、格式、表达方法、画法等都作了统一规定。

国家标准《技术制图》是基础技术标准，在制图标准中处于最高层次，具有通用性，适用于各类制图。国家标准《机械制图》是在《技术制图》的基础上制定的适用于工程图样的制图标准，工程技术人员必须严格遵守其有关规定。

标准代号由字母和数字组成，如“GB/T 4457.4—2002”。其中，“GB/T”表示推荐性国家标准，“4457.4”是该标准的编号，“4457”为标准的顺序号，“.4”表示本标准的第 4 部分，“2002”是该标准颁布的年份。

1.1.1　图纸的幅面和格式（GB/T 14689—2008）

1. 图纸的幅面

图纸幅面简称图幅，是指图纸尺寸规格的大小。图纸幅面用图纸的短边×长边＝$B\times L$

表示。为了便于图纸的装订和保管，绘制技术图样时，应优先选用表 1-1 中的 A0～A4 这五种基本幅面，必要时也允许选用加长幅面的图纸。加长幅面时，基本幅面的长边尺寸保持不变，短边尺寸乘以整数倍即可，如图 1-1（a）所示。

表 1-1　图纸幅面及尺寸　　mm

幅面代号	$B\times L$	a	c	e
A0	841×1 189	25	10	20
A1	594×841			
A2	420×594			10
A3	297×420		5	
A4	210×297			

观察表 1-1 中 A0～A4 这五种基本幅面的尺寸可知，将大号的图纸沿幅面的长边对折即可得到小一号幅面的图纸，其对折方式如图 1-1（b）所示。此外，表 1-1 中 a，c，e 均代表周边尺寸，即图框线到图纸边界的距离，如图 1-2 和图 1-3 所示。

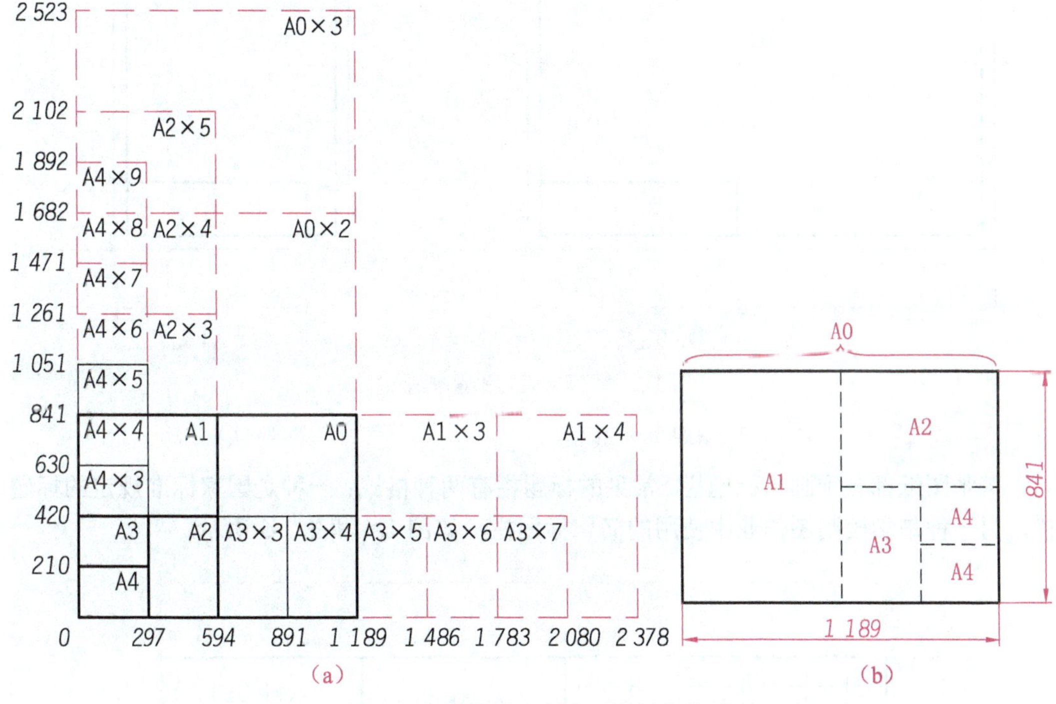

（a）　（b）

图 1-1　加长幅面和基本图幅间的关系

2. 图框格式

限定绘图区域的线框称为图框，图框在图纸上必须用粗实线画出，其格式分为留装订边（图 1-2）和不留装订边（图 1-3）两种，同一产品的图样只能采用一种格式。图框及留边尺寸 a，c，e 可参见表 1-1。

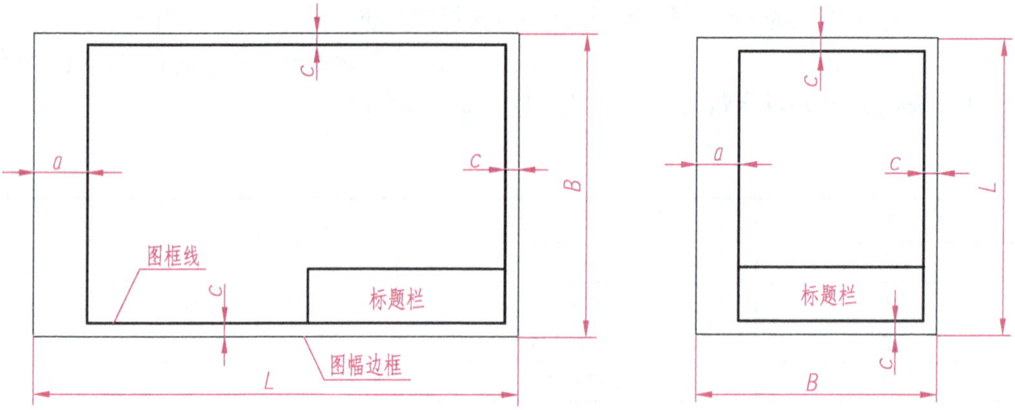

（a）A3，A2，A1，A0 图纸　　（b）A4 图纸

图 1-2　留装订边的图框格式

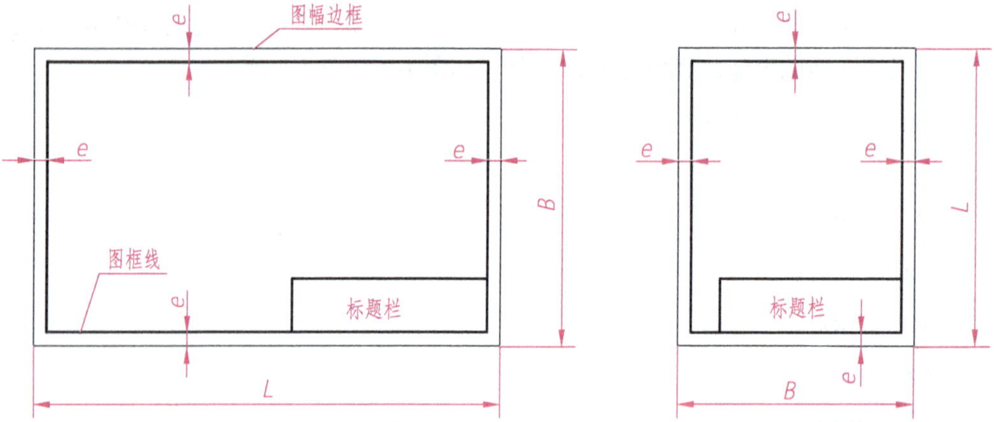

（a）A3，A2，A1，A0 图纸　　（b）A4 图纸

图 1-3　不留装订边的图框格式

3. 标题栏（GB/T 10609.1—2008）

每张图纸都必须画出标题栏。常见的标题栏有两种格式：一种是国家标准规定的标题栏，另一种是学校制图作业中使用的简化标题栏，如图 1-4 和图 1-5 所示。

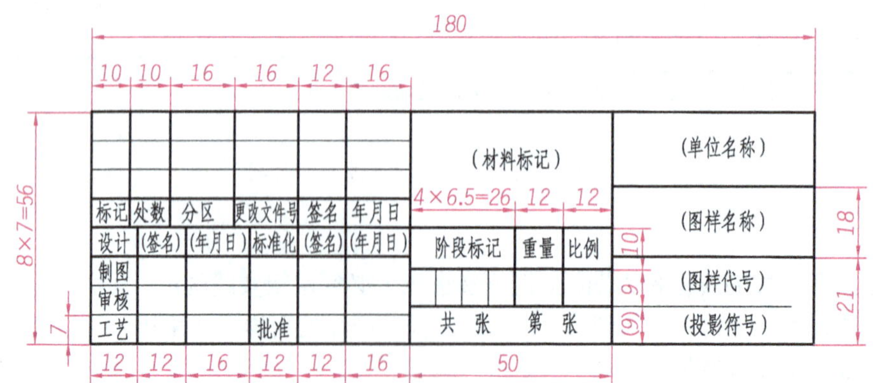

图 1-4　国家标准规定的标题栏

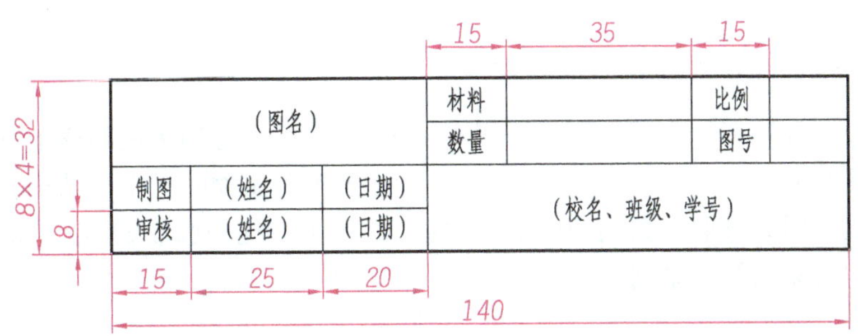

图 1-5　制图作业中使用的简化标题栏

通常情况下，标题栏位于图纸的右下角，它在图纸中的具体位置及方向如图 1-2 和图 1-3 所示。其中，当标题栏的长边与图纸长边平行时，则构成 X 型图纸；当标题栏的长边与图纸的长边垂直时，则构成 Y 型图纸。

4. 对中符号和方向符号

为了使图样在复制和微缩摄影时定位方便，应在图纸各边的中点处分别画出对中符号，如图 1-6 所示。对中符号用粗实线绘制，线宽不小于 0.5 mm，长度从纸边开始伸入图框线内约 5 mm。当对中符号处于标题栏内时，则伸入标题栏内的部分省略不画。

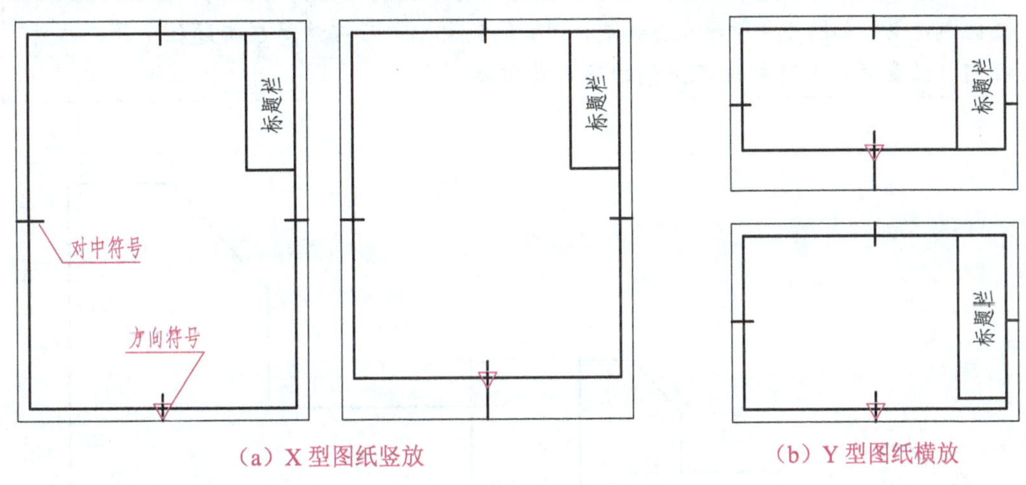

(a) X 型图纸竖放　　(b) Y 型图纸横放

图 1-6　对中符号和方向符号

此外，为了使用预先印制好的图纸，允许将 X 型图纸的短边置于水平位置使用，或将 Y 型图纸的长边置于水平位置使用。此时，标题栏中的文字方向与看图方向不一致。为了能正确地表达看图方向，应在图纸下边的对中符号处绘制方向符号，如图 1-6 所示。

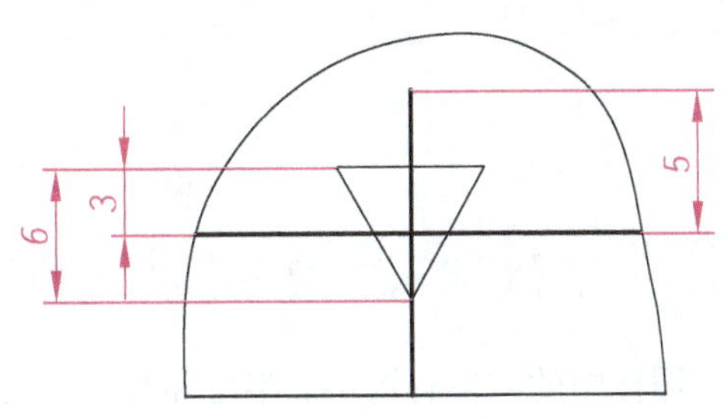

图 1-7　对中符号和方向符号的画法

对中符号及方向符号的画法如图 1-7 所示。

1.1.2 比例（GB/T 14690—1993）

比例是指图样中图形与其实物相应要素的线性尺寸之比。为了在图样上直接反映实物的大小，绘图时应尽量采用 1∶1 的原值比例。由于各种实物的大小与结构存在差异，绘图时可根据实际需要选取放大比例或缩小比例，工程上应优先选取表 1-2 中的第一系列比例，必要时也可采用第二系列比例。

表 1-2　比例

种类	第一系列	第二系列
原值比例	1∶1	—
放大比例	2∶1，5∶1，1 × 10^n∶1，2 × 10^n∶1，5 × 10^n∶1	4∶1，2.5∶1，4 × 10^n∶1，2.5 × 10^n∶1
缩小比例	1∶2，1∶5，1∶10，1∶2 × 10^n，1∶5 × 10^n，1∶10 × 10^n	1∶1.5，1∶2.5，1∶3，1∶4，1∶6，1∶1.5 × 10^n，1∶2.5 × 10^n，1∶3 × 10^n，1∶4 × 10^n，1∶6 × 10^n

注：*n* 为正整数。

不管采用缩小或放大的比例绘图，图样中标注的尺寸应为物体的实际大小，与绘图比例无关，如图 1-8 所示。绘制图样时，比例大小一般应注写在标题栏中的“比例”栏内，必要时，也可标注在图形的下方或右侧。

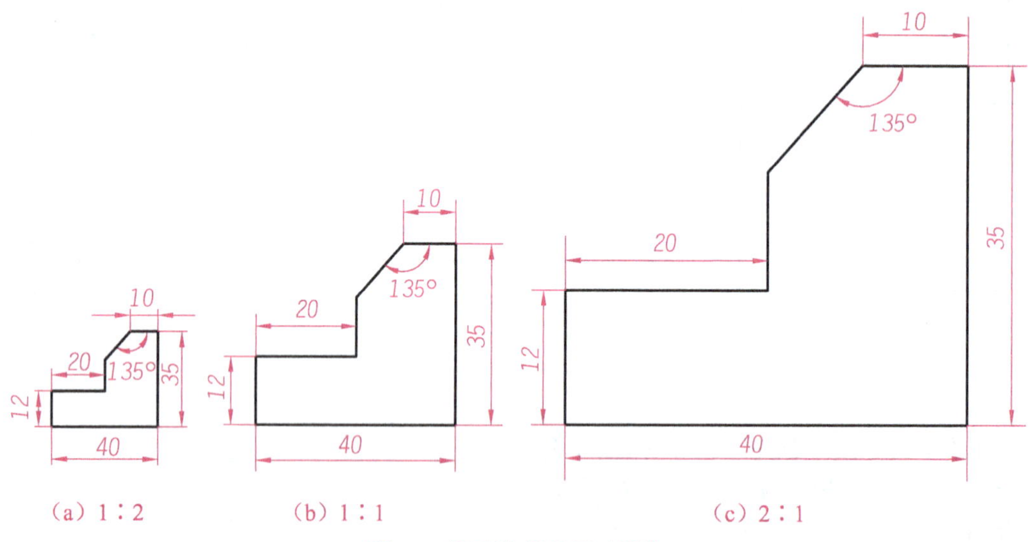

图 1-8　不同比例的尺寸标注

1.1.3 字体（GB/T 14691—1993）

图样中的字体有汉字、字母和数字，在图样上写字时要根据需要选用合适的字号。字号用字体高度的公称尺寸（用 *h* 表示）表示，有 1.8，2.5，3.5，5，7，10，14 和 20 共八个系列，单位均为 mm。如果要书写更大的字，其字体高度应按 $h/\sqrt{2}$ 的比率递增。

1. 汉字

汉字应写成长仿宋体字，并应采用国家正式公布推行的《汉字简化方案》中规定的简化字。汉字的高度 h 不应小于 3.5 mm，其字宽一般为 $h/\sqrt{2}$ 。

2. 字母和数字

字母和数字分 A 型和 B 型。A 型字体的笔画宽度（d）为字高（h）的十四分之一，B 型字体的笔画宽度（d）为字高（h）的十分之一。在同一图样上只允许选用一种型式的字体。字母和数字可以写成直体或斜体，斜体字字头向右倾斜，与水平基线成 75°。

书写字体必须做到：字体工整、笔画清楚、间隔均匀、排列整齐。为了达到这些要求，手写字时要注意以下几点：

- 用 H 或 HB 铅笔写字，并将铅笔削成圆锥形，笔尖不要太尖或太秃。
- 按所写的字号用 2H 或 3H 的铅笔打好底格，底格宜浅不宜深，以能看清为准。
- 字体的笔画宜直不宜曲，起笔和收笔不要追求刀刻效果，要大方简洁。
- 字体的结构力求匀称、饱满，笔画分割的空白分布均匀。

表 1-3 为字体示例。

表 1-3 字体示例

字体		示例
长仿宋体字	7 号	字体工整笔画清楚间隔均匀排列整齐（字高 7，字宽 5，间隔 1）
长仿宋体字	5 号	字体工整笔画清楚间隔均匀排列整齐（字高 5，字宽 3.5，间隔 0.7）
拉丁字母	A 型字体大写斜体（7 号）	ABCDEFGHIJKLMNOPQRSTUVWXYZ（7，3.5，1）
	A 型字体小写斜体（7 号）	abcdefghijklmnopqrstuvwxyz（2，5，2，3.5，1）
阿拉伯数字	A 型字体斜体（7 号）	1234567890（7，3.5，1）
	A 型字体直体（7 号）	1234567890（7，3.5，1）
综合应用		Ra 12.5　$\phi 86^{+0.038}_{-0.056}$　$\phi 25\frac{H6}{m5}$　R73

1.1.4 图线（GB/T 4457.4—2002）

1. 线型及其应用

工程制图中，为了能够准确地表达物体的形状及可见性，通常需要使用不同线型和线宽来表达不同对象，如表 1-4 所示。

表 1-4 线型及其应用

图线名称	线型及其尺寸	图线宽度	一般应用	应用举例
粗实线	d	d	可见轮廓线	
细实线		$d/2$	① 尺寸线和尺寸界线 ② 剖面线 ③ 重合断面轮廓线 ④ 过渡线	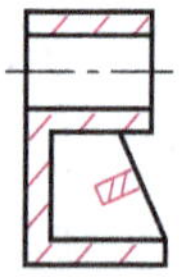
波浪线		$d/2$	① 断裂处的边界线 ② 视图与剖视图的分界线	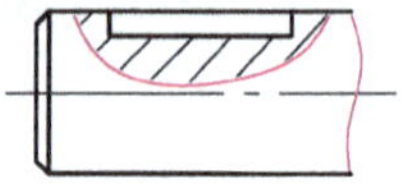
虚线	≈2~6 1	$d/2$	不可见轮廓线	
细点画线	15~30 ≈3	$d/2$	① 轴线 ② 对称中心线	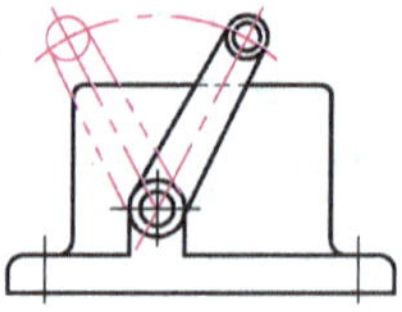
双点画线	15~30 ≈5	$d/2$	① 相邻辅助零件的轮廓线 ② 可动件的极限位置的轮廓线 ③ 轨迹线 ④ 中断线	
双折线	3 30°	$d/2$	断裂处的边界线	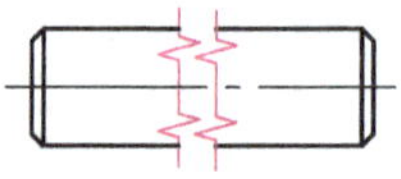
粗虚线	1 ≈2~6	d	允许表面处理的表示线	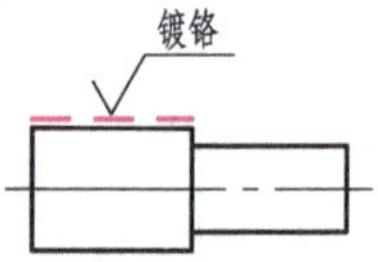 镀铬
粗点画线	15~30 ≈3	d	限定范围表示线	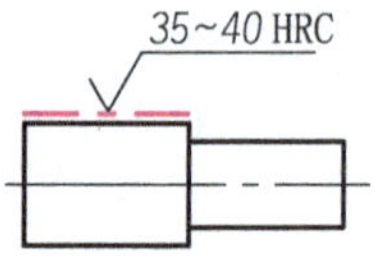 35~40 HRC

图线的线宽有粗、细两种，它们之间的比例为 2∶1。线宽 *d* 共分 8 种：0.18 mm，0.25 mm，0.35 mm，0.5 mm，0.7 mm，1 mm，1.4 mm，2 mm。粗线的宽度 *d* 应按图样的类型和大小，在 8 种线宽中选择（优先选用 0.5 mm 或 0.7 mm），粗细线的线宽之比为 2∶1。图线的应用实例如图 1-9 所示。

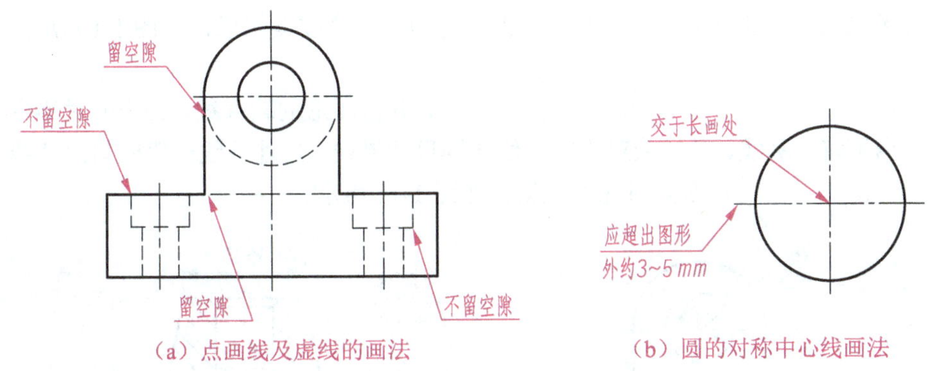

（a）点画线及虚线的画法　　（b）圆的对称中心线画法

图 1-9　图线画法示例

2. 图线的画法及其注意事项

（1）在同一图样中，同类图线的宽度应基本一致。虚线、点画线及双点画线的线段长度和间隔应大致相同。点画线和双点画线的首尾两端应以线段开始和结束。

（2）当点画线、虚线和其他图线相交时，都应以画相交，不应在间隔空白处相交，如图 1-9 所示。

（3）在较小的图形上绘制虚线、点画线或双点画线困难时，可用细实线代替。

（4）当虚线在粗实线的延长线上时，在分界的延长处要留出空隙；当虚线与圆相切时，相切的延长处应留有间隙，如图 1-9（a）所示。

（5）绘制点画线时，点画线应超出图形轮廓线约 3～5 mm，如图 1-9（b）所示。

1.2 尺寸标注（GB/T 4458.4—2003）

图样中，图形只能表达物体的形状。若要表示物体的大小及各部分间的位置关系，则需要为其标注尺寸。由此可见，尺寸是图样的重要内容之一，是加工、制造零件的主要依据，不能有任何差错。标注尺寸时，应严格执行《机械制图 尺寸注法》（GB/T 4458.4—2003）中的相关规定，且所注尺寸必须做到正确、完整、清晰、合理。

1.2.1 基本原则和尺寸要素

1. 尺寸标注的基本原则

① 机件的真实大小应以图样上所标注的尺寸数值为依据，与图形的大小和绘图的准确度无关。

② 图样中的尺寸以 mm（毫米）为单位时，不需要标注单位符号或名称，若采用其

他单位，则必须注明相应的单位符号，如 m，cm 等。

③ 图样中所标注的尺寸应为该图样所示机件的最后完工尺寸，否则应另加说明。

④ 机件的每一尺寸一般只标注一次，并应标注在反映该结构最清晰的图形上。

2. 尺寸标注的组成要素

一个完整的尺寸应由尺寸界线、尺寸线及尺寸数字三个要素组成，如图 1-10 所示。

1）尺寸界线

尺寸界线表示尺寸的度量范围，用细实线绘制，并自图形的轮廓线、轴线或对称中心线处引出，也可将轮廓线、轴线或对称中心线作为尺寸界线。尺寸界线一般应与尺寸线垂直并超出尺寸线 2～3 mm，必要时允许倾斜，如图 1-11 所示。

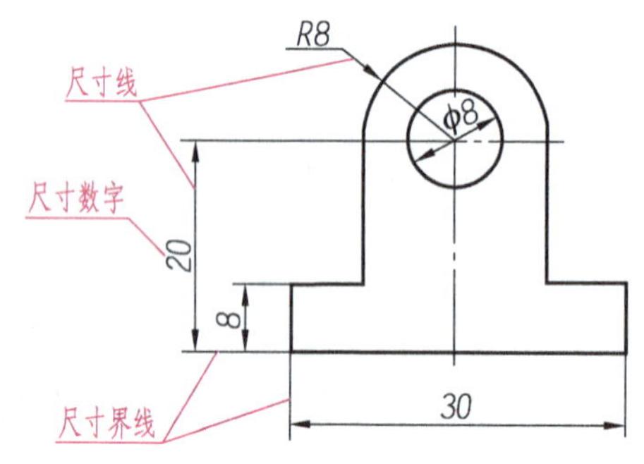

图 1-10 尺寸的组成要素

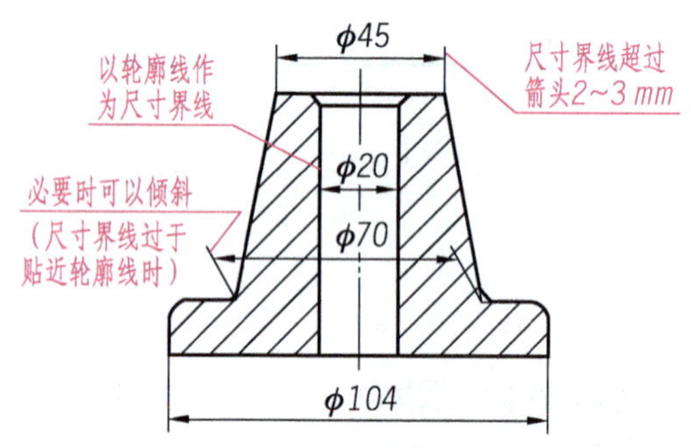

图 1-11 尺寸界线

2）尺寸线及箭头

尺寸线表示所注尺寸度量的方向，用细实线绘制在两尺寸界线之间。图样上的尺寸线不能用其他图线代替，也不能与其他图线重合或画在其延长线上，如图 1-12 所示。尺寸线的终端形式有两种，一般用箭头表示，同一张图样中只能采用一种形式，如图 1-13 所示。

> 当图上需要标注的尺寸较多时，互相平行的尺寸线应按被注轮廓线的远近顺序由近向远整齐排列，并遵循“小尺寸在内，大尺寸在外”的原则，如图 1-12（a）所示。

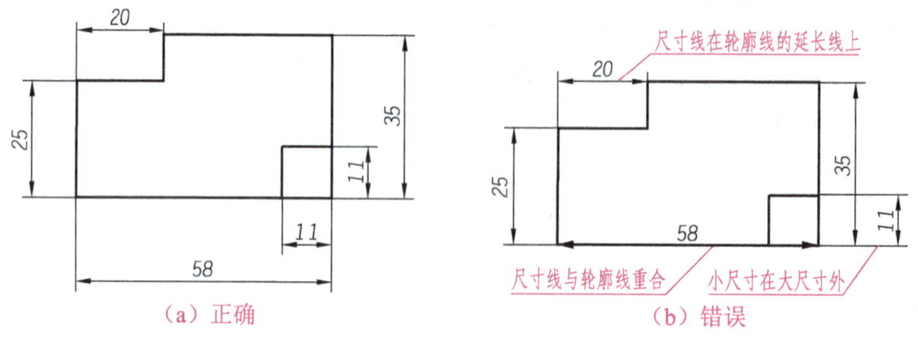

图 1-12 尺寸线

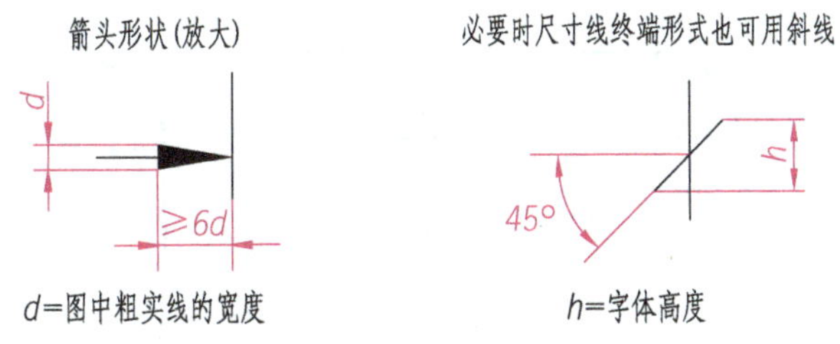

图 1-13 箭头的画法

3）尺寸数字

尺寸数字用来确定所标注结构的尺寸大小，水平尺寸数字注写在尺寸线上方，铅垂尺寸数字注写在尺寸线的左方且字头朝左，也允许注写在尺寸线的中断处。尺寸数字不得被任何图线所通过，当无法避免时，必须将图线断开。

1.2.2 常见尺寸标法

1. 线性尺寸中尺寸数字的标法

线性尺寸的尺寸数字一般注写在尺寸线的上方或中断处，且应按图 1-14（a）所示的方向注写，并尽可能避免在图示 30°范围内标注尺寸，当无法避免时应引出标注，如图 1-14（b）所示。对于非水平方向上的尺寸，其数字也可水平注写在尺寸线的中断处。

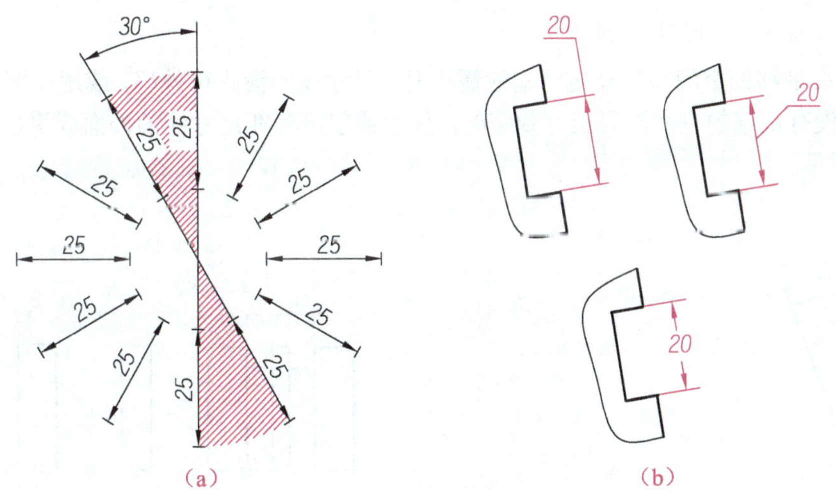

图 1-14 线性尺寸数字的方向

2. 半径和直径的尺寸标法

半圆或小于半圆的圆弧一般标注半径尺寸，尺寸线从圆心出发，箭头指向圆弧，且尺寸数字前需注写半径符号“*R*”，如图 1-15（a）所示；当圆弧半径太大或无法标出圆心位置时，圆弧半径的标注方法如图 1-15（b）所示。

圆或大于半圆的圆弧需标注直径尺寸。标注直径尺寸时，尺寸数字前需加注符号“ϕ”，如图 1-15（c）所示。标注球体的直径或半径尺寸时，应在尺寸数字前加注符号“$S\phi$”或“*SR*”。

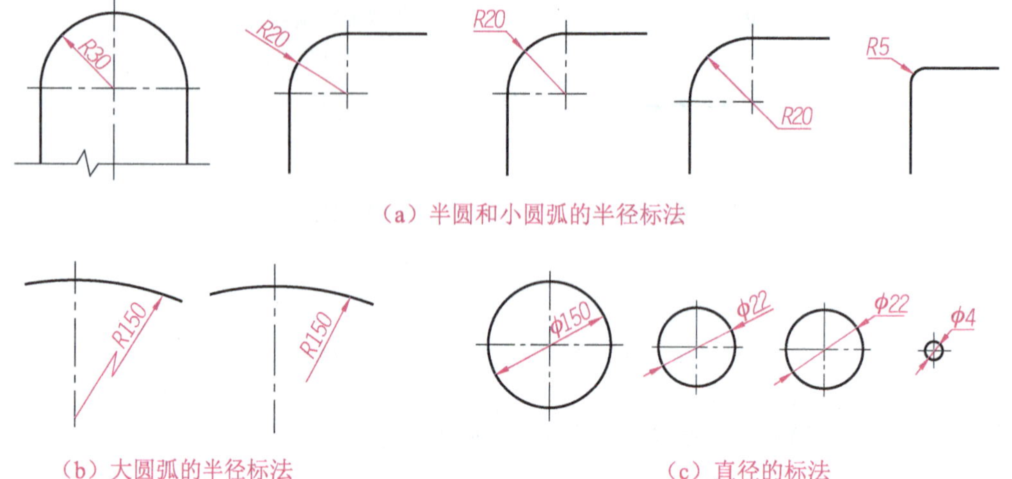

（a）半圆和小圆弧的半径标法

（b）大圆弧的半径标法

（c）直径的标法

图 1-15 半径和直径的尺寸标法

3. 角度的尺寸标法

标注角度时，角的两条边或两条边的延长线可作为尺寸界线，尺寸线应画成圆弧，角度数字一律按水平方向注写。一般情况下，角度数字注写在尺寸线的中断处，也可引出标注，如图 1-16 所示。

4. 狭小部位的尺寸标法

当没有足够的空间画尺寸线两端的箭头时，尺寸线的箭头可外移，或用小圆点代替该箭头；当没有足够的空间注写尺寸数字时，尺寸数字可写在尺寸线的外面或引出标注，如图 1-17 所示。

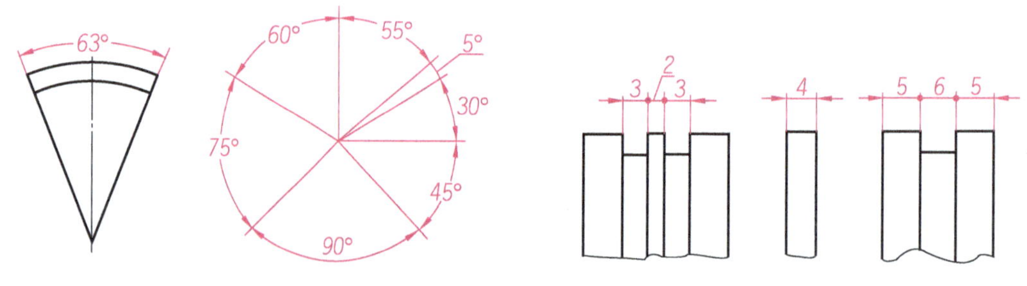

图 1-16 角度的尺寸标法

图 1-17 狭小部位的尺寸标法

5. 对称图形的尺寸标法

当分布在中心线两侧的图形完全相同时，其标注方法如图 1-18（a）所示；当对称机件的图形只画出一半或略大于一半时，尺寸线应略超过对称中心线或断开处的边界，此时仅在尺寸线的一端画出箭头，其标注如图 1-18（b）所示。

常见尺寸标注的符号如表 1-5 所示。

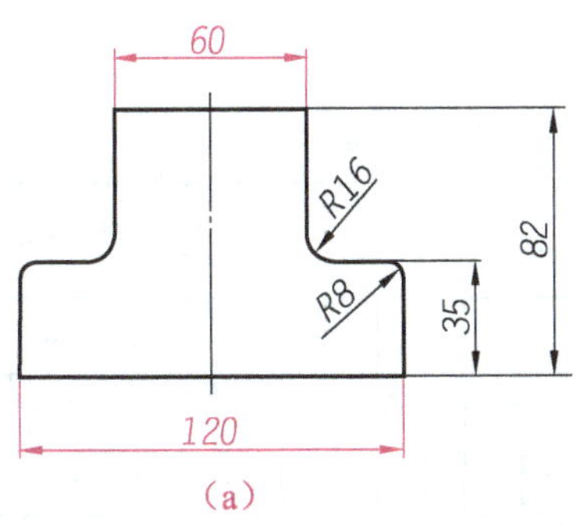

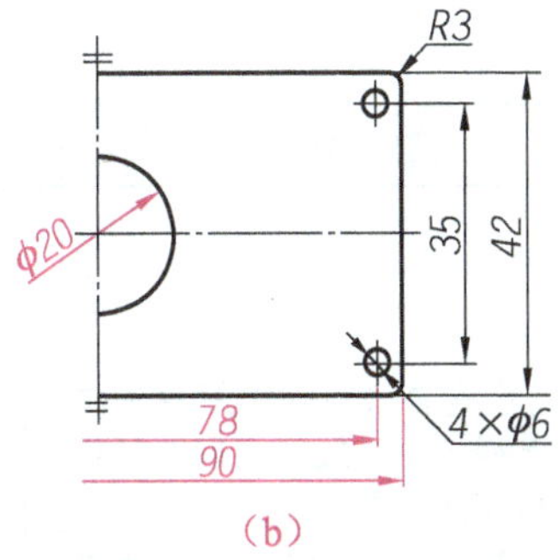

图 1-18　对称图形的尺寸标法

表 1-5　常见尺寸标注符号

名　称	符号和缩写词	名　称	符号和缩写词
直径	ϕ	45°倒角	C
半径	R	深度	↧
球直径	$S\phi$	沉孔或锪平	⊔
球半径	SR	埋头孔	∨
厚度	t	均布	EQS
正方形	□		

6. 常见尺寸的标注方法

下面通过表 1-6 对尺寸要素的运用和常见尺寸的注法作进一步说明。

表 1-6　常见的尺寸标注

项目	说　明	图　例
尺寸数字	① 线性尺寸的数字一般注在尺寸线的上方，也允许填写在尺寸线的中断处	数字注在尺寸线上方；数字注在尺寸线断处；30；φ10
	② 线性尺寸的数字应按右栏中左图所示的方向填写，并尽量避免在图示 30°范围内标注尺寸。竖直方向尺寸数字也可按右栏中右图形式标注	30°；16；75；φ20；φ30；φ50；26；10
	③ 数字不可被任何图线所通过。当不可避免时，图线必须断开	φ40；轮廓线断开；中心线断开；φ25；剖面线断开；10；30；φ15

（续表）

项目	说　明	图　例
尺寸线	① 尺寸线必须用细实线单独画出。轮廓线、中心线或它们的延长线均不可作尺寸线使用 ② 标注线性尺寸时，尺寸线必须与所标注的线段平行	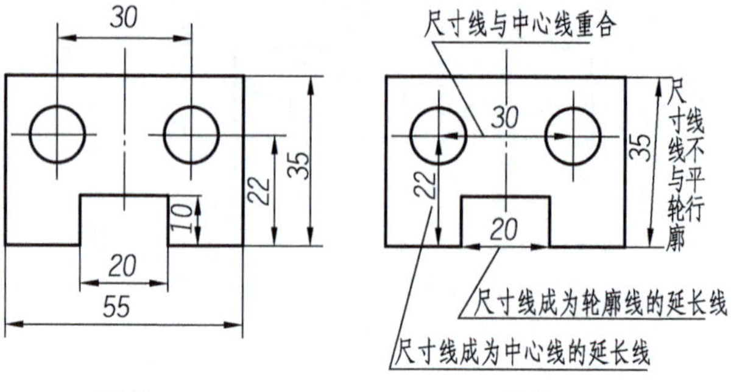 尺寸线与中心线重合；尺寸线不与平轮行廓；尺寸线成为轮廓线的延长线；尺寸线成为中心线的延长线 正确　错误
尺寸界线	① 尺寸界线用细实线绘制，也可以利用轮廓线（见图（a））或中心线（见图（b））作尺寸界线 ② 尺寸界线应与尺寸线垂直。当尺寸界线过于贴近轮廓时，允许倾斜画出（见图（c）） ③ 在圆滑过渡处标注尺寸时，必须用细实线将轮廓延长，从它们的交点引出尺寸界线（见图（d））	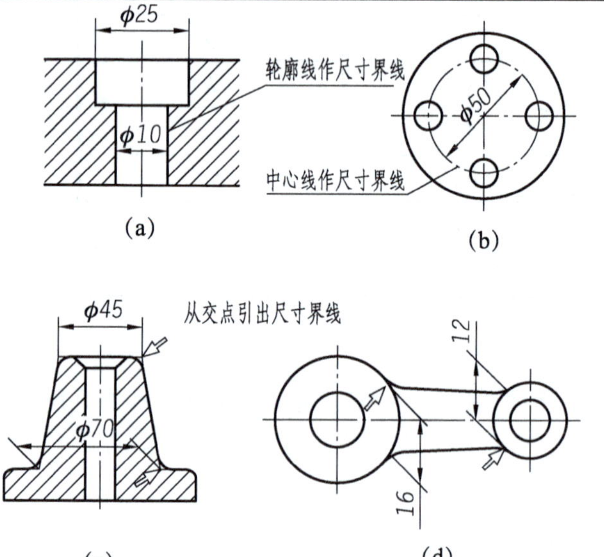 轮廓线作尺寸界线；中心线作尺寸界线 (a)　(b) 从交点引出尺寸界线 (c)　(d)
直径与半径	① 标注直径尺寸时，应在尺寸数字前加注直径符号“ϕ”；标注半径尺寸时，加注半径符号“R”，尺寸线应通过圆心	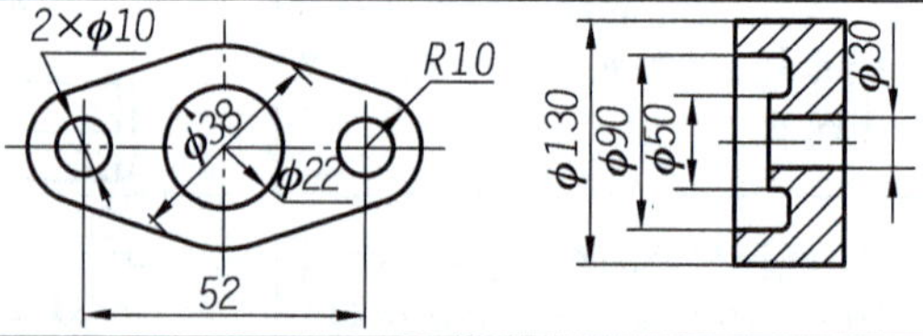
	② 标注小直径或小半径尺寸时，箭头和数字都可以布置在外面	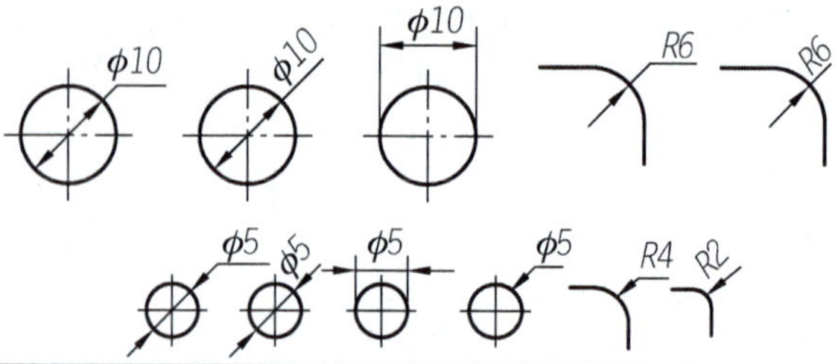

（续表）

项目	说　明	图　例
小尺寸的注法	① 标注一连串的小尺寸时，可用小圆点或斜线代替箭头，但最外两端箭头仍应画出 ② 小尺寸可按右图标注	
角度	① 角度的数字一律水平填写 ② 角度的数字应写在尺寸线的中断处，必要时允许写在外面或引出标注 ③ 角度的尺寸界线必须沿径向引出	

1.3　常用尺规绘图工具

尺规绘图是指用铅笔、绘图板、丁字尺、三角板和圆规、分规等绘图工具与仪器来绘制图样。虽然计算机绘图已经普及，但尺规绘图仍然是工程技术人员必备的绘图基本技能，也是学习和掌握制图基本知识和绘图技能的必要措施。

1. 图板与丁字尺

图板是用来固定图纸的。图板短边（导边）是工作边。画图时，应先将图纸用胶带固定在图板上，然后将丁字尺的头部紧靠图板的工作边（导边）并上下滑动到需要画线的位置，将铅笔垂直于纸面并向右与纸面成60°～75°自然倾斜，从左向右可画出水平线，如图 1-19 所示。

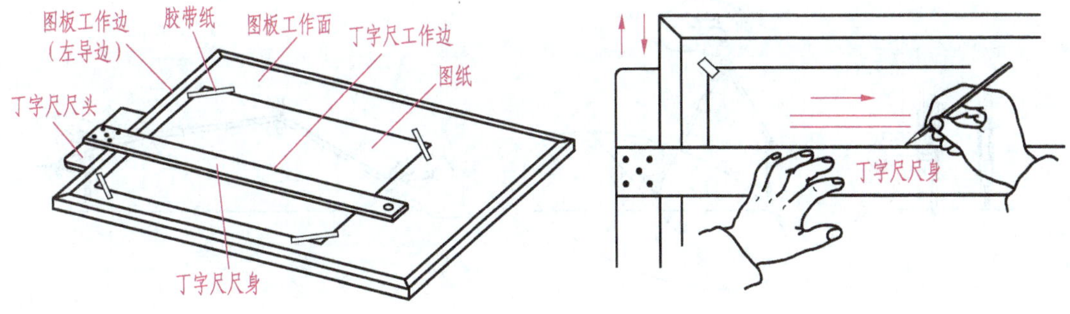

图 1-19　图板与丁字尺配合画线

值得注意的是，丁字尺的尺头只能与图板的左导边配合画线，不能与图板的其他边缘配合画线。画图线时，只能用丁字尺上缘（工作边）画水平线。

2. 三角板

一副三角板一般有两块，一块两角均为 45°，另一块两角分别为 30°和 60°。三角板与丁字尺配合使用，可画出图 1-20（a）所示角度的直线。此外，两块三角板与丁字尺配合使用，可以画出 15°及其整数倍角度的斜线，还可以画出已知直线的平行线或垂直线，如图 1-20（b）所示。画线时，必须按图中箭头方向所示方向画。

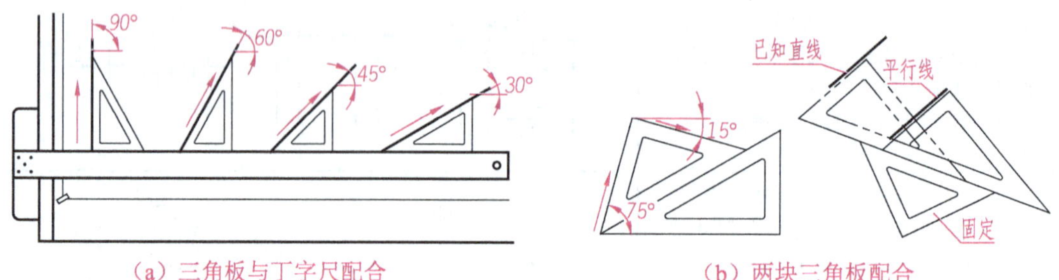

（a）三角板与丁字尺配合　　（b）两块三角板配合

图 1-20　三角板的用法

3. 圆规

圆规是用来画圆和圆弧的工具。圆规的附件有描图用的鸭嘴笔插腿和画大圆用的延伸杆，如图 1-21 所示。

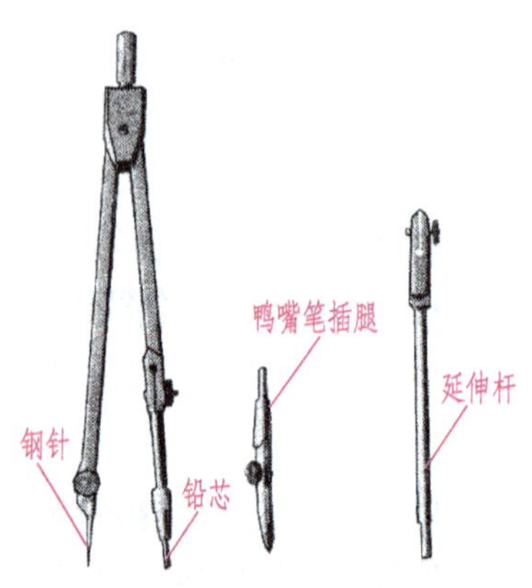

图 1-21　圆规及附件

画图时，固定圆心的钢针应用带台阶的一端，防止钢针插入图板过深，影响画圆质量；同时应合理调整铅芯与钢针针尖的长度，使两脚在并拢时针尖略长于铅芯，使铅芯的尖端与钢针的台阶面平齐，然后将圆规按顺时针方向旋转，并保证旋转过程中针尖与铅芯均垂直于纸面，如图 1-22（a）和图 1-22（b）所示。画大圆时，应加接延伸杆后使用。需要注意，画图时应使钢针与铅芯插脚同时垂直纸面，如图 1-22（b）和图 1-22（c）所示。

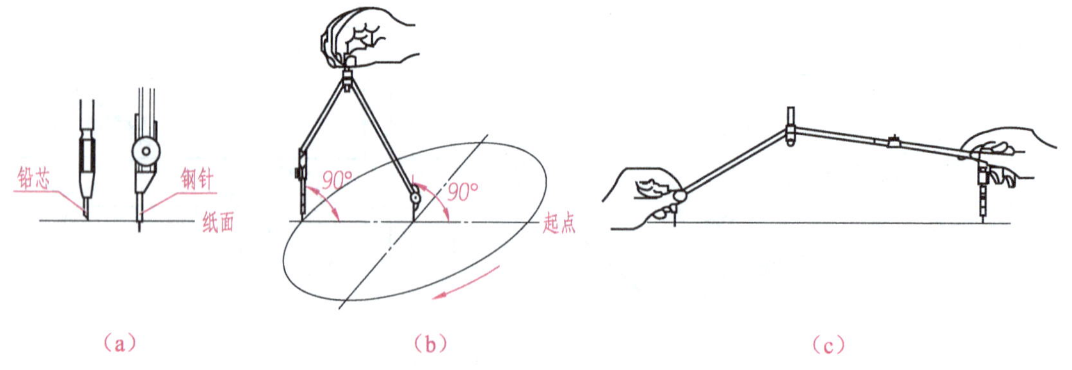

（a）　　（b）　　（c）

图 1-22　圆规的用法

4. 分规

分规是用来截取尺寸和等分线段的工具。使用前，应检查分规两脚的针尖并拢后是否平齐。分规的用法如图 1-23 所示。

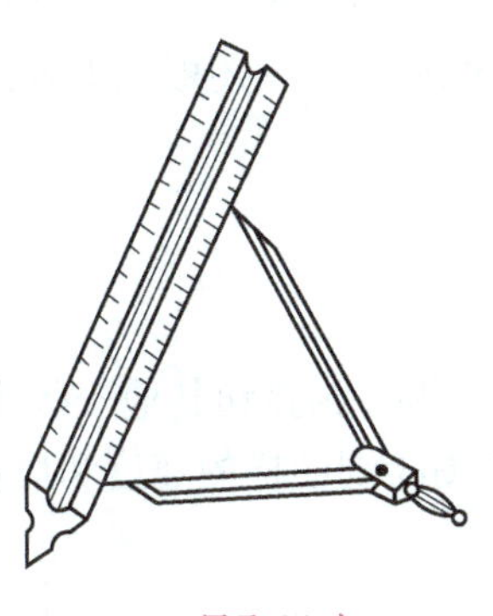

（a）量取尺寸

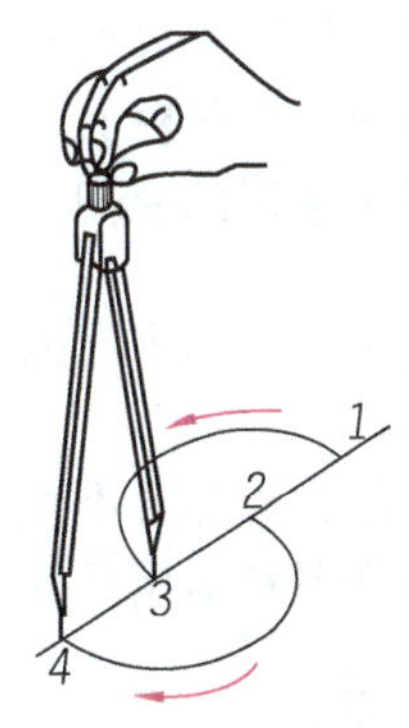

（b）截取线段或等分线段

图 1-23 分规的用法

5. 铅笔的削法和使用

绘图铅笔的铅芯有软硬之分，根据铅芯的软硬程度不同，可将其分为 H，HB 和 B 三个等级。标号 H 代表铅芯的硬性，H 前的数字越大，表示铅芯越硬，所画图线的颜色越淡；HB 代表软硬适中；B 代表铅芯的软性，B 前的数字越大，表示铅芯越软，所画图线的颜色越黑。工程制图中，画底稿用 2H 或 3H 铅笔，加深图线用 B 或 2B 铅笔，写字和画箭头时用 HB 铅笔。

为了保证同一图样上的同类线型粗细一致，画粗实线用的铅笔，铅芯应磨削成截面为 $d\times d$（d 为要画线条的宽度）的四棱柱形；写字和标注尺寸时，铅笔铅芯部分应削成锥形；画线时，铅笔与画线方向的夹角约 60°，如图 1-24 所示。此外，削铅笔时应从没有标号的一端开始，保留有标号的一端，以便识别其硬度。

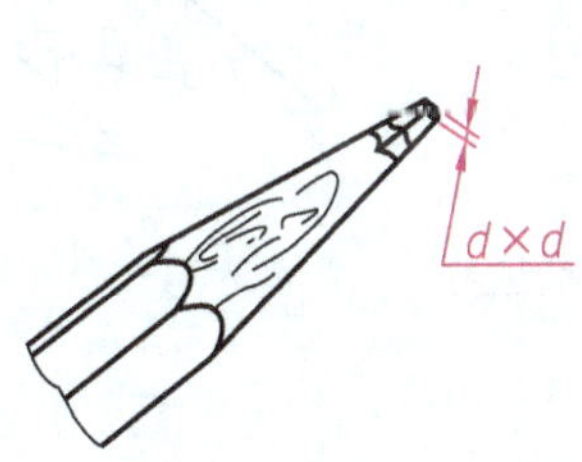

（a）画粗实线用的铅笔

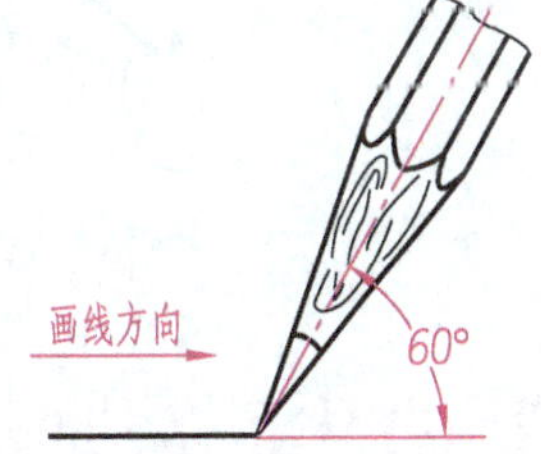

（b）写字和标注尺寸用的铅笔

图 1-24 绘图铅笔的削法和使用

铅芯的软硬程度可以根据其粗细识别，铅芯越粗，其硬度越软；反之，铅芯越细，其硬度越硬。绘图时，画圆线的铅芯通常比画直线的铅芯软一号，以保证图线的黑亮程度一致。

6. 图纸

图纸要求质地坚实，用橡皮擦拭不易起毛，且符合国家规定的图幅尺寸要求。画图时，应用图纸的正面画图。图纸正反面的识别方法是：用橡皮擦拭几下，不易起毛的即为正面。

固定图纸时，将丁字尺尺头靠紧图板，以丁字尺上缘为准，将图纸摆正，然后绷紧图纸，用胶带将其固定在图板上。当图幅不大时，图纸宜固定在图板左下方，但在图纸下方应留出足够放置丁字尺的空间。

1.4 常用几何图形的画法

机器零件的形状虽然各不相同，但都是由直线、圆、圆弧和其他一些非圆曲线组成的几何图形。熟练掌握和运用几何作图方法，将会提高绘制图样的速度和质量。

1.4.1 等分线段

等分线段一般采用试分法，即先凭目测估计出每一等份的长度，然后用分规自线段的一端进行试分，若不能恰好将线段分尽，可按“剩余”或“不足”部分的长度调整分规的张角，再次进行试分，直到分尽为止。

除了试分法外，还可以使用辅助平行线法等分线段。例如，要将已知线段 *AB* 进行五等分，作图步骤如下（图 1-25）。

① 过线段 *AB* 的端点 *A* 作任意一条不与原线段及其延长线重合的射线 *AC*。

② 利用直尺或圆规在射线 *AC* 上从 *A* 点起，以适当长度截取 5 个等分点。

③ 用直线连接点 5 与点 *B*，然后过其他各等分点作线段 *B*5 的平行线并与线段 *AB* 相交，交点即为线段 *AB* 的等分点。

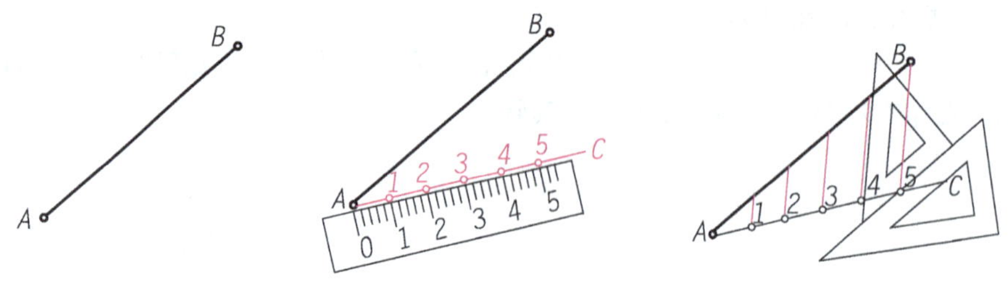

图 1-25　等分直线段 *AB*

1.4.2 等分圆周并作正多边形

1. 将圆周三、四、六等分（或绘制等边三角形、正方形和正六边形）

三角板配合丁字尺使用，可将圆周三、四、六等分，其作图方法如图 1-26（a）～（c）所示。此外，也可利用圆的半径 *R* 将圆周六等分，如图 1-26（d）所示，若用直线连接这六个等分点，即可成为圆的内接正六边形。

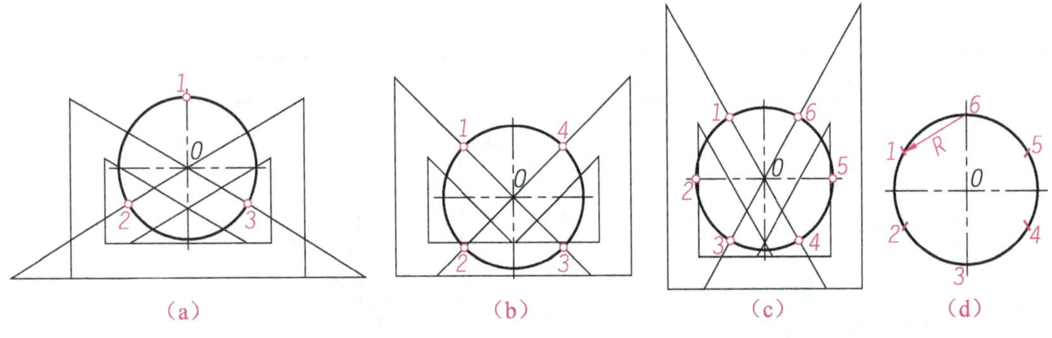

图 1-26　将圆周三、四、六等分

2. 将圆周五等分（或绘制正五边形）

已知圆的半径，可用圆规将圆周五等分，然后利用直线连接各等分点即可绘制圆的内接正五边形，具体作图步骤如下。

① 以圆的象限点 *A* 为圆心，*OA* 为半径画圆弧，交外接圆于点 *E* 和点 *F*，连接 *EF* 交直线 *OA* 于点 *B*，如图 1-27（a）所示。

② 以点 *B* 为圆心，*BC* 为半径画圆弧，交直线 *OA* 于点 *D*，如图 1-27（b）所示；接着以点 *C* 为圆心，*CD* 为半径画圆弧，交外接圆于 *G*，*H* 两点，如图 1-27（c）所示。

③ 分别以 *G*，*H* 两点为圆心，*CG* 和 *CH* 为半径画圆弧，即可得到点 *M* 和点 *N*，然后依次连接各等分点即可得到正五边形，如图 1-27（d）所示。

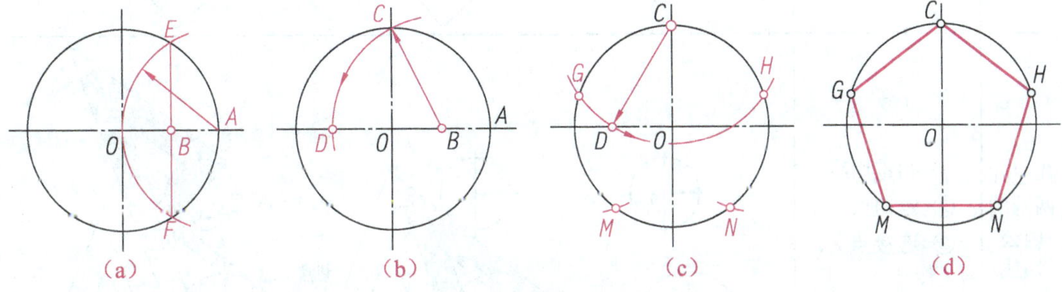

图 1-27　将圆周五等分并画正五边形

1.4.3　圆或圆弧的切线

绘图时，经常会遇到作已知圆或圆弧切线的问题，其作图的关键是准确地找出直线与圆或圆弧的切点。

圆的切线，作图方法与步骤如表 1-7 所示。

表 1-7　圆的切线的作图方法与步骤

类别	作图步骤	图　例
过圆上一点作圆的切线	① 连接圆心 O 与定点 P ② 过点 P 初定切线方向 PA，$PA \perp PO$ ③ 加深描粗切线 PA	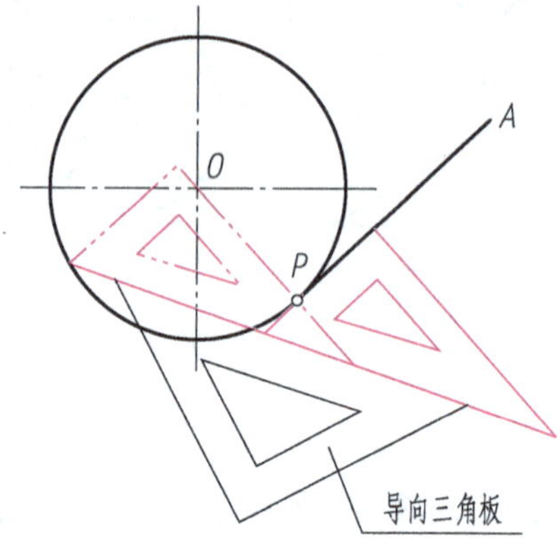
过圆外定点作已知圆切线	① 过点 A 初定切线 ② 定切点 K ③ 连接点 A，K，作切线 AK	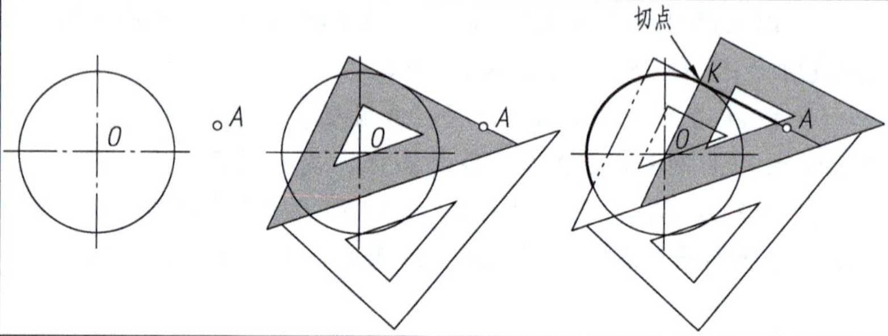
作已知两圆的内公切线	① 初定切线 ② 定切点 K，M ③ 连接点 K，M，作切线 KM	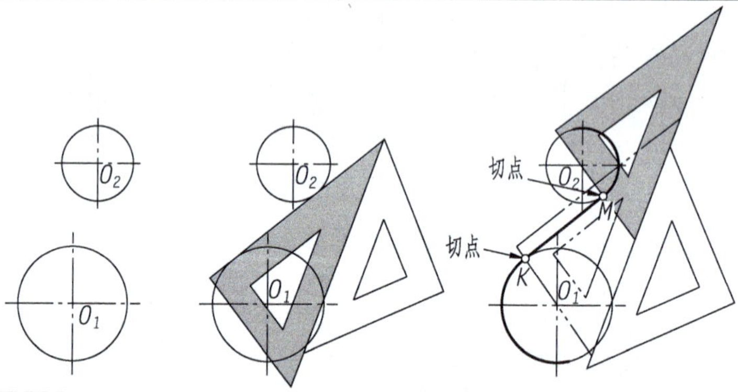

1.4.4　圆弧连接

圆弧连接是指用圆弧光滑连接已知直线或曲线。为确保连接光滑，在画连接圆弧前，应准确作出连接圆弧的圆心和连接点（即切点）。常见的圆弧连接有两种形式。

➢ 用圆弧光滑连接两条直线，作图方法如表 1-8 所示。

表 1-8　圆弧连接两条直线的作图步骤

类别	用圆弧连接锐角或钝角的两边	用圆弧连接直角的两边
图例	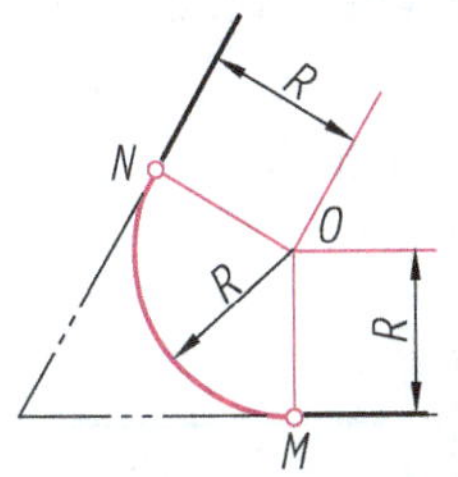 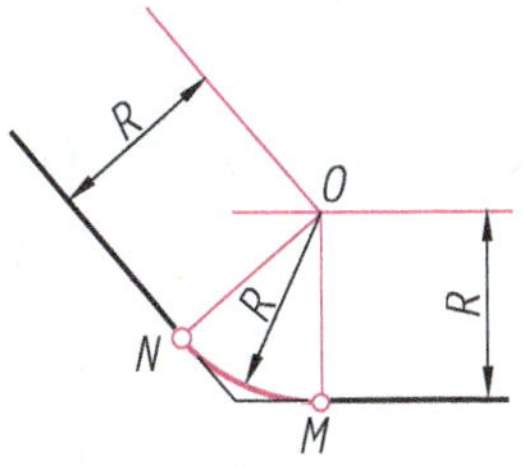	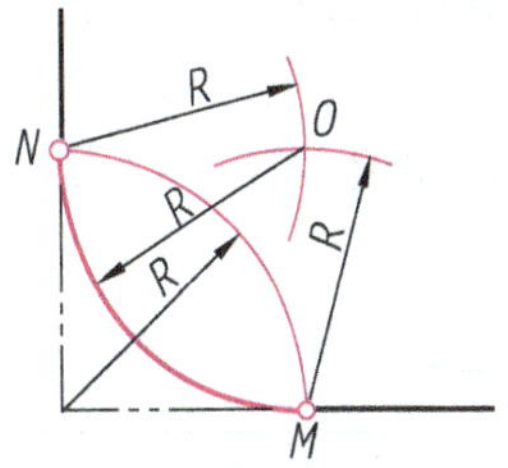
作图步骤	① 作与已知两边分别相距为 R 的平行线，交点 O 即为连接弧圆心 ② 过 O 点分别向已知角两边作垂线，垂足点 M 和 N 即为切点 ③ 以 O 为圆心，R 为半径，在两切点 M 和 N 之间画连接圆弧即可	① 以直角顶点为圆心，R 为半径作圆弧交直角两边于点 M 和 N ② 以点 M 和 N 为圆心，R 为半径作圆弧相交得连接弧圆心 O ③ 以 O 为圆心，R 为半径在切点 M 和 N 之间作连接弧即可

➢ 用圆弧光滑连接两条圆弧，作图方法如表 1-9 所示。

表 1-9　圆弧与圆弧连接的作图步骤

类别	作图步骤	图　　例
外连接	① 分别以 O_1 和 O_2 为圆心，$R+R_1$ 和 $R+R_2$ 为半径，画圆弧交得连接弧圆心 O ② 分别用直线连接 OO_1 和 OO_2，交得切点 A，B ③ 以 O 为圆心，R 为半径画弧即可	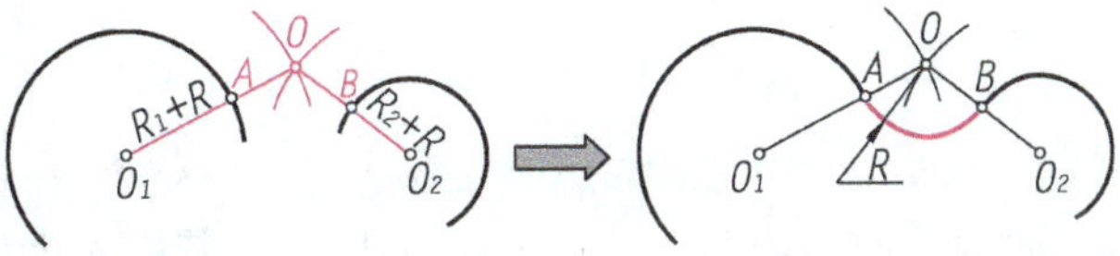
内连接	① 分别以 O_1 和 O_2 为圆心，$R-R_1$，$R-R_2$ 为半径画弧，交得连接弧圆心 O ② 分别用直线连接 OO_1 和 OO_2，交得切点 A，B ③ 以 O 为圆心，R 为半径画弧即可	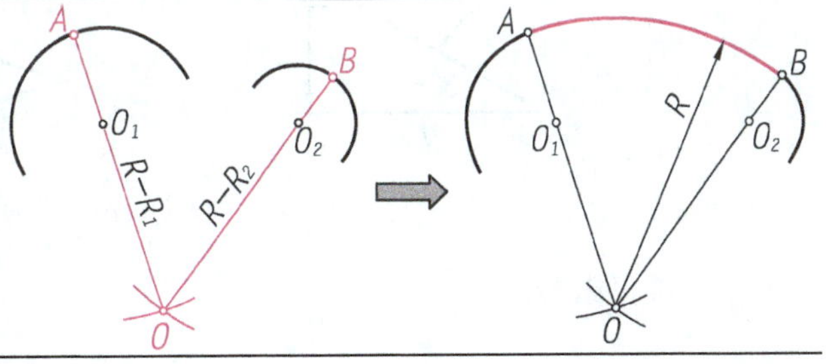
内外连接	① 分别以 O_1 和 O_2 为圆心，R_1+R 和 R_2-R 为半径画圆弧，交得连接弧圆心 O ② 分别用直线连接 OO_1 交得切点 A，连接 OO_2 并延长交得切点 B ③ 以 O 为圆心，R 为半径画弧即可	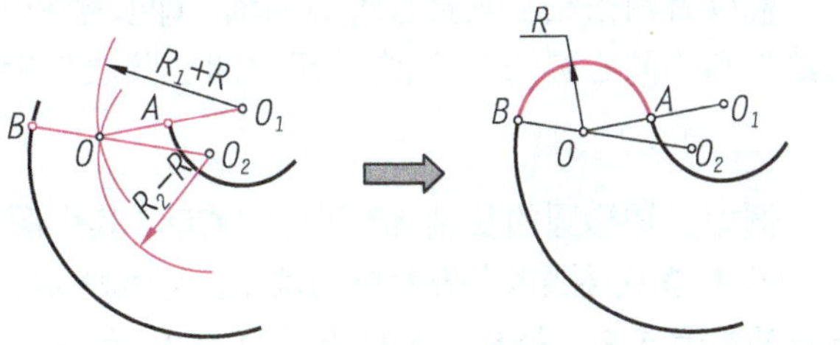

1.4.5 斜度与锥度

斜度是指一直线对另一直线或一平面对另一平面的倾斜程度。斜度的大小用两直线或两平面间夹角的正切值来表示，其标注形式为“∠1∶n”。斜度符号的指向应与斜度方向一致，如图 1-28（a）所示，斜度的画法如图 1-28（b）和（c）所示。

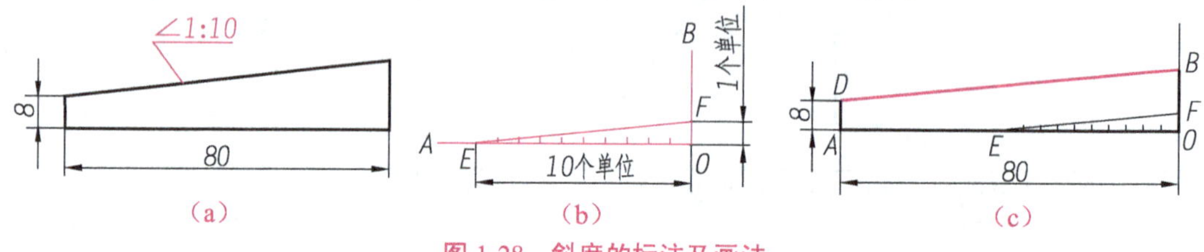

图 1-28 斜度的标注及画法

锥度是指正圆锥的底圆直径 D 与高度 L 之比，或圆台的两底圆直径之差 D-d 与高度 L 之比，其标注形式为“▷1∶n”，锥度符号的尖端方向应与锥度方向一致，如图 1-29（a）所示，锥度的画法如图 1-29（b）和（c）所示。

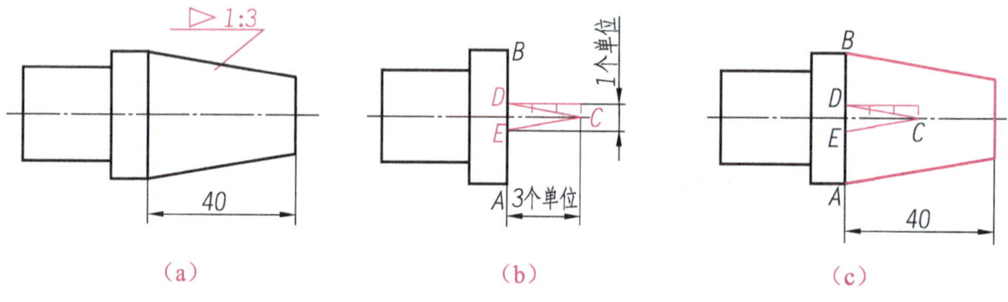

图 1-29 锥度的标注及画法

斜度、锥度符号画法如图 1-30 所示，其中 h 为字体高度，符号线宽为 h/10。

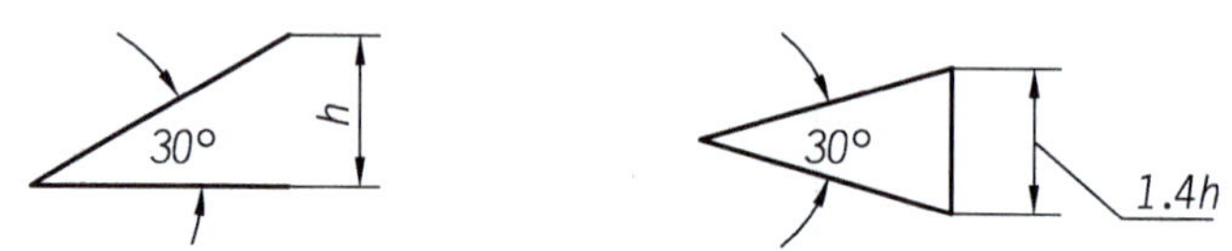

图 1-30 斜度、锥度符号的画法

1.4.6 椭圆的画法

椭圆有两条相互垂直且对称的轴，即长轴和短轴，椭圆的画法一般有两种，即“四心圆法”和“同心圆法”。通常使用“四心圆法”近似地绘制椭圆。

1. 四心圆法

例如，知椭圆的长轴 AB 和短轴 CD，其作图步骤如下。

① 用直线连接长轴和短轴的端点，得线段 AC；然后以点 O 为圆心，OA 为半径画圆弧，与短轴交于点 E_1；接着以点 C 为圆心，CE_1 为半径画弧，交 AC 于点 E，如图 1-31（a）所示。

② 作 AE 的中垂线，与两轴分别交于点 1 和点 2；接着分别作这两点在长轴和短轴的

对称点 3，4，如图 1-31（b）所示。

③ 分别以点 1，2，3，4 为圆心，以 1*A*，2*C*，3*B*，4*D* 为半径画圆弧，即得近似椭圆，如图 1-31（c）所示。

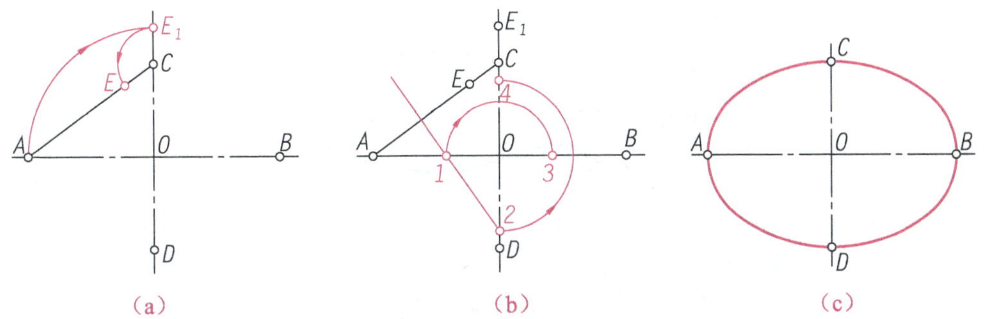

图 1-31　使用四心圆法画椭圆

2. 同心圆法

已知椭圆的长轴和短轴，可先求出曲线上一定数量的点，再用曲线板光滑连接，就可以绘制出椭圆。例如，知椭圆的长轴 *AB* 和短轴 *CD*，其作图步骤如下。

① 以长轴 *AB* 和短轴 *CD* 为直径画两同心圆，然后过圆心作一系列中心角相同的直径与两圆分别相交，如图 1-32（a）所示。

② 在同一直径上过大圆交点作长轴 *AB* 的垂线，过小圆交点作短轴 *CD* 的垂线，得到的交点就是椭圆上的点。

③ 用曲线板光滑连接各点，即得所求椭圆，如图 1-32（b）所示。

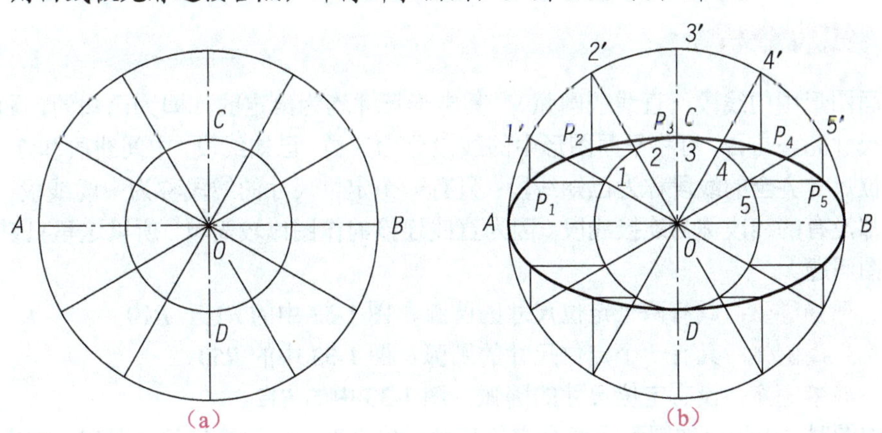

图 1-32　使用同心圆法画椭圆

1.5　平面图形画法

平面图形由许多线段连接而成，这些线段之间的相对位置和连接关系，靠给定的尺寸来确定。画图时，只有通过分析给定尺寸和线段间的连接关系，才能明确画该平面图形应从何处着手以及按什么顺序作图。

1.5.1 尺寸分析

如图 1-33 所示，平面图形中的尺寸，按其作用可分为定形尺寸和定位尺寸两类。

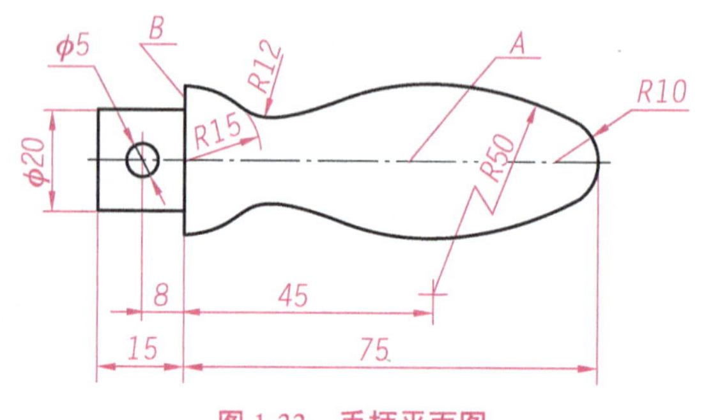

图 1-33 手柄平面图

1. 定形尺寸

定形尺寸是用于确定图形结构大小的尺寸，如确定线段的长度、圆弧的半径（或圆的直径）和角度大小等的尺寸。如图 1-33 所示，$\phi5$，$\phi20$ 及 $R10$，$R15$，$R12$，15 等都是定形尺寸。

2. 定位尺寸

定位尺寸是用于确定线段在平面图形中所处位置的尺寸。如图 1-33 所示，尺寸 8 确定了$\phi5$ 的圆心位置；75 间接地确定了 $R10$ 的圆心位置；45 确定了 $R50$ 圆心的一个坐标值。

定位尺寸通常以图形的对称中心线、回转体的轴线或某一轮廓线（较大的底面、端面、侧面等的投影）作为标注尺寸的起点，这个起点称为尺寸基准。如图 1-33 所示 A 和 B。

1.5.2 线段分析

平面图形中的线段（直线或圆弧），其定形尺寸均为给定的，即为已知的，通常根据其定位尺寸完整与否，可将平面图形中的线段分为三类：已知线段、中间线段和连接线段。两个定位尺寸齐全的线段称为已知线段；只有一个定位尺寸的线段称为中间线段；两个定位尺寸都没有的线段称为连接线段。因为直线连接的作图比较简单，所以这里只讲圆弧连接的作图问题。

- 已知圆弧：具有两个定位尺寸的圆弧，图 1-33 中的 $R15$，$R10$。
- 中间圆弧：具有一个定位尺寸的圆弧，图 1-33 中的 $R50$。
- 连接圆弧：没有定位尺寸的圆弧，图 1-33 中的 $R12$。

在作图时，由于已知圆弧有两个定位尺寸，故可直接根据给定尺寸画出；而中间圆弧虽然缺少一个定位尺寸，但它总是和一个已知线段相连接，因此，需利用连接圆弧与一端相邻已画出已知线段的连接关系（相切的条件），并应用圆弧连接的作图方法方可画出；连接圆弧缺少两个定位尺寸，唯有借助于连接圆弧和相邻已经画出的两条线段的连接关系（相切条件），并应用圆弧连接的作图方法才能画出来。

综上所述，画平面图形时，应在尺寸分析的基础上，确定其图线的画线顺序：先画已知线段（圆弧），再画中间线段（圆弧），最后画连接线段（圆弧）。

1.5.3　绘图的方法和步骤

绘制平面图形的方法和步骤如下。

（1）准备工作包括：

① 分析图形的尺寸及其线段；

② 确定比例，选用图幅，固定图纸；

③ 拟定具体的作图顺序。

（2）绘制底稿。画底稿的步骤如图 1-34 所示。画底稿时，应注意以下几点。

① 画底稿用 2H 或 3H 铅笔，铅芯应经常修磨以保持尖锐；

② 底稿上，各种线型均暂不分粗细，并要画得很轻很细；

③ 作图力求准确；

④ 画错的地方，在不影响画图的情况下，可以暂时不擦。

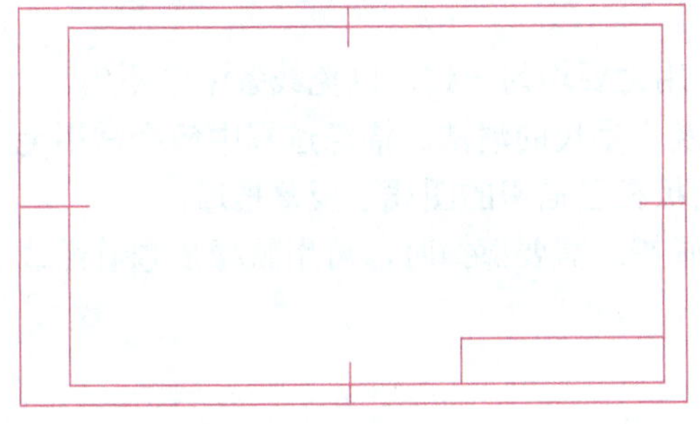

（a）画图框和标题栏

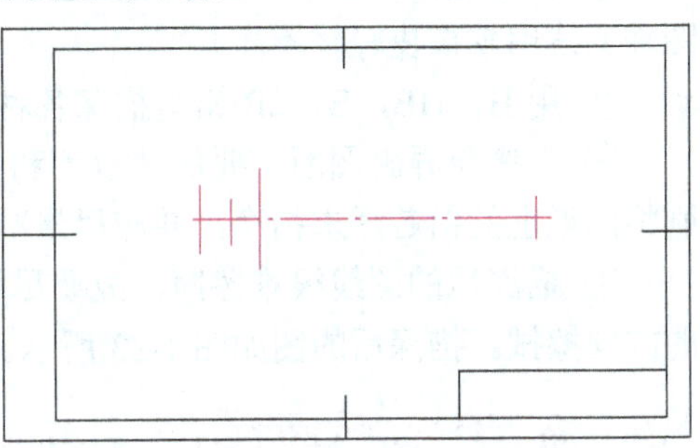

（b）合理、均匀布图，画出基准线

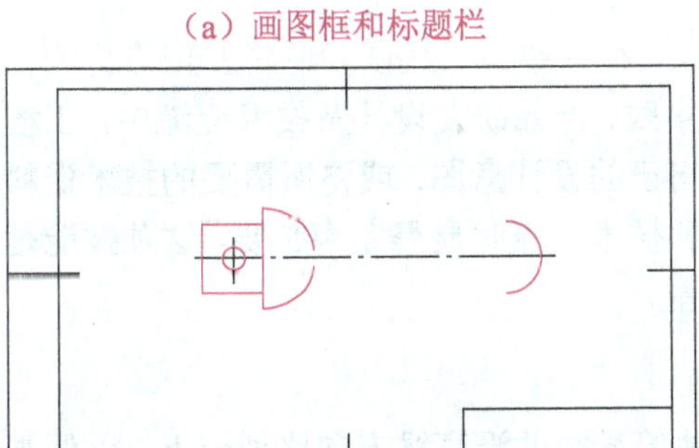

（c）画出已知线段

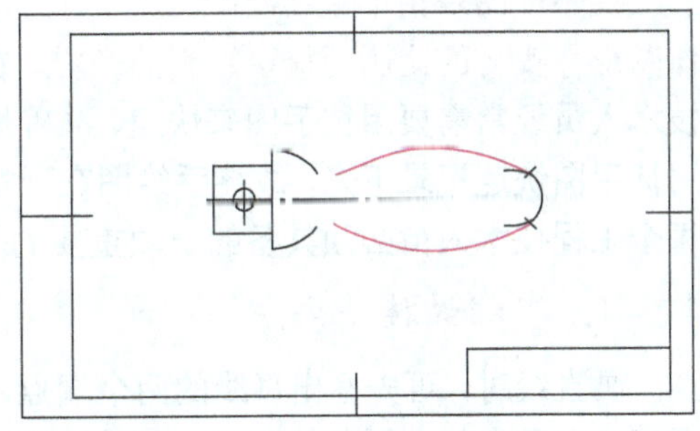

（d）画出中间线段

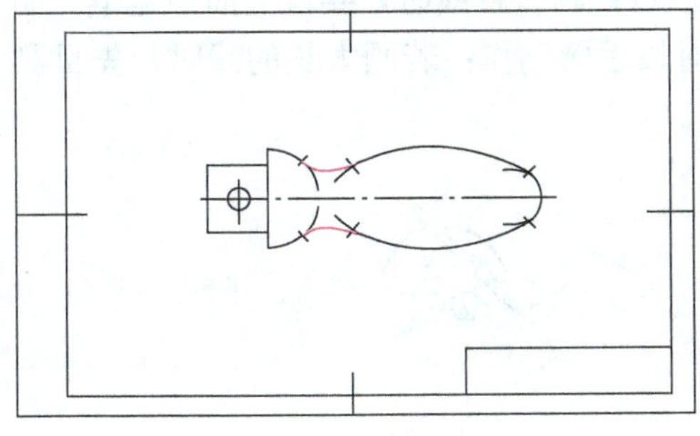

（e）画出连接圆弧

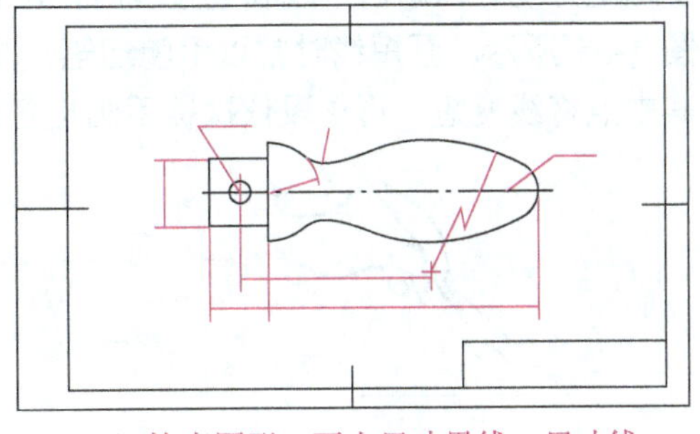

（f）检查图形，画出尺寸界线、尺寸线

图 1-34　画底稿的步骤

（3）铅笔描深底稿。描深底稿的原则如下。

- 先细后粗：一般应先描深全部虚线、点画线及细实线等，再描深全部粗实线，这样既可保证图面干净、提高绘图效率，又可保证同一线型在全图中粗细一致，不同线型之间的粗细也符合比例关系。
- 先曲后直：在描深同一种线型（特别是粗实线）时，应先描深圆弧和圆，然后描深直线，以保证连接处圆滑且有利于控制圆线和直线的黑亮程度一致。
- 先水平、后垂斜：先用丁字尺自上而下画出全部相同线型的水平线，再用三角板自左向右画出全部相同线型的垂直线，最后画出倾斜的直线。

（4）标注尺寸：标注定形尺寸和定位尺寸。

（5）全面检查、校对图纸、清洁图面、填写标题栏。

描深底稿的注意事项如下。

① 在铅笔描深以前，必须全面检查底稿，清洁图面，修正错误，把画错的线条及作图辅助线用软橡皮轻轻擦净。

② 用 H，HB，B，2B 铅笔描深各种图线，用力要均匀一致，以免线条浓淡不匀。

③ 为避免弄脏图面，要保持双手和三角板及丁字尺的清洁。描深过程中应经常用毛刷将图纸上的铅芯浮末扫净，并应尽量减少三角板在已描深的图线上反复推摩。

④ 描深后的图线很难擦净，故要尽量避免画错。需要擦掉时，可用软橡皮顺着图线的方向擦拭。描深后的图如图 1-33 所示。

1.6 徒手画平面图形

徒手绘图是指不借助绘图工具（丁字尺、三角板、圆规、分规等），主要依靠目测估计图形与实物的比例而徒手绘制的图样。在生产实践、产品研发设计及技术交流中，工程技术人员经常需要用徒手图来快速、准确地表达自己的设计意图，或将所需要的技术资料用徒手图快速记录下来，故徒手绘图在现场测绘和技术交流时显得尤为必要，这项技能是每个工程技术人员必须具备的一项重要的基本技能。

1. 直线的徒手画法

画直线时，可先标出直线的两个端点，然后执笔悬空并沿直线方向比划一下，以便掌握好方向和走势后再落笔画线，此时铅笔落在起点、眼睛注视到终点以控制画线方向。为了运笔方便，在画水平线和竖直线时，可将图纸斜放；画竖直线时，要自上而下运笔，如图 1-35 所示。画短线时常以手腕运笔，画长线时以手臂动作；若画太长的线时，先目测其中点将线变短，再逐段依次徒手画出各段直线。

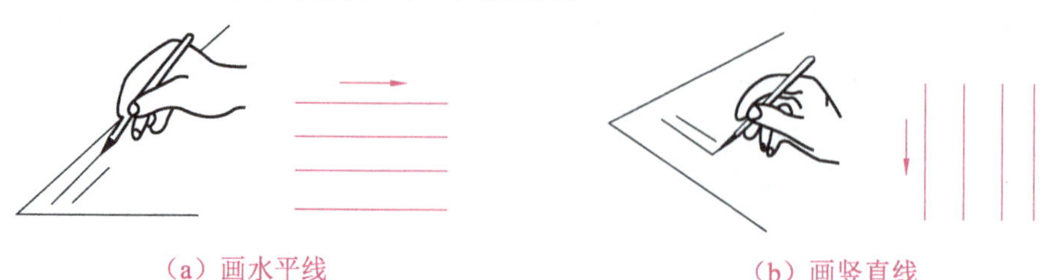

（a）画水平线　　（b）画竖直线

图 1-35　水平线和竖直线的运笔方向及画法

2. 常用角度线的画法

画 45°，30°，60°等常见角度时，可根据直角边的比例关系，在两直角边上定出几点，然后连接这些点。画线的运笔方向如图 1-36 所示。

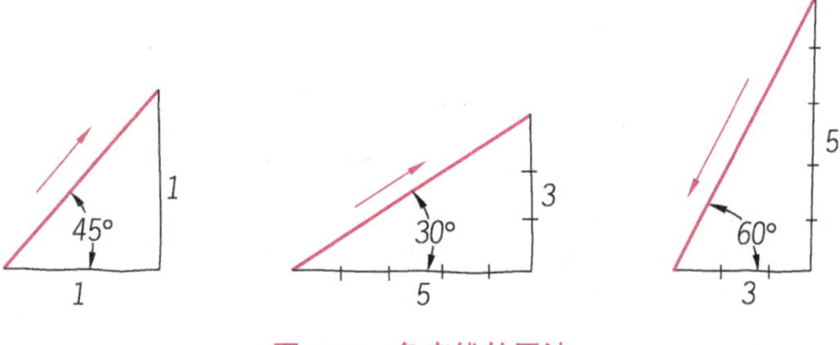

图 1-36　角度线的画法

3. 圆的徒手画法

徒手画圆时，应先确定圆的位置并画出两条互相垂直的中心线，然后在中心线上根据半径大小目测半径标记出四个点，最后过这四点依次画圆，如图 1-37（a）所示。当圆半径较大时，则可过圆心在 45°方向上加画两条斜线，同样在这两条斜线上按照半径大小再目测半径标记出四个点，然后过这八个点依次连接绘制大圆，如图 1-37（b）所示。

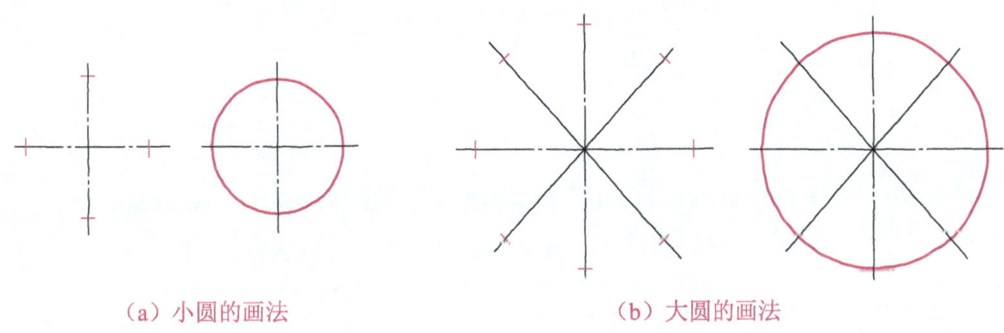

（a）小圆的画法　　（b）大圆的画法

图 1-37　圆的画法

4. 椭圆和圆角的徒手画法

画椭圆时，应先画出椭圆的两条相互垂直的长轴和短轴，然后在这两条轴线上分别截取椭圆的四个端点，接着过这四个端点画椭圆的外切矩形，并将矩形的对角线六等分，最后依次过长、短轴的端点和对角线靠外侧的等分点画椭圆，结果如图 1-38 所示。

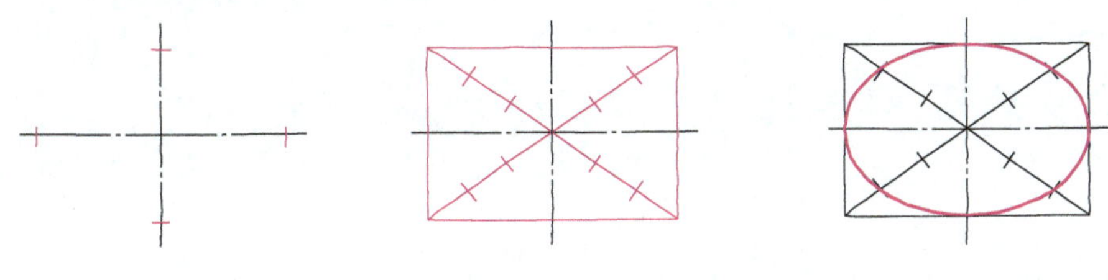

图 1-38　椭圆的画法

徒手画圆角时，应先作角平分线，然后在角平分线上指定圆心，并过圆心作两条边的垂线，以指定圆弧的两个切点，接着在角平分线上目测半径截取圆弧上的一点，最后把三点依次连接起来即可，如图 1-39 所示。

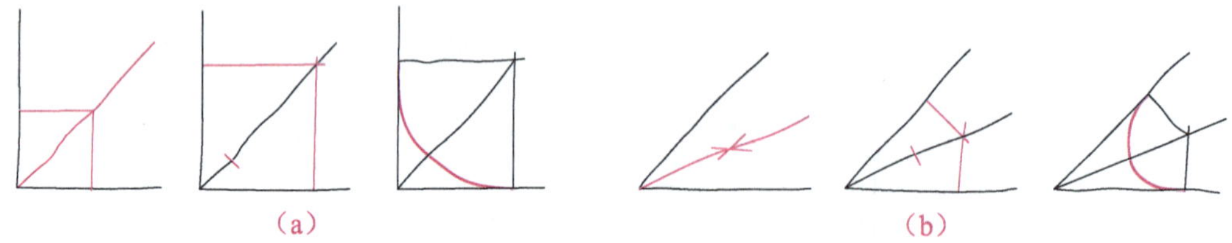

图 1-39　徒手画圆角和连接弧

第2章 正投影基础

【本章导读】

众所周知，机械图样是按照正投影原理和制图国家标准的有关规定绘制的，机件的结构形状是通过机械图样中的视图来表达的。要快速、正确、熟练地绘制和识读机械图样，就必须认真学习投影的形成过程和牢固掌握三视图之间的对应关系。为此，本章重点讲解三视图的形成、展开和投影规律，以及空间点、线、面的投影规律等，初步培养学生的空间想象能力，从而为更好地学好后面的制图知识打下坚实的理论基础。

【技能目标】

◈ 了解投影的基础知识，掌握正投影的基本特性。
◈ 掌握点的投影规律和点的投影与直角坐标系的关系。
◈ 能够熟练地在三视图和立体图上分析相应的点、直线、平面的投影，并能判断点、直线和平面的空间位置。
◈ 掌握三视图的形成过程、投影规律及物体的六个方位关系。
◈ 能参照立体图补画简单形体三视图中漏画的线，或补画三视图。

2.1 投影法的基础知识

2.1.1 投影的形成

在日常生活中，物体在灯光或日光的照射下，在墙面或地面上就会显现出影子，通过影子能看出物体的外轮廓形状。但由于影子仅是一个黑影，它不能清楚地表达物体的完整结构，如图 2-1（a）所示。人们对这种现象进行抽象，总结出物体、投影面和观察者之间的关系，从而形成了投影法——即光照射物体，在预定的投影面上作出影像的方法。

如图 2-1（b）所示，设想平面 V 是一个直立平面，在该平面的正前方放置一物体，然后用一束相互平行的投射线向 V 面垂直投射，此时，在 V 面上就可以得到该物体的正投影。这种形成正投影的方法称为正投影法，直立平面 V 称为投影面。要得到物体的正投影，必须具备投射线、物体和投影面三个条件。

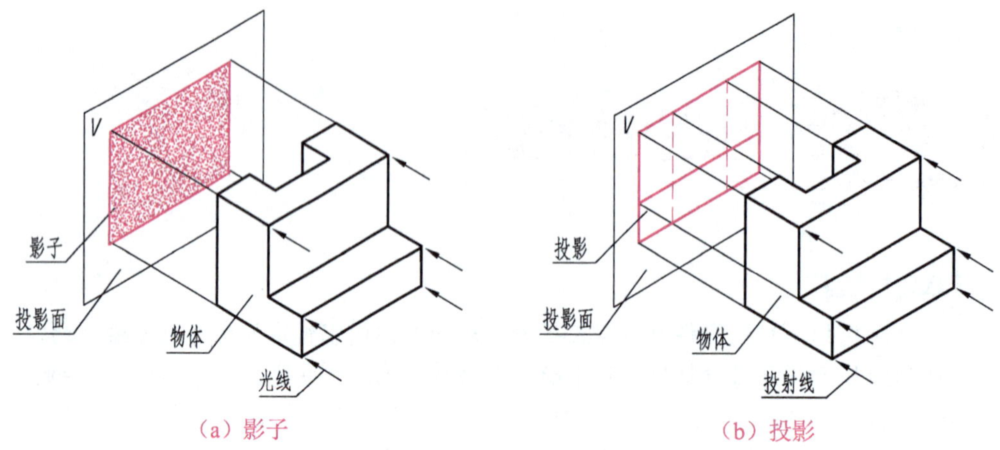

（a）影子　　（b）投影

图 2-1　物体的影子和投影

2.1.2　投影法的种类

按照投射线是否平行，投影法可分为中心投影法和平行投影法两类。

1. 中心投影法

中心投影法是指投射线汇交于一点的投影法，如图 2-2 所示。用中心投影法得到的物体的投影，其大小会随着投影面、物体及投射中心之间距离的变化而变化。使用中心投影法绘制的图形符合人的视觉习惯，立体感较强，但不能反映物体的真实大小，度量性差，因此在机械图样中很少使用（广泛应用于建筑、装饰设计等领域）。

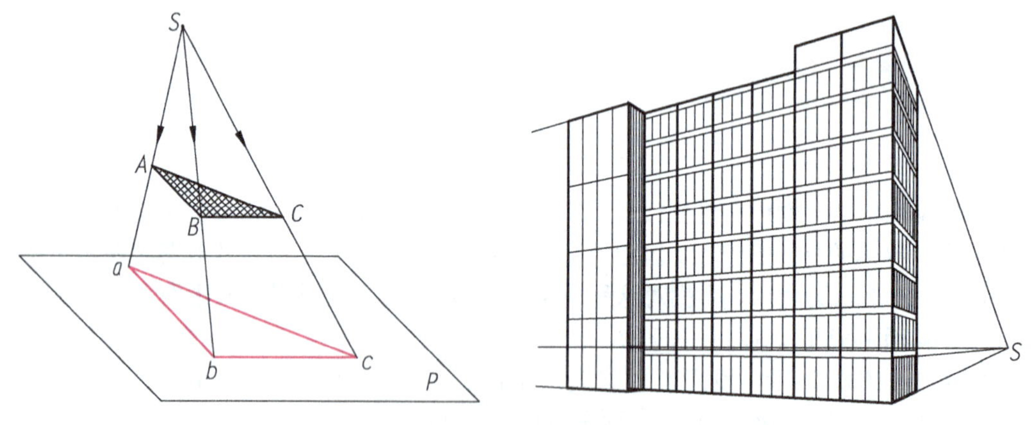

图 2-2　中心投影法

2. 平行投影法

投射线为平行线时的投影称为平行投影。在平行投影中，若投射线与投影面倾斜，则为斜投影；若投射线与投影面垂直，则为正投影，如图 2-3 所示，其投影图形的大小不随着形体与投影面距离的改变而改变，度量性好。当形体表面与投影面平行时，该面的投影即全等于该表面，如图 2-3 中 *ABC* 面的投影 *abc*，具有真实性。在作图原理上，正投影法

比其他投影法简单，便于作图，所以在机械图样中，正投影是应用最广泛的图示法，也是本课程学习的重点。

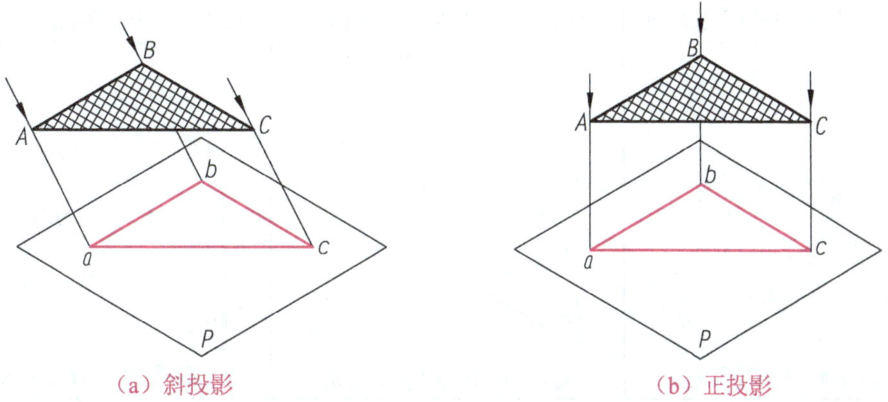

（a）斜投影　　（b）正投影

图 2-3　斜投影和正投影

2.1.3　正投影的基本特性

由于得到正投影的投射线相互平行，且垂直于投影面，因此正投影具有如下特性。

- **真实性**：当物体的某一平面（或棱线）与投影面平行时，其投影反映实形（或实长）。如图 2-4（a）所示，平行于投影面的平面 *P* 的投影反映实形。
- **积聚性**：当物体的某一平面（或棱线）与投影面垂直时，其投影积聚为一条直线（或一个点）。如图 2-4（b）所示，垂直于投影面的平面 *Q* 的投影积聚为一条直线。
- **类似性**：当物体的某一平面（或棱线）与投影面倾斜时，其投影与该平面（或棱边）类似，即凹凸性、直曲性和边数类似，但平面图形变小了，线段变短了。如图 2-4（c）所示，倾斜于投影面的平面 *R* 的投影是原平面的类似形。

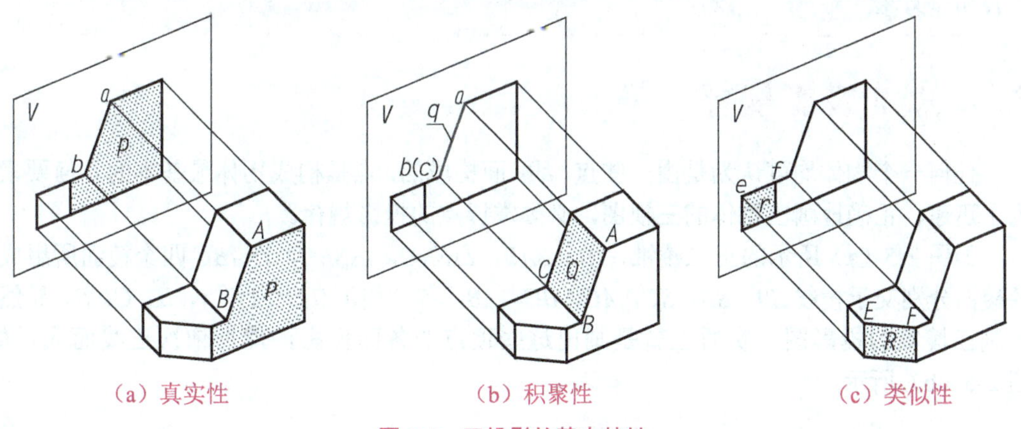

（a）真实性　　（b）积聚性　　（c）类似性

图 2-4　正投影的基本特性

表 2-1 对上述性质进行了归纳。

表 2-1　正投影的投影特性

积聚性	真实性	类似性
直线段或平面形垂直于投影面	直线段或平面形平行于投影面	直线段或平面形倾斜于投影面
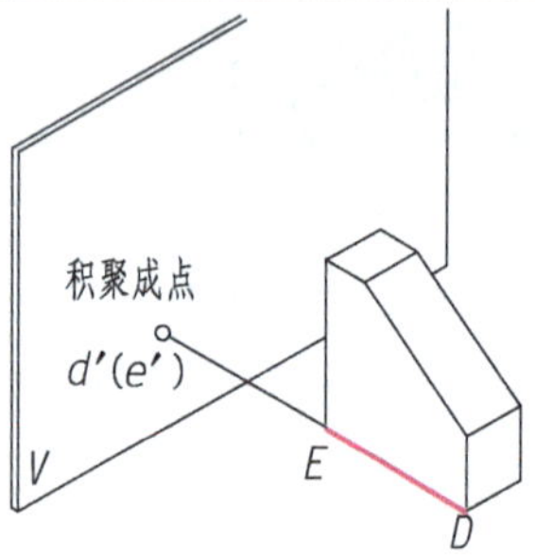 直线垂直投影面，该面投影聚成点	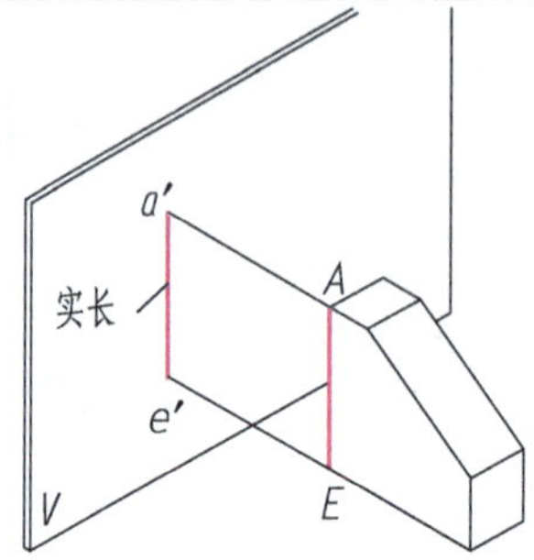 直线平行投影面，该面投影实长现	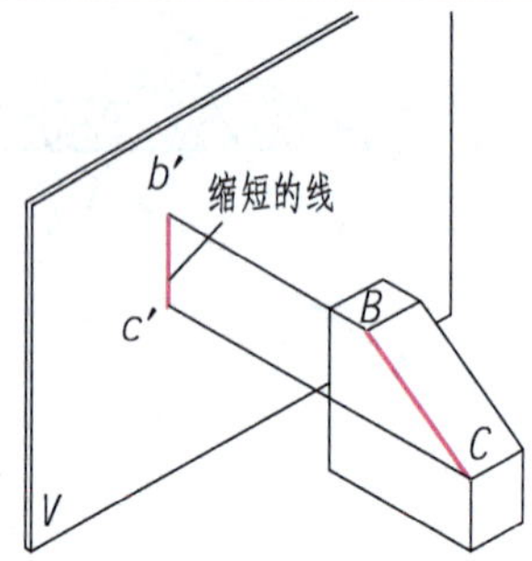 直线倾斜投影面，该面投影变短线
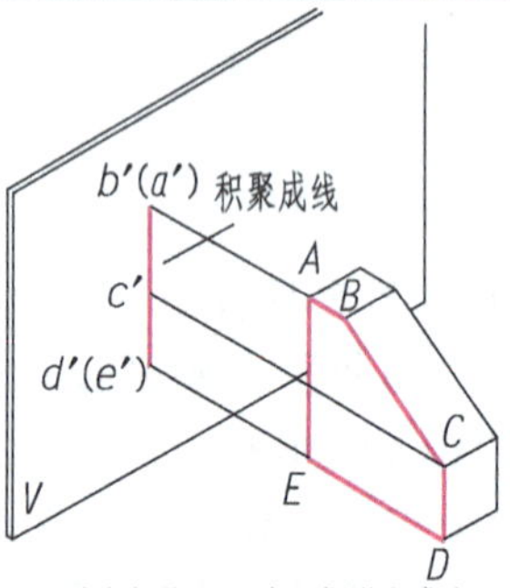 平面垂直投影面，该面投影聚成线	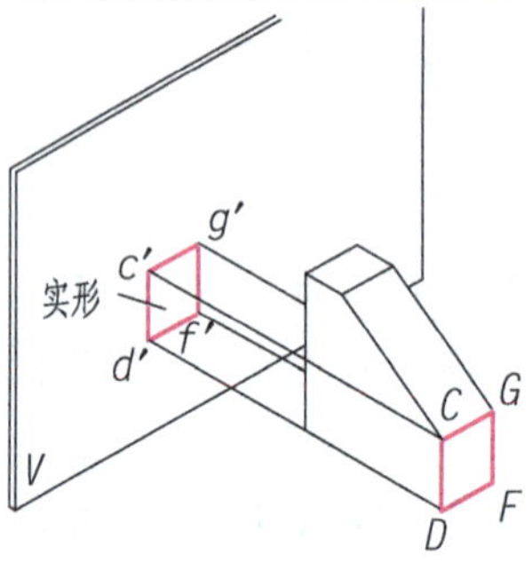 平面平行投影面，该面投影实形现	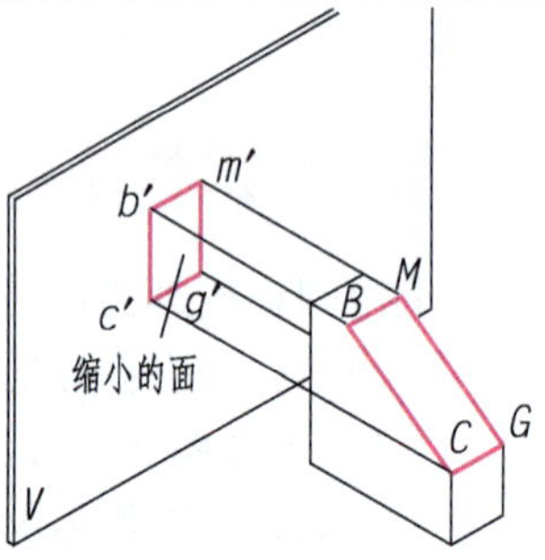 平面倾斜投影面，图形类似大小变

由于正投影能真实地表达出物体的形状和大小，且作图也较方便，因此在绘制机械图样中得到了广泛应用。本书主要介绍正投影法，今后如无特殊说明，所述投影均视为正投影。

2.2　点的投影规律

任何一个物体均可认为是由一些点、线、面构成的，点是构成物体最基本的几何要素。为了迅速、正确地画出物体的三视图，必须掌握点的投影规律。

如图 2-5（a）所示的正三棱锥，由△SAB，△SAC，△SBC，△ABC 四个棱面所组成，各棱面分别交于棱线 SA，SB，SC，AC，BC，AB，各棱线汇交于顶点 A，B，C，S。显然，绘制三棱锥的投影图，实质上就是画出这些顶点的各面投影，然后依次连线而成，如图 2-5（b）所示。

2.2.1　三投影面体系的建立

为了正确分析投影规律，必须事先建立三投影面体系。三投影面体系由三个相互垂直的投影面所组成，如图 2-6 所示。

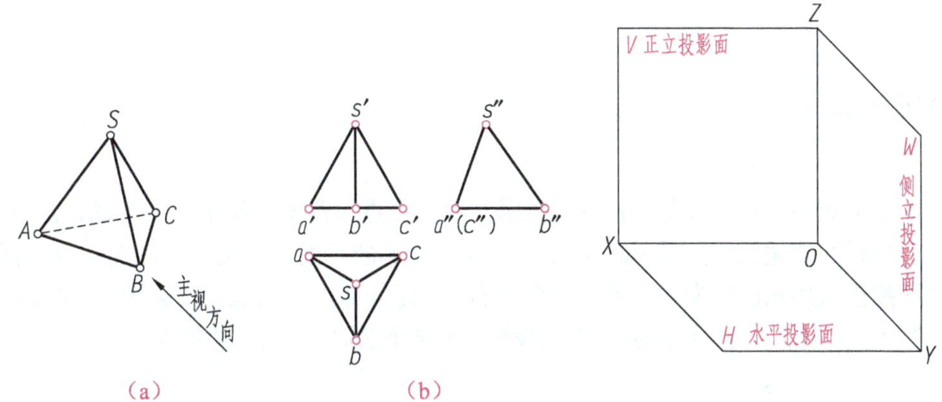

（a）　（b）

图 2-5　物体上点的投影分析示例　图 2-6　三投影面体系

三个投影面分别为：

正立投影面，简称正面，用 *V* 表示；

水平投影面，简称水平面，用 *H* 表示；

侧立投影面，简称侧面，用 *W* 表示。

相互垂直的投影面之间的交线，称为投影轴，它们分别是：

OX 轴（简称 *X* 轴），是 *V* 面与 *H* 面的交线，它代表长度方向；

OY 轴（简称 *Y* 轴），是 *H* 面与 *W* 面的交线，它代表宽度方向；

OZ 轴（简称 *Z* 轴），是 *V* 面与 *W* 面的交线，它代表高度方向。

三根投影轴相互垂直，其交点 *O* 称为原点。

为了画图方便，需将互相垂直的三个投影面摊平在同一个平面上。规定：正立投影面不动，将水平投影面 *OX* 轴向下旋转 90°，将侧立投影面绕 *OZ* 轴向右旋转 90°，分别重合到正立投影面上。应注意：水平投影面和侧立投影面旋转时，*OY* 轴被分为两处，分别用 OY_H（在 *H* 面上）和 OY_W（在 *W* 面上）表示，如图 2-7 所示。

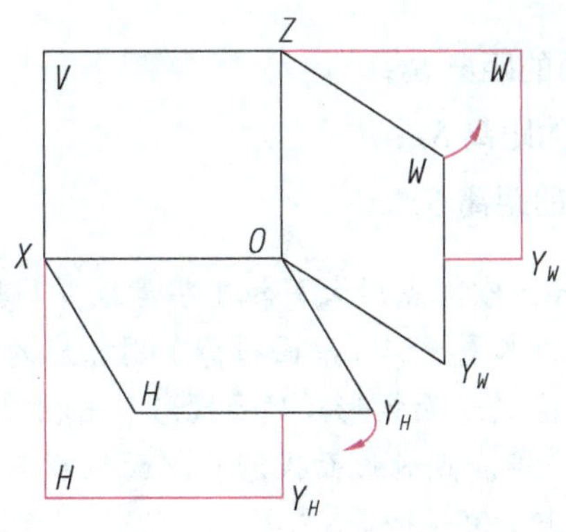

图 2-7　三投影面体系的展开

2.2.2 点的投影

众所周知，点的投影仍是点。

1. 点的三面投影

如图 2-8 所示，求空间点 S 的三面投影，就是将点 S 置于三投影面中不动，由点 S 分别向三个投影面作垂线，则其垂足 s，s'，s''即为点 S 的三面投影图。如图 2-8（b）所示，将投影面按箭头所指的方向，摊平在一个平面上，便得到点 S 的三面投影图，如图 2-8（c）所示。图中 s_x，s_{yH}，s_{yW}，s_z 分别为点的投影连线与投影轴 X，Y，Z 的交点。

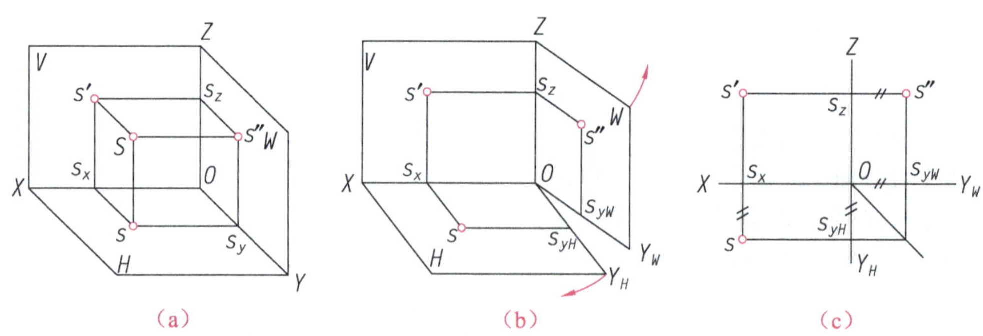

图 2-8 点的三面投影

2. 点的投影规律

通过点的三面投影图的形成过程，可总结出点的投影规律如下。

（1）点的两面投影的连线，必定垂直于相应的投影轴：

$$ss' \perp OX,\ s's'' \perp OZ,\ ss_{yH} \perp OY_H,\ s''s_{yW} \perp OY_W$$

（2）点的投影到投影轴的距离，等于空间点到相应的投影面的距离，即“影轴距等于点面距”，如图 2-8 所示。

$s's_x = s''s_y = S$ 点到 H 面的距离 Ss；

$ss_x = s''s_z = S$ 点到 V 面的距离 Ss'；

$ss_y = s's_z = S$ 点到 W 面的距离 Ss''。

> 空间点及其投影的标记：空间点用大写拉丁字母或罗马数字标记，如 A, B, C……或Ⅰ，Ⅱ，Ⅲ……等；点的水平投影（H 面投影）用相应的小写字母标记，如 a，b，c……或 1，2，3……等；点的正面投影（V 面投影）用相应的小写字母标记，如 a'，b'，c'……或 1′，2′，3′……等；点的侧面投影（W 面投影）用相应的小写字母标记，如 a''，b''，c''……或 1″，2″，3″……等。

2.2.3 点的投影与直角坐标的关系

点的空间位置可用直角坐标来表示，如图 2-9 所示。把投影面当做坐标面，投影轴当

做坐标轴，O 为坐标原点，则

S 点的 x 坐标 $x_S = Ss''$，即 S 点 W 面的距离；

S 点的 y 坐标 $y_S = Ss'$，即 S 点到 V 面的距离；

S 点的 z 坐标 $z_S = Ss$，即 S 点到 H 面的距离。

S 点坐标的规定书写形式为：$S(x, y, z)$。

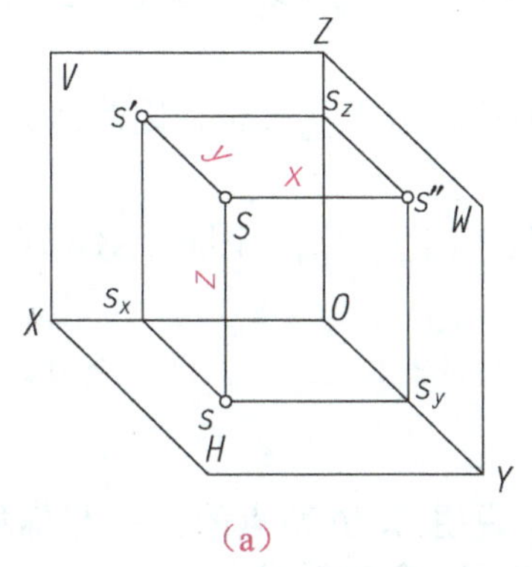

(a)

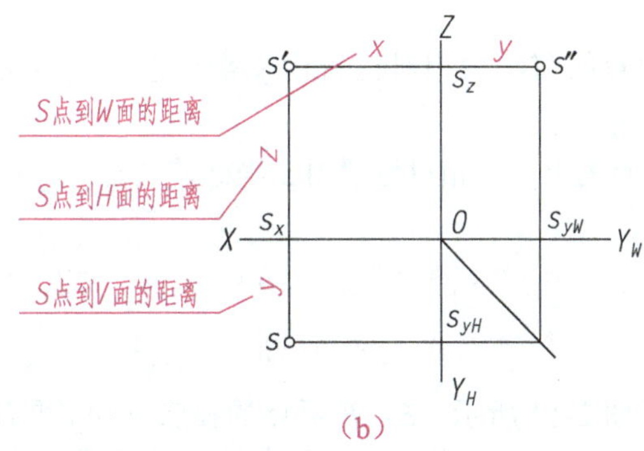

(b)

图 2-9　点的投影与坐标的关系

【例 2-1】已知点 A（30，10，20），求作它的三面投影图。

作图步骤一（见图 2-10（a））：

① 作投影轴 OX，OY_H，OY_W，OZ；

② 在 OX 轴上由 O 点向左量取 30，得 a_x 点，在 OY_H，OY_W 轴上由 O 点分别向下、向右量取 10，得出 a_{yH}，a_{yW}；在 OZ 轴上由 O 向上取 20，得出 a_z；

③ 过 a_x 作 OX 轴的垂线，过 a_{yH}，a_{yW} 分别做 OY_H，OY_W 轴的垂线，过 a_z 作 OZ 轴的垂线；

④ 各条垂线分别在 H，V，W 面上的交点 a，a'，a''，即为 A 点的三面投影。

作图步骤二（见图 2-10（b））：

① 作投影轴 OX，OY_H，OY_W，OZ；

② 在 OX 轴上由 O 点向左量取 30，得 a_x 点；

③ 过 a_x 作 OX 轴的垂线，并沿垂线向下量取 $a_xa = 10$，向上量取 $a_xa' = 20$，得 a'；

④ 根据 a，a'，求出第三投影 a''。

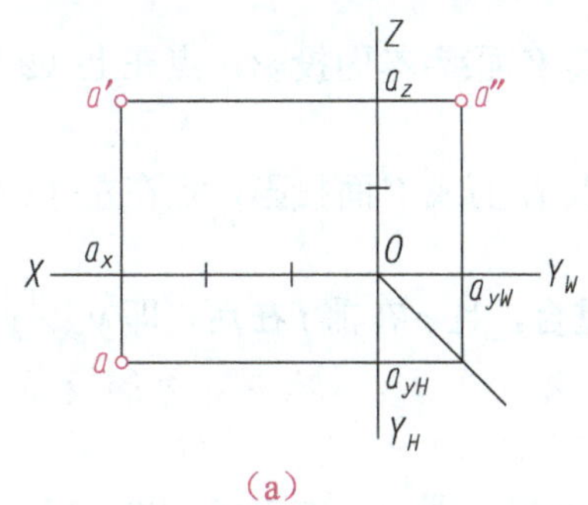

(a)

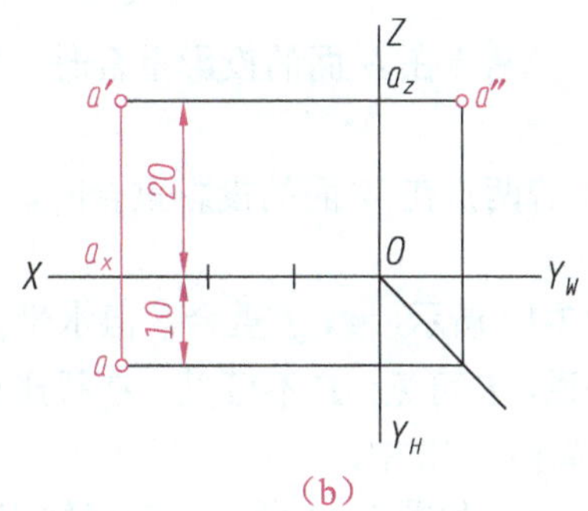

(b)

图 2-10　根据点的坐标作投影图

2.2.4 两点的相对位置

1. 两点在空间的相对位置比较

两点在空间的相对位置由两点的坐标差来确定，以图 2-11 所示为例，具体如下。

两点的左、右相对位置由 x 坐标差（$x_b - x_a$）确定。由于 $x_a > x_b$，因此点 A 在点的左方；

两点的前、后相对位置由 y 坐标差（$y_b - y_a$）确定。由于 $y_a < y_b$，因此点 A 在点 B 的后方；

两点的上、下相对位置由 z 坐标差（$z_b - z_a$）确定。由于 $z_a < z_b$，因此点 A 在点 B 的下方；

故点 A 在点 B 的左、后、下方；反过来说，就是 B 点在 A 点的右、前、上方。

2. 重影点及可见性判断

如图 2-12 所示，E，F 两点的投影 e'和 f'重合，这说明 E，F 两点的 x，z 坐标相同，$x_E = x_F$，$z_E = z_F$，即 E，F 两点处于对正面（V 面）的同一条投射线上。

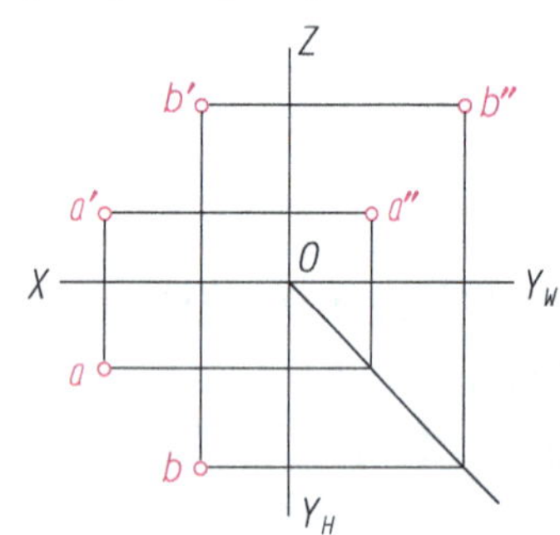

图 2-11 点 B 在点 A 的右前上方

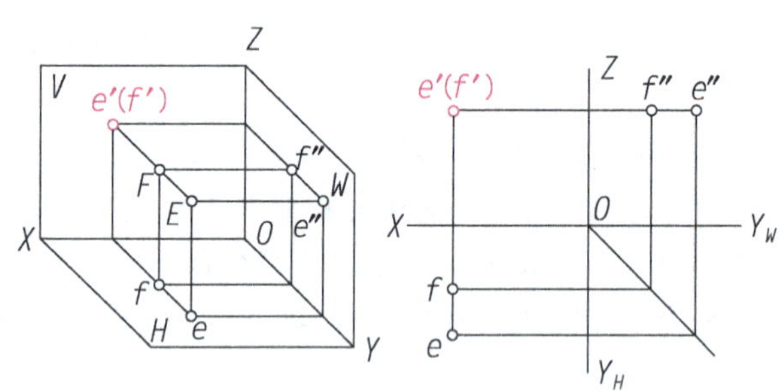

图 2-12 利用两点不重影的坐标大小判别重影点的可性

可见，共处于同一条投射线上的两点，必在相应的投影面上具有重合的投影。这两个点被称为对该投影面的一对重影点。

重影点的可见性需根据这两点不重影的投影坐标大小来判别，即

（1）当两点在 V 面的投影重合时，需判别其 H 面或 W 面投影，点在前（y 坐标大）者可见；

（2）当两点在 H 面的投影重合时，需判别其 V 面或 W 面投影，点在上（z 坐标大）者可见；

（3）若两点在 W 面的投影重合时，需判别其 H 面或 V 面投影，点在左（x 坐标大）者可见。

如图 2-12 所示，e'，f'重合，但水平投影不重合，且 e 在前 f 在后，即 $y_E > y_F$。所以对 V 面来说，E 可见，F 不可见。在投影图中，对不可见的点，在重影处的投影需加圆括号表示。如图 2-12 中，对不可见点 F 的 V 面投影，加圆括号表示为（f'）。

【例 2-2】如图 2-13 所示，在已知点 A 的三面投影图上，作点 B（30，10，0）的三

面投影，并判断两点在空间的相对位置。

分析：

点 B 的 z 坐标等于 0，说明点 B 属于 H 面上，点 B 的正面投影 b'一定在 OX 轴上，侧面投影 b''一定在 OY_W 轴上。

作图步骤：

① 如图 2-14 所示，在 OX 轴上由 O 点向左量取 30，得 b_x（b'重合于该点），由 b_x 向下作垂线并取 $b_xb=10$，得 b。

② 根据作出的 b，b'，即可求得第三投影 b''。应注意，b''一定在 W 面的 OY_W 轴上，而绝不在 H 面的 OY_H 轴上。

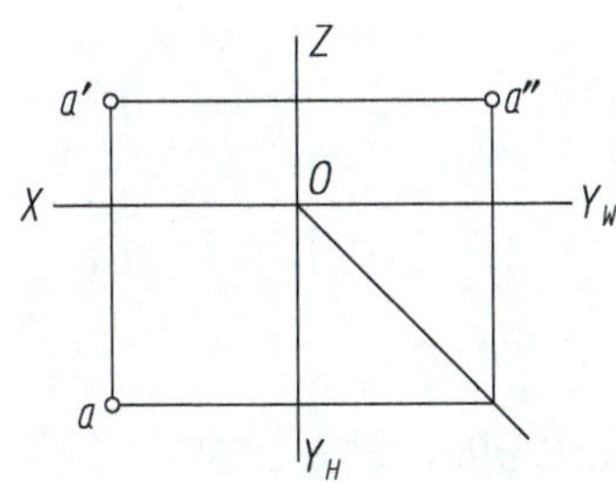

图 2-13　点 A 的三面投影

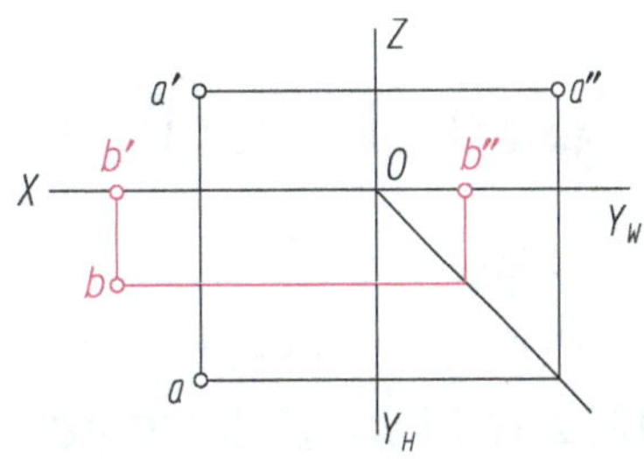

图 2-14　点 A、B 两点的三面投影

判别 A，B 两点在空间的相对位置：

上、下相对位置：$z_A-z_B=10$，故点 A 在点 B 上方 10 mm；

前、后相对位置：$y_A-y_B=10$，故点 A 在点 B 前方 10 mm；

左、右相对位置：$x_B-x_A=10$，故点 A 在点 B 右方 10 mm。

因此，点 A 在点 B 的右、前、上方各 10 mm 处。

2.3　直线的投影

一个物体上通常有许多的直线段，要正确、快速地绘制物体的投影图，必须研究直线的投影及投影特性。这里所讲述直线的投影是指有限长度的直线段的投影。

2.3.1　直线的三面投影

（1）直线的投影一般仍为直线。如图 2-15（a）所示，直线 AB 的水平投影 ab、正面投影 $a'b'$、侧面投影 $a''b''$均为直线。

（2）直线的投影可由直线上两点的同面投影（即同一投影面上的投影）来确定。因空间一直线可由直线上的两点来确定，所以直线的投影也可由直线上任意两点的投影来确定，如图 2-15（b）所示。

（3）求作直线三面投影的方法，实质上归结为求作直线段两端点 A，B 的三面投影，并将其各端点的同面投影用粗实线连接得到 ab，$a'b'$，$a''b''$，即为直线 AB 的三面投影，如图 2-15（c）所示。

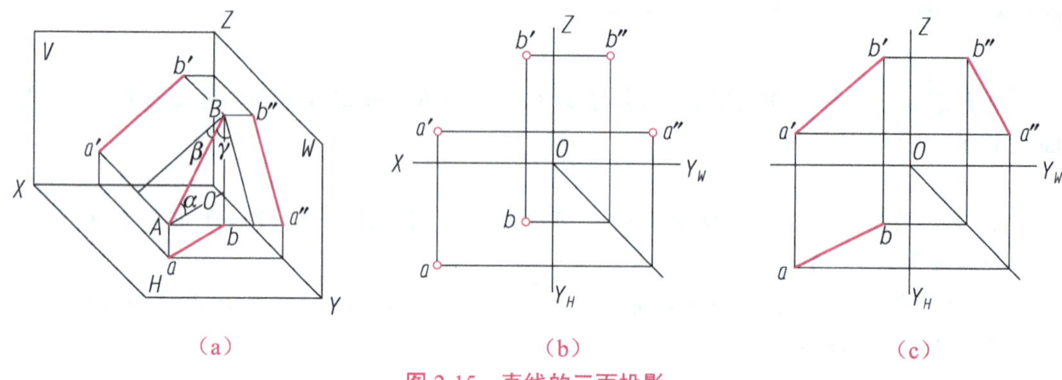

（a）（b）（c）

图 2-15　直线的三面投影

2.3.2　属于直线上的点

1. 从属性

属于直线上的点，其投影仍属于直线的投影。

如图 2-16 所示，若点 $C \in AB$，则必有 $c \in ab$，$c' \in a'b'$，$c'' \in a''b''$。

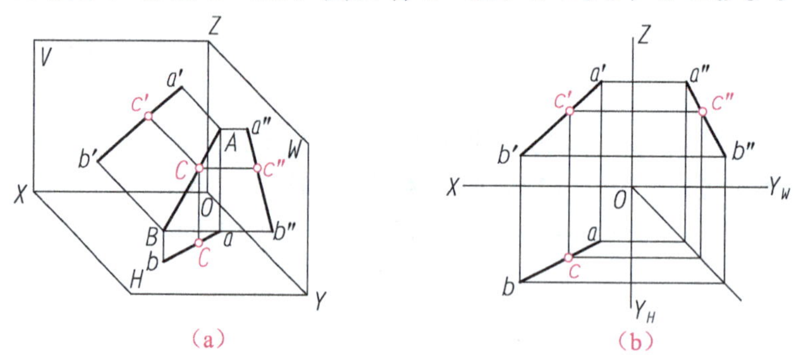

（a）（b）

图 2-16　属于直线上点的投影

> 如果一点的三面投影中有一面投影不属于直线的同面投影，则该点必不属于该直线。

如图 2-17（a）所示，已知直线 AB 的三面投影和属于直线的点 C 的水平投影 c，求点 C 的正面投影 c'和侧面投影 c''，作图情况如图 2-17（b）所示。

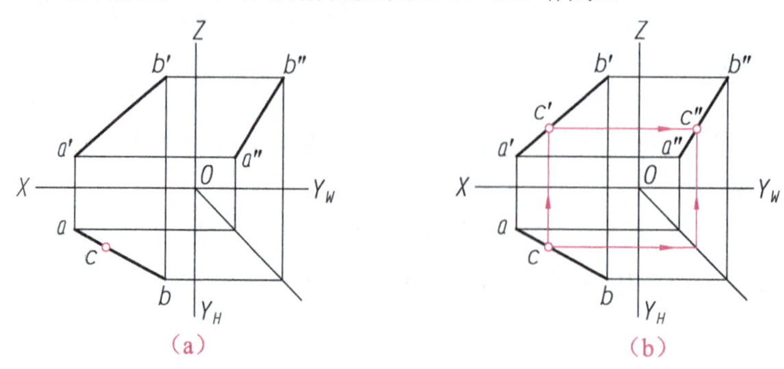

（a）（b）

图 2-17　属于直线上点的投影作图

2. 定比性

属于直线上的点，将直线分成一定比，其点在各投影面上的投影必定将该直线的同面投影分成定比。如图 2-16 所示，$AC∶CB = ac∶cb = a'c'∶c'b' = a''c''∶c''b''$。

2.3.3　各种位置直线的投影

1. 一般位置直线

对三个投影面都倾斜的直线，称一般位置直线。如图 2-15 所示，一般位置直线的投影特性为

（1）一般位置直线的各面投影都与投影轴倾斜；

（2）一般位置直线的各面投影长度均小于实长；

（3）一般位置直线的各面投影与投影轴的夹角不等于空间直线与投影面的夹角。

直线和投影面的夹角称为直线对投影面的倾角。直线对 *H* 面、*V* 面、*W* 面的倾角分别以 α，β，γ 表示，如图 2-15（a）所示。

2. 特殊位置直线

1）投影面平行线

平行于某一个投影面且与其他两个投影面都倾斜的直线称为投影面平行线。其中，平行于 *H* 面的直线称为水平线，平行于 *V* 面的直线称为正平线，平行于 *W* 面的直线称为侧平线。投影面平行线的投影特性如表 2-2 所示。

表 2-2　投影面平行线的投影特性

名称	水平线（// *H*，对 *V*，*W* 面倾斜）	正平线（// *V*，对 *H*，*W* 面倾斜）	侧平线（// *W*，对 *H*，*V* 面倾斜）
轴测图	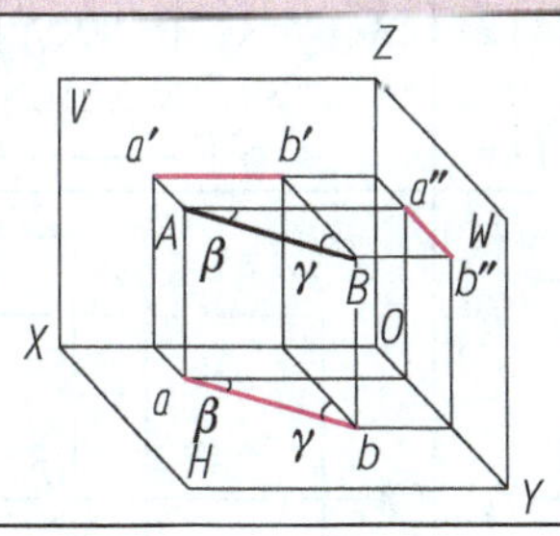	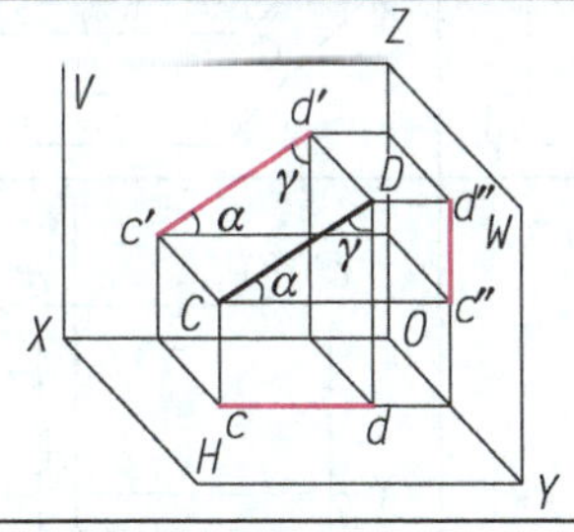	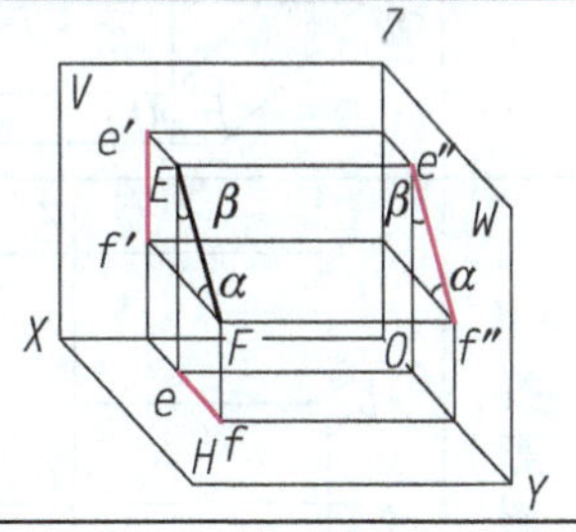
投影图	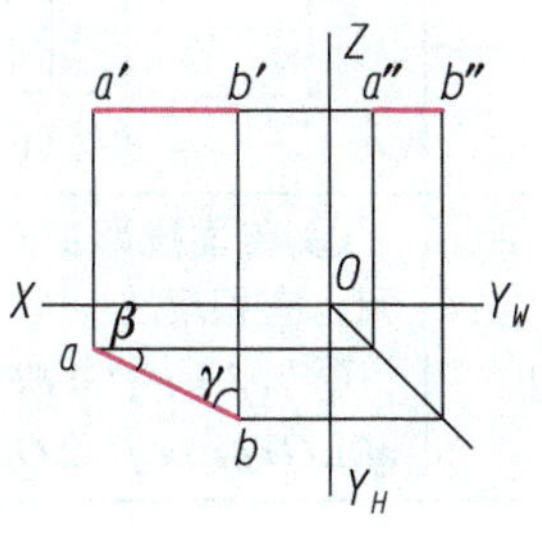	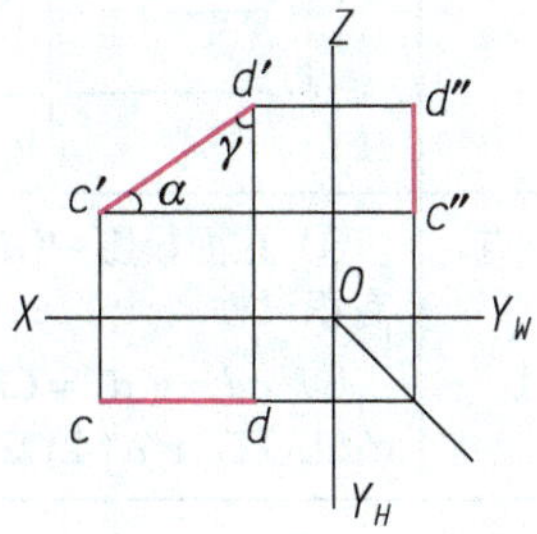	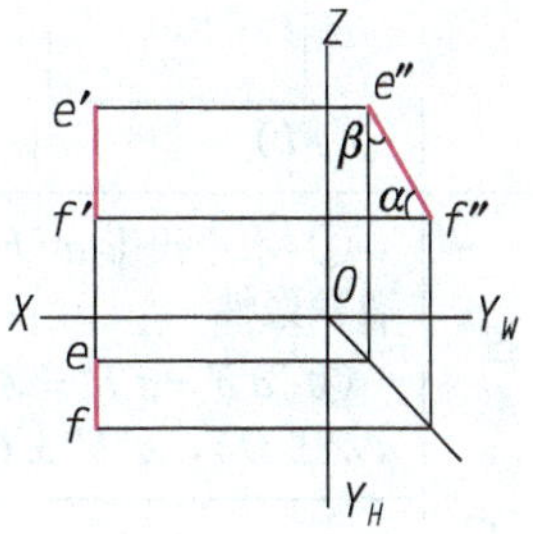

（续表）

名称	水平线 （$\parallel H$，对 V，W 面倾斜）	正平线 （$\parallel V$，对 H，W 面倾斜）	侧平线 （$\parallel W$，对 H，V 面倾斜）
投影特性	① 水平投影 $ab=AB$ ② 正面投影 $a'b' \parallel OX$，侧面投影 $a''b'' \parallel OY_W$，都不反映实长 ③ ab 与 OX 和 OY_H 的夹角 β，γ 等于 AB 对 V，W 面的倾角	① 正面投影 $c'd'=CD$ ② 水平投影 $cd \parallel OX$，侧面投影 $c''d'' \parallel OZ$，都不反映实长 ③ $c'd'$ 与 OX 和 OZ 的夹角 α，γ 等于 CD 对 H，W 的倾角	① 侧面投影 $e''f''=EF$ ② 水平投影 $ef \parallel OY_H$，正面投影 $ef \parallel OZ$，都不反映实长 ③ $e''f''$ 与 OY_W 和 OZ 的夹角 α，β 等于 EF 对 H，V 面的倾角
	小结：① 在所平行的投影面上的投影反映实长 ② 其他另两面投影平行于相应的投影轴 ③ 反映实长的投影与投影轴所夹的角度，等于空间直线对相应投影面的倾角		

2）投影面垂直线

若空间一直线垂直于某一个投影面，则该直线必定平行于另外两个投影面，这样的直线称为投影面垂直线。其中，垂直于 H 面的直线称为铅垂线，垂直于 V 面的直线称为正垂线，垂直于 W 面的直线称为侧垂线。投影面垂直线的投影特性如表 2-3 所示。

表 2-3 投影面垂直线的投影特性

名称	铅垂线 （$\perp H$，$\parallel V$ 和 W）	正垂线 （$\perp V$，$\parallel H$ 和 W）	侧垂线 （$\perp W$，$\parallel W$ 和 V）
轴测图	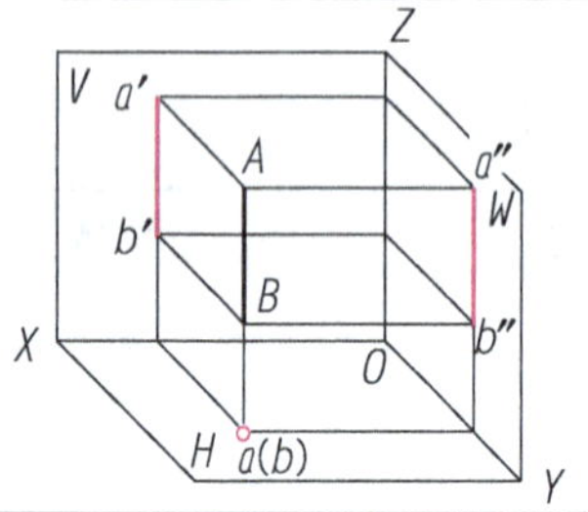	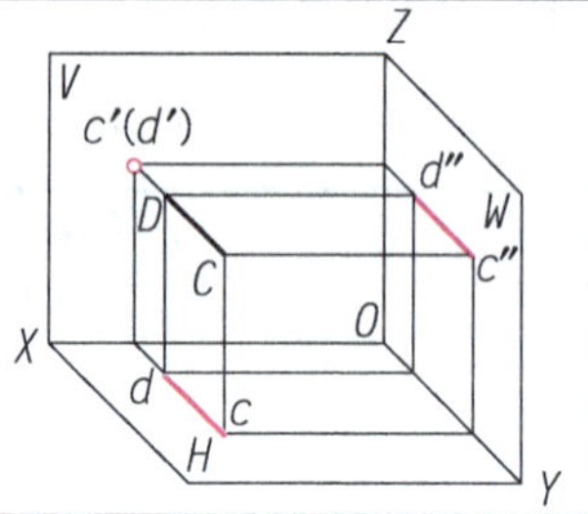	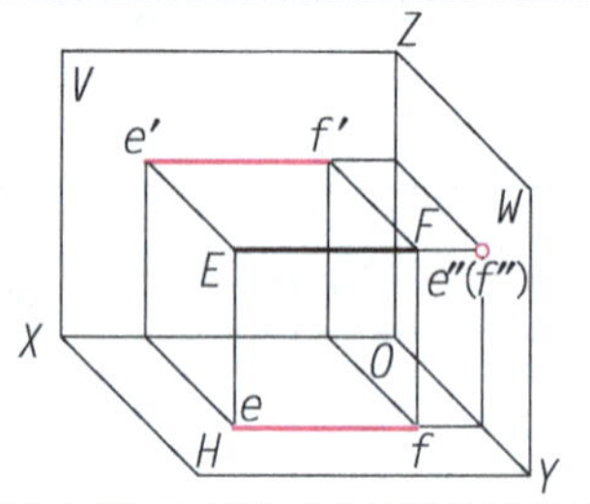
投影图	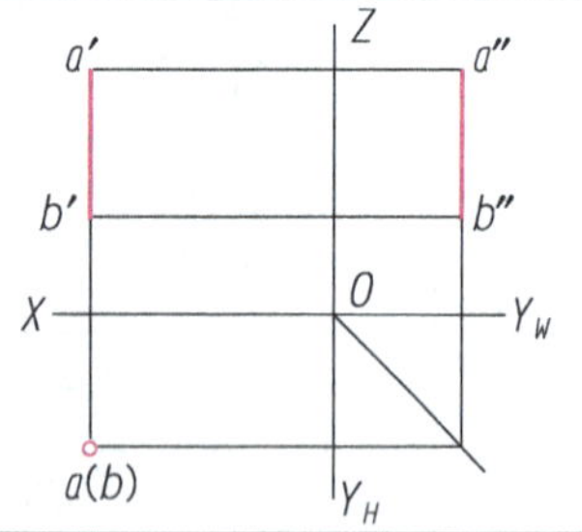	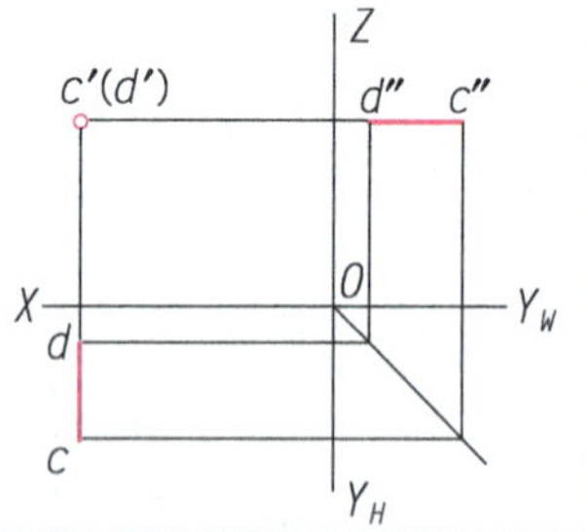	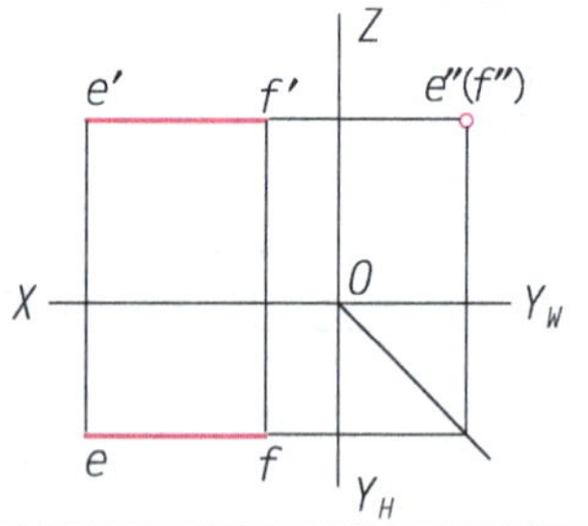
投影特性	① 水平投影 $a(b)$ 成一点，有积聚性 ② $a'b'=a''b''=AB$，且 $a'b' \perp OX$，$a''b'' \perp OY_W$	① 正面投影 $c'(d')$ 成一点，有积聚性 ② $cd=c''d''=CD$，且 $c'd \perp OX$，$c''d'' \perp OZ$	① 侧面投影 $e''(f'')$ 成一点，有积聚性 ② $ef=e'f'=EF$，且 $ef \perp OY_H$，$e'f' \perp OZ$
	小结：① 在所垂直的投影面上的投影有积聚性 ② 其他另两面投影反映线段实长，且垂直于相应的投影轴		

2.3.4　两直线的相对位置

空间两直线的相对位置有平行、相交和交叉三种情况。其中，平行两直线和相交两直线称为共面直线，交叉两直线称为异面直线。

1. 两直线平行

两直线平行的投影规律如下。

（1）若两直线平行，则它们的各组同面投影一定相互平行。反之，若空间两直线的各组同面投影均相互平行，则该两直线一定为平行关系。

（2）若两直线平行，则它们的长度之比等于它们各组同面投影的长度之比。

如图 2-18 所示，直线 AB 与直线 CD 平行，则 $ab /\!/ cd$ ，$a'b' /\!/ c'd'$ ，$a''b'' /\!/ c''d''$ ，且 $AB : CD = ab : cd = a'b' : c'd' = a''b'' : c''d''$ 。

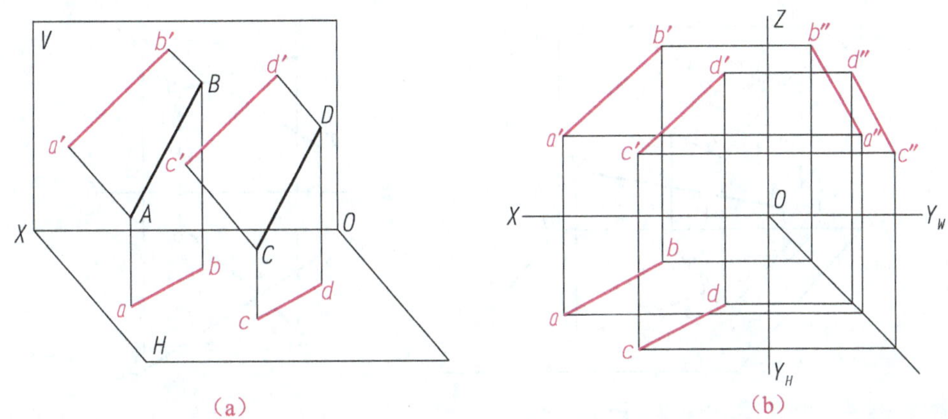

（a）　（b）

图 2-18　平行两直线的投影

2. 两直线相交

如果空间两直线相交，则它们的各组同面投影一定相交，且其交点符合直线上点的投影规律。反之，如果空间两直线的各组同面投影都相交，并且交点的投影符合直线上点的投影规律，则这两条直线一定相交。

例如，直线 AB 和 CD 相交于点 K，则其投影 ab 与 cd 相交于点 k，$a'b'$ 与 $c'd'$ 相交于点 k'，$a''b''$ 与 $c''d''$ 相交于点 k''，并且点 k，k'，k'' 符合直线上点的投影规律，如图 2-19 所示。

3. 两直线交叉

若空间两条直线既不平行也不相交，则称其为交叉两直线。交叉两直线的同面投影可能有一组、两组或者三组分别相交，但交点的投影并不符合直线上点的投影规律。反之，若空间两直线的各组投影既不符合两直线平行的投影规律，也不符合两直线相交的投影规律，则这两直线一定交叉。

如图 2-20（a）所示，直线 AB 和 CD 为交叉直线，则这两条直线的正面投影和水平投影均相交，但正面投影中的交点与水平投影中的交点并非同一点，其投影图如图 2-20（b）所示。

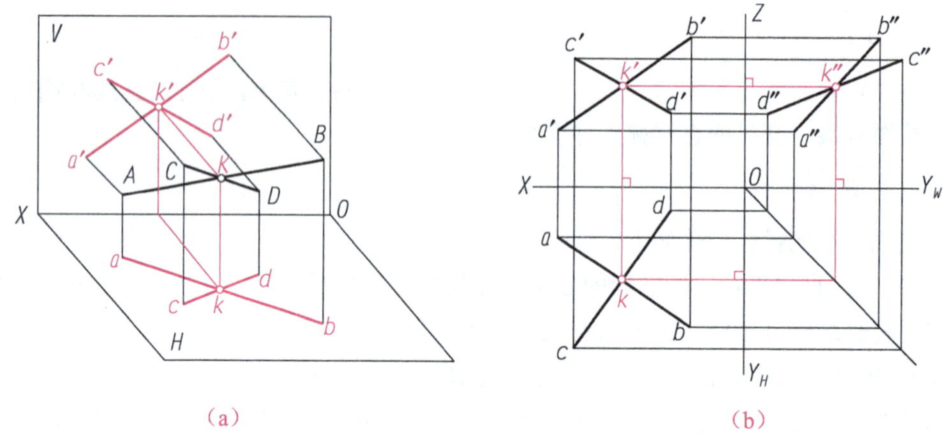

图 2-19　相交两直线的投影

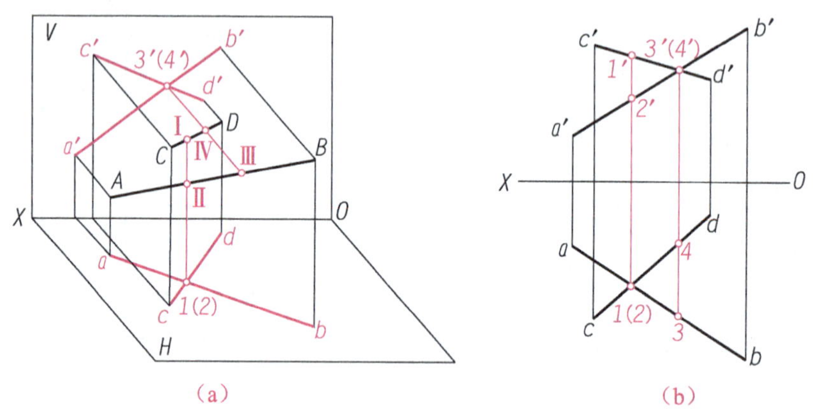

图 2-20　交叉两直线的投影

2.4　平面的投影

2.4.1　平面的表示法

由初等几何知识，不属于同一直线的三点确定一平面。根据几何原理也可转换为：一直线及直线外一点；相交两直线；平行两直线或任何一平面图形来确定平面。因此，可以用下列任一组几何元素的投影表示平面的投影。

（1）不属于同一直线的三点，如图 2-21（a）所示。

（2）一直线和不属于该直线的一点，如图 2-21（b）所示。

（3）相交两直线，如图 2-21（c）所示。

（4）平行两直线，如图 2-21（d）所示。

（5）任一平面图形，如三角形，圆及其他图形，如图 2-21（e）所示。

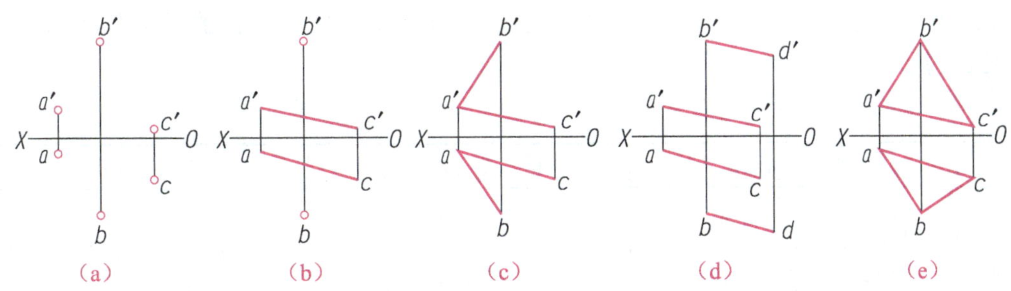

图 2-21　平面的表示法

2.4.2　平面图形的投影

众所周知，平面图形的边和顶点，是由一些线段（直线段或曲线段）及其交点组成的。因此，这些线段的投影的集合，即为该平面图形的投影。

求作平面图形的投影，实质上归结为：先画出平面图形各顶点的投影，然后将各点同面投面影依次连接，即为平面图形的投影，如图 2-22 所示。

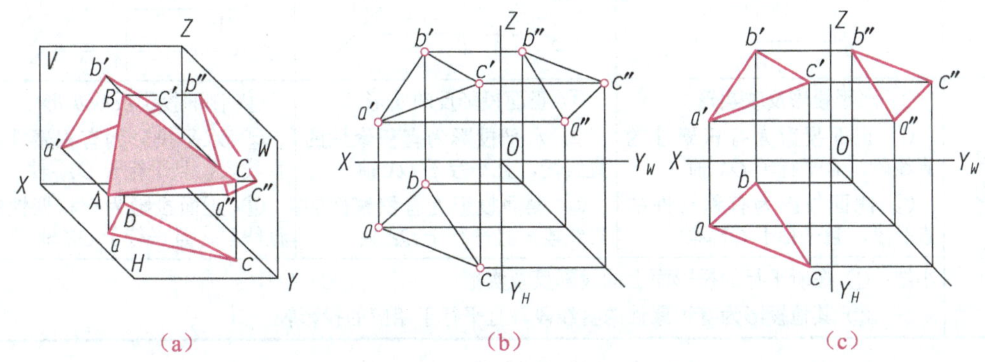

图 2-22　平面图形的投影

2.4.3　各种位置平面的投影

1. 一般位置平面

对三个投影面都倾斜的平面，称为一般位置平面。

如图 2-22 所示，$\triangle ABC$ 为一般位置平面。由于$\triangle ABC$ 对三个投影面都倾斜，所经各面投影虽然仍是三角形，但都不反映实形，而是原平面图形的类似形——边数相同、形状类似。

2. 特殊位置平面

1）投影面平行面

若空间一平面平行于一个投影面，则该平面必与另外两个投影面都垂直，这样的平面称为投影面平行面。其中，平行于 H 面的平面称为水平面，平行于 V 面的平面称为正平面，平行于 W 面的平面称为侧平面，如表 2-4 所示。

2）投影面垂直面

垂直于一个投影面而与另外两个投影面都倾斜的平面称投影面垂直面。其中，垂直于

H 面的平面称为铅垂面，垂直于 *V* 面的平面称为正垂面，垂直于 *W* 面的平面称为侧垂面，如表 2-5 所示。

表 2-4　投影面平行面的投影特性

名称	水平面（// *H*）	正平面（// *V*）	侧平面（// *W*）
轴测图	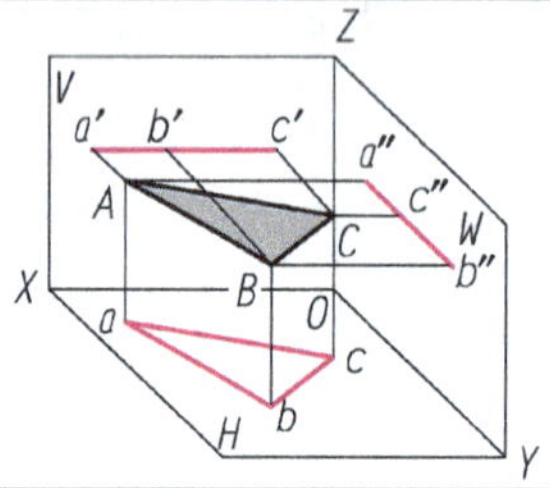	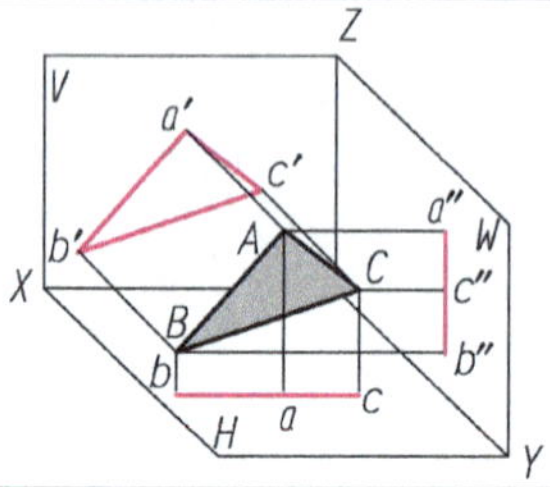	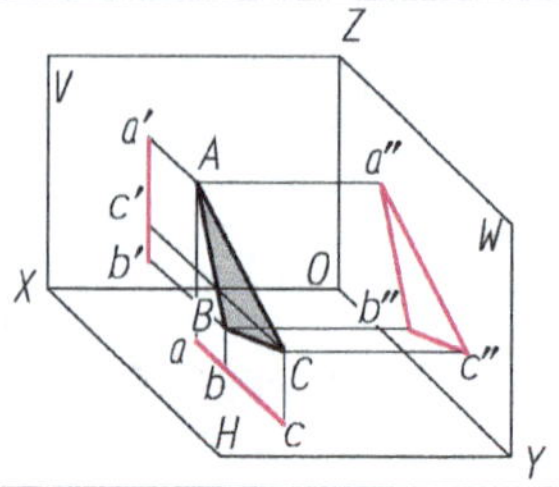
投影图	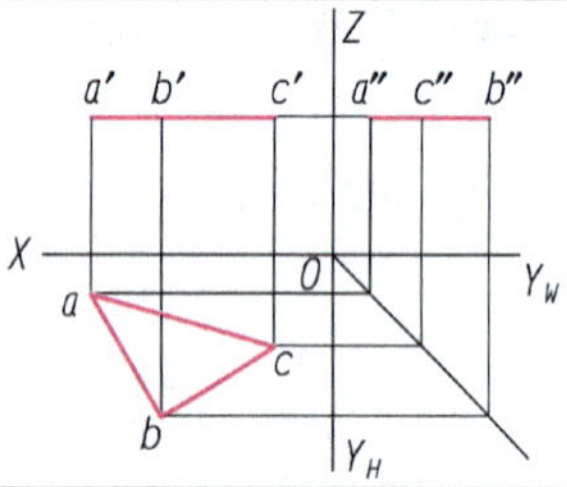	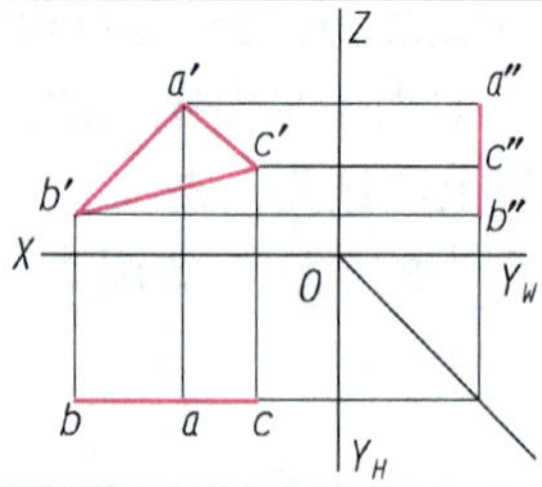	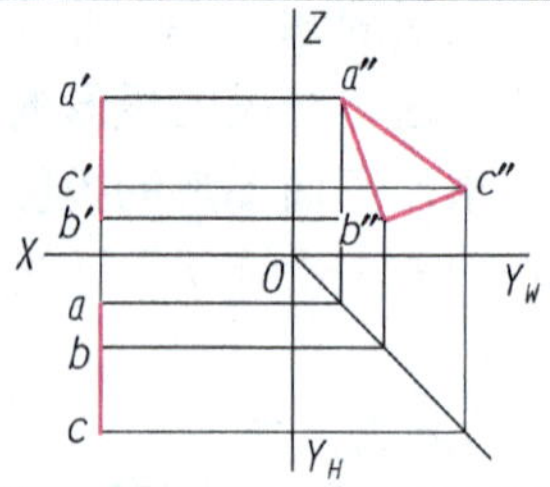
投影特性	① 水平投影反映实形 ② 正面投影为有积聚性的直线段，且平行于 *OX* 轴 ③ 侧面投影为有积聚性的直线段，且平行于 OY_W 轴	① 正面投影反映实形 ② 水平投影为有积聚性的直线段，且平行于 *OX* 轴 ③ 侧面投影为有积聚性的直线段，且平行于 *OZ* 轴	① 侧面投影反映实形 ② 水平投影为有积聚性的直线段，且平行于 OY_H 轴 ③ 正面投影为有积聚性的直线段，且平行于 *OZ* 轴
	小结：① 在所平行的投影面上的投影反映实形 ② 其他投影为有积聚性的直线段，且平行于相应的投影轴		

表 2-5　投影面垂直面的投影特性

名称	铅垂面（⊥*H*）	正垂面（⊥*V*）	侧垂面（⊥*W*）
轴测图	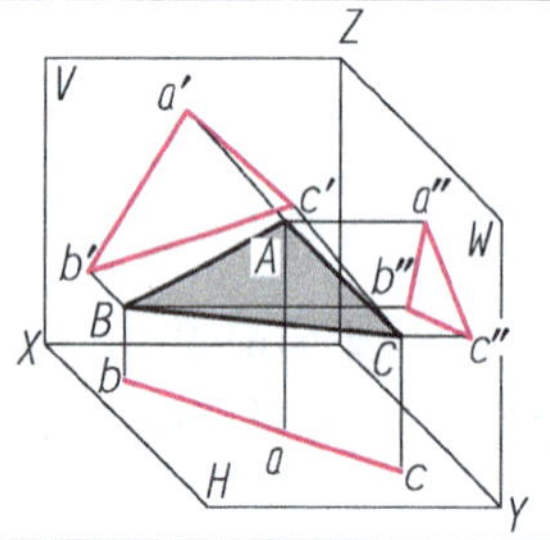	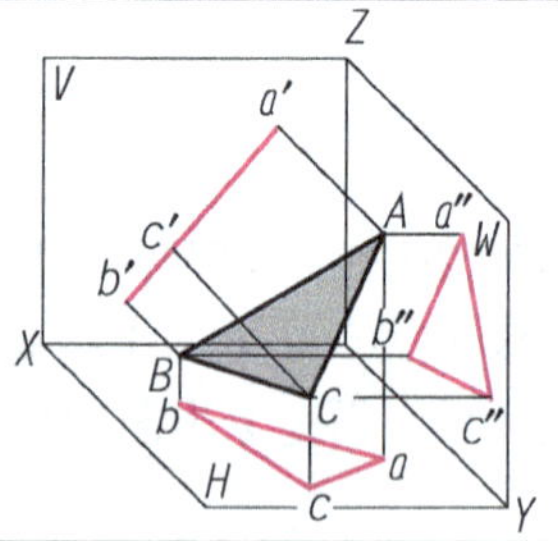	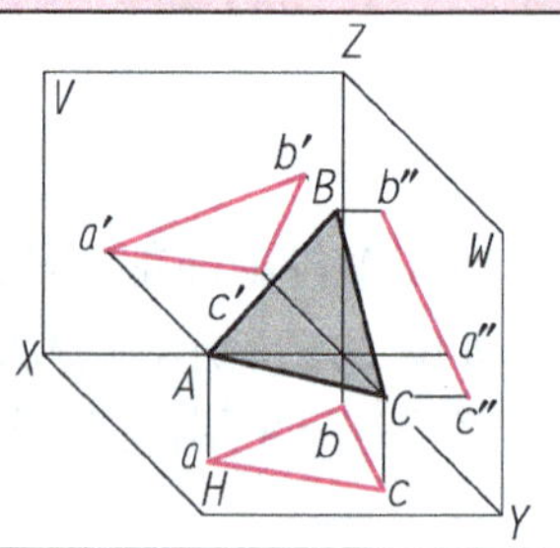
投影图	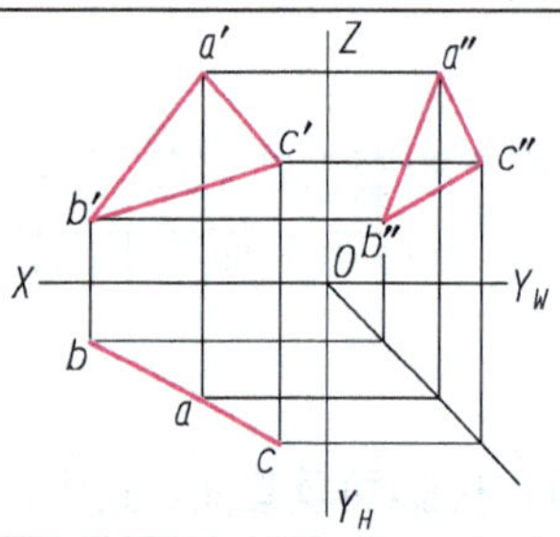	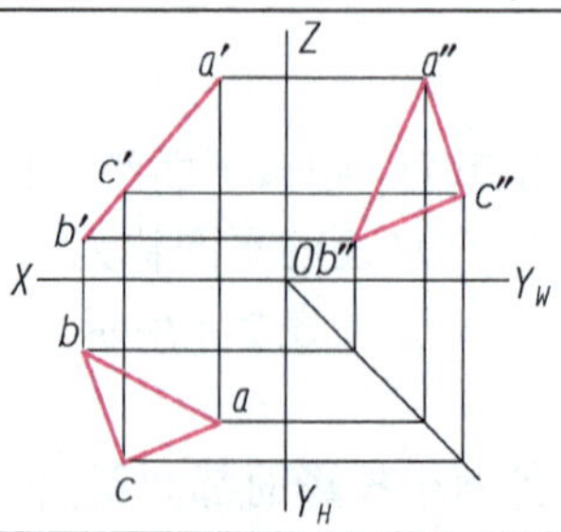	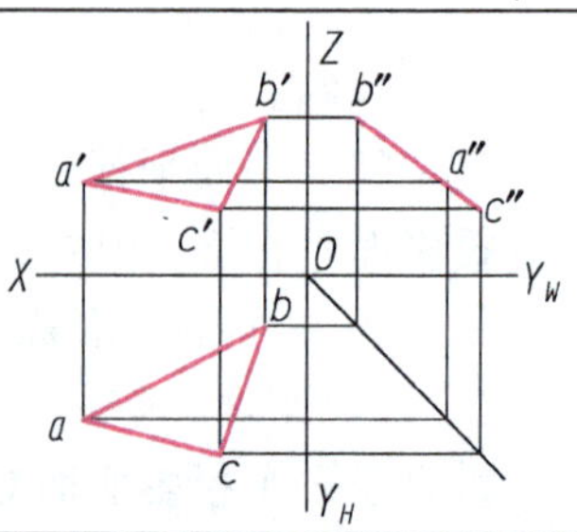

（续表）

名称	铅垂面（⊥H）	正垂面（⊥V）	侧垂面（⊥W）
投影特性	① 水平投影成为有积聚性的倾斜直线段 ② 正面投影和侧面投影为原形的类似形	① 正面投影成为有积聚性的倾斜直线段 ② 水平投影和侧面投影为原形的类似形	① 侧面投影成为有积聚性的倾斜直线段 ② 正面投影和水平投影为原形的类似形
	小结：① 在所有垂直的投影积聚成一条与投影轴倾斜的直线段 ② 其他另两面投影为原形的类似形		

2.4.4　属于平面的直线和点

1. 从属于平面的直线

直线从属于平面的条件是：

（1）一直线经过属于平面的两点；

（2）一直线经过属于平面的一点，且平行于属于该平面的另一直线。

【例 2-3】如图 2-23 所示，已知平面 ABC，试作出属于该平面的任一直线。

作图步骤一：

如图 2-23（a）所示，根据“一直线经过属于该平面的两点”的条件作图。

① 任取属于直线 AB 的一点 M，它的投影分别为 m 和 m'；

② 再取属于直线 BC 的一点 N，它的投影分别为 n 和 n'；

③ 连接两点的同面投影。由于 M，N 皆属于平面，所以 mn 和 $m'n'$所表示的直线 MN 必属于平面 ABC。

作图步骤二：

如图 2-23（b）所示，根据“一直线经过属于该平面的一点，且平行于属于该平面的另一直线”的条件作图。

经过属于平面的任一点 M（m，m'），作直线 MD（md，$m'd'$）平行于已知直线 BC（bc，$b'c'$，），则直线 MD 必属于平面 ABC。

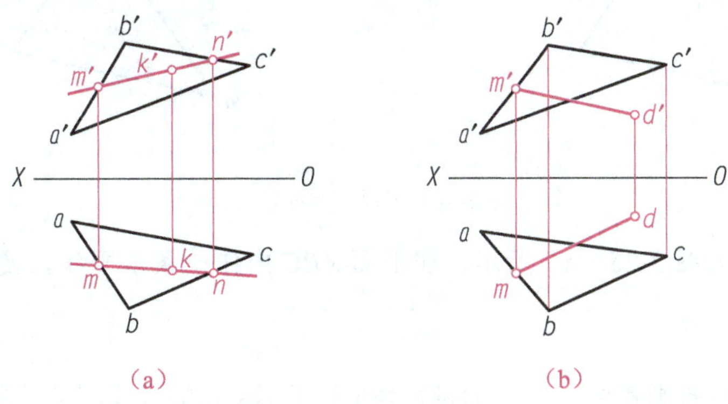

图 2-23　取属于平面的直线

2. 从属于平面的点

点从属于平面的条件是：若点属于一直线，直线属于一平面，则该点必属于该平面。因此，在取属于平面的点时，首先应取属于平面的线，再取属于该线的点。

如图 2-23（a）所示，在属于平面 *ABC* 的直线 *MN* 上取一点 *K* 的作图步骤如下：

由于 $K \in MN$，所以根据点属于直线的特性可知，$k' \in m'n'$，再过 k'作 *OX* 轴的垂线，交 *mn* 于 *k*，则 *k* 和 k'即为点 *K* 的两面投影。

【例 2-4】如图 2-24（a）所示，已知属于平面 *ABC* 的点 *E* 的正面投影 e'和点 *F* 的水平投影 *f*，试求它们的另一面投影。

分析：

因为点 *E*，*F* 属于平面 *ABC*，故过 *E*，*F* 各作一条属于平面 *ABC* 的直线，则点 *E*，*F* 的两个投影必属于相应直线的同面投影。

作图步骤：

① 如图 2-24（b）所示，过 *E* 作直线 Ⅰ Ⅱ 平行 *AB*，即过 e'作 $1'2' \mathbin{/\!/} a'b'$，再求出水平投影 12；然后过 e'作 *OX* 轴的垂线与 12 相交，交点即为点 *E* 的水平投影 *e*；

② 过 *F* 和定点 *A* 作直线，即过 *f* 作直线的水平投影 *fa*，*fa* 交 *bc* 于点 3，再作出其正面投影点 $3'$；

③ 过 *f* 作 *OX* 轴的垂线与 $a'3'$的延长线相交，交点即为点 *F* 的正面投影 f'。

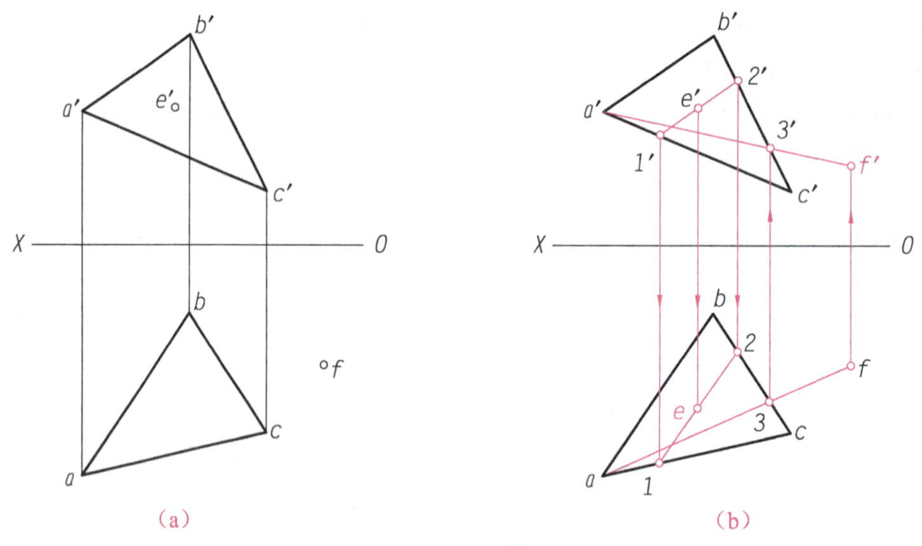

图 2-24 取属于平面的点

【例 2-5】如图 2-25（a）所示，在平面 *ABC* 内作一条水平线，使其到 *H* 面的距离为 10。

分析：

根据水平线的投影特性，其 *V* 面投影为平行于 *OX* 轴的直线，又根据水平线到 *H* 面的距离即可作出其 *V* 面投影；再根据直线在平面内的投影特性，可求出其水平投影。

作图步骤：

① 如图 2-25（b）所示，作一条与 OX 轴平行且距离为 10 的平行线，交 $a'b'$ 于 m'，交 $a'c'$ 于 n'，$m'n'$ 即为水平线在 V 面上的投影；

② 根据点在线上的从属性，作出 M，N 点的水平投影 m 和 n，mn 即为水平线的水平投影；

③ 用粗实线加粗 $m'n'$，mn，即为所求直线的两面投影。

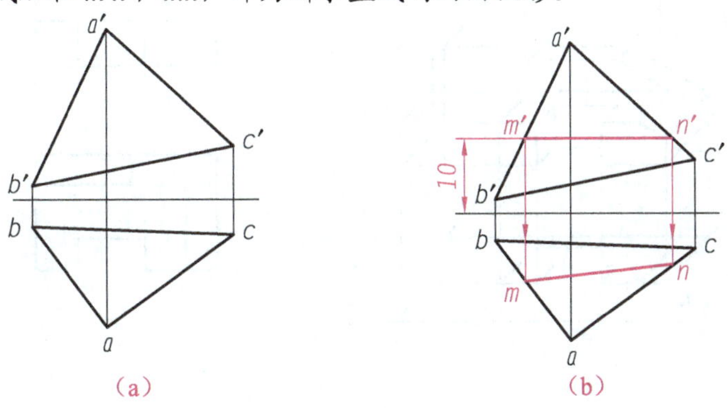

图 2-25　平面内作水平线

2.5　三视图的投影规律及画法

2.5.1　三视图的形成

在机械制图中，根据有关标准和规定，用正投影法所绘制出物体的图形，称为视图。一般情况下，根据物体的一个投影（视图）不能确定其形状，如图 2-26 所示，3 个形状不同的物体，它们在同一投影面上的投影（视图）却相同，所以，要清楚反映物体的完整形状，通常需要多面投影（视图），即将物体放在三投影面体系中，将物体分别向多个投影面投射，获得多面投影（视图）。工程上常用三投影面体系来表达简单物体的形状。

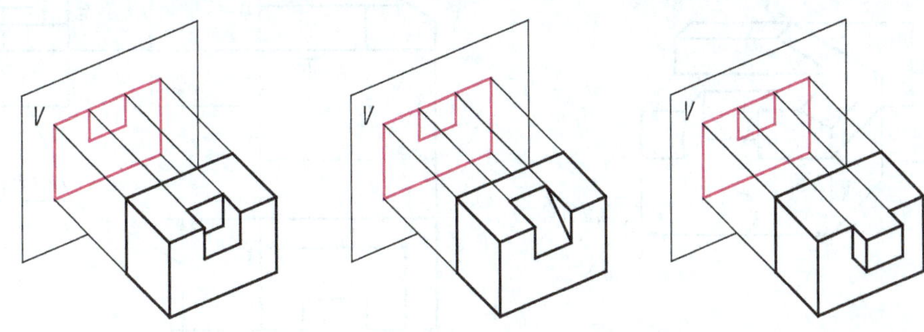

图 2-26　一个视图不能确定物体形状

如图 2-27（a）所示，将物体放在三投影面体系中，按正投影法向 V 面、H 面和 W 面作投影，即可分别得到主视图、俯视图和左视图。

主视图——由前向后投射，在正面上所得的视图；

俯视图——由上向下投射，在水平面上所得的视图；

左视图——由左向右投射，在侧面上所得的视图。

绘图时，不必绘制投影面和投影轴，只需画出三面视图，如图 2-27（b）所示。

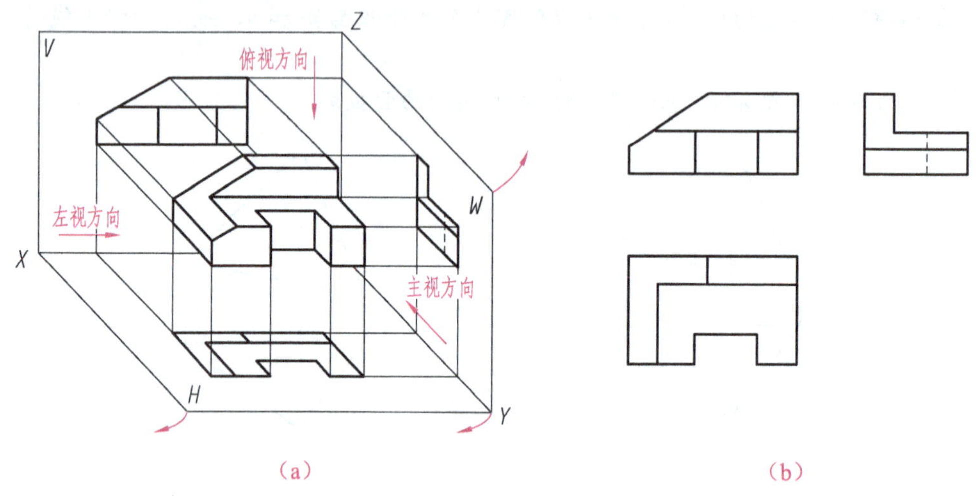

图 2-27　立体的三视图

2.5.2　三视图之间的对应关系

1. 三视图的位置关系

以主视图为准，俯视图在它的下面，左视图在它的右面。按此位置配置的三视图，不需注写其名称。

2. 三视图间的“三等”关系

如图 2-28 所示，从三视图的形成过程中，可以看出：

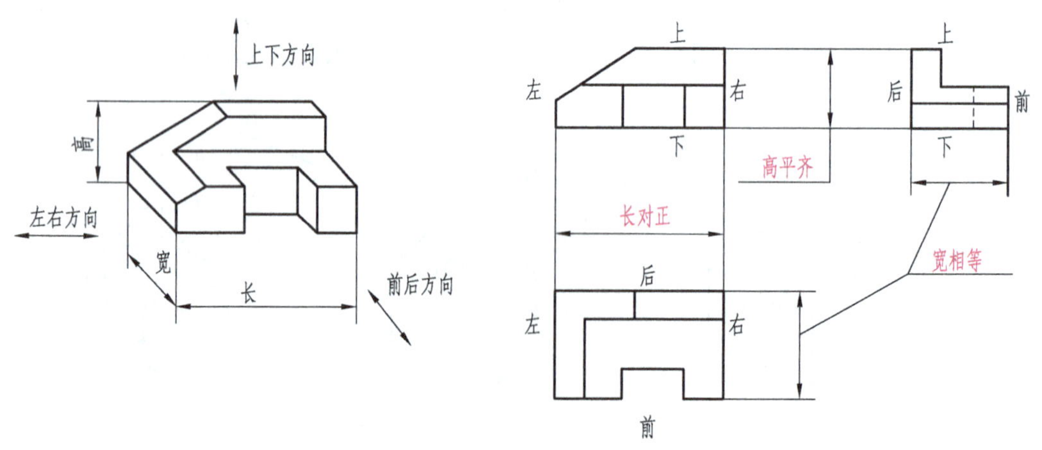

图 2-28　三视图的“三等”关系

主视图反映物体的长度（X）和高度（Z）；

俯视图反映物体的长度（X）和宽度（Y）；

左视图反映物体的高度（Z）和宽度（Y）。

由此可归纳得出：

主、俯视图——长对正；

主、左视图——高平齐；

俯、左视图——宽相等。

应当指出，无论是整个物体或物体的局部，其三面投影都必须符合“长对正、高平齐、宽相等”的“三等”规律，如图 2-29 所示。

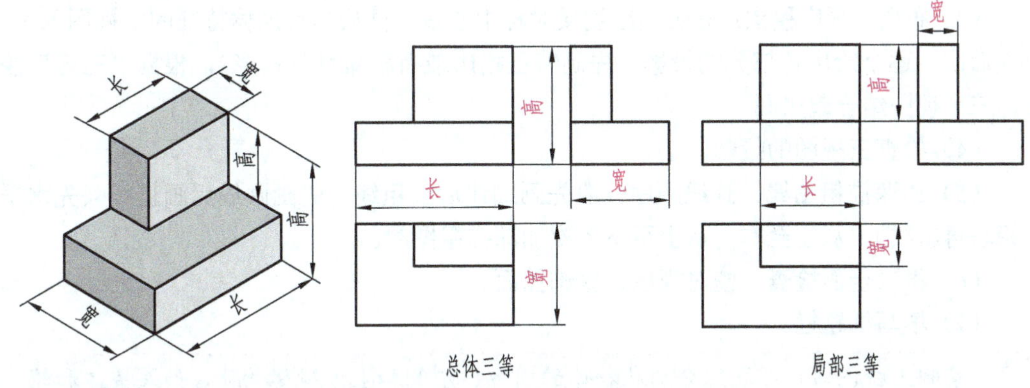

图 2-29　三视图的局部“三等”关系

3. 视图与物体的方位关系

方位关系是指以绘图（或看图）者面对正面（即主视图的投射方向）观察物体为准，看物体的上、下、左、右、前、后六个方位在三视图中的对应关系，如图 2-30 所示。

主视图——反映物体的上、下和左、右；

俯视图——反映物体的左、右和前、后；

左视图——反映物体的上、下和前、后。

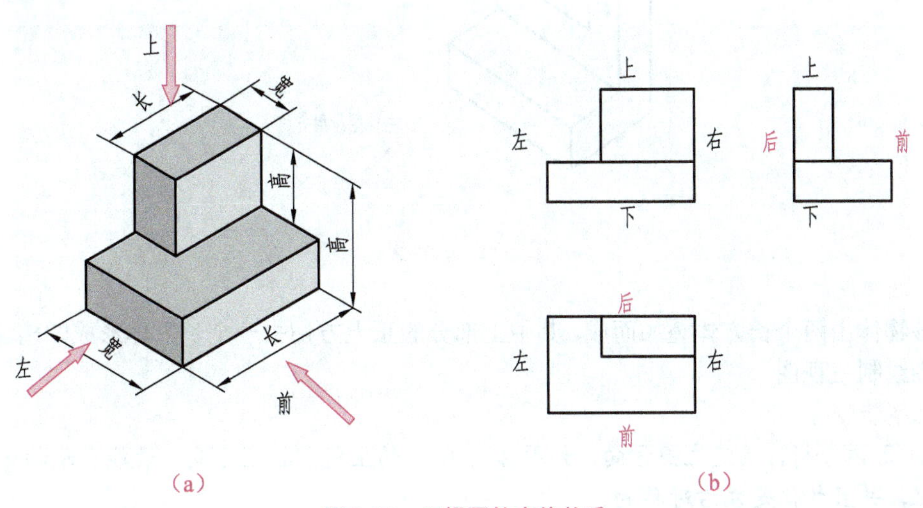

图 2-30　三视图的方位关系

俯、左视图靠近主视图的一边（里边），均表示物体的后面，远离主视图的一边（外边），均表示物体的前面。

2.5.3 三视图的画法及作图步骤

（1）分析形体，确定主视图投射方向：主视图尽可能反映物体的形状特征，其他视图应作图简单、细虚线少。

（2）确定绘图比例和图幅：根据物体的复杂程度和大小来确定。

（3）布局，画底稿图：先画基准线或对称中心线，再从具有形体特征的主视图入手，先主后次，逐个绘出各部分的投影（先画特征投影或有积聚性的投影），根据“三等”规律，三个视图结合起来画。

（4）检查三视图的投影。

（5）加深描粗图线。画线顺序一般先画细线后画粗线、先画圆线后画直线（先水平后铅垂再斜线）、从左至右、从上至下依次加深描粗图线。

（6）再次全面检查、校对视图、修饰图面。

（7）填写标题栏。

绘制三视图时，可设想分别从物体的前方、左侧和上方观察物体，如果棱边和轮廓线可见，则用粗实线表示；如果棱边和轮廓线不可见，则用细虚线表示。当粗实线与细虚线或细点画线重合时，应画成粗实线；当细虚线与细点画线重合时，则应画成细虚线。

【例 2-6】根据图 2-31 所示立体图，绘制主视图、俯视图和左视图。

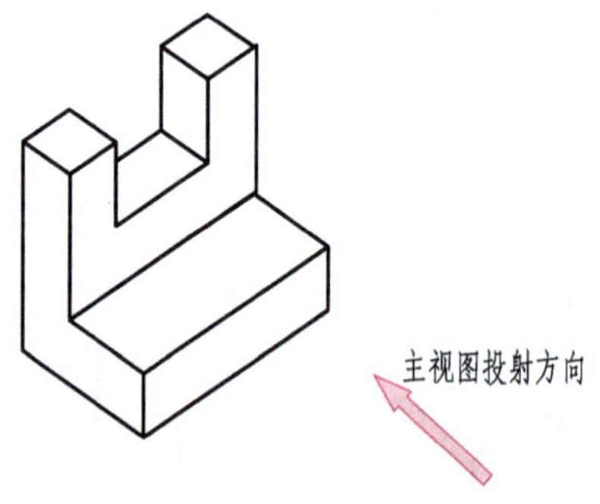

图 2-31 立体图

分析：

该物体由两个长方体叠加而成，其中上部分的正上方切去一个长方体形成凹槽。根据立体图绘制三视图。

作图步骤：

① 形体分析，确定主视方向，如图 2-31 所示的主视图投射方向，最能反映物体的形状特征，并且物体是左右对称的。

② 画投影轴和 45°辅助线，如图 2-32（a）所示。

③ 布局，画主要结构的底稿图：利用“三等”关系——长对正，高平齐，宽相等，绘制两个叠加长方体的三视图，如图 2-32（b）所示，注意先画基准线或对称中心线。

④ 完成局部结构凹槽的投影：先完成凹槽特征视图——主视图的投影，再利用“长对正”完成俯视图中切去的长方体的投影，然后根据“高平齐”补画左视图中挖去的长方体的投影，如图 2-32（c）所示。由于挖去的长方体的深度在左视图中不可见，故用细虚线表示。

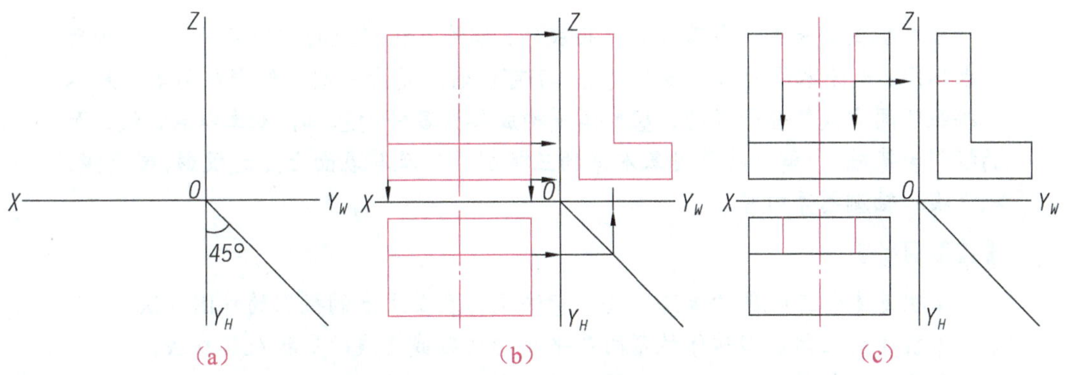

图 2-32　绘制立体的三视图

⑤ 对照立体图检查补画的三视图，清洁图面并擦去多余的辅助线，确认无误后加深描粗图线，如图 2-33 所示。

⑥ 全面检查，校对图纸，清洁图面。

主视图尽可能反映物体的形状特征；注意三视图间的三等关系，尤其是俯、左视图宽相等；对称图形画对称中心线——细点画线；不要漏画不可见轮廓的投影——细虚线。

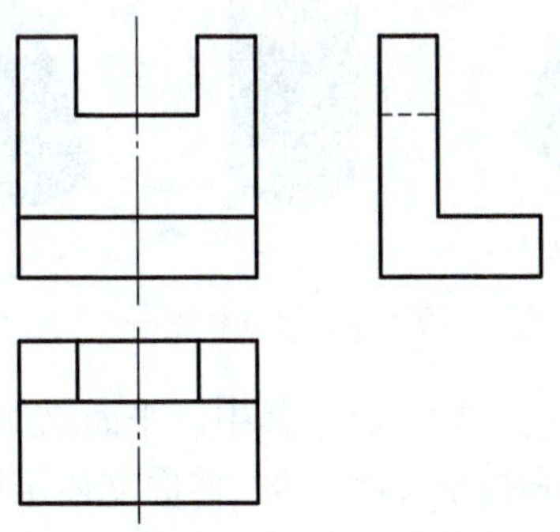

图 2-33　清洁图面并加深描粗图线

第 3 章　基本体的三视图及轴测图

【本章导读】

任何机器都是由许多零件装配而成的，零件在机器上的作用不同，其结构形状也不同。无论零件的形状多么复杂，都可以看成是由一些几何形状简单的基本体按照不同方式组合而成的。基本体是构成各种零件的基础，本章以点、线、面的投影为基础，讲解一些常见基本体的三视图画法及其表面上点的投影、截交线、相贯线和轴测图等内容。

【技能目标】

- 掌握基本体三视图的画法、尺寸标法及其表面上点的投影的作图方法。
- 掌握平面立体和回转体被不同截平面切割后截交线的形状及其画法。
- 熟悉常见相贯线的形状，能够熟练画出常见相贯线及相贯体的投影。
- 能够根据截断线和相贯线的特征，标注截断体和相贯体的尺寸。
- 能熟练地绘制简单形体的正等轴测图和斜二等轴测图。

3.1　基本体的三视图及尺寸标注

任何物体都可以看成是由若干个基本体组合而成的，这些基本体包括棱柱、棱锥、圆柱、圆锥和圆球等，如图 3-1 所示。

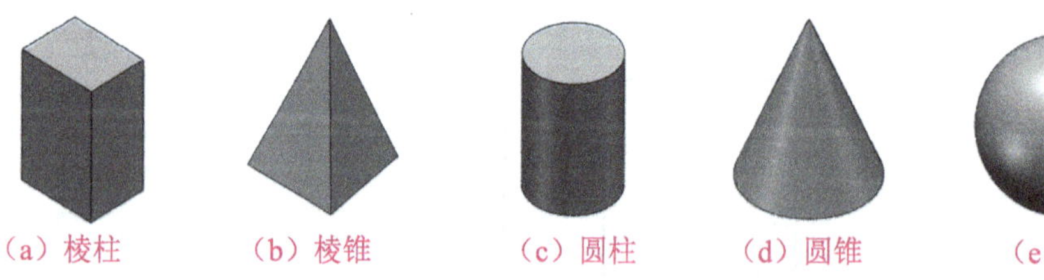

（a）棱柱　（b）棱锥　（c）圆柱　（d）圆锥　（e）圆球

图 3-1　常见基本体

基本体分为平面立体和曲面立体两种。其中，平面立体是指表面均为平面的基本体，工程上常见的有长方体、棱柱和棱锥（台）等；曲面立体是指表面由曲面或曲面和平面组成的基本体，工程上常见的曲面立体为回转体，如圆柱、圆锥（台）和圆球等。

3.1.1　平面立体的三视图及作图步骤

绘制平面立体的投影图，就是按照投影规律绘出立体表面上所有轮廓线的投影。可见轮廓线画成粗实线，不可见轮廓线画成细虚线。

1. 棱柱及其表面上点的投影

棱柱是由两个底面和若干棱面围成的平面立体，立体上相邻表面的交线称为棱线。棱柱是由两个相互平行的多边形为底面和几个矩形为侧面围成的立体，棱柱有直棱柱和斜棱柱。顶面和底面为正多边形的直棱柱，称为正棱柱。常见的棱柱有三棱柱、四棱柱、五棱柱、六棱柱等。

棱柱的作图方法：先画出棱柱底面多边形的水平投影（也为侧棱面的积聚性投影），再根据三等规律完成另外两面投影。

投影图特征：一面视图为多边形，另两面视图为矩形框。

不同棱柱的三视图，其画法大致相同。下面以六棱柱为例，分析其投影特征和作图方法。

1）棱柱的投影

如图 3-2 所示，以正六棱柱为例，将该六棱柱置于三投影面体系中，为了便于作图，摆成特殊位置，使顶面和底面（正六边形）平行于 *H* 面，并使前、后侧棱面与 *V* 面平行。

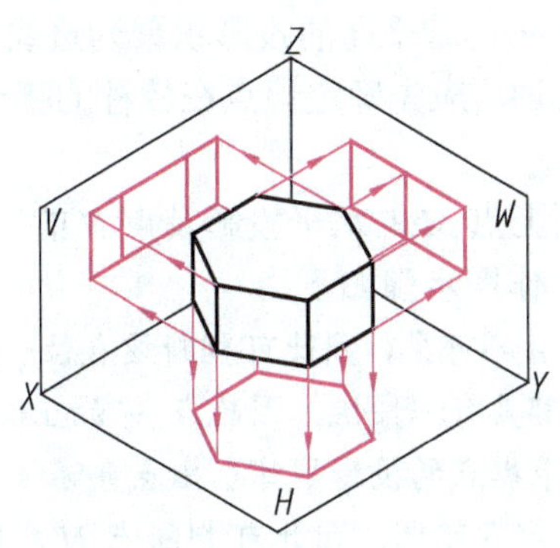

图 3-2　正六棱柱

该六棱柱的投影特性如下：

- **俯视图**：反映顶面和底面实形，即为正六边形，该六边形的六个顶点是六条棱边（铅垂线）的积聚投影。
- **主视图**：为三个矩形。其中，中间矩形为前、后棱面的重合投影；左侧矩形为左侧前、后棱面的重合投影，右侧矩形为右侧前、后棱面的重合投影。
- **左视图**：为两个矩形，分别是左、右四个铅垂棱面的重合投影。

作图步骤：

① 先画出各投影轴线及 45°辅助线，然后作正六棱柱的对称中心线和底面基线，以确定各视图的位置，如图 3-3（a）所示。

② 先画出反映主要形状特征的视图，即画俯视图中的正六边形，然后按照“长对正”的投影规律及正六边形的高度画出主视图，如图 3-3（b）所示。

③ 根据“高平齐、宽相等”的投影规律画出左视图，如图 3-3（c）所示。

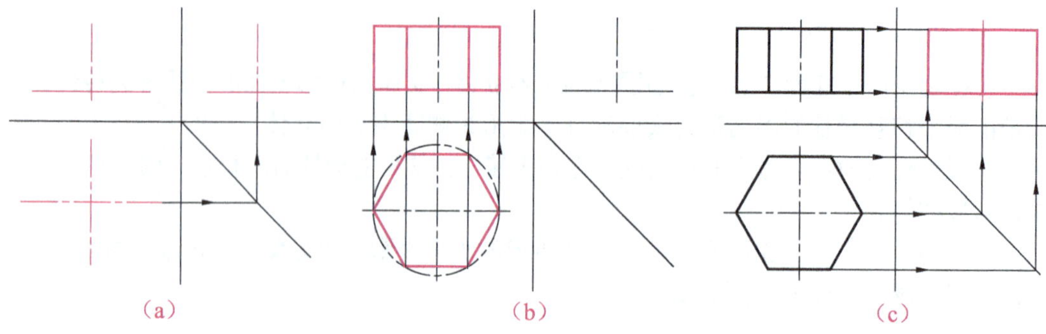

图 3-3　正六棱柱三视图的作图步骤

2）棱柱表面上点的投影

由于棱柱的表面都是平面，所以在棱柱的表面上取点与在平面上取点的方法相同。由于棱柱各表面均处于特殊位置，因此可利用积聚性来取点。点的可见性规定：若点所在平面的投影可见，点的投影也可见；若平面的投影积聚为直线，则点的投影可见。

求作棱柱表面上点的投影时，应先确定该点在棱柱的哪个表面上，然后利用棱柱面的积聚性来求点的投影。

例如，已知正六棱柱表面上点 M 的水平投影及点 N 的正面投影，如图 3-4（a）所示，试求这两点的另外两面投影，作图步骤如下：

① 由于点 M 的水平投影 m 不可见，因此可判断该点位于正六棱柱的底面上。由于该棱柱底面的正面投影和侧面投影都具有积聚性，因此点 M 的正面投影 m' 和侧面投影 m'' 必定在底面的同面投影上。因此，可根据点的投影规律求出点 m' 和点 m''，如图 3-4（b）所示。

② 由于点 N 的正面投影 n' 不可见，因此可判断点 N 在铅垂棱面 AA_1F_1F 上。由于该棱面的水平投影积聚成直线 af，故由点 n' 向下画投影线并与直线 af 相交于点 n，该点即为点 N 的水平投影。最后由点 n' 和点 n 可求出点 n''，如图 3-4（b）所示。

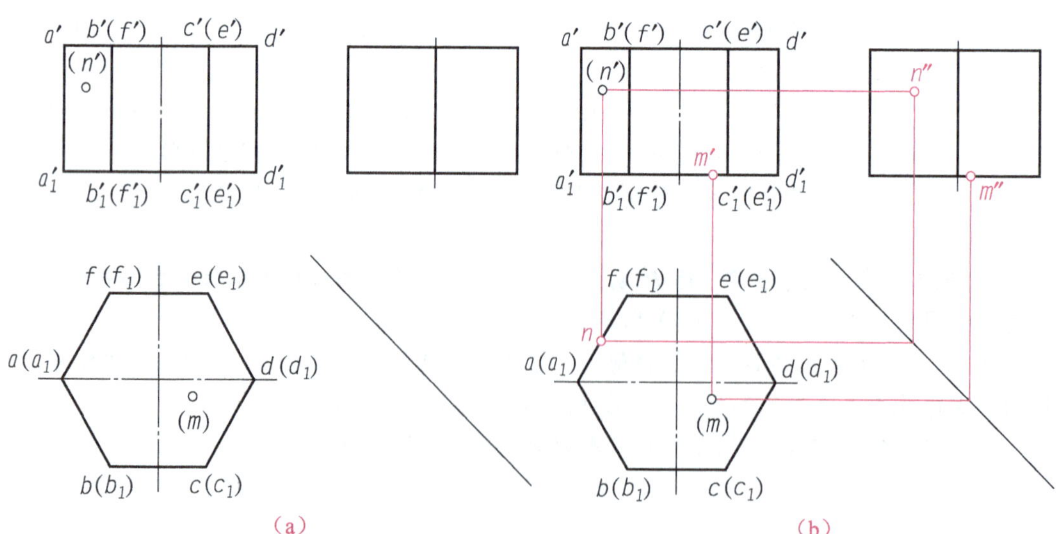

图 3-4　作棱柱表面上点的投影

2. 棱锥及其表面上点的投影

棱锥由一个多边形底面和若干个侧棱面组成，相邻两侧面的交线称为棱线，各侧棱线均过锥顶，常见的棱锥有三棱锥、四棱锥、五棱锥等。当底面为正多边形，锥顶在底面多边形高线上时，形成的棱锥称为正棱锥。

棱锥的作图方法：一般先画底面的三面投影，再画锥顶的三面投影，最后连接锥顶与底面各顶点，即为棱锥的三视图投影。

投影图特征：一面视图为多边形，另两面视图为三角形。

不同棱锥的三视图，其画法大致相同。下面以正三棱锥为例，分析其投影特征和作图方法。

1）棱锥的投影

画棱锥投影时，一般先画底面的投影，按图 3-5 所示位置放置棱锥，其底面为水平面，水平投影反映实形，其他两个投影积聚成直线；再画锥顶的三面投影，连接各侧棱线的同面投影，即为棱锥的投影。

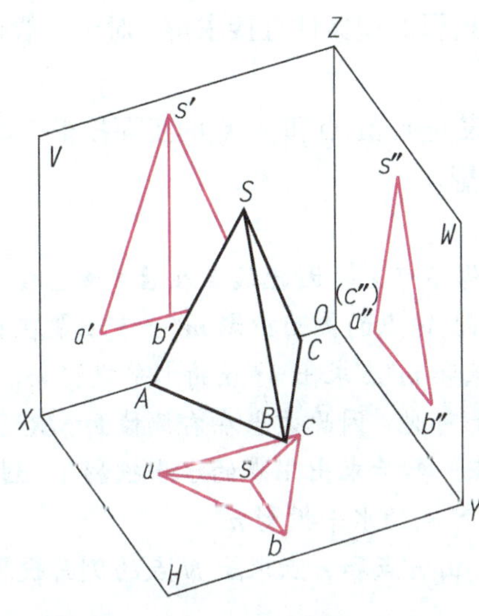

图 3-5　正三棱锥

以正三棱锥为例，将该三棱锥放入三投影面体系中，使底面 *ABC* 平行于水平面，棱面 *SAC* 为侧垂面，另外两个侧棱面为一般位置平面，如图 3-5 所示。此时，该三棱锥的投影特性如下：

- 俯视图：反映正三棱锥的底面实形，即为等边三角形，三个侧面的投影表现为类似形，顶点的投影与等边三角形的垂心重合。
- 主视图：为两个三角形，即左、右两个侧棱面的类似形。
- 左视图：为一个三角形。其中，后侧棱面积聚为最后方的一条直线段，左、右侧棱面的投影仍为三角形，且相互重合。

画正三棱锥的投影时，应先画出底面的三面投影，再画出锥顶的三面投影，然后连接各棱线即得正三棱锥的三面投影，如图 3-6 所示。

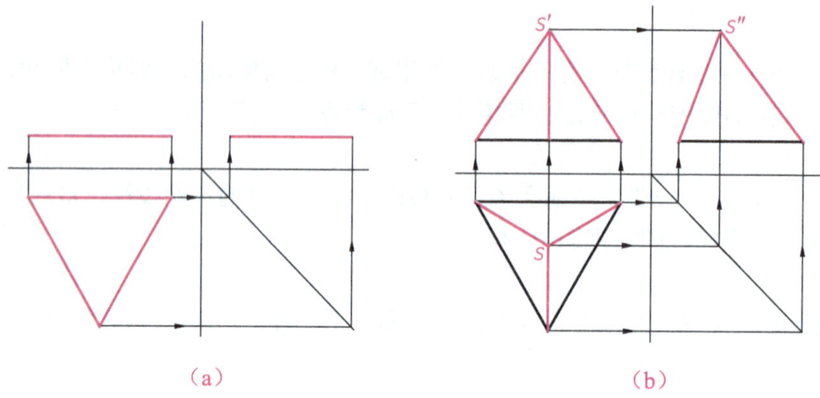

图 3-6　正三棱锥三视图的作图步骤

2）棱锥表面上点的投影

组成棱锥的表面可能是特殊位置平面，也可能是一般位置平面。凡属于特殊位置表面上的点，其投影可利用平面投影的积聚性直接求得；对于一般位置表面上的点，可通过作辅助线的方法求得。

【例 3-1】已知三棱锥表面上 *M* 点和 *N* 点的正面投影，如图 3-7（a）所示，试求作这两点的水平投影和侧面投影。

作图步骤：

① 由于 *M* 点的正面投影不可见，因此该点在后棱面 *SAC* 上。由于此棱面是侧垂面，其侧面投影具有积聚性，因此 *M* 点的侧面投影 *m''* 一定积聚在直线 *s''a''* 上，根据点的投影规律求出 *m''* 点。最后由 *m'* 点和 *m''* 点求出 *M* 点的水平投影 *m*，如图 3-7（b）所示。

② 由于 *N* 点的正面投影可见，因此该点在右侧棱面 *SBC* 上。首先通过 *n'* 点作辅助线 *n'*1' 平行于 *b'c'* 并交 *s'c'* 于 1' 点。然后求出 Ⅰ 点的水平投影 1，过 1 点作平行于 *bc* 的直线。最后根据点的投影规律求出 *N* 点的水平投影 *n*。

③ 根据点的投影规律，由 *n'* 点和 *n* 点求出 *N* 点的侧面投影 *n''*，如图 3-7（b）所示。

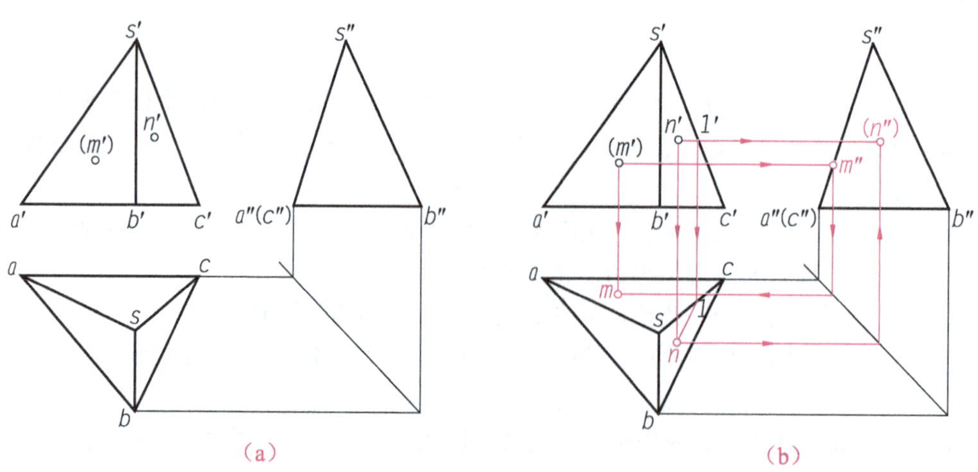

图 3-7　作棱锥表面上点的投影

【例 3-2】已知三棱锥表面上 M 点的水平投影，如图 3-8（a）和（b）所示，试求作 M 点的正面投影和侧面投影。

分析：

如图 3-8 所示，由于 M 点的正面投影可见，因此该点在前棱面 SAB 上。由于此面是一般位置平面，根据在面内取点的方法，由锥顶 S 过 M 做辅助线 SH，因 M 点在 SH 上，故点 M 的投影必在直线 SH 的同面投影上。下面介绍求作棱锥表面上点的另一种作图方法。

作图步骤：

① 如图 3-8 所示，在俯视图中连接 sm 交直线 ab 于 h 点。

② H 点在底面 ABC 的线段 AB 上，ABC 为水平面，根据“长对正”得到 h'，连接 $s'h'$。

③ m'在直线 $s'h'$上，根据“长对正”得到 m'。

④ 根据点的投影规律，由 m'点和 m 点求出 M 点的侧面投影 m''，如图 3-8（c）所示。

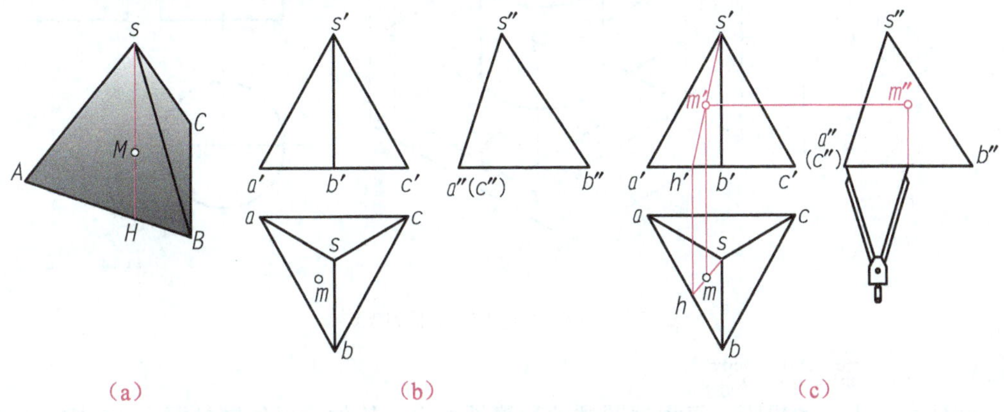

图 3-8　作棱锥表面上点的投影

3.1.2　回转体的三视图及作图步骤

回转体上的曲面（也称回转面）是由一条母线（直线或曲线）绕回转轴线旋转而形成的表面，如圆柱、圆锥等。画回转体的投影就是画回转面的转向轮廓线、底面和轴线的投影。

1. 圆柱及其表面上点的投影

1）圆柱的投影

圆柱是由圆柱面和上、下两底面所组成的回转体，圆柱面可看作是由一条与轴线平行的直母线绕回转轴旋转所形成的，因此圆柱面为回转面。圆柱面上任意一条平行于轴线的直线称为素线，如图 3-9（a）所示。

圆柱的作图方法：先画出轴线的三面投影（细点画线），再画出底面圆的投影（也为圆柱面的投影），最后根据三等规律及圆柱的高完成另外两面投影。

投影图特征：一面为圆，另外两面为相同的矩形框。

将圆柱体的轴线垂直于 H 面放置在三投影面体系中，如图 3-9（b）所示，其三视图的投影特性如下。

➢ **俯视图：**反映上、下底面实形的圆。此时，圆柱体的侧面投影积聚在圆周上。

- **主视图**：为一个矩形。其中，上、下两边线分别是圆柱上、下底面的积聚投影，左、右两边线分别是圆柱最左、最右处素线的投影。
- **左视图**：为一个矩形。其中，上、下两边线分别是圆柱上、下底面的积聚投影左、右两边线分别是圆柱最后、最前处素线的投影。

要绘制图 3-9（c）所示圆柱的三视图，可先画出圆的中心线和主、左视图中圆柱的轴线投影，然后画出投影为圆的俯视图，最后按照投影关系画出主、左视图。

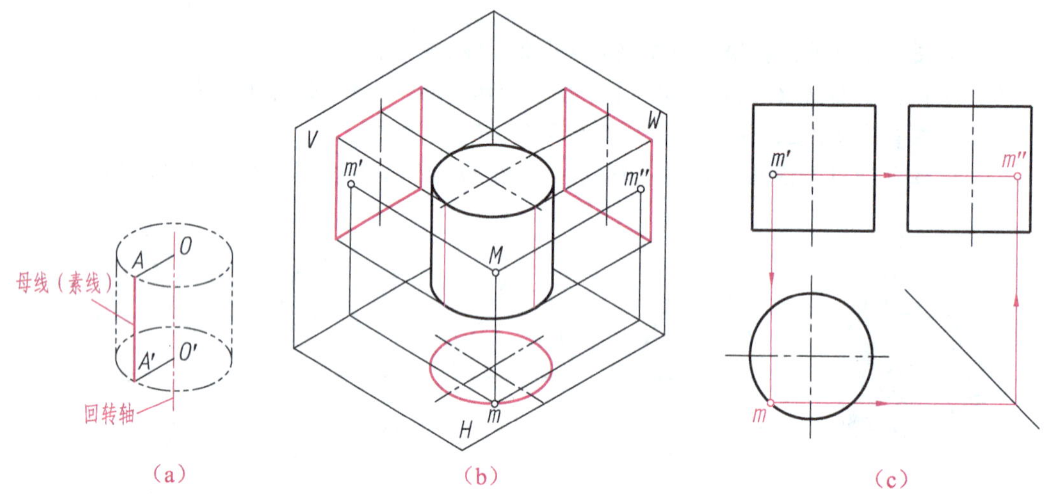

图 3-9　圆柱及其表面上点的投影

2）圆柱表面上点的投影

圆柱表面上点的投影，可根据圆柱的积聚性求出。例如，已知圆柱面上 M 点的 V 面投影 m'，如图 3-9（c）所示，要求该点的其他两面投影，作图步骤如下：

① 由于 M 点的正面投影可见，且在中心线的左边，因此该点在圆柱的左前方表面上。由于此圆柱表面在水平面内积聚，因此 M 点的俯视图投影 m 一定积聚在圆上，根据点的投影规律求出 m 点。

② 根据“高平齐，宽相等”，由 m'点和 m 点求出 M 点的侧面投影 m''，如图 3-9（c）所示。

【例 3-3】如图 3-10（a）所示，求圆柱表面上点的三面投影。

分析：

根据图 3-10 所示圆柱所放置的位置，圆柱表面在左视图积聚为一个圆，在求圆柱表面上的点时先求其左视图的投影；若点的投影落在圆内，则点必在圆柱的底面上。

作图步骤：

① 由于 A 点在主视图的投影 a'在矩形框上，故 A 点在圆柱的最上素线上，根据特殊素线的投影规律可求出 A 点在俯视图及左视图内的投影，如图 3-10（b）所示。

② 由于 B 点在俯视图内的投影 b 可见且在轴线的后面，所以 B 点在圆柱表面上、后方。首先求 B 点的左视图投影，根据“宽相等”，求出 b''；由 b 和 b''根据点的投影规律求出 b'点，由于 B 点靠后，所以主视图 b'点不可见，要用括号括起来，如图 3-10（b）所示。

③ 由于 C 点的左视图投影 c'' 在圆内且可见，所以 C 点在圆柱的左边底面上，根据点在表面上则点的投影均落在面的投影上，以及点的投影规律可求出 C 点的另外两面投影，如图 3-10（b）所示。

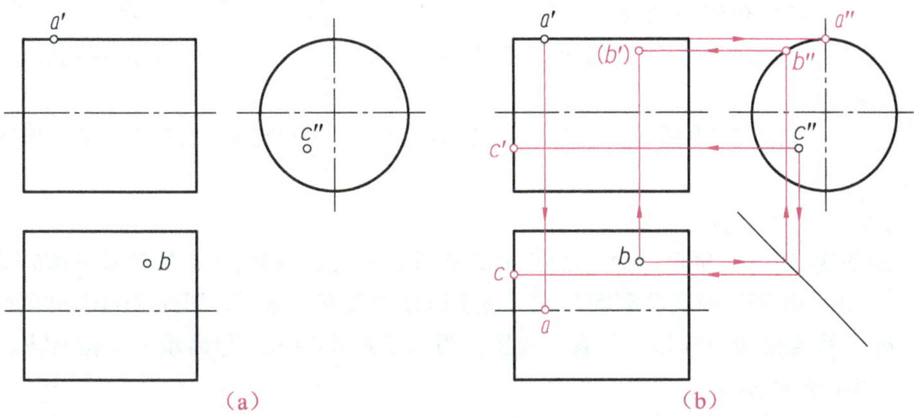

图 3-10 圆柱表面取点

2. 圆锥及其表面上点的投影

1）圆锥的投影

圆锥体由圆锥面和底面构成。如图 3-11 所示，圆锥面可以看成是由直线 SA 绕与其相交的轴线 SO 旋转而成的。圆锥面上，通过锥顶的任一直线都是圆锥面的素线。

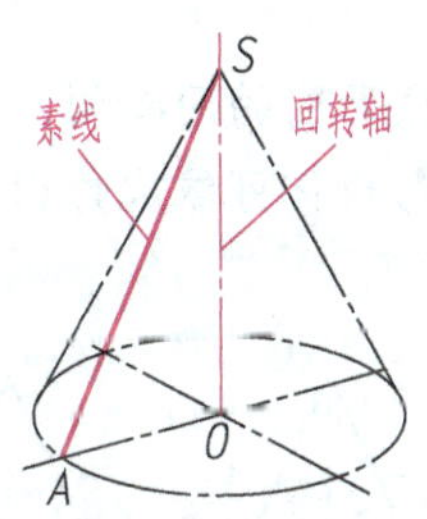

图 3-11 圆锥体的形成

圆锥的作图方法：先画出轴线的三面投影（用细点画线），再画出底面圆的投影（为圆锥侧面的投影），圆心为锥顶的投影，最后根据三等规律及圆锥的高完成另外两面投影。

投影图特征：一面投影为圆和中心一点，另两面投影为相同的等腰三角形。

将圆锥的轴线垂直于 H 面放置在三投影面体系中，如图 3-12（a）所示，其三视图的投影特性如下。

- 俯视图：为一水平圆，反映圆锥底面的实形，同时也是圆锥面的投影。
- 主、左视图：均为等腰三角形，且三角形的底边为圆锥底面的积聚投影。主视图中，三角形的左、右两边分别是圆锥面最左、最右素线的投影；左视图中，三角形的两边分别是圆锥面最后、最前素线的投影。

要绘制圆锥的三视图，可先画出圆的中心线和主、左视图中圆锥轴线的投影，然后在俯视图中画出圆锥底圆的投影，接着画出底圆在主、左视图中的投影，再根据圆锥的高度确定锥顶在主、左视图中的投影，最后连接轮廓线即可。

2）圆锥表面上点的投影

圆锥底面具有积聚性，其上的点可以直接求出；圆锥面没有积聚性，其上的点需要用辅助线法才能求出。按照辅助线的作用不同，辅助线法可分为辅助素线法和辅助圆法两种。其中，利用辅助素线法所作的辅助线是过顶点的素线，利用辅助圆法所作的辅助线是与底面平行的圆。

【例 3-4】如图 3-12 所示，已知锥面上 M 点的 V 面投影 m'，试求该点的其他两面投影。

作图步骤（辅助素线法）：

① 如图 3-12（b）所示，由于 M 点的正面投影可见，因此 M 点位于圆锥体的前半圆锥面上，且水平投影和侧面投影都可见。由于圆锥面没有积聚性，因此必须利用辅助线才能求出 M 点的其他两面投影，即在主视图上用细直线连接三角形的顶点 s'和 m'点，并延长与底边相交于 e'点。

② 由于 E 点位于圆锥底面上且可见，因此根据点的投影规律可直接求得该点的水平投影 e。

③ 连接 se，由于 M 点位于直线 SE 上，因此它的水平投影 m 也一定位于直线 se 上。根据点的投影规律可依次求出 M 点的水平投影 m 和侧面投影 m''。

作图步骤（辅助圆法）：

① 如图 3-12（c）所示，过 m'点作与底边平行的直线 $a'b'$，该直线为一个与底面平行的小圆的正面投影。

② 以 $a'b'$为直径在水平面上作底面圆的同心圆，由于 m'在该圆上，故 M 点的水平投影 m 一定在该圆周上，根据点的投影规律可依次作出水平投影 m 和侧面投影 m''。

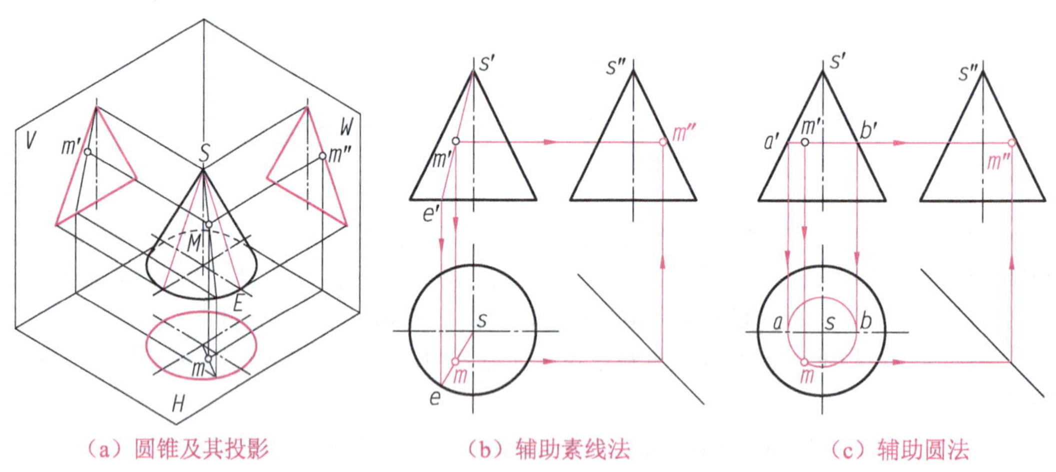

（a）圆锥及其投影　（b）辅助素线法　（c）辅助圆法

图 3-12　圆锥及其表面上点的投影

【例 3-5】如图 3-13（a）所示，求圆锥表面上点的三面投影。

分析：

圆锥底面具有积聚性，其上的点可以直接求出；圆锥面没有积聚性，其上的点用辅助

圆法求出。圆锥按图3-13所示位置放置，在圆的视图（左视图）上，圆锥表面所有点的投影落在圆上及圆内且可见；圆锥底面的点落在圆内且不可见。

作图步骤：

① A 点的主视图投影在圆锥最下素线上，由于最上、最下素线在左视图和俯视图的投影分别落在坐标轴上，并且最下素线不可见，根据点的三面投影规律可求 A 点另外两面的投影，如图 3-13（b）所示。

② 由于 B 点在左视图（圆的视图）的投影 b'' 不可见，因此可以判断出 B 点在圆锥的底面上。根据点属于面的投影规律及点的三面投影规律，可求出点 B 另外两个面的投影，如图 3-13（b）所示。

③ 由于点 C 在水平面上的投影不可见且在轴线的后方，所以点 C 在圆锥后下方表面上。采用辅助圆法对 C 点的投影进行求解，过 c' 点作与底边平行的直线，该直线为一个与底面平行的小圆的正面投影。以该直线为直径在侧平面上作底面圆的同心圆，由于 C 点在该圆上，则 C 点的侧面投影 c'' 一定在该圆周上。根据点的投影规律可作出正面投影 c'，因 M 点在圆锥后下方表面上，故正面投影 c' 不可见，如图 3-13（b）所示。

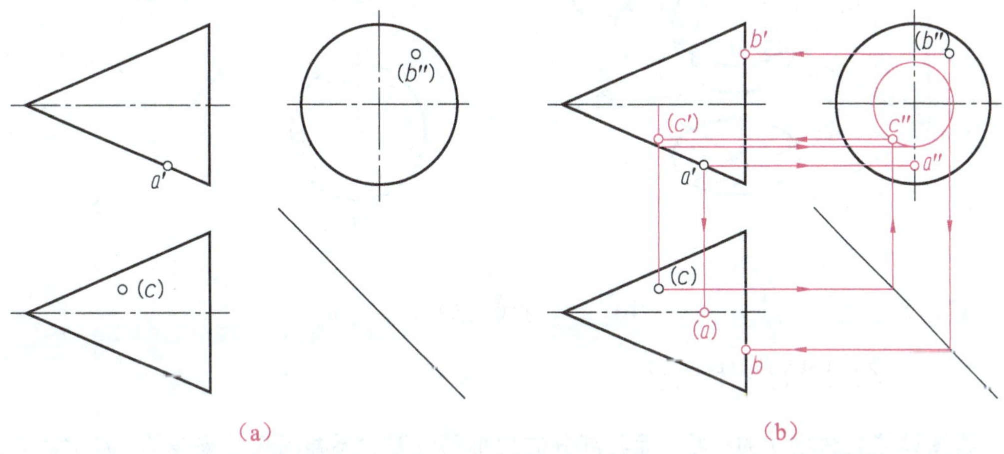

图 3-13　圆锥及其表面上点的投影

3. 圆球及其表面上点的投影

1）圆球的投影

圆球是由球面组成的回转体。如图 3-14 所示，圆球面可看作一圆（母线）围绕它的直径回转而成。

投影特征：从三个不同方向投影均为直径相同的圆。

圆球的三面投影均为与该圆球直径相等的圆，该圆是球面对投影面的转向轮廓线的投影，代表球体上三个不同方向的纬圆，这三个纬圆分别平行于三个投影面，如图 3-14 所示。

2）圆球表面上点的投影

由于圆球面均无积聚性，因此除了转向轮廓线上的点可直接求出外，圆球表面上的其他点均需用辅助圆法才能求出。

【例 3-6】已知圆球面上一点 M 的 V 面投影 m'，如图 3-14 所示，试求作该点的水平投影和侧面投影。

作图步骤：

① 由于 M 点的正面投影可见，且投影位于主视图的左下方，因此，可以推断该点位于前半球的左下部位。由此可知 M 点的水平投影不可见，侧面投影可见。过 m' 点作水平线 $b'c'$，它与圆球的正面投影相交于点 b' 和点 c'。

② 以 $b'c'$ 为直径，在水平面上作圆球水平投影的同心圆，则 M 点的水平投影 m 必定在该圆周上。

③ 根据点的投影规律可依次作出水平投影 m 和侧面投影 m''，如图 3-14（b）所示。

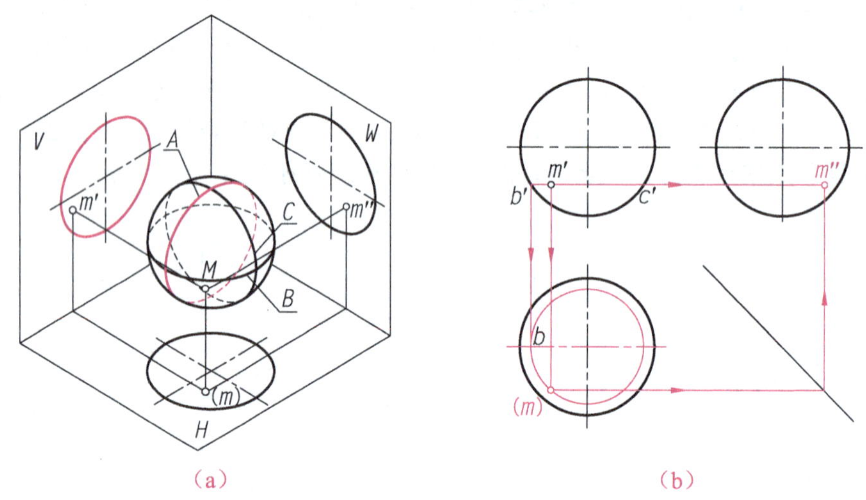

图 3-14　圆球及其三视图

3.1.3　基本体的尺寸标注

视图只能表达物体的形状，而各部分的大小和位置关系要用尺寸来表达。基本体的尺寸标注以能确定其基本形状和大小为原则，一般应将长、宽、高三个方向的尺寸标注齐全，既不能缺少尺寸，也不能重复标注尺寸。标注基本体的尺寸时，需要注意以下几点。

（1）标注棱柱、棱锥及棱台的尺寸时，除了标注确定其顶面和底面形状大小的尺寸外，还要标注高度尺寸。

为了便于看图，确定其顶面和底面形状大小的尺寸，易标注在反映其实形的投影上，然后在另一投影图上标注高度方向的尺寸，如图 3-15 所示。此外，标注正方形尺寸时，在正方形边长尺寸数字前，加注正方形符号“□”，如图 3-15（a）所示。六棱柱的底面通常标注对边的间距，括号里的尺寸是参考尺寸，可不标注。

（2）圆柱、圆锥和圆台，应标注底圆直径和高度尺寸，直径尺寸数字前需加符号“ϕ”；标注圆球尺寸时，在直径数字前加注球直径符号“$S\phi$”；直径尺寸一般标注在非圆视图上，当尺寸集中标注在一个非圆视图上时，一个视图即可表达清楚他们的形状和大小；球体标注直径后，只需一个投影图即可表达，如图 3-16 所示。

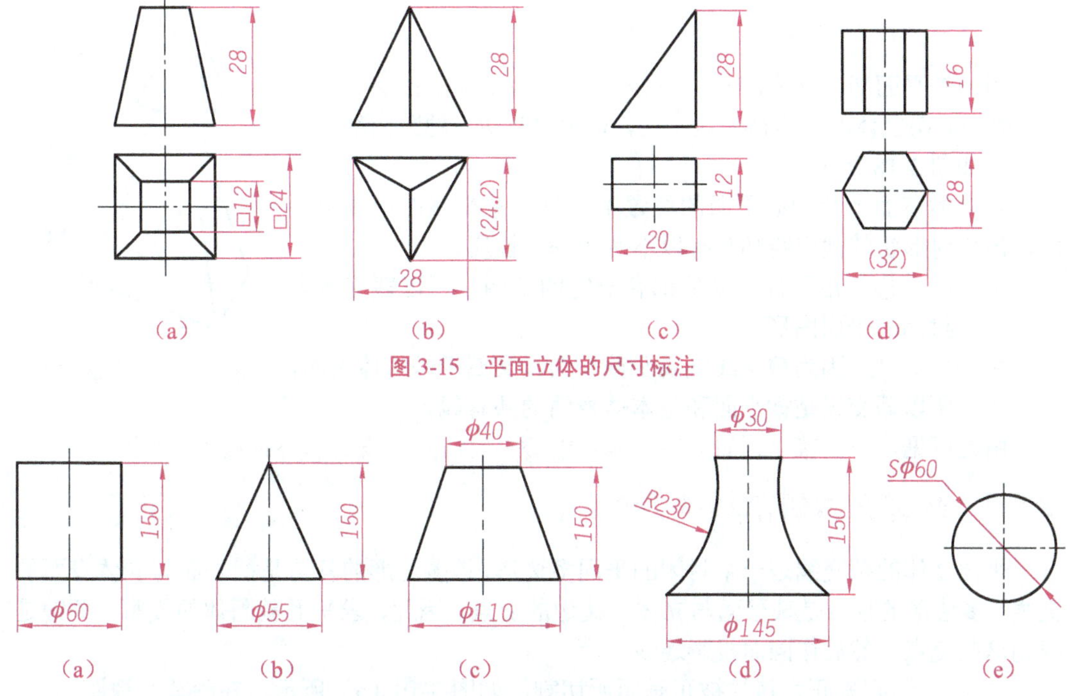

图 3-15　平面立体的尺寸标注

图 3-16　曲面立体的尺寸标注

（3）对带切口的几何体，除标注基本几何体的尺寸外，还要注出确定截平面位置的尺寸。但要注意，几何体与截平面的相对位置确定后，切口的交线即完全确定，因此，不应在交线上标注尺寸。如图中 3-17 所示，画“×”的尺寸为多余尺寸。

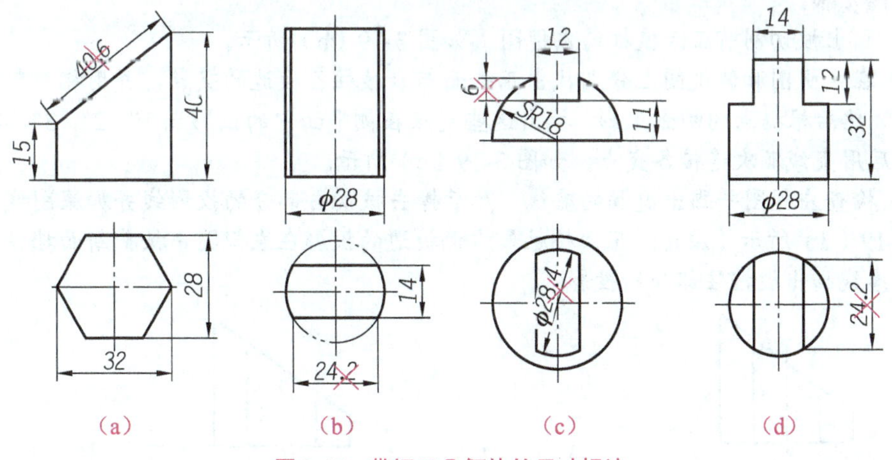

图 3-17　带切口几何体的尺寸标注

3.2 截交线的投影及作图

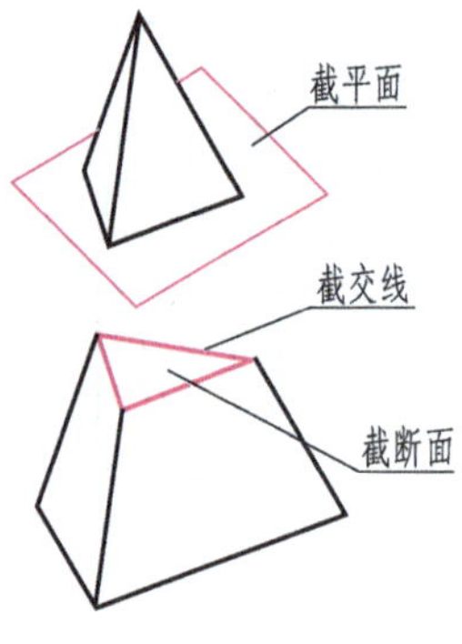

图 3-18 平面截断体

用一个平面切割立体，平面与立体表面所形成的交线称为截交线，用来截切立体的平面称为截平面，立体被截切后的断面称为截断面，如图 3-18 所示。

当立体表面形状和截平面的位置不同时，截交线的形状也不同，但任何形状的截交线都具有以下两个基本性质。

- 封闭性：由于任何立体都有一定的范围，所以截交线为封闭的平面图形。
- 共有性：因为截交线既属于截平面，又属于基本体表面，所以截交线是截平面和基本体表面的共有线。

由此可见，求作截交线的实质，就是求截平面与立体表面的共有点和共有线。

3.2.1 平面立体切割体的画法

平面立体的截交线是一个封闭的平面多边形，该多边形的各边是截平面与立体表面的交线，多边形的顶点是截平面与立体各棱边的交点。因此，求平面截断体的投影，关键是找到这些交点，然后作同面投影连线。

【例 3-7】已知正六棱柱被正垂面所切割，如图 3-19（a）所示，补画其左视图。

分析：

正六棱柱被正垂面切割时，正垂面与正六棱柱的六个侧面相交，所以截交线是一个六边形，六边形的顶点为各棱边与正垂面的交点。截交线在 H 面上的投影与棱柱的水平投影重合，在 V 面上的投影积聚为一直线，在 W 面上的投影是一个六边形。

作图步骤：

① 画出被切割前正六棱柱的左视图，如图 3-19（b）所示。

② 在主视图和俯视图上分别找出正垂面与六棱柱各棱边的交点，并用相应数字或字母标注，然后根据点的两面投影，找出这些交点在侧平面中的投影点 1″，2″，3″，4″，5″，6″，最后用直线顺次连接各交点，如图 3-19（c）所示。

③ 检查左视图并画出遗漏的虚线，然后擦去被切去部分的投影线并加深图线，结果如图 3-19（d）所示（注意：正六棱柱最右侧棱边的投影在左视图中被截断面挡住了，因此要用虚线画出被挡住部分的投影。

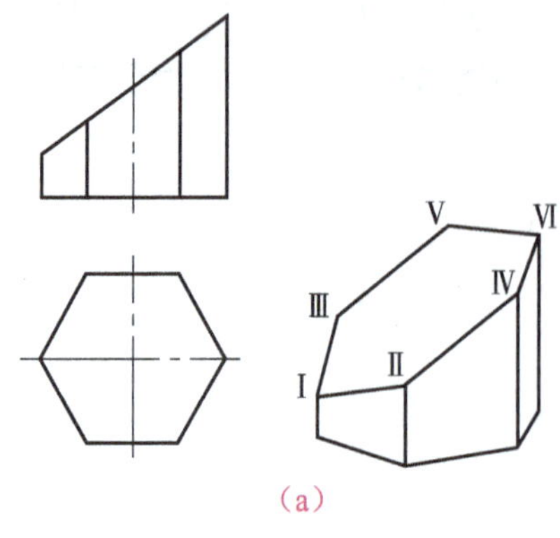

（a）

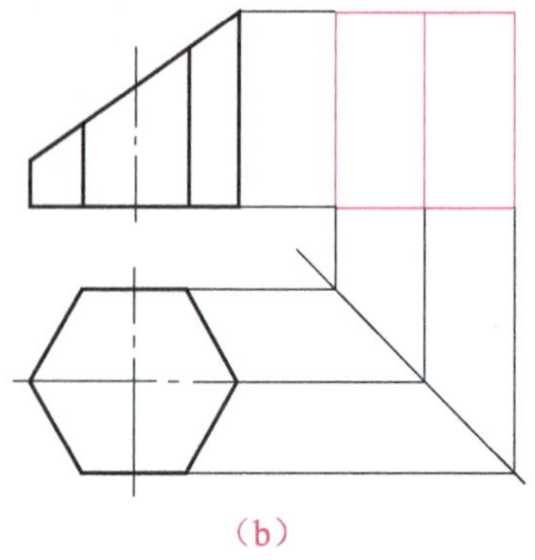
（b）

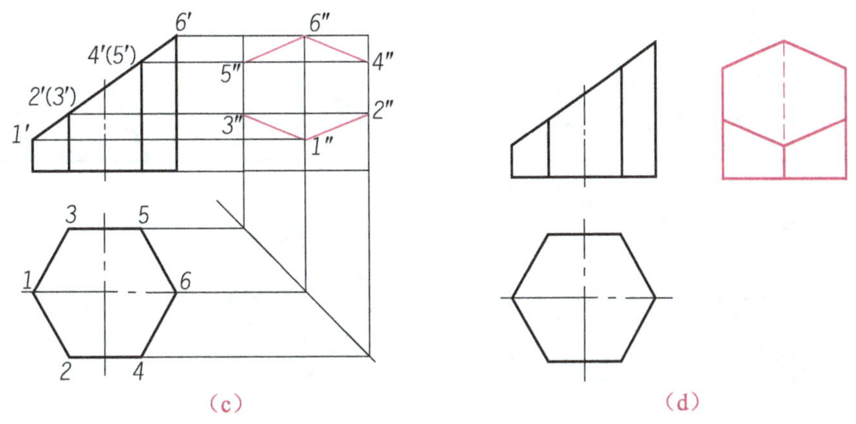

图 3-19 正六棱柱被正垂面切割

【例 3-8】已知图 3-20（a）所示四棱锥被正垂面 *P* 截切，补画被切割后截断体的三视图。

分析：

由图 3-20（a）可知，截平面 *P* 与四棱锥的四条棱边都相交，所以截交线为四边形，四边形的四个顶点为各棱线与平面的交点（Ⅰ，Ⅱ，Ⅲ，Ⅳ）。截平面的正面投影具有积聚性，因此可直接求出各交点的正面投影，进而求得这些交点的水平投影和侧面投影，最后依次连接这四个交点的同面投影即可。

作图步骤：

① 先画出未切割前四棱锥的左视图，然后在截平面具有积聚性的投影面上找出四棱锥各棱边与截平面 *P* 的交点的投影，即 1′，2′，3′，4′，如图 3-20（b）所示。

② 利用直线上点的投影特性，求出各交点分别在 *H* 面和 *W* 面上的投影，如图 3-20（c）所示。

③ 依次连接这四个交点的同面投影，擦去被截去部分的图线，然后加深其余图线即完成作图，结果如图 3-20（d）所示。

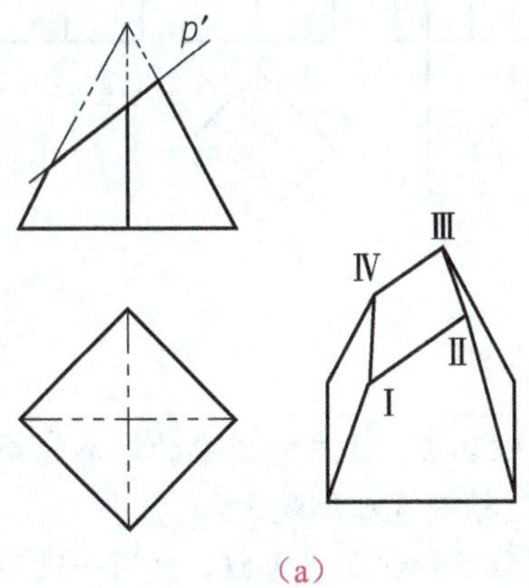

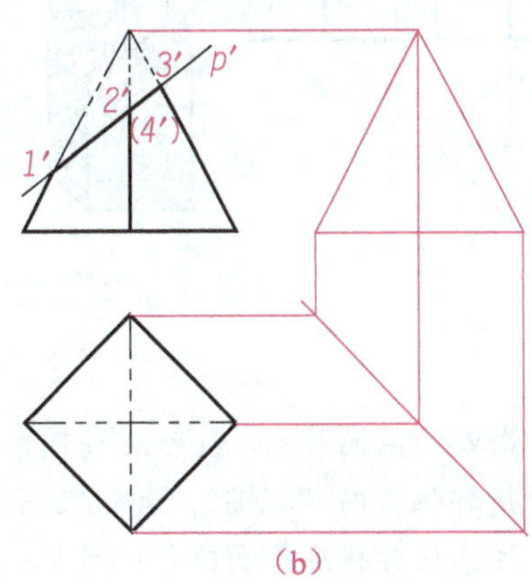

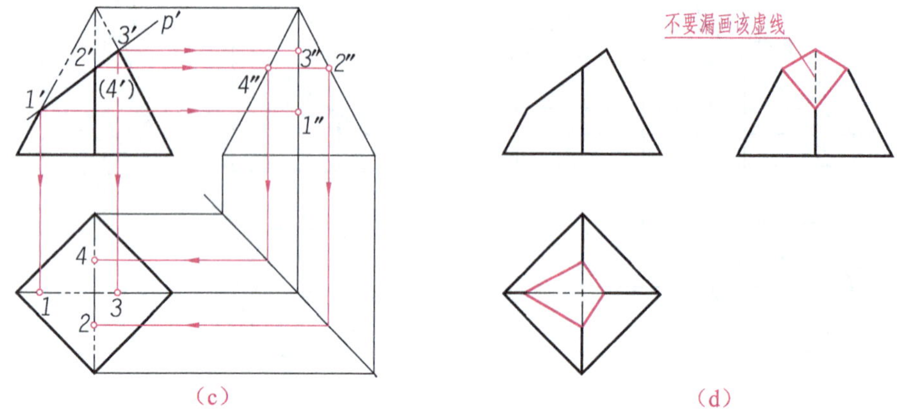

(c) (d)

图 3-20 四棱锥截交线的画法

【例 3-9】如图 3-21 所示，在四棱柱上方切割一个矩形通槽，试完成四棱柱矩形通槽的水平投影和侧面投影。

分析：

如图 3-21（b）所示，四棱柱上方的矩形通槽是由三个特殊位置平面切割而成的。槽底是水平面，其正面投影和侧面投影均积聚成水平方向的直线，水平投影反映实形。两侧壁是侧平面，其正面投影和水平投影均积聚成竖直方向的直线，侧面投影反映实形且重合在一起。

作图步骤：

① 根据通槽的主视图，先在俯视图中作出两侧壁的积聚性投影；再按"高平齐、宽相等"的投影规律，作出通槽的侧面投影，如图 3-21（c）所示。

② 擦去作图线，校核切割后的图形轮廓，加深描粗，如图 3-21（d）所示。

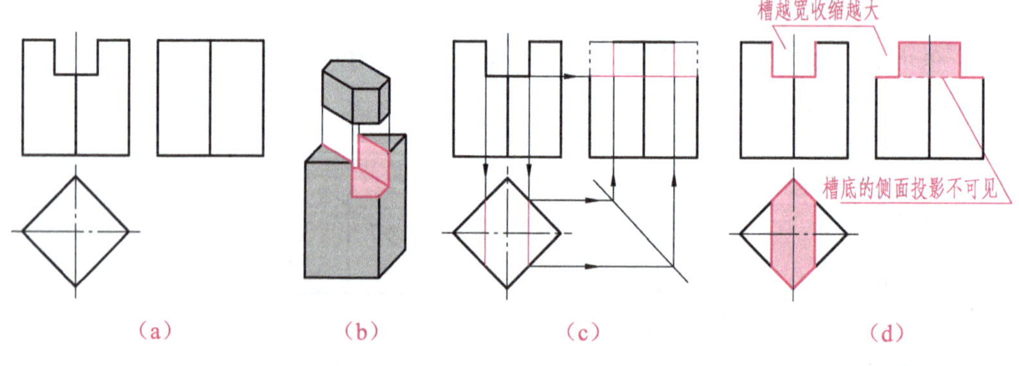

(a) (b) (c) (d)

图 3-21 四棱柱开槽的画法

因四棱柱的最前、最后两条侧棱均在开槽部位被切去，故左视图中的外形轮廓线在开槽部位向内"收缩"。其收缩程度与槽宽有关，槽越宽收缩越大。

注意区分槽底侧面投影的可见性，即槽底的侧面投影积聚成直线，中间一段不可见，应画成虚线。

3.2.2　回转体切割体的投影及画法

用平面切割回转体时，截交线的形状取决于被截回转体的表面形状，以及截平面与回转体的相对位置。截交线的形状一般是封闭的平面曲线，或平面曲线与直线段相连的平面图形，特殊情况下也可能是平面多边形。

1. 圆柱体的截交线

截平面与圆柱轴线的相对位置不同，圆柱的截交线也形状不同。当截平面平行于圆柱轴线时，截交线是矩形；当截平面垂直于圆柱轴线时，截交线是一个直径等于圆柱直径的圆周；当截平面倾斜于圆柱轴线时，截交线是椭圆，椭圆的大小随截平面与圆柱轴线的倾斜角度不同而变化，但短轴与圆柱的直径相等，如表 3-1 所示。

表 3-1　圆柱体的截交线

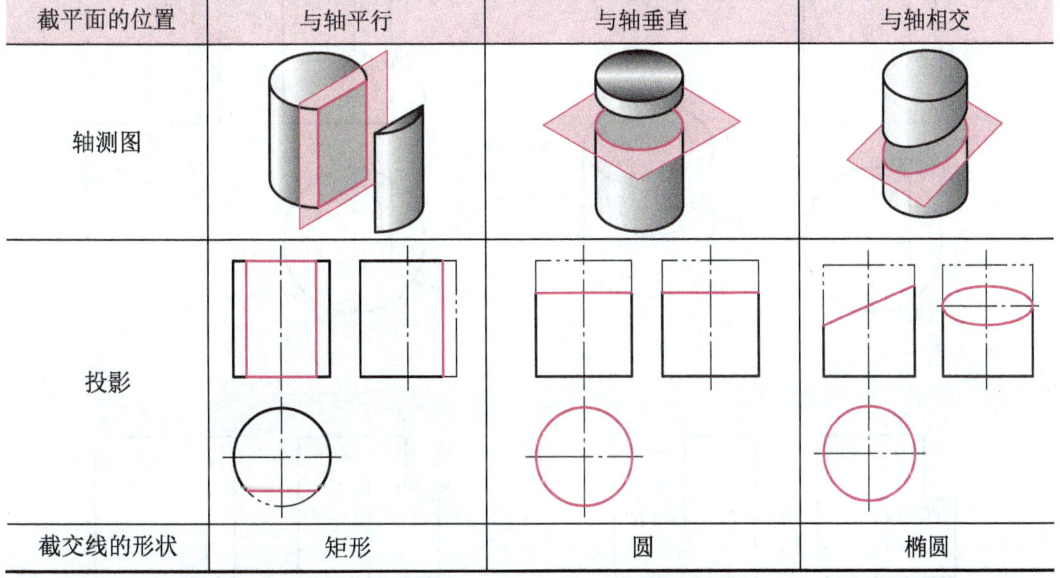

截平面的位置	与轴平行	与轴垂直	与轴相交
轴测图			
投影			
截交线的形状	矩形	圆	椭圆

求圆柱切割体的投影，主要是求截交线的投影。求截交线的投影时，应先根据截平面和圆柱轴线的位置关系，判断截交线的形状，然后利用在圆柱表面上取点的方法来作图。取点时，应先取特殊位置的点（如截交线上最高、最低、最前、最后、最左、最右的点以及能决定截交线位置的点，如椭圆的长、短轴端点，转向轮廓线上的点等），再取一般位置的点，最后顺次连接各点即可。

【例 3-10】如图 3-22 所示，求作带切口圆柱体的侧面投影。

分析：

如图 3-22（a）所示，圆柱切口由水平面 P 和侧平面 Q 切割而成。由截平面 P 所产生的交线是一段圆弧，其正面投影是一段水平线（积聚在 p'上），水平投影是一段圆弧（积聚在圆柱的水平投影上）。

截平面 P 与 Q 的交线是一条正垂线 BD，其正面投影 b'，d'积聚成点，水平投影 b，d

重合于侧平面 Q 的积聚投影 q 上。

由截平面 Q 所产生的交线是两段铅垂线 AB 和 CD（圆柱面上两段素线）。它们的正面投影 $a'b'$ 与 $c'd'$ 积聚在 q' 上，水平投影分别为圆周上两个点 a 与 b，c 与 d。Q 面与圆柱顶面的交线是一条正垂线 AC，其正面投影 $a'c'$ 积聚成点，水平投影投影 ac 与 bd 重合，也积聚在 q 上。

作图步骤：

① 作出未切割前圆柱体的左视图，由 p' 向右引投影连线，从俯视图上量取宽度定出 b''，d''，如图 3-22（b）所示。

② 由 b''，d'' 分别向上作竖线与顶面交于 a''，c''，即得由截平面 Q 所产生的截交线 AB，CD 的侧面投影 $a''b''$，$c''d''$，如图 3-22（c）所示。

③ 连接各点，加深描粗，即得出圆柱切口的左视图投影，如图 3-22（d）所示。

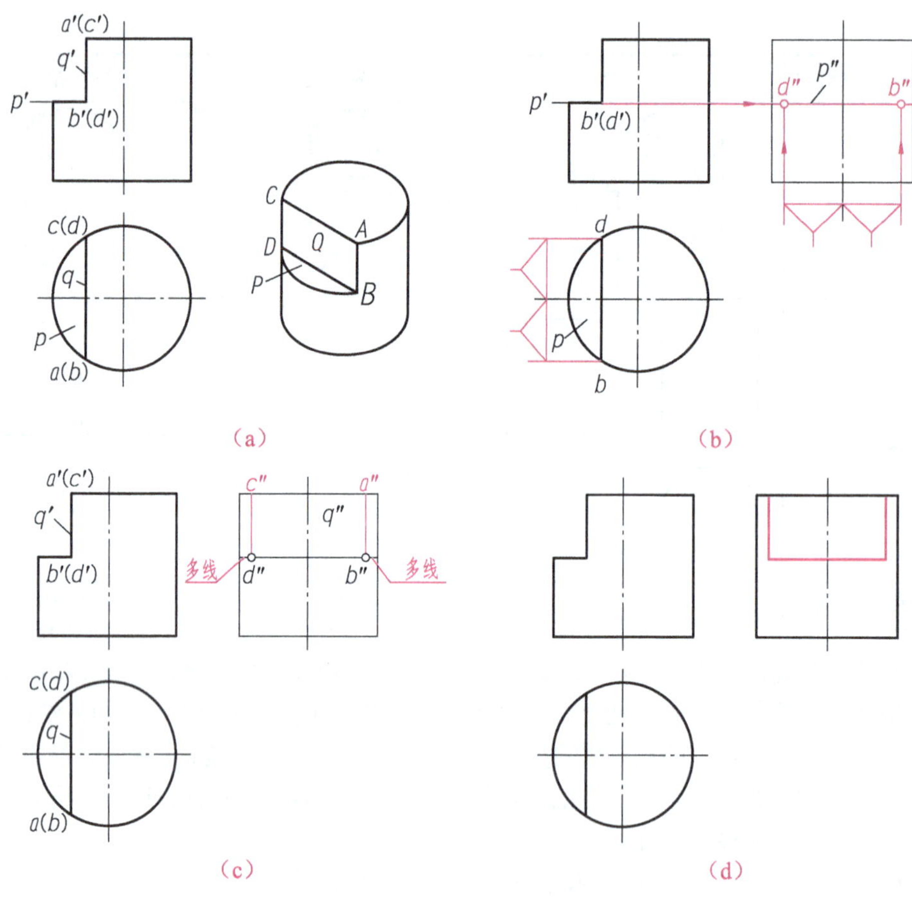

图 3-22　带切口圆柱的侧面投影

思考：

如果扩大切割圆柱的范围，使截平面 P 切过圆柱的轴线，则如图 3-23 所示的侧面投影与图 3-22（d）所示的侧面投影有所不同，因为截平面 P 已切过圆柱轴线，圆柱面的最前和最后两段轮廓已被切去。读者要仔细分析由于切割位置不同而形成的侧面投影的区别。

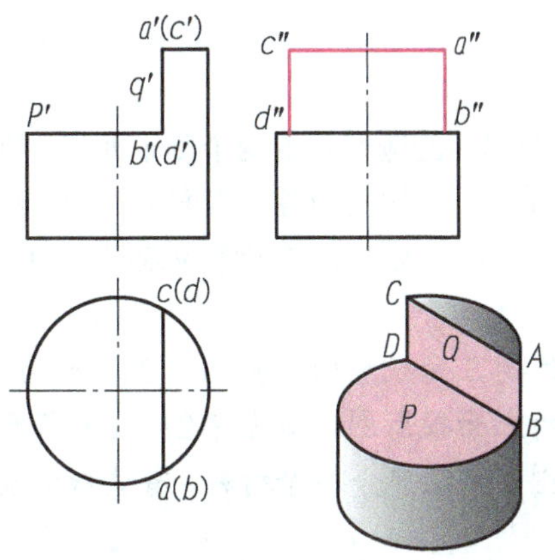

图 3-23　不同位置切口侧面投影的变化

【例 3-11】已知圆柱体被切口开槽，如图 3-24（a）所示，求作圆柱体切口开槽的三视图。

分析：

如图 3-24（b）所示，开槽部分的侧壁是由两个侧平面、槽底是由一个水平面截切而成的，圆柱面上的截交线分别位于被切出的各个平面上。由于这些面均为投影面的平行面，其投影具有积聚性或真实性，因此，截交线的投影应依附于这些面的投影，不需另行求出。

作图步骤：

① 根据开槽圆柱的主视图，先在俯视图中作出两侧壁的积聚性投影；再按“高平齐、宽相等”的投影规律，作出通槽的侧面投影，如图 3-24（c）所示。

② 擦去作图线，校核切割后的图形轮廓，加深描粗，如图 3-24（d）所示。

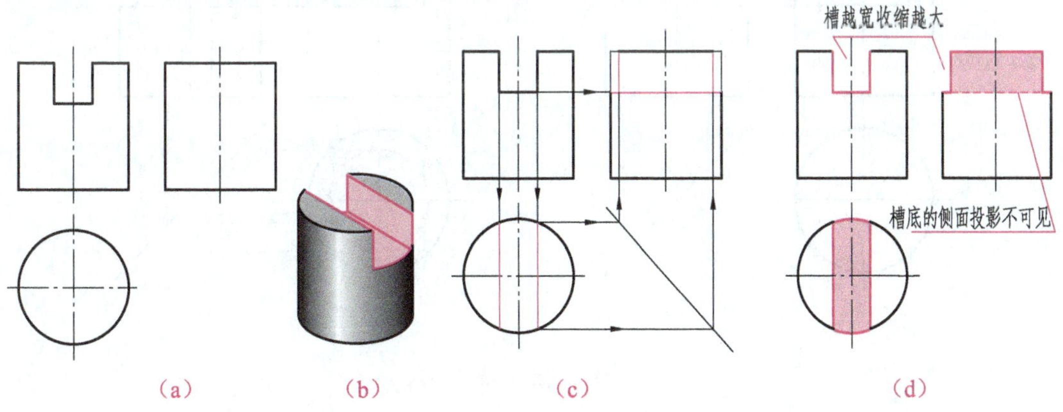

图 3-24　圆柱开槽的画法

因圆柱的最前、最后两条转向素线均在开槽部位被切去，故左视图中的外形轮廓线在开槽部位向内“收缩”。其收缩程度与槽宽有关，槽越宽收缩越大。

注意区分槽底侧面投影的可见性，即槽底的侧面投影积聚成直线，中间一段不可见，应画成虚线。

【例3-12】已知圆筒被切口开槽，如图3-25（a）所示，求作圆柱体切口开槽的三视图。

分析：

如图 3-25（a）所示，开槽部分的侧壁是由两个侧平面 Q、槽底是由一个水平面 P 截切而成的，圆柱面上的截交线分别位于被切出的各个平面上。由于这些面均为投影面的平行面，其投影具有积聚性或真实性，因此，截交线的投影应依附于 Q，P 的投影，不需另行求出。

作图步骤：

① 先作出完整基本形体的三面投影图，如图 3-25（b）所示。

② 然后作出圆柱开槽的三面投影图，如图 3-25（c）所示。

③ 作穿孔的三面投影图，穿孔部分去除材料，有些线需要去掉，如图 3-25（d）所示。

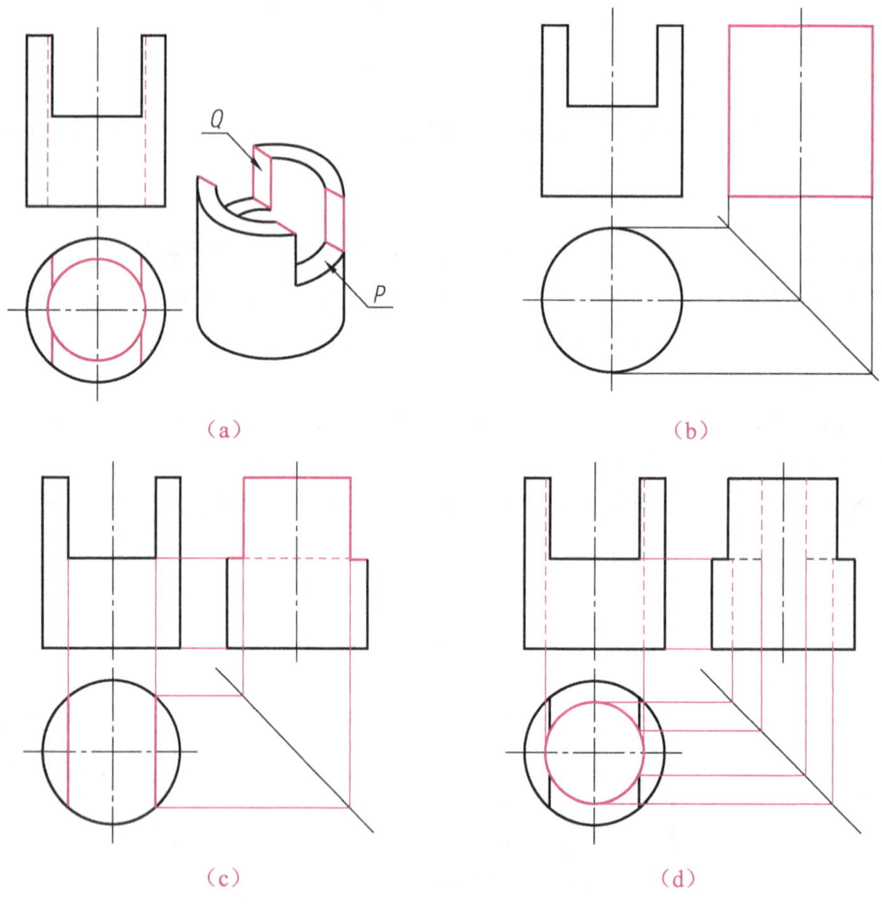

图 3-25　圆筒开槽的画法

【例 3-13】已知圆柱体被正垂面 P 所截，如图 3-26（a）所示，作该切割体的三视图。

分析：

由于截平面 P 与圆柱轴线倾斜，故截交线是椭圆。椭圆在主视图中积聚为一直线，在俯视图中为圆柱面的水平投影圆，在左视图中为椭圆的类似形。

作图步骤：

① 绘制圆柱体的三视图。根据圆柱体的投影规律，先画出未切割前圆柱体的三视图，

然后画主视图中的截交线（一条斜线段），如图 3-26（b）所示。

② 求特殊位置点的投影。分别取椭圆长轴的两个端点Ⅰ，Ⅲ和短轴的两个端点Ⅱ，Ⅳ。其中，点Ⅰ是截交线上的最低点和最左点；点Ⅲ是截交线上的最高点和最右点；点Ⅱ是截交线上的最前点；点Ⅳ是截交线上的最后点。由于这些点都是转向轮廓线上的点，可利用积聚性先在主视图中标出这些点，然后求出其在左视图中的投影 1″，2″，3″，4″。

③ 求适当数量的一般位置点的投影。为了使左视图中的曲线更加精确，可在截交线上取适量的一些点，如俯视图中的点 5，6，7，8（这些点可在投影为圆的投影图上取 8 等分点或 12 等分点），然后求出这些点在主视图中的投影 5′，6′，7′，8′，最后求出其在左视图中的投影 5″，6″，7″，8″，如图 3-26（b）所示。

④ 用光滑的曲线顺次连接左视图中的各投影点，最后加深图线，即可得到该圆柱截断体的投影图，如图 3-26（c）所示。

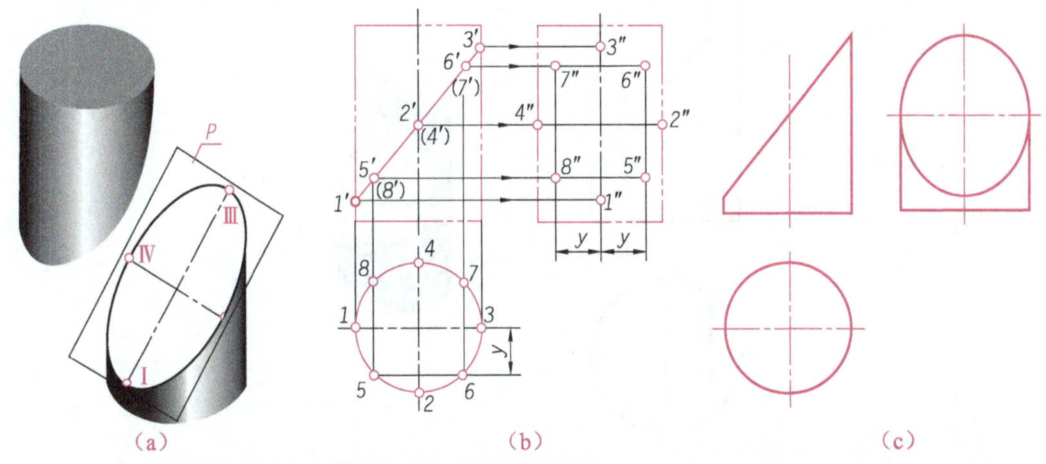

图 3-26　圆柱被平面斜截

【例 3-14】已知圆柱被侧平面 P 与正垂面 Q 截切，如图 3-27 所示，求作切割体的左视图。

分析：

如图 3-27 所示，圆柱是由平面 P 和平面 Q 截切。截平面 P 是侧平面，所以截交线的侧面投影显示实形，在正面和水平面的投影有积聚性；截平面 Q 与圆柱的轴线倾斜，截交线为椭圆，截平面 Q 为正垂面，所以椭圆的正面投影积聚为一条斜线，水平投影落到圆上，侧面投影是类似的椭圆。

作图步骤：

① 先画出未截切的圆柱的左视图投影。

② 从 $a'b'$ 向右引投影连线，再从俯视图量取 $a''b''=ab$，画出 P 面的左视图投影如图 3-27（b）所示。

③ 做 Q 面的三视图投影，求特殊点（特殊位置素线上的共有点），如图 3-27（b）所示，其特殊点有最高点 A，B，最低点Ⅴ，最前点Ⅷ，最后点Ⅱ。a''，b'' 在步骤①已作出；点Ⅴ在最右素线，其左视图投影在圆柱投影的中轴线上且不可见；点Ⅷ、点Ⅱ分别在最前、

最后素线上，其左视图投影 8″，2″在圆柱投影的最前、最后素线上。

④ 求一般点。为了准确作图，还必须在特殊点之间作出适当数量的中间点，如 I，III，IV，VI，VII，IX各点。可先作出它们的水平投影 1，3，4，6，7，9 和正面投影 1′，3′，4′，6′，7′，9′，再作出侧面投影 1″，3″，4″，6″，7″，9″，如图 3-27（b）所示。

⑤ 判断截交线的可见性，由于圆柱的最前和最后素线是左视图投影的可见性的分界线，即在左视图中，最前、最后素线左边的面可见，右边的面不可见。由于VIII，II 在最前最后素线上，即VIII，II 是截交线可见性的分界点，VIII，II 两点以左的点可见，以右的点不可见。

⑥ 光滑连接各点，可见的用粗实线，不可见的用细虚线，擦去多余的图线，结果如图 3-27（c）所示。

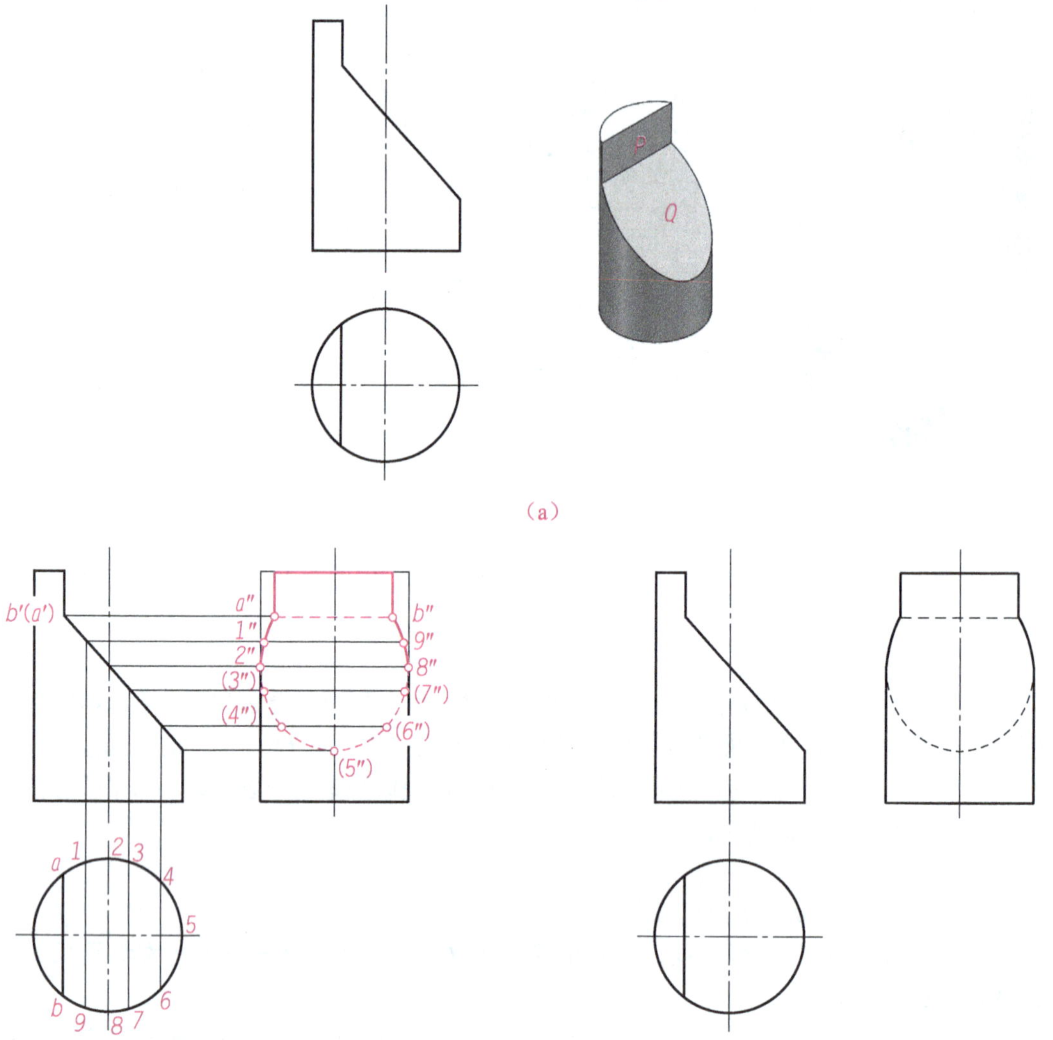

（a）

（b）

（c）

图 3-27　圆柱截切的画法

2. 圆锥体的截交线

圆锥体被平面切割时，锥面与截平面的交线可分为表 3-2 所示的 5 种情况。

表 3-2　圆锥截交线

截平面位置	过锥顶	垂直于轴线	不过锥顶，与所有素材相交	不过锥顶，平行于某条素线	不过锥顶，平行或倾斜于轴线
截交线	直线	圆	椭圆	抛物线	双曲线
轴测图					
投影图			β α		

【例 3-15】已知圆锥被正平面 P 所截，如图 3-28 所示，补画其正面投影。

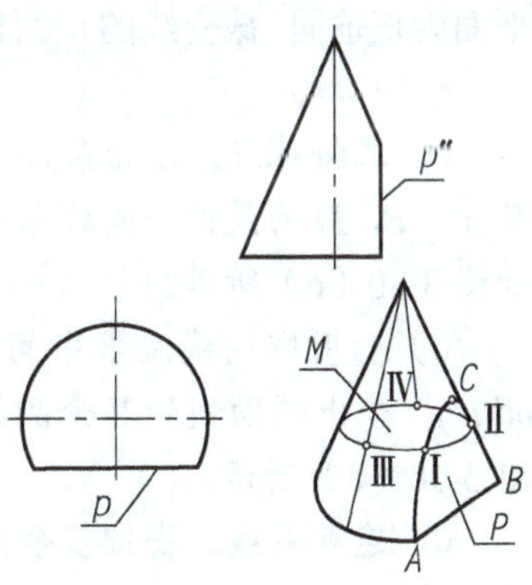

图 3-28　补画其主视图

分析：

由于截平面为正平面，且与圆锥的轴线平行，因此截交线为双曲线，其水平投影和侧面投影分别积聚为一直线，只需求出其正面投影。

作图步骤：

① 根据投影关系，用细实线画出未切割前圆锥的正面投影，如图 3-29（a）所示。

② 求特殊点。C 点为截交线上的最高点，在最前素线上，因此可由 c'' 点直接作出 c 和 c'；A，B 点为最低点，其水平投影 a，b 和侧面投影 a''，b'' 可在俯视图和左视图中直接找到，根据投影关系可在主视图上找到 a' 和 b' 点，如图 3-29（a）所示。

③ 求一般位置点。为了使双曲线更加精确，可利用辅助圆法求得一系列一般位置点。在正面投影 c' 与 a'，b' 之间画一条与圆锥轴线垂直的水平线(即平面 M 在正平面上的投影)，该水平线与圆锥最左、最右素线正面投影的交点为 3′，4′，以 3′4′为直径，在水平投影中

画一圆，它与截交线的积聚性投影（直线）相交于 1 和 2 点，由此可得到 1′，2′及 1″，2″，如图 3-29（a）所示。

④ 用光滑曲线依次连接 *a*′，1′，*c*′，2′，*b*′点，然后擦去多余辅助线并加深其余图线，结果如图 3-29（b）所示。

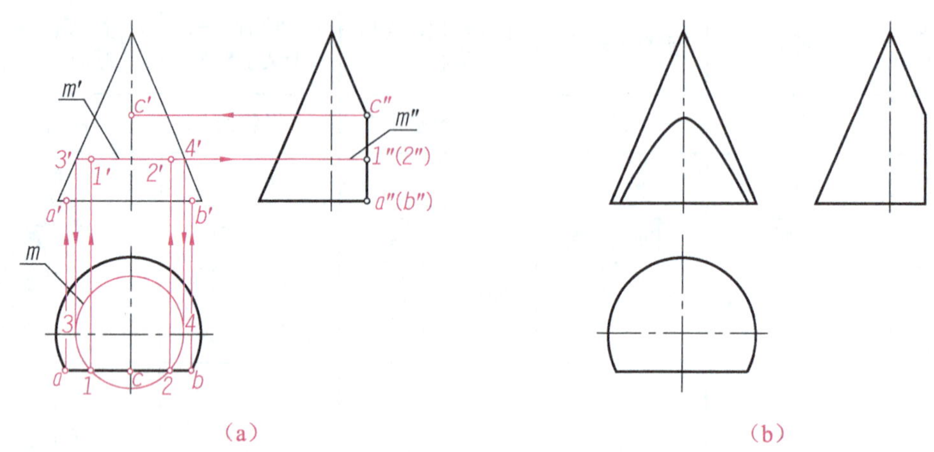

图 3-29　补画圆锥截断体的主视图

【例 3-16】如图 3-30（a）所示，圆锥被倾斜于轴线的平面截切，试补全圆锥的水平投影和侧面投影。

分析：

如图 3-30（b）所示，截交线上任一点 *M*，可看成是圆锥表面某一素线 S_1 与截平面的交点。因 *M* 点在素线 S_1 上，故 *M* 点的三面投影分别在该素线的同面投影上。由于截平面为正垂面，截交线的正面投影积聚为一直线，故需求作截交线的水平投影和侧面投影。

作图步骤：

① 求特殊点。*C* 为最高点，根据 *c*′，可作出 *c* 及 *c*″；*A* 为最低点，根据 *a*′可作出 *a* 及 *a*″；*B*，*D* 为最前、最后点（前后对称点），根据 *b*′(*d*′)，可作出 *b*″，*d*″，进而求出 *b*，*d*，如图 3-30（c）所示。

② 利用辅助线法求中间点。过锥顶作辅助线 *s*′1′(2′)与截交线的正面投影相交，得 *m*′(*n*′)，求出辅助线的其余两投影 *s*1，*s*″1″以及 *s*2，*s*″2″，进而作出 *m*，*m*″和 *n*，*n*″，如图 3-30（d）所示。

③ 连点成线。去掉多余图线，将各点依次连成光滑的曲线，即为截交线的投影，如图 3-30（e）所示。

3. 圆球体的截交线

圆球体被平面切割，不论截平面处于什么位置，空间交线总为圆。当圆球体被投影面平行面切割时，截断面在与其平行的投影面上的投影为圆，在其他两个投影面上的投影为直线；当截平面与投影面倾斜时，其投影为椭圆，如表 3-3 所示。

绘制圆球切割体的三面投影时，应先分析截平面与投影面的位置关系，确定截交线的形状，然后根据投影规律进行绘制。

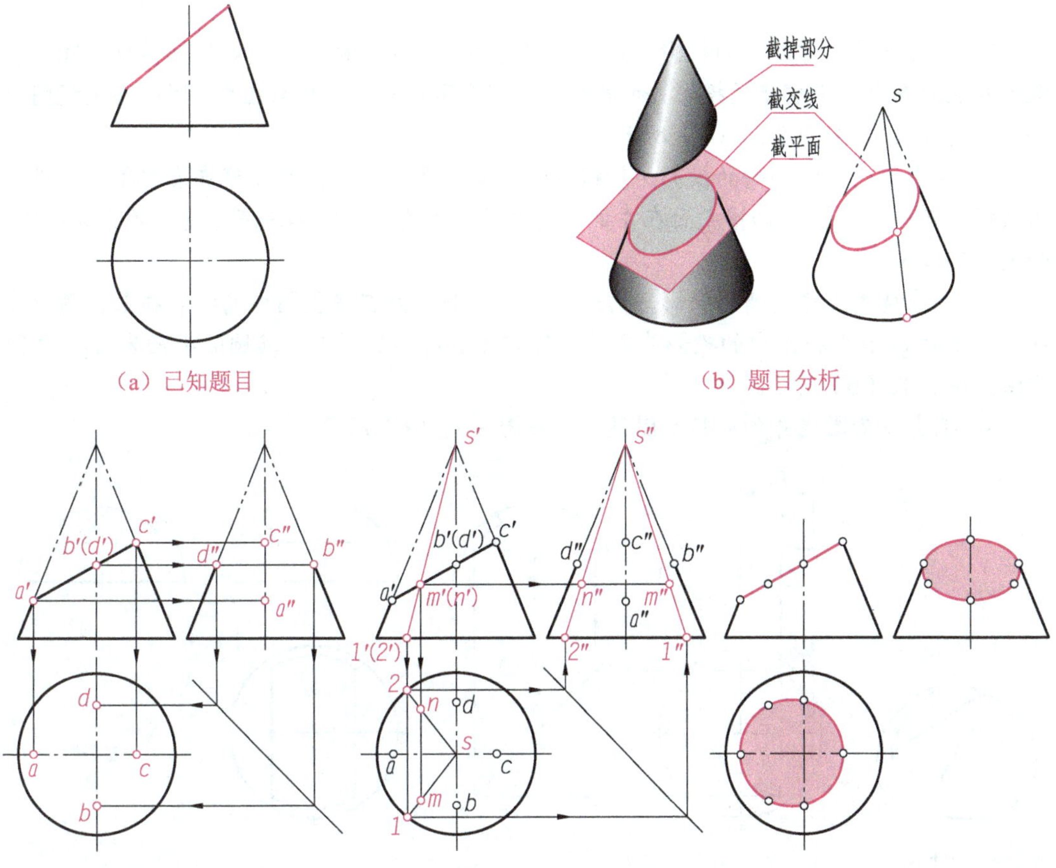

（a）已知题目　　（b）题目分析

（c）求特殊点　　（d）作辅助线求一般点　　（e）去掉作图线完成作图

图 3-30　用辅助线法求圆锥的截交线

表 3-3　圆球体的截交线

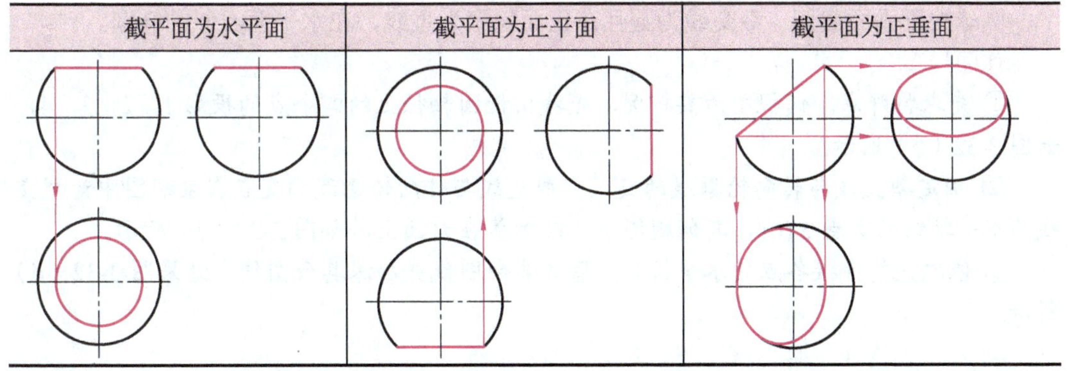

截平面为水平面	截平面为正平面	截平面为正垂面

【例 3-17】已知半圆球切槽的立体图如图 3-31（a）所示，求其三面投影。

分析：

半圆球被两个对称的侧平面 P 和一个水平面 Q 所截切，两个侧平面 P 与球面的截交线各为一段平行于侧面的圆弧，水平面 Q 与球面的截交线为两段水平圆弧。

作图步骤：

① 在主视图中作切槽的投影。先画出完整半圆球的三视图，然后根据槽口的宽度和深度在主视图中画出切槽的投影（切槽由两个侧平面和一个水平面组成，因此在主视图中均积聚为直线），如图 3-31（b）所示。

② 在左视图上作切槽的投影。切槽的两个侧平面 P 与球面的交线在左视图上的投影为圆弧，其半径为 R_1；切槽底面在左视图上积聚为直线，中间部分不可见，故画成虚线，如图 3-31（b）所示。

③ 在俯视图上作切槽的投影。切槽的两个侧平面 P 在俯视图中的投影积聚为两段直线，水平面 Q 在俯视图中的投影为两段半径相等且对称的圆弧，其圆弧半径为 R_2，作图方法如图 3-31（b）所示。

④ 擦去多余图线并加深其余图线，结果图 3-31（c）所示。

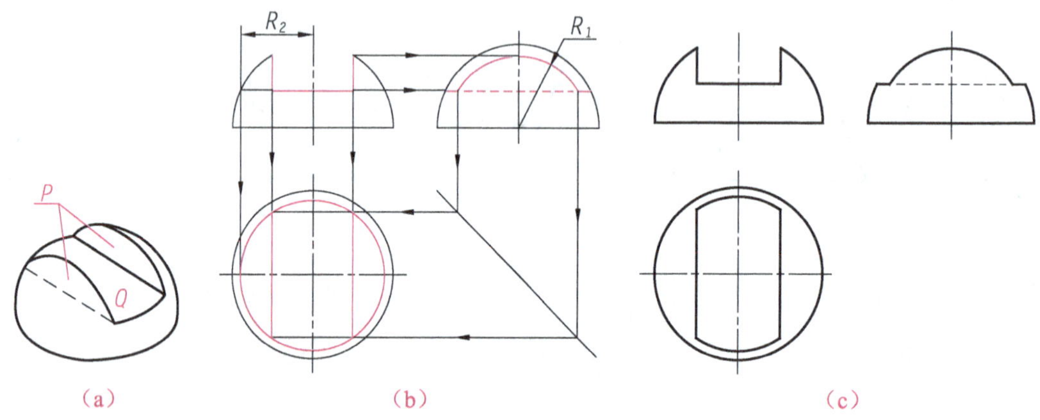

图 3-31　半圆球切槽的投影

【例 3-18】 如图 3-32（a）所示，完成球被正垂面截切后的俯视图。

分析：

圆球被正垂面截切，截交线为圆且在正面积聚为直线，在水平面类似的椭圆。

作图步骤：

① 先求特殊点。俯视图为类椭圆，先找出椭圆轴径上的四个点的投影 1，2，3，4，如图 3-32（b）所示。

② 确定截交线与转向轮廓线的交点。截交线与转向轮廓线的交点在主视图中为截交线与水平轴线的交点 5′(6)′，其俯视图中的投影落在大圆上，如图 3-32（c）所示。

③ 依次光滑连接各点的水平投影。擦去多余图线并加深其余图线，结果图 3-32（d）所示。

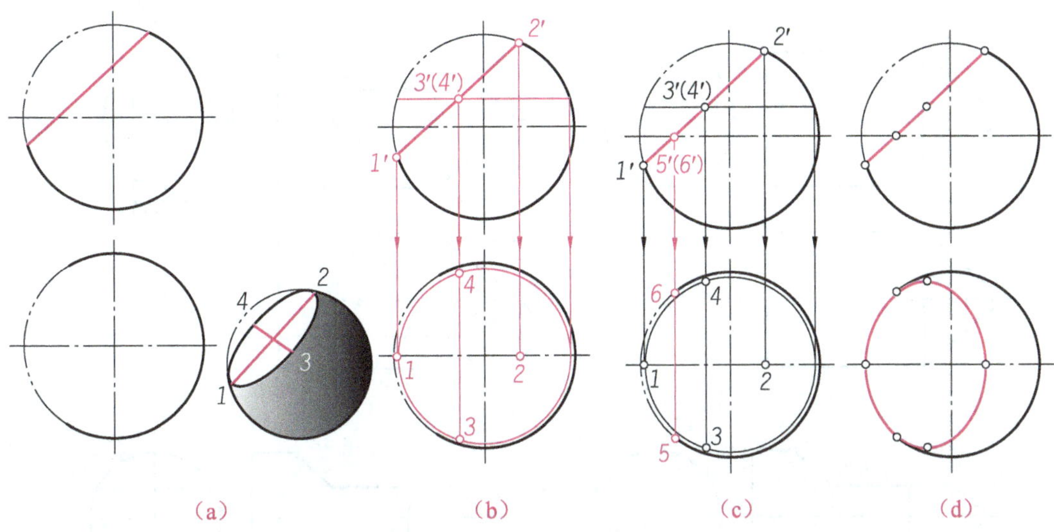

图 3-32　平面截切圆球的投影

思考：

圆球被正垂面截切后的俯视图完成了，如何在 3-32（d）的基础上完成左视图？

【例 3-19】如图 3-33 所示，绘制顶尖的三视图。

分析：

顶尖头部由同轴（侧垂线）的圆锥和圆柱被水平面 *P* 和正垂面 *Q* 切割而成。*P* 平面与圆锥面的交线为双曲线，与圆柱面的交线为两条侧垂线（*AB*，*CD*）。*Q* 平面与圆柱面的交线为椭圆弧，*P*，*Q* 两平面的交线 *BD* 为正垂线。由于 *P* 面和 *Q* 面的正面投影以及 *P* 面和圆柱面的侧面投影都有积聚性，所以只要做出截交线以及截平面 *P* 和 *Q* 交线的水平投影即可。

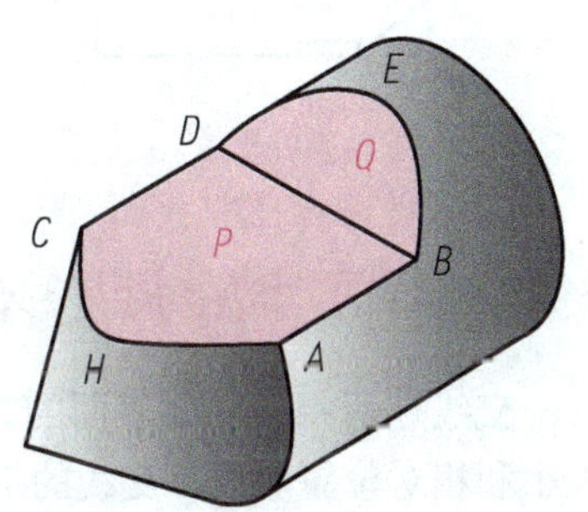

图 3-33　半圆球切槽的投影

作图步骤：

① 画出同轴回转体完整的三视图，在主视图上做出 *P*，*Q* 平面有积聚性的正面投影和侧面投影，如图 3-34（a）所示。

② 参照如图 3-34（b）所示的方法做出 *P* 平面与圆锥面的交线（双曲线）。按投影关系做出 *P* 平面与圆柱的交线 *AB*、*CD* 的水平投影 *ab*，*cd*，以及 *P*，*Q* 两平面交线 *BD* 的水平投影 *bd*，如图 3-34（b）所示。

③ 正垂面 *Q* 与圆柱面的交线（椭圆弧）的正面投影积聚为直线，侧面投影积聚为圆。由 *e*′做出 *e* 和 *e*″，在椭圆弧正面投影的适当位置定出 *f*′(*g*′)，直接做出侧面投影 *f*″，*g*″，再由 *f*″，*g*″和 *f*′*g*′做出 *f*，*g*。依次连接 *bfegd* 即为 *Q* 平面与圆柱面交线的水平投影，如图 3-34（c）所示。

④ 擦去多余图线并加深其余图线，注意不要漏掉虚线，结果图 3-34（d）所示。

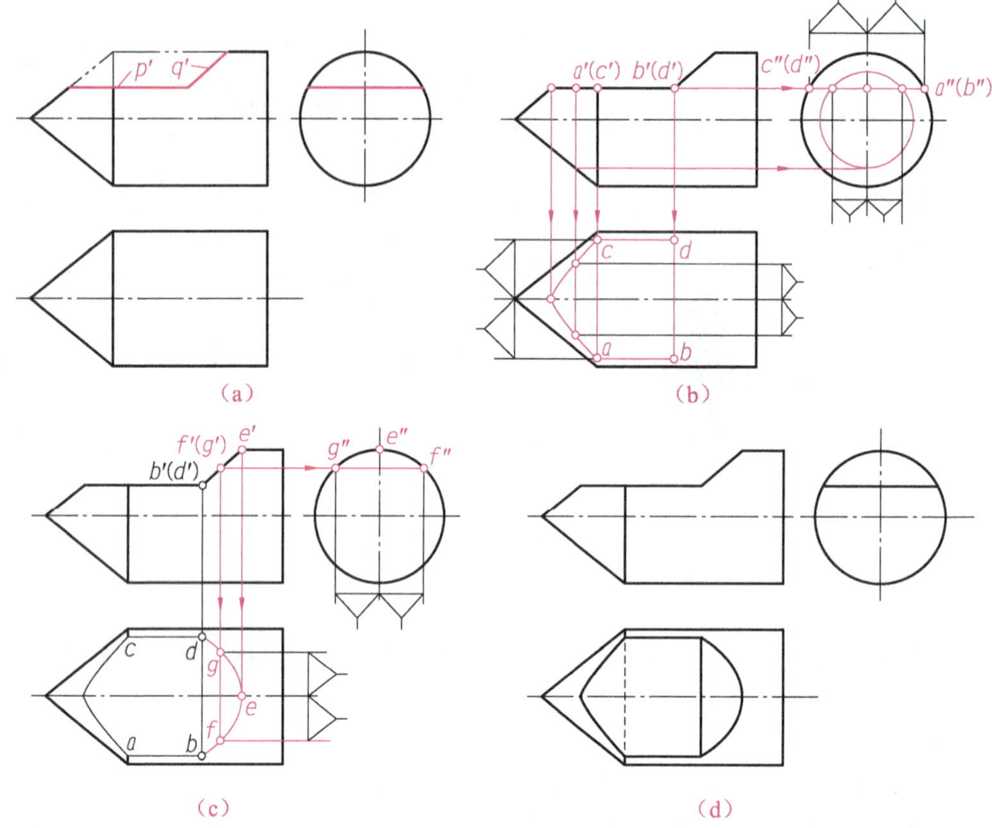

图 3-34　顶尖的投影作图

3.3　相贯线的投影及作图

交线是两相交立体表面的共有线，是一条封闭的空间曲线。由于相交体的几何形状、大小和相对位置不同，交线的形状也不同。相交的类型有平面立体与平面立体相交、回转体与平面立体相交、回转体与回转体相交、多体相贯，如图 3-35 所示。前两种情况交线的画法与截交线的画法相类似，本章不做特别叙述研究。两个回转体相互贯穿相交称为相贯，其表面形成的交线称为相贯线。一般情况下，相贯线特指两个回转体的交线，如图 3-35（c）所示，本章主要对两个回转体的相贯线的画法做详细介绍。

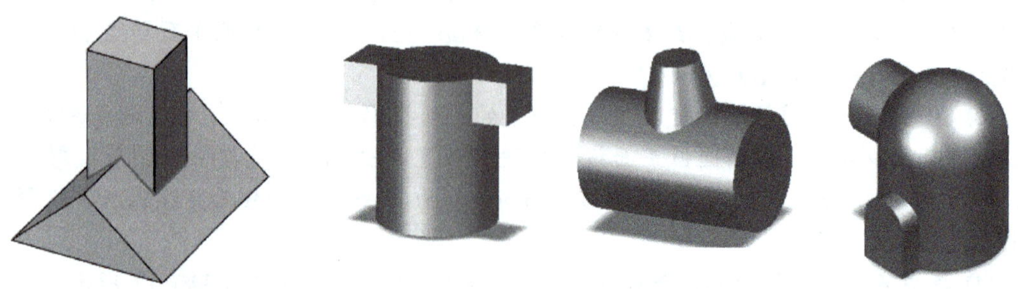

（a）平面立体与平面立体相交　（b）回转体与平面立体相交　（c）回转体与回转体相交　（d）多体相贯

图 3-35　相贯体的类型

相贯线的形状与回转体的形状和回转体空间相交的形式有关。无论相贯线的形状如何，它都具有共有性和封闭性两个基本性质。

- 共有性：由于相贯线是两相交立体表面的共有线，也是其表面的分界线。因此，相贯线上的点是立体表面的共有点和两立体表面的分界点。
- 封闭性：由于立体的表面是封闭的，而相贯线是立体表面之间的交线，因此相贯线一般是封闭的空间曲线。但在特殊情况下也可能是平面曲线或直线。

根据相贯线的性质可知，求相贯线的实质，可归纳为求作两相贯体表面上一系列共有点的集合。

3.3.1　相贯线的画法

求相贯线常采用表面取点法和辅助平面法。作图时，首先应根据两立体的相交情况分析相贯线的形状，然后依次求出特殊位置点和一般位置点的投影，接着判别其可见性，最后将求出的各点用光滑曲线顺次连接。

1. 表面取点法

当相交两形体中的某一形体表面在某一投影面上的投影有积聚性时，其相贯线在该投影面上的投影一定与该形体的投影重合，根据这个已知投影，就可用表面取点法求出相贯线在其他投影面上的投影。

【例 3-20】已知两圆柱正交，如图 3-36（a）所示，求作该相贯体的三视图。

分析：

由图 3-36（a）所示的立体图可以看出，该相贯体为一个铅垂圆柱与水平圆柱正交所得，故相贯线为曲线。相贯线的水平投影与铅垂圆柱面的水平投影重合，侧面投影与侧垂圆柱的侧面投影重合，因此只需求作它的正面投影即可。

作图步骤：

① 按照投影关系画出两圆柱的投影，主视图中的相贯线先不画。

② 求特殊位置点的投影。在相贯体上取特殊位置点 A，B，C，D。其中，点 A 和点 B 是两圆柱正面投影的转向轮廓线交点，其投影可在各视图上直接找出；点 C 和点 D 是铅垂圆柱侧面投影的转向轮廓线和水平圆柱表面的交点，其投影可在左、俯视图上直接找到，主视图中的点 c'和点 d'可根据点的投影规律作出，如图 3-36（b）所示。

③ 求一般位置点的投影。在铅垂圆柱的水平投影圆上取对称的两点 e 和 f，它们的侧面投影和水平投影都可根据点的投影规律求出。

④ 用光滑的曲线顺次连接正面投影上各点的投影，即可得到相贯线的正面投影，如图 3-36（c）所示。

两圆柱正交时，按圆柱面的可见性分为圆柱与圆柱、圆柱与圆孔、圆孔与圆孔相贯，当孔与圆柱或圆孔相贯时，相贯线在物体的内部，内相贯线的投影由于不可见而画成细虚线。相贯线的画法如表 3-4 所示。

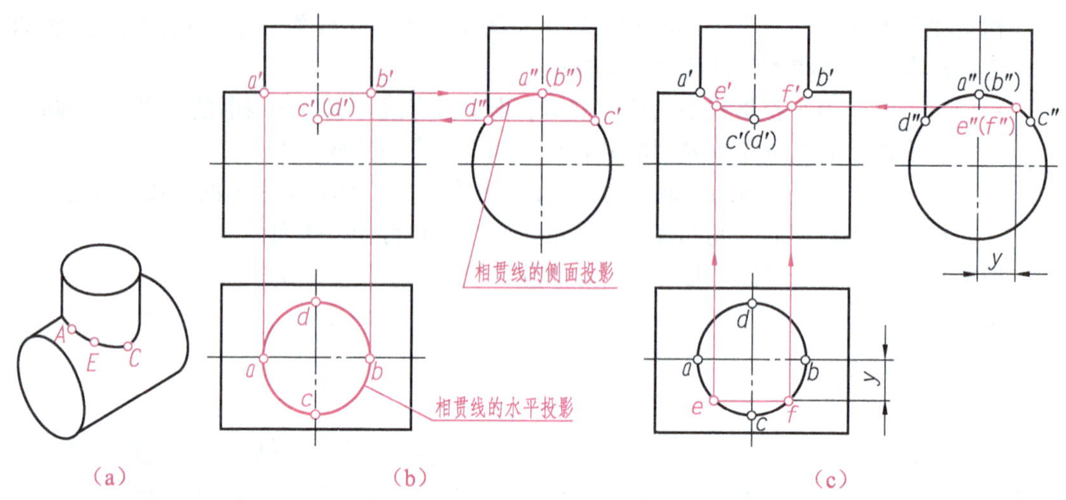

图 3-36 两正交圆柱体三视图的画法

表 3-4 两圆柱正交时相贯线的画法

外圆柱与外圆柱相交	外圆柱与内圆柱相交	两内圆柱相交

2. 辅助平面法

当两相贯体的投影没有积聚性时，通常采用辅助平面法求其相贯线。假想用一辅助平面在两回转体交线范围内截切两回转体，则辅助平面与两立体表面都产生截交线，这两条截交线的交点既属于辅助平面，又属于两立体表面，是三面的共有点，即相贯线上的点。

为了作图方便，选择辅助平面的原则是：选择特殊位置的辅助平面（一般为投影面平行面），使得截交线的投影为直线或圆。

【例 3-21】已知圆柱与圆台相贯，如图 3-37 所示，求作该相贯体的相贯线投影。

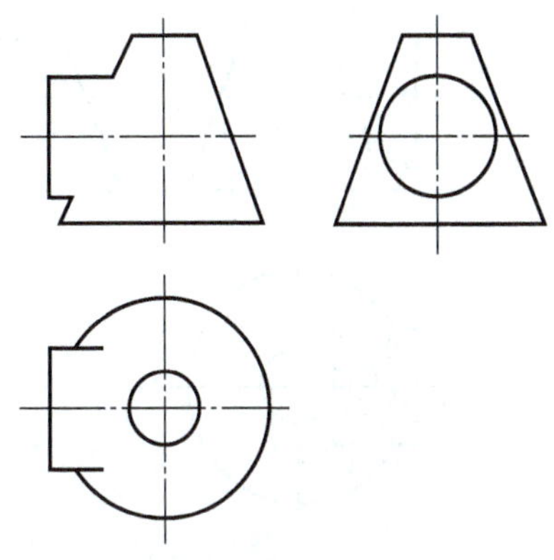

图 3-37　圆柱与圆台相贯

分析：

由图 3-37 可以看出，圆台的轴线为铅垂线，圆柱的轴线为侧垂线，两轴线正交且都平行于正面，因此相贯线前后对称，其正面投影重合。由于圆柱的侧面投影为圆，相贯线的侧面投影积聚在该圆上，因此只需求作相贯线的水平投影和正面投影即可。

作图步骤：

① 求特殊位置点的投影。如图 3-38（a）所示，侧面投影 a''，b''是相贯线上最高点 A 和最低点 B 的投影，它们是两回转体特殊位置素线的交点，因此可直接求出其水平投影 a，b 和正面投影 a'，b'；侧面投影 c''，d''是相贯线上最前点 C 和最后点 D 的侧面投影，过圆柱轴线作水平面 P 为辅助平面，由此可求出平面 P 与圆台表面截交圆的水平投影，该圆与圆柱面水平投影的外形轮廓线交于 c，d 两点，最后可求出点 $c'(d')$。

② 求一般位置点的投影。如图 3-38（b）所示，分别在主视图和左视图中作水平辅助平面 Q 的投影线 q'和 q''，作出投影线 q''与圆柱侧面的交点 e''，f''；由主视图中投影线 q'与圆台表面的交点，可作出俯视图中辅助平面 Q 与圆台截交线的水平投影圆，最后根据投影关系，可求出 e，f 及 $e'(f')$点。

③ 采用同样的方法作另外一个一般位置辅助平面 R，然后参照图 3-38（b）所示求出该平面上 G 点和 H 点的投影。

④ 用光滑曲线依次连接各点。由于主视图相贯线前后对称且重合，因此只需用实线画出可见的前半部分曲线；俯视图中，以 c，d 点为分界，上半圆柱面上的投影曲线可见，故将 $ceafd$ 段曲线画成实线；下半圆柱面上的投影曲线不可见，故画成虚线，如图 3-38（c）所示。

⑤ 检查图形并擦去多余图线，然后加深其余图线，结果如图 3-38（d）所示。

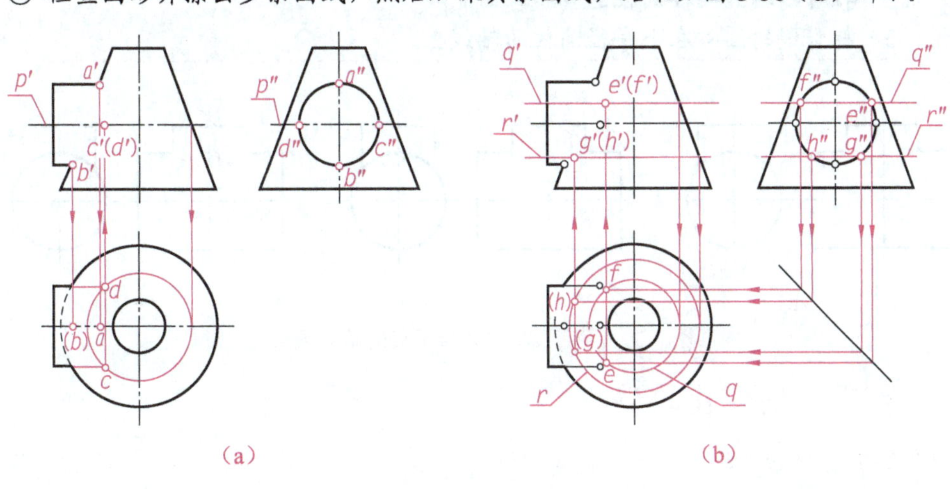

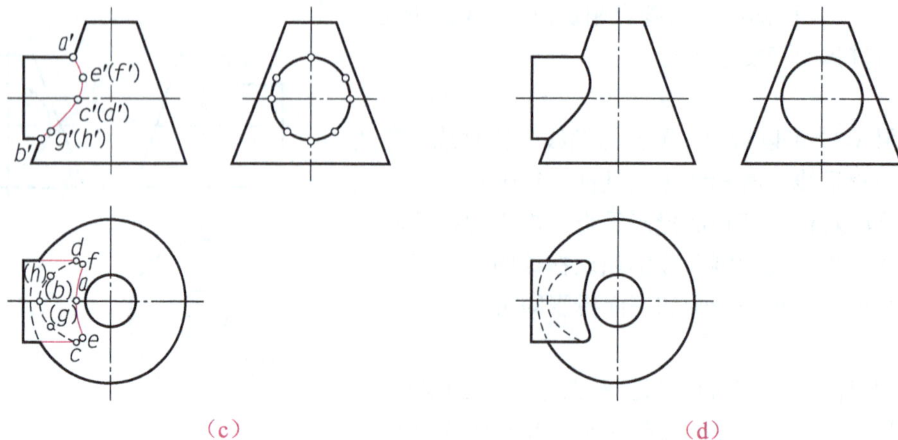

图 3-38　圆柱与圆台相贯线的画法

3.3.2　相贯线的简化画法

工程上两圆柱正交的实例很多，为了简化作图，国家标准规定，允许采用简化画法作出相贯线的投影，即以圆弧代替非圆曲线（相贯线）。当两个轴线垂直相交，且轴线均平行于正面的两个不等径圆柱相交时，相贯线的正面投影以大圆柱的半径为半径画圆弧即可。简化画法的作图过程如图 3-39 所示。

作图步骤：

① 判断相贯线的弯曲方向，向着大半径圆柱的轴线弯曲。

② 量取大圆柱半径，如图 3-39（a）所示。

③ 分别以 1，2 两点为圆心画圆弧交于一点 O，如图 3-39（b）所示。

④ 以 O 为圆心，以 R 为半径画圆弧，即为近似的相贯线，如图 3-39（c）所示。

> 做相贯线的简化画法时，需要注意：
> （1）用圆弧代替相贯线要量取大圆柱的半径。
> （2）相贯线朝大半径圆柱的轴线弯曲。
> （3）相贯线的圆心在小半径圆柱的轴线上。

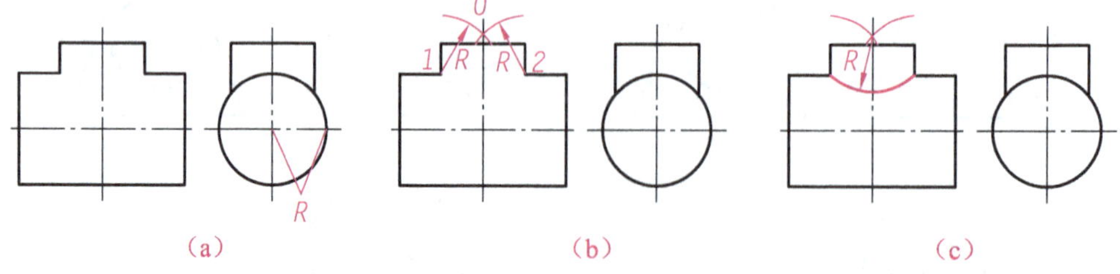

图 3-39　两正交圆柱体相贯线的简化画法

3.3.3　相贯线的变化趋势

相贯线的形状除了与两圆柱的相对位置有关系外，还与圆柱的半径大小有关。当正交两圆柱的相对位置不变，而相对大小发生变化时，相贯线的形状和位置也将随之变化。定

义竖直方向的圆柱直径为ϕ_1，水平方向的圆柱直径为ϕ。

当$\phi_1 < \phi$时，相贯线的正面投影为上下对称的曲线，如图 3-40（a）所示；

当$\phi_1 = \phi$时，相贯线在空间为两个相交的椭圆，其正面投影为两条相交的直线如图 3-40（b）所示；

当$\phi_1 > \phi$时，相贯线的正面投影为左右对称的曲线，如图 3-40（c）所示。

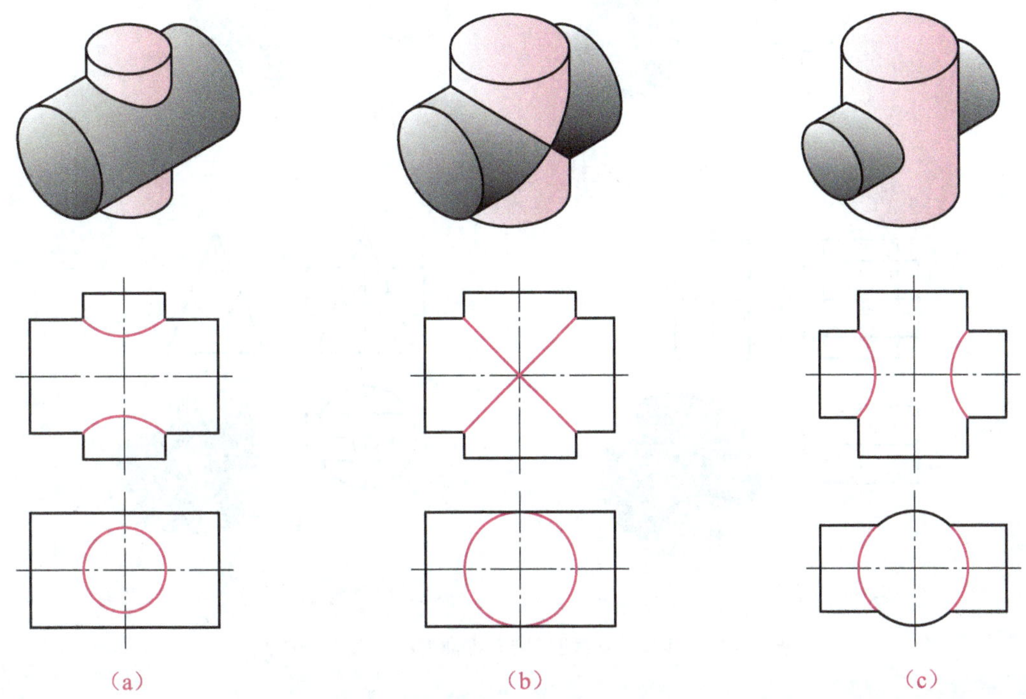

图 3-40　两圆柱正交时相贯线的变化

3.3.4　相贯线的特殊情况

一般情况下，相贯线为闭合的空间曲线，但在特殊情况下，也可能是平面曲线（圆或椭圆）或直线。

1. 相贯线为平面曲线

（1）两个同轴回转体相交时，相贯线一定是垂直于轴线的圆。当回转体轴线平行于某一投影面时，这个圆在该投影面上的投影为垂直于轴线的直线，如图 3-41 中的红色图线所示。

（2）当轴线相交的两圆柱（或圆柱与圆锥）公切于同一球面时，相贯线一定是平面曲线，即两个相交的椭圆，如图 3-42 中的红色图线所示。

2. 相贯线为直线

当相交两圆柱的轴线平行时，相贯线为直线，如图 3-43（a）所示。当两圆锥共顶时，相贯线也是直线，如图 3-43（b）所示。

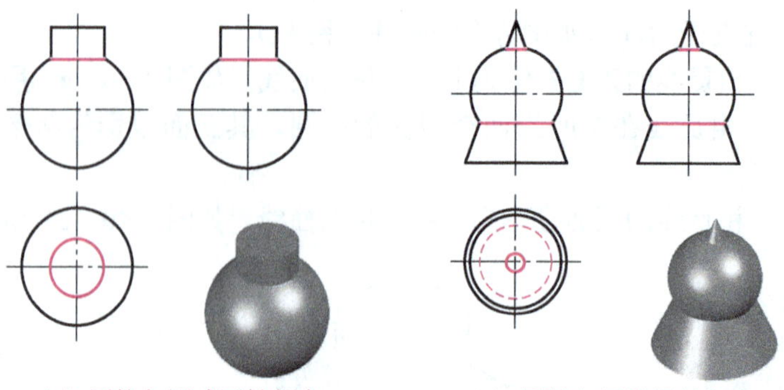
（a）圆柱与圆球同轴相交　　（b）圆柱与圆锥同轴相交

图 3-41　同轴回转体的相贯线——圆

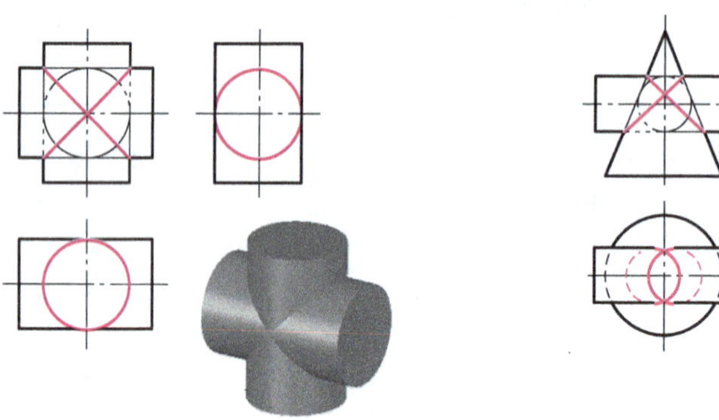
（a）圆柱与圆柱等经正交（公切一圆球）　　（b）圆柱与圆锥正交（公切一圆球）

图 3-42　两回转体公切与同一球面的相贯线——椭圆

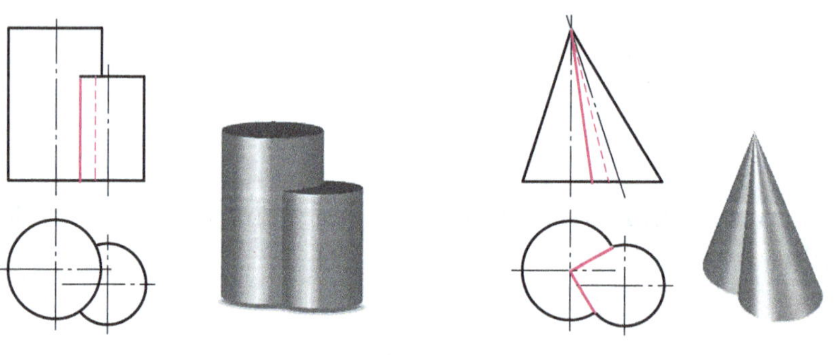
（a）两相交圆柱的轴线平行　　（b）两圆锥共顶

图 3-43　相贯线为直线的情况

【例 3-22】如图 3-44 所示，已知相贯体的俯、左视图，求作主视图。

分析：

由图 3-44（a）可知，该相贯体由一直立圆筒与一水平半圆筒正交，内外表面都有交线。外表面为两个等径圆柱面相交，相贯线为两条平面曲线（椭圆），其水平投影和侧面投影分别于两圆柱面的投影重合，正面投影为两条直线。内表面的相贯线为两段空间曲线，其水平投影和侧面投影也分别与两圆孔的投影重合，正面投影为两段不可见的曲线。

作图步骤：

① 画出两等径圆柱的外圆轮廓，作出外表面相贯线的正面投影（两段 45°斜线）。

② 用细虚线画出两圆孔的轮廓，采用相贯线的简化画法，作出两圆孔相贯线的正面投影（两段细虚线圆弧），如图 3-44（b）所示。

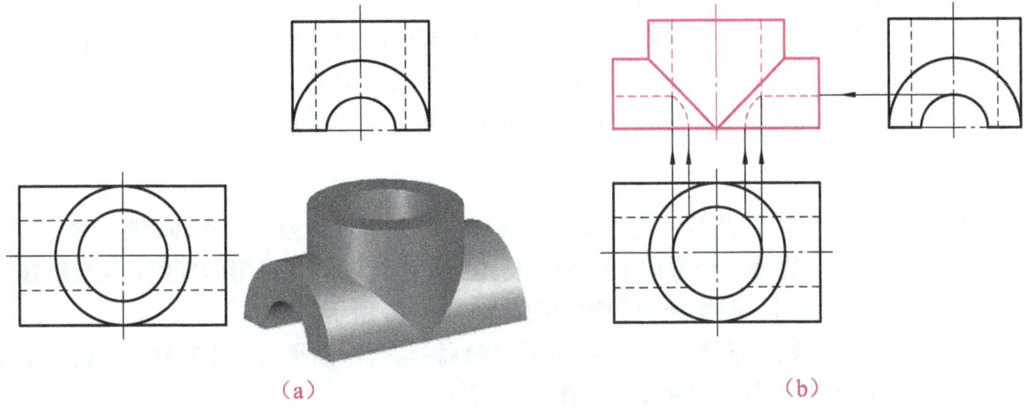

图 3-44　根据俯、左视图求作主视图

3.4　轴测图

用正投影法绘制的三视图能确切表达物体的形状，度量性好，但缺乏立体感，必须要具有一定读图基础的人才能看懂。为此，工程上常用轴测图作为辅助图样，以直观表达物体的空间形状。

3.4.1　轴测图的形成

将空间物体连同确定其位置的直角坐标系，沿不平行于任一坐标平面的方向，用平行投影法投射在某一选定的单一投影面上所得到的具有立体感的图形，称为轴测投影图，简称轴测图，如图 3-45 所示。

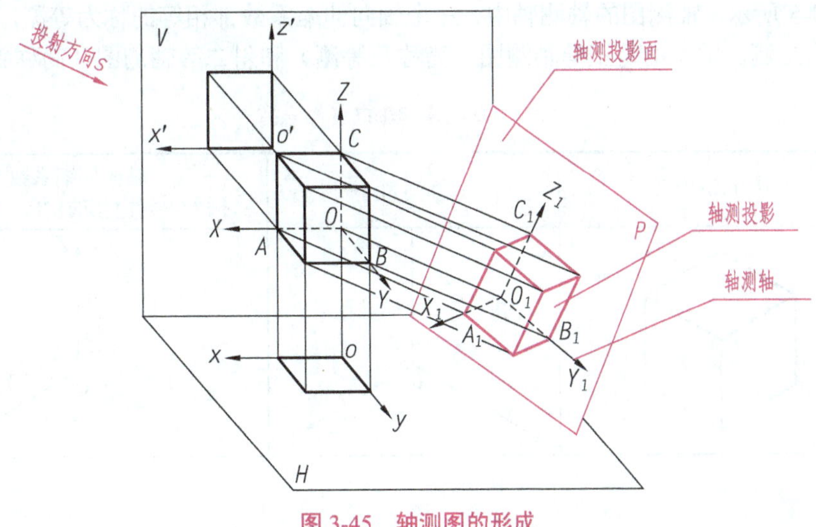

图 3-45　轴测图的形成

1. 轴间角与轴向伸缩系数

在轴测投影中，我们把选定的投影面 P 称为轴测投影面；把空间直角坐标轴 OX, OY, OZ 在轴测投影面上的投影 O_1X_1，O_1Y_1，O_1Z_1 称为轴测轴；把两轴测轴之间的夹角 $\angle X_1O_1Y_1$，$\angle Y_1O_1Z_1$，$\angle X_1O_1Z_1$ 称为轴间角；轴测轴上的单位长度与空间直角坐标轴上对应单位长度的比值，称为轴向伸缩系数。OX，OY，OZ 的轴向伸缩系数分别用 p_1，q_1，r_1 表示。例如，在图 3-45 中，$p_1=O_1A_1/OA$，$q_1=O_1B_1/OB$，$r_1=O_1C_1/OC$。

强调：轴间角与轴向伸缩系数是绘制轴测图的两个主要参数。

2. 轴测图的种类

根据投射方向与轴测投影面是否垂直，轴测图可分为正轴测图和斜轴测图两类。

- 正轴测图：物体三个方向上的平面及其三条坐标轴均与投影面倾斜，且投射线与投影面垂直时，投影所得到的视图，如图 3-46 所示。
- 斜轴测图：物体的某一平面及其两条坐标轴与投影面平行，且投射线与投影面倾斜时，投影所得到的视图，如图 3-47 所示。

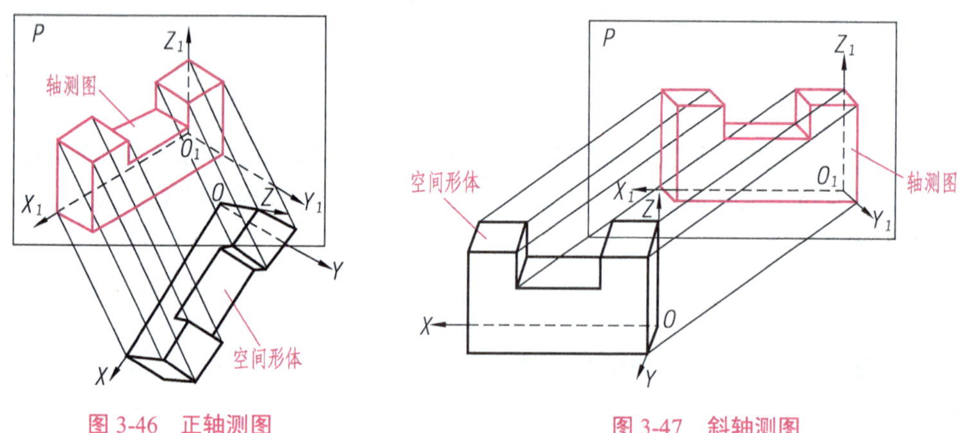

图 3-46　正轴测图　　图 3-47　斜轴测图

如表 3-5 所示，轴测图的轴测轴中，三个轴向伸缩系数都相等的称为等测，其中两个相等的称为二测。常见的是正等轴测图（简称正等测）和斜二等轴测图（简称斜二测）。

表 3-5　轴间角和轴向伸缩系数

类型	立方体图形	轴间角	轴向伸缩系数（括号内为简化的轴向伸缩系数）
正等轴测图	30° 30°	Z 120° 120° O X 120° Y	Z 0.82(1) 0.82(1) O 0.82(1) X Y

（续表）

类型	立方体图形	轴间角	轴向伸缩系数（括号内为简化的轴向伸缩系数）
正二等轴测图	41°25′　7°10′	Z　X　O　Y　97°　131°25′　131°25′	Z　X　O　Y　0.94(1)　0.94(1)　0.47(0.5)
斜二等轴测图	45°	Z　X　O　Y　90°　135°　135°	Z　X　O　Y　1　1　0.5

3.4.2　正等轴测图

如图 3-48 所示，正等轴测图简称为正等测，其三个轴间角相等，均为 120°。其中，*OX* 轴表示长度，*OY* 轴表示宽度，*OZ* 轴表示高度，且规定 *OZ* 轴画成铅垂线。三个轴的轴向伸缩系数相等，$p=q=r=0.82$。实际作图时，为使作图方便，通常采用简化的轴向伸缩系数，即 $p=q=r=1$。但按简化伸缩系数画出的图形比实际物体放大了 1/0.82≈1.22 倍。

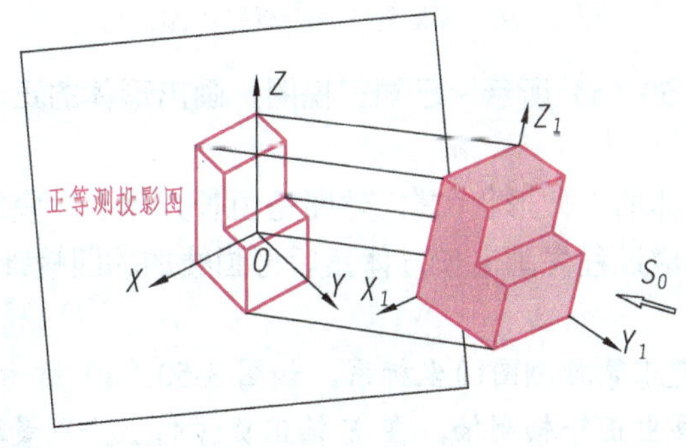

图 3-48　正等测图

1. 平面立体正等轴测图的画法

平面立体是由点、线和平面组成的，要想画出其轴测图，只要在轴测投影面上找到物体上各点的投影，然后依次连接各点即可。

【例 3-23】已知正六棱柱的三视图，如图 3-49（a）所示，画出其正等轴测图。

分析：

要画正六棱柱的正等轴测图，只需在轴测轴上找到六棱柱顶面上各顶点的位置，然后连接各顶点，接着过各顶点作长度相等的垂线，最后连接垂线各端点并擦去不可见轮廓线。

作图步骤：

① 在三视图中确定正等轴测图的坐标系，如图 3-49（a）所示。

② 画正六棱柱的顶面。先画出正等轴测轴，然后在 O_1X_1 轴上量取 $O_1A_1=oa$，得到点 A 的轴测投影 A_1，采用同样的方法可确定 B，C，D 点的投影 B_1，C_1，D_1；过 C_1，D_1 点作 O_1X_1 的平行线，然后在该平行线上截取六边形的其他顶点，最后用直线段依次连接各顶点，如图 3-49（b）所示。

③ 画正六棱柱的侧棱。从各顶点向下引 O_1Z_1 轴的平行线（不可见棱线可省略不画），其长度为六棱柱的实际高度，如图 3-49（c）所示。

④ 画正六棱柱的底面。用直线段依次连接侧棱的各端点（不可见棱线可省略不画），最后检查图形，确认无误后擦去多余的线条并加深图线，即可得到正六棱柱的正等轴测图，结果如图 3-49（d）所示。

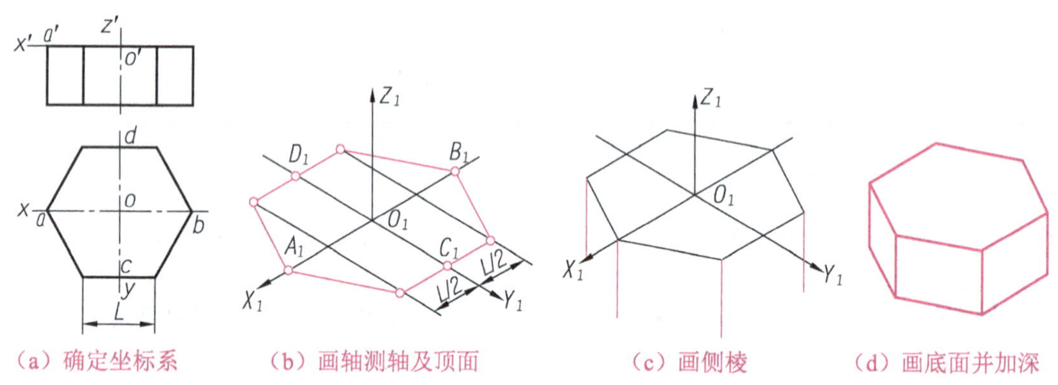

（a）确定坐标系　（b）画轴测轴及顶面　（c）画侧棱　（d）画底面并加深

图 3-49　正六棱柱的正等轴测图画法

【例 3-24】如图 3-50（a）所示，已知三视图，画出形体的正等轴测图。

分析：

根据三视图想象形体的立体形状，其立体图是由长方体上方叠加一个四棱锥台所组成的。画图时，应按其形成过程先画出长方体然后再画叠加的四棱锥台。

作图步骤：

① 在三视图中确定正等轴测图的坐标系，如图 3-50（a）所示。

② 画长方体，先画出正等轴测轴，在 X 轴正负方向上分别量取 $L/2$，在 Y 轴的正负方向分别量取 $b/2$，过坐标轴上 4 点分别作坐标轴的平行线得到平行四边形，过四边形的四个顶点分别作垂线，在垂线上量取 h_1 的高度，得到四个点，连接四个点，如图 3-50（b）所示，得到长方体的轴测图。

③ 画梯形的轴测图。在 XOY 平面内，X 轴正负方向量取 $L_1/2$，过此两点做 Y 轴的平行线；Y 轴的正负方向量取 $b_1/2$，过此两点做 X 轴的平行线，如图 3-50（c）所示。在 Z 轴的正方向量取 h_2，过此点作 X 轴和 Y 轴的平行线，以 L_2 和 b_2 为边长做平行四边形，如图 3-50（d）所示。

④ 连接各顶点，并加深图线，擦去遮住的棱线，如图 3-50（e）所示。

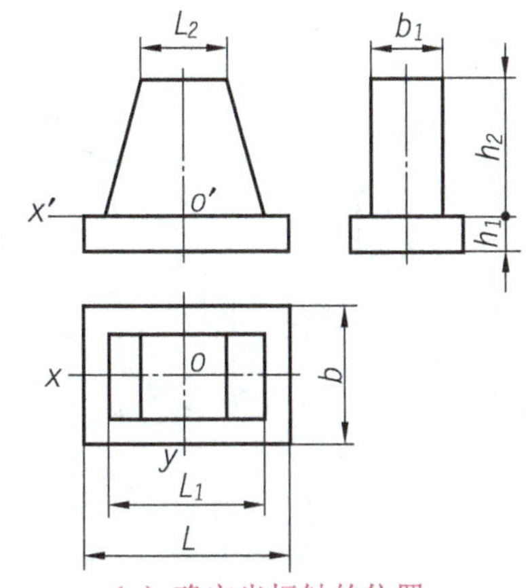

（a）确定坐标轴的位置

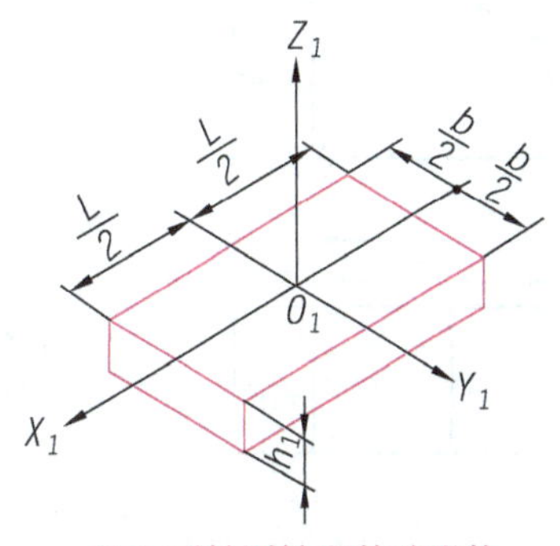

（b）画轴测轴和基础形体

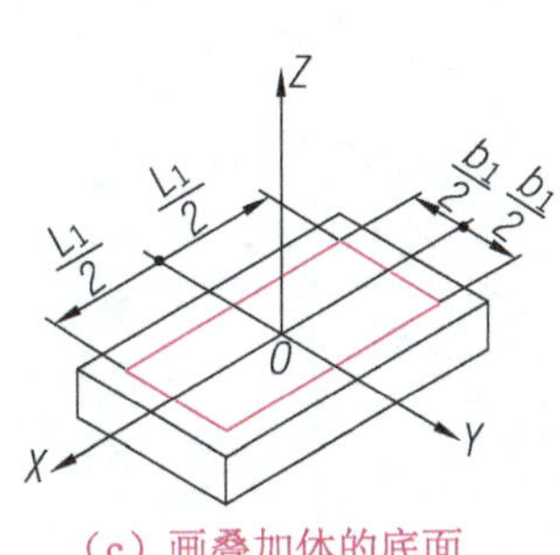

（c）画叠加体的底面

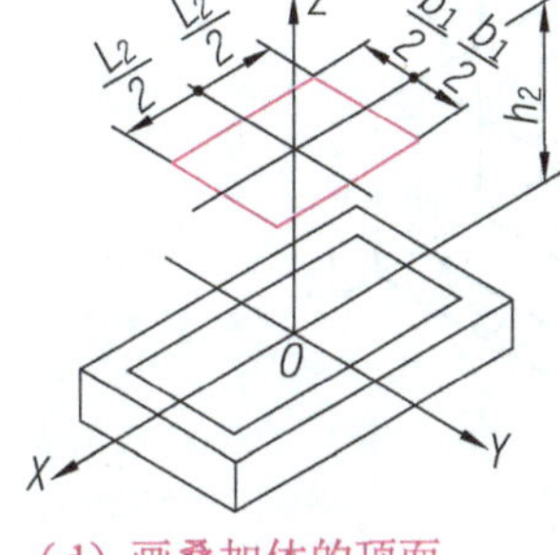

（d）画叠加体的顶面

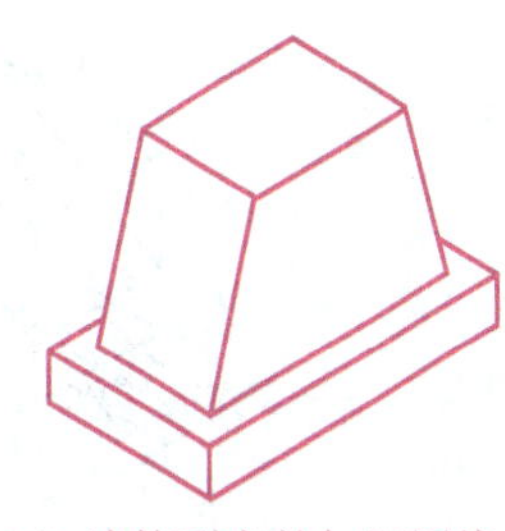
（e）连接顶点并加深图线

图 3-50　画叠加体的正等轴测图

【例 3-25】如图 3-51（a）所示，根据楔形块的两个视图，画出其正等轴测图。

分析：

楔形块的原始形状是一个长方体，长方体的左上方、左前方和左后方分别被切掉一个角而形成楔形块，因此，绘制楔形快的正等测时，可采用切割法。

作图步骤：

① 因为楔形块前、后对称，所以在俯视图中将对称线确定为 X 轴，如图 3-51（a）所示。

② 按给定的尺寸 L_1，k_1，H 画出长方体的正等测，如图 3-51（b）所示。

③ 按给定的尺寸 h，L_3 确定斜面上线段端点的位置，画出左上方斜面的正等测，如图 3-51（c）所示。

④ 按给定的尺寸 L_2，K_2 确定左前方和左后方斜面上线段端点的位置，画出左前方和左后方两个斜面的正等测，如图 3-51（d）所示。

⑤ 擦去作图线并描深，完成楔形块的正等测，如图 3-51（e）所示。

2. 回转体正等轴测图的画法

在正等轴测投影中，由于空间各坐标面相对于轴测投影面都是倾斜的，且倾角相等，所以平行于各坐标面的圆，在轴测图中的投影均为大小相等、方向不同的椭圆。椭圆的方向取决于其长、短轴的方向，如图 3-52 所示。

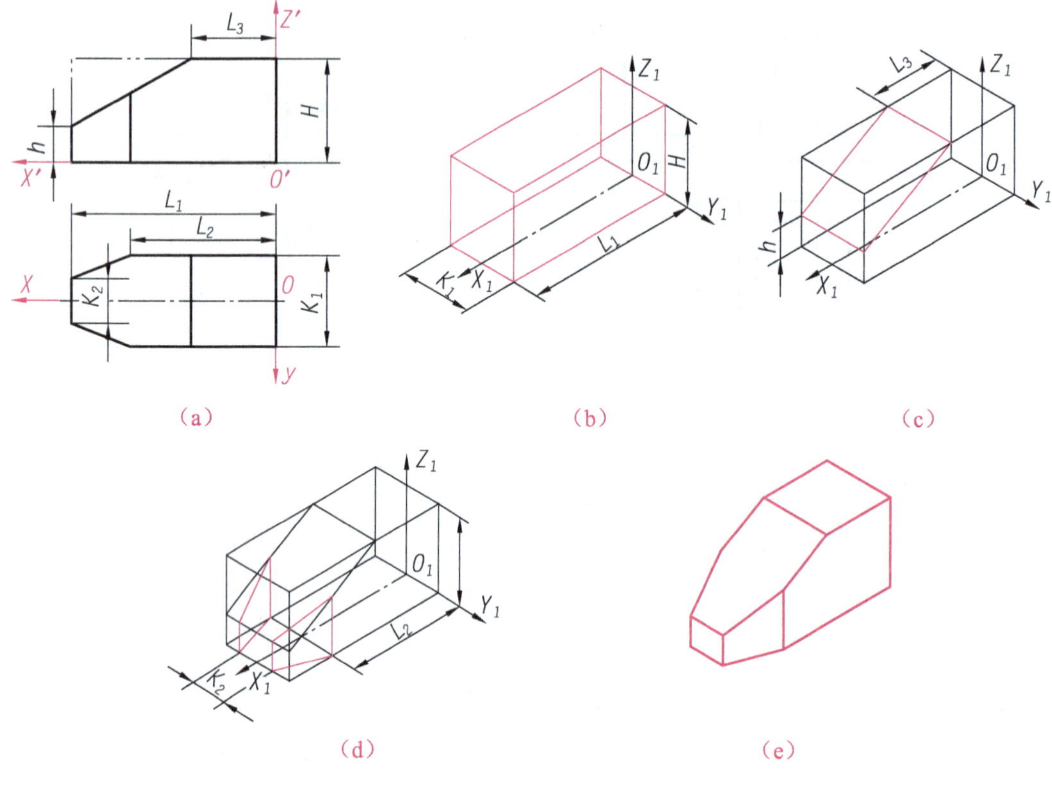

图 3-51　画切割体的正等轴测图

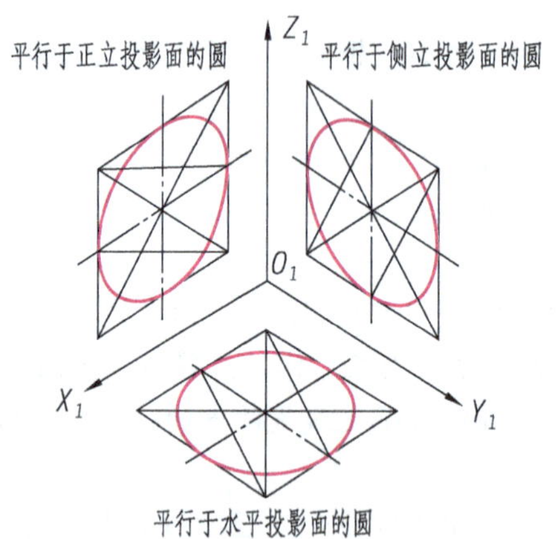

图 3-52　三个不同坐标平面的圆的正等轴测图

实际作图时，一般不要求准确地画出椭圆的曲线，而是采用四心圆弧法画出近似椭圆即可。

【例 3-26】如图 3-53（a）所示，已知水平位置圆的正投影，画出它的正等轴测图。

作图步骤：

① 作圆的外接正方形 *abcd*，如图 3-53（a）所示；作轴测轴 O_1X_1，O_1Y_1 和切点 A_1，B_1，C_1，D_1，然后过这些点作轴测轴的平行线，即可得到外切正方形的轴测菱形，如

图 3-53（b）所示。

② 连接对角线，然后将短对角线的顶点 4 与对边的中点 B_1 和 C_1 连接起来，分别与长对角线交于点 2 和点 3，如图 3-53（c）所示。

③ 分别以短对角线的顶点 4，5 为圆心，以 R_2（即 B_14）为半径作 $\overset{\frown}{C_1B_1}$ 和 $\overset{\frown}{D_1A_1}$，接着以点 2 和点 3 为圆心，以 R_1（即 C_13）为半径作 $\overset{\frown}{B_1A_1}$ 和 $\overset{\frown}{C_1D_1}$，这四段圆弧连成的近似椭圆即为所求，如图 3-53（d）所示。

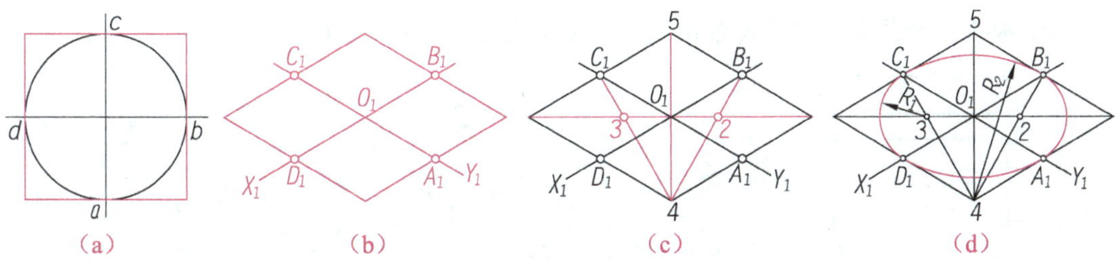

图 3-53　四心圆弧法画近似椭圆

【例 3-27】如图 3-54（a）所示，画圆柱的正等轴测图。

分析：

先利用四心圆弧法画出顶圆的轴测投影（椭圆）后，将该椭圆各段圆弧的圆心沿 Z 轴向下移动一个圆柱高的距离，即可得到绘制下底椭圆的各段圆弧的圆心位置，然后判别可见性后，只画出底圆可见部分的轮廓，最后作两椭圆的公切线即可，其作图过程如图 3-54（b）～（d）所示。

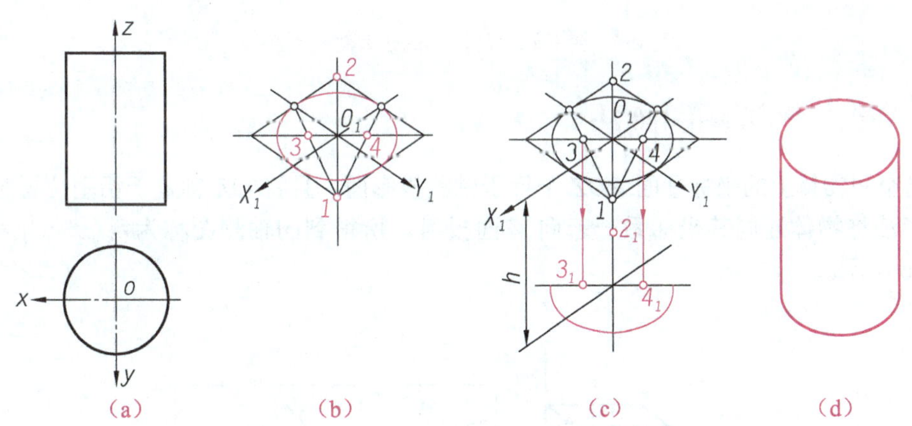

图 3-54　圆柱的正等轴测图画法

3. 圆角正等轴测图的画法

对于具有圆角（1/4 圆柱面）结构的正等轴测图，可通过作各切点的垂直线来绘制。

【例 3-28】如图 3-55（a）所示，画出长方形板的正等轴测图。

作图步骤：

① 画轴测图的坐标轴和长方形板的正等轴测图，接着在顶面上截得圆角的四个切点

1，2，3，4，如图 3-55（b）所示。

② 分别过各切点作其所在棱边的垂线，其交点分别为 O_1，O_2，如图 3-55（c）所示，然后以点 O_1 为圆心，以 $O_1$1 为半径连接切点 1，2，接着以点 O_2 为圆心，以 $O_2$3 为半径连接切点 3，4，即可得到顶面的圆角，如图 3-55（d）所示。

③ 将圆心 O_1，O_2 以及切点 1，2，3，4 沿竖直方向向下移动 h（板的高度），即可得到底面两圆弧的圆心和切点，按照相同的方法画出底面圆角的正等轴测图，如图 3-55（e）所示。

④ 擦去多余线条并描深其余图线，结果如图 3-55（f）所示。

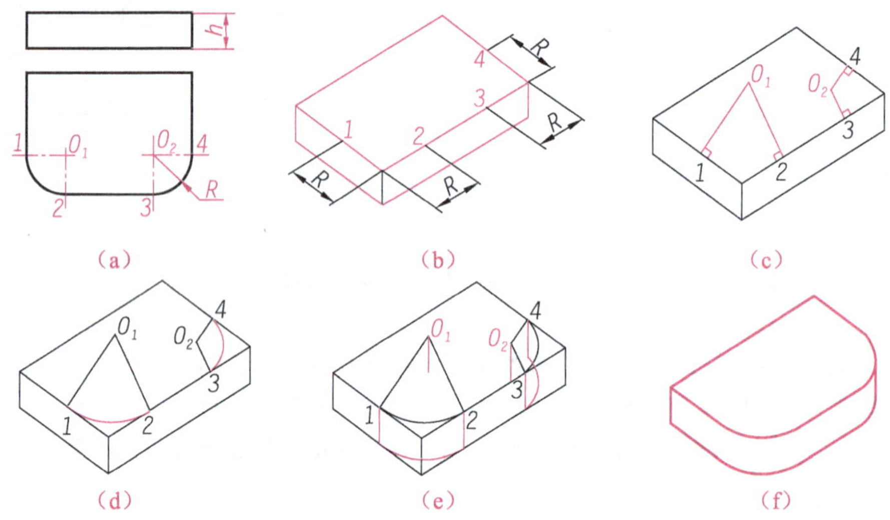

图 3-55　带有圆角的形体的正等轴测图画法

3.4.3　斜二轴测图的画法

当空间物体上的坐标平面 XOZ 平行于轴测投影面，且将 OZ 轴置于铅垂位置时，用斜投影法将物体连同其坐标系一起向 V 面投射，所得到的轴测图称为斜二轴测图，如图 3-56 所示。

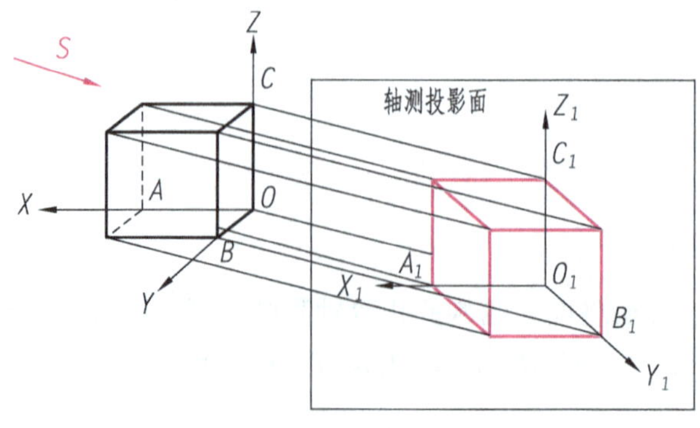

图 3-56　斜二测图

在斜二轴测图中，由于物体上的坐标平面 XOZ 与轴测投影面平行，因此物体上平行于 XOZ 坐标平面的直线和图形在轴测投影面上均反映实长和实形，常用于绘制有较多圆或圆弧的物体。

【例 3-29】如图 3-57（a）所示，画出形体的斜二轴测图。

分析：

该立体由带四个通孔的圆柱体和一个圆柱筒叠加而成。作图时，可根据形体的形成过程逐一画出各个形体。为作图方便，可将坐标原点设在底板前端面的中心处。

作图步骤：

① 在三视图中确定直角坐标系，并在合适位置画出斜二轴测轴，然后在 $X_1O_1Z_1$ 平面上按 1∶1 的比例画出底板的前端面，如图 3-57（b）所示。

② 取 $p=r=1$，$q=0.5$，即 X_1，Z_1 轴方向上的投影取实际长，而 Y_1 轴方向上的投影取实长的一半。由于底板前、后表面的距离为 L，故可将点 O_1 沿 Y_1 轴向后移动 $L/2$，然后以该点为中心，按 1∶1 的比例绘制圆柱体后端面，最后在两个大圆之间绘制公切线并擦去不可见部分，结果如图 3-57（c）所示。

③ 依据类似方法绘制形体前方的圆柱筒，结果如图 3-57（d）所示。

④ 擦去多余的图线并加深图线，完成全图，结果如图 3-57（e）所示。

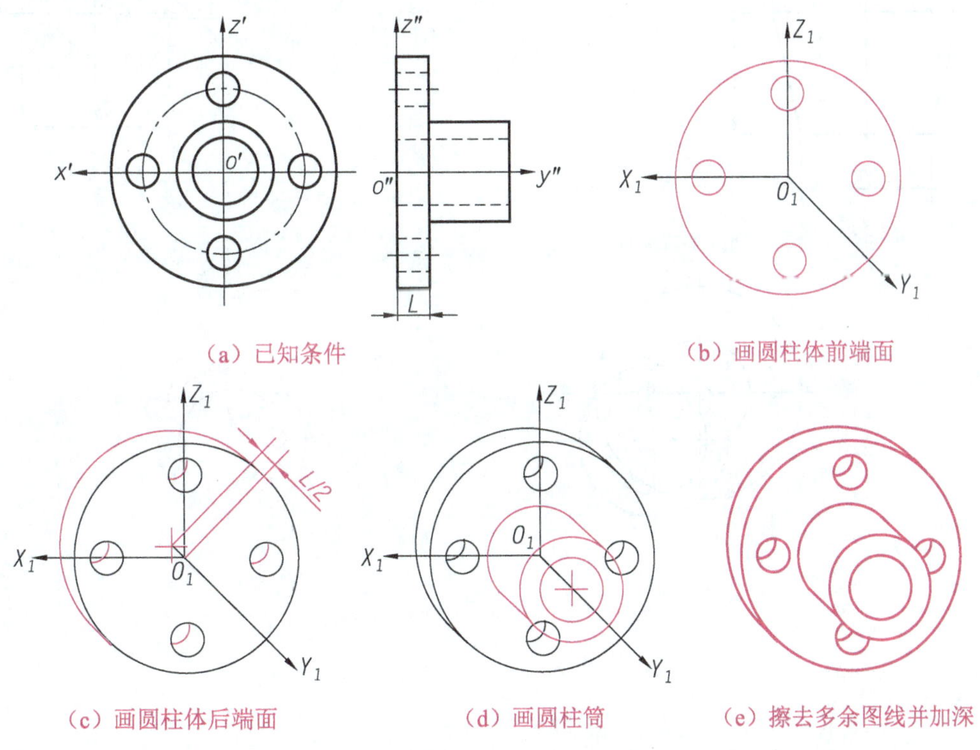

图 3-57　画形体的斜二轴测图

【例 3-30】如图 3-58（a）所示，已知带孔圆台的两个视图，画出其斜二轴测图。

分析：

圆台具有同轴圆柱孔，圆台的前后端面及孔口都是圆，因此将前、后端面平行于正面放置，以后端面作为 $X_1O_1Z_1$ 坐标面，作图比较方便。

作图步骤：

① 画出轴测轴，在 Y_1 轴上量取 $L/2$，定出前端面的圆心，如图 3-58（b）所示。

② 画出前、后端面上的四个圆，如图 3-58（c）所示。

③ 作前、后端面上两个大圆的公切线，如图 3-58（d）所示。

④ 擦去作图线并描深，完成带孔圆台的斜二测，如图 3-58（e）所示。

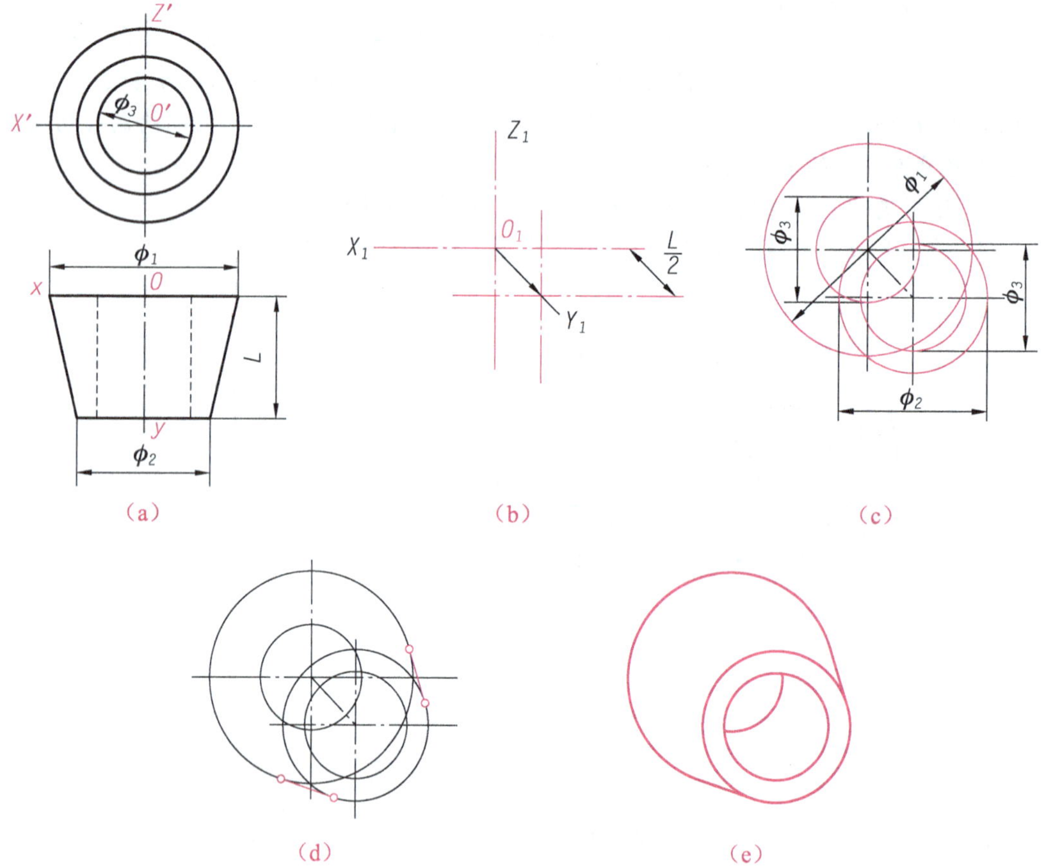

（a） （b） （c）

（d） （e）

图 3-58 带孔圆台的斜二测画法

第 4 章　组合体

【本章导读】

任何机械零件，从形体角度来分析，都可以看作是由一些基本体经过叠加、切割或钻孔等方式组合而成的。这种由两个或两个以上的基本体通过叠加、切割组合而成的形体称为组合体。组合体是本课程的核心内容之一，熟练掌握绘制、识读组合体视图和标注尺寸的方法，将为进一步绘制和识读零件图打下坚实的基础。

【技能目标】

◈ 正确运用形体分析法和线面分析法分析组合体各组成部分的形状、相对位置和表面连接关系。

◈ 运用形体分析法和线面分析法，正确、快速地绘制组合体三视图，并熟练掌握画图方法和作图步骤。

◈ 正确识读并标注组合体的尺寸，较合理地选择尺寸基准。

◈ 掌握识读组合体视图的方法与步骤，能够运用形体分析法和线面分析法识读组合体视图并构思其形状，能正确、快速地补画组合体所缺视图或补画组合体视图中漏画的图线。

4.1　组合体的组合形式

要认识组合体，必须学会运用形体分析法分析形体，即假想将组合体分解成若干个基本体，然后分析各基本体的形状、相对位置关系和它们之间的表面连接关系。

组合体的组合形式可分为叠加式、切割式、综合式三种。其中，叠加式组合体可看成是由若干个基本形式叠加而成的；切割式组合体可看成是在一个基本体上挖切掉某些部分而形成的。多数组合体是既有叠加又有切割的综合式，如图 4-1 所示。

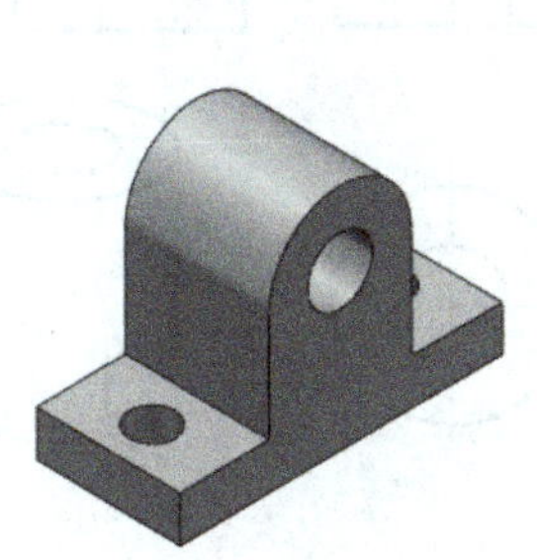

（a）组合体

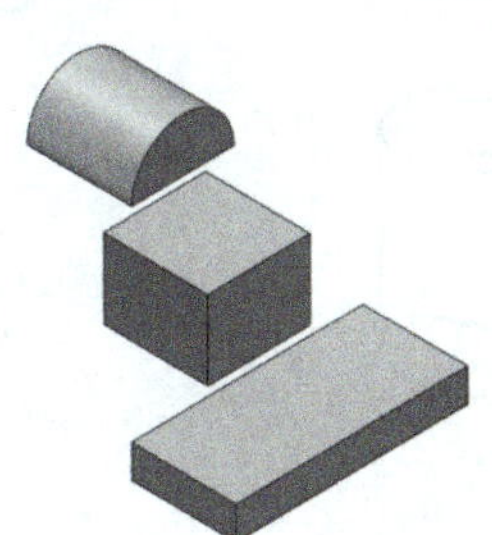

（b）两个长方体和一个半圆柱体叠加

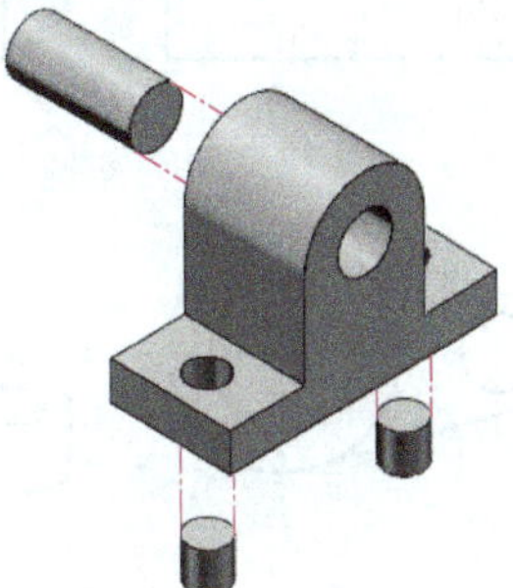

（c）挖去三个圆柱体

图 4-1　组合体形体分析

4.1.1 组合体的表面连接关系

形体经叠加或切割后，其邻接表面可能产生平齐、不平齐、相切和相交等表面连接关系。

1. 两形体表面平齐叠加

当两基本体叠加时，若同一方向上的表面处在同一个平面上，则称这两个表面平齐（又称共面），此时，两平齐面之间不画分界线，如图 4-2 所示。

2. 两形体表面相错叠加

当两基本体叠加时，若同一方向上的表面处在不同的平面上，则称该表面不平齐（又称相错），此时不平齐面之间要画分界线，如 4-3 所示。

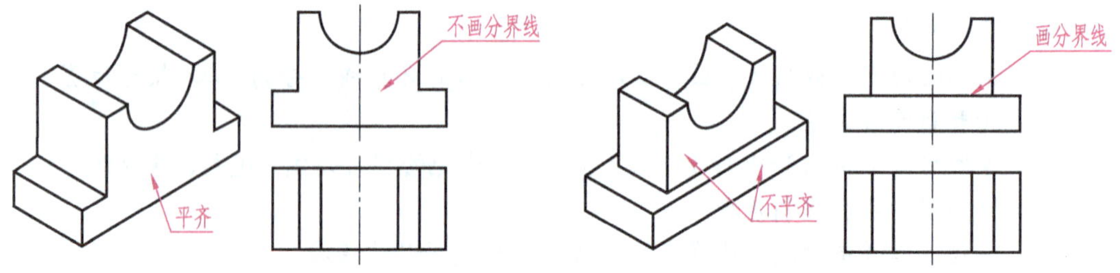

图 4-2 两形体表面平齐叠加　　图 4-3 两形体表面相错叠加

3. 两形体表面相切叠加

当两基本体表面相切时，两相邻表面形成光滑过渡，其结合处不存在分界线，因此投影图上一般不画分界线，如图 4-4 所示。

4. 两形体表面相交叠加

当两基本体表面相交时，结合处产生交线，该交线应在投影图中画出，如图 4-5 所示。

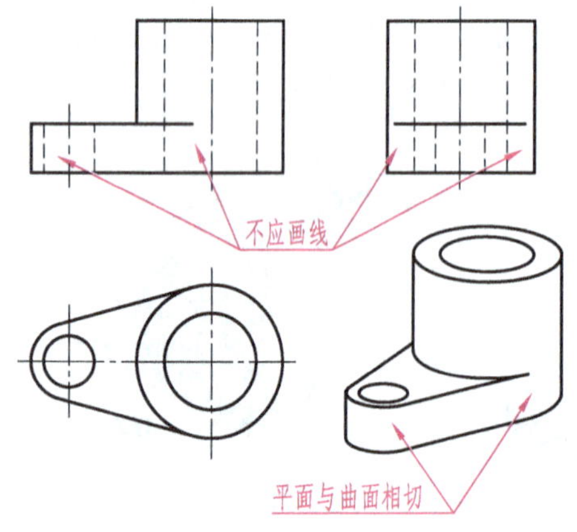

图 4-4 两形体表面相切叠加

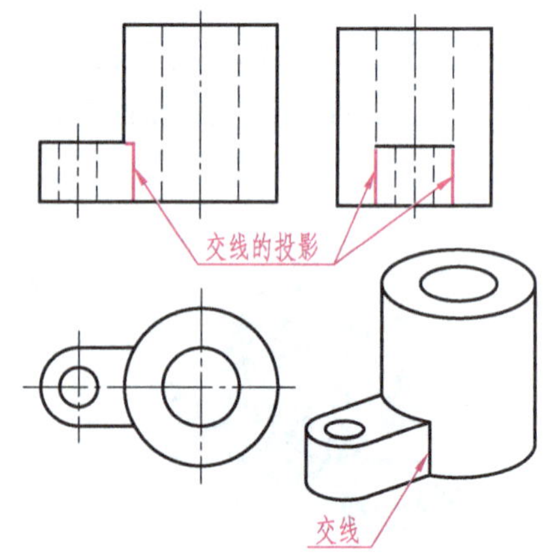

图 4-5 两形体表面相交叠加

4.1.2　形体分析法

在绘制、识读组合体视图和标注尺寸的过程中，经常需要使用形体分析法。形体分析法就是假想将组合体分解成若干个组成部分（基本体），然后分析各组成部分（基本体）的形状、相对位置关系和表面连接关系及组合形式，最后综合归纳，使之对组合体有全方位认识的方法，即“先分解、后综合”的方法。

形体分析法就是把一个复杂的问题分解为几个简单的问题来处理的方法，它是正确、快速地绘制、识读组合体视图及标注尺寸最基本、最有效的方法。

如图 4-6（a）所示支座，可将其看作是由底板、肋板、大圆筒和小圆筒四部分组成的。其中，底板上有四个圆柱孔，左边有圆角；两个圆筒均为圆柱体上挖去小圆柱所形成的。从该立体图中可以较清楚地看出各基本形体的形状和相对位置，读者可自行分析。

> 各基本形体的表面连接关系为：底板与大圆筒的底面平齐，底板的前后面与大圆筒相切，不画分界线；小圆筒与大圆筒的外表面相贯，且这两个圆筒中间的通孔也相贯，需画相贯线；肋板位于底板之上，并与大圆筒的表面相交，需画交线，如图 4-6（b）所示。

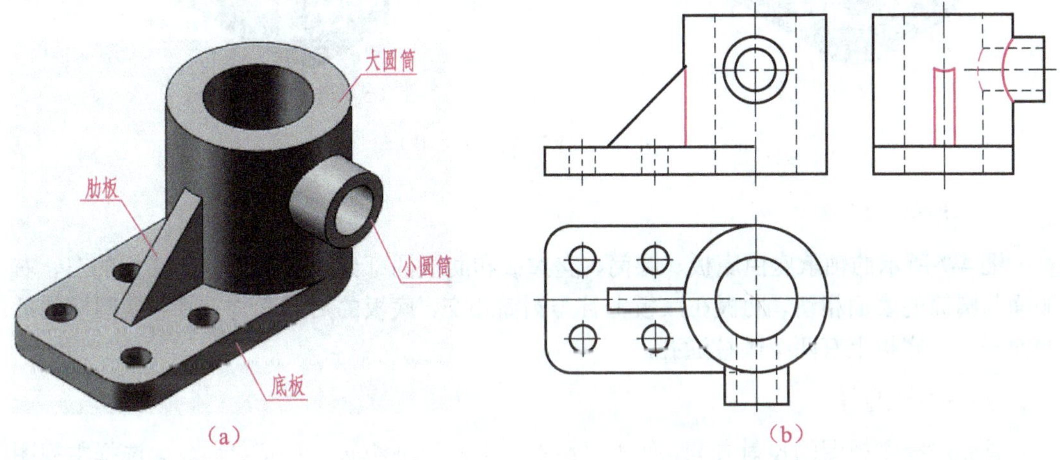

图 4-6　支座的形体分析

4.2　组合体三视图的画法

两个或两个以上基本体通过叠加或切割能形成组合体，反之，组合体也可以分解为若干个基本体，所以在画组合体的三视图之前，应先利用形体分析法弄清楚该组合体的组合形式，以及各基本形体间的相对位置、表面连接关系等，然后按照组合体的形成过程逐一画出各基本形体的三视图。

画组合体的三视图时，要注意两个顺序：

（1）组成组合体的各基本体的画图顺序，一般按组合体的形成过程先画基础形体的三视图，再逐个画其他叠加体或切割体的三视图。

（2）同一形体三个视图的画图顺序，一般先画形状特征最明显的视图，或有积聚性的视图，然后再画其他两个视图。

4.2.1 叠加式组合体视图的画法

叠加式组合体常用形体分析法画图，即首先对物体进行形体分析，将物体假想分解为几个组成部分（基本体），弄清楚各部分的结构形状、相对位置关系、表面连接关系，逐个画出各部分的投影，最后进行综合整理得到组合体视图。

下面以图 4-7 所示的轴承座为例，来讲解叠加式组合体三视图的绘制方法和步骤。

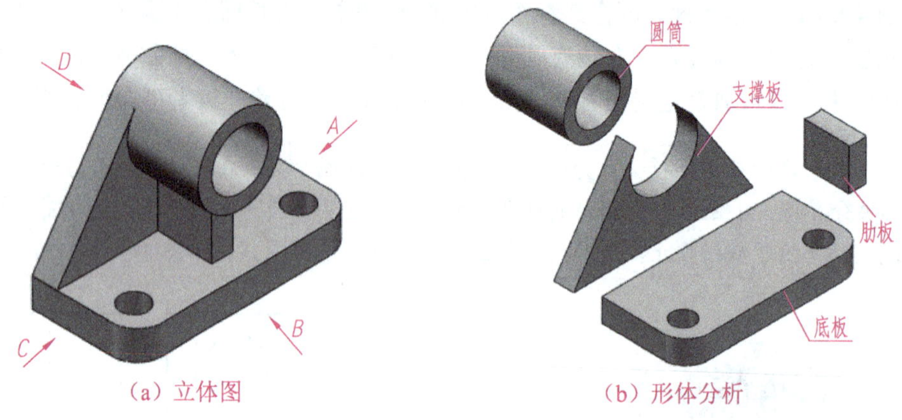

（a）立体图　　（b）形体分析

图 4-7　轴承座形体分析

1. 形体分析

图 4-7 所示的轴承座由底板、圆筒、支撑板和肋板四部分叠加而成。支撑板的左、右侧面与圆筒的表面相切，肋板在底板上且与圆筒相交，底板的后端面与支撑板、圆筒的后端面平齐，底板上有两个圆柱通孔。

2. 视图选择

首先选择主视图的投射方向，使主视图能较多地反映组合体的形状特征。选择主视图时，应先将组合体放平、摆正，使其主要表面或主要轴线平行或垂直于投影面，然后选择能较好地反映组合体形状特征和各组成部分相对位置的方向作为主视图的投射方向，同时还需兼顾另外两个视图的可见性，使得视图整体上表达清晰且阅读方便。

如图 4-7 所示的轴承座，将其摆正、放平后，可分别从 *A*，*B*，*C*，*D* 四个方向进行投射，其投影图如图 4-8 所示。由于 *A* 或 *B* 方向的投影图最能清楚地反映轴承座的实形，且虚线较少，因此图 4-8（a）或图 4-8（b）都可作为主视图，现定图 4-8（b）为主视图。

3. 选比例、定图幅

视图确定后，应根据物体的大小和复杂程度，选择国标规定的作图比例和图幅。一般情况下，尽可能选用 1∶1 的作图比例。确定图幅大小时，除考虑绘图所需面积外，还要预留标注尺寸和画标题栏的位置和间距。

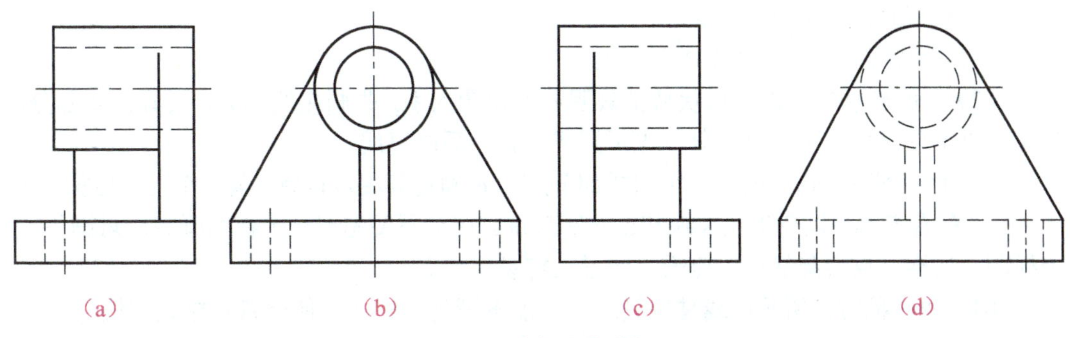

（a）　（b）　（c）　（d）

图 4-8　主视图的选择

4. 布置视图并绘制底稿

根据每一个视图的最大轮廓尺寸均匀布置各视图的位置，即合理布局。

在布图合理的基础上，还需考虑在视图间留出标注尺寸所需要的空间。视图位置确定后，可先在图上画出确定各视图位置的主要基准线，然后再用 H 或 2H 铅笔绘制底稿。组合体底面的积聚直线、大端面的积聚直线、对称图形的中心线及回转体的轴线等可作为三视图的主要基准线。

本例中，可在图幅的合适位置画出轴承座的左右对称中心线、底板及支撑板的后端面等主要基准线，以确定各视图的位置，如图 4-9（a）中红色图线所示，然后根据各基本形体的形状及相对位置，逐一画出各基本形体的三视图，其作图步骤如图 4-9（a）～（d）所示。

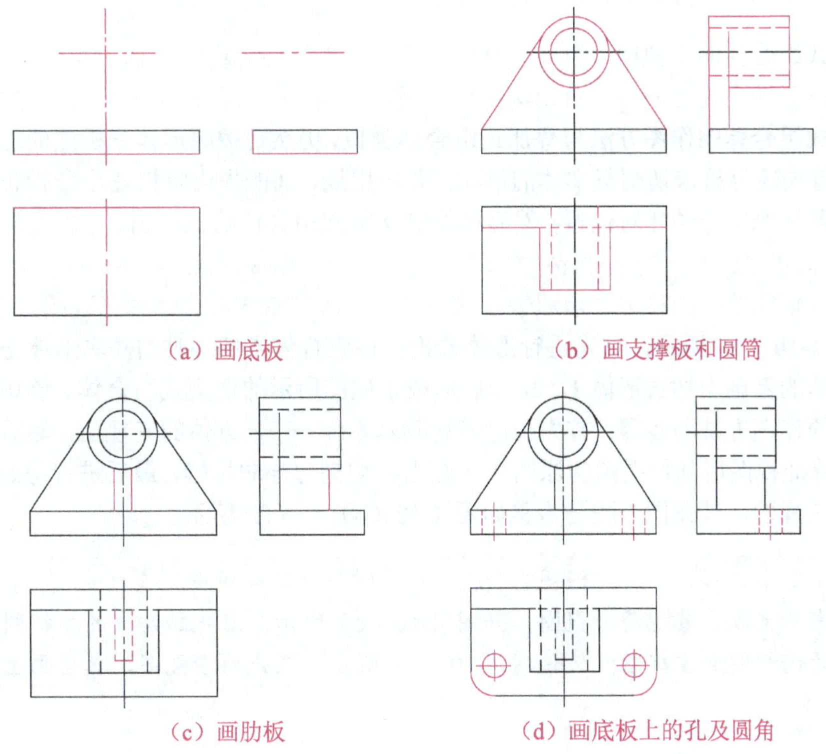

（a）画底板　（b）画支撑板和圆筒

（c）画肋板　（d）画底板上的孔及圆角

图 4-9　画轴承座三视图的步骤

绘制底稿时需注意以下几点。

（1）合理布局画出三视图的基准线。

（2）一般应从每一部分形状特征最明显的视图入手，先画主要部分，后画次要部分；先画可见部分，后画不可见部分；先画圆或圆弧，后画直线。

（3）面底稿时，物体的每一个组成部分应正确确定其相对位置，其三个视图应按“三等规律”配合着画，以免出现漏缺和错画等情况。切记不要先把一个视图画完后再画另一个视图，这样不仅会降低绘图速度，而且还容易出错。

（4）面底稿时，所画图线越轻越好，以能看清楚为宜，以便检查时修改图线。

5. 检查、修改、清洁图面

底稿完成后，应按各基本形体逐个进行仔细检查，即核对各组成部分的相对位置关系、投影关系是否正确，重点检查两形体衔接处（结合处）是否有多画或漏画图线及图线的虚实是否正确等情况，确认正确无误后擦去多余的线条，并把图面清洁干净。

6. 加深、描粗图线

一般先圆后直、先细后粗、先水平再铅垂再斜线、从上至下、从左至右加深描粗图线。

7. 检查校对

全面检查、校对，清洁图面，填写标题栏。

4.2.2 切割式组合体视图的画法

切割式组合体的三视图常以形体分析法为主、以线面分析法为辅的作图方法来绘制。线面分析法画图实质上就是针对切割部分应用线、面的投影特性作出其投影的方法。

切割式组合体的作图方法与叠加式组合体类似，仍然是按照形体分析法的思路进行形体分析。首先应分析未切割基本体的形状，并应用线、面的投影特性逐个分析各切割部分的情况及所切割部分的相对位置；然后再绘制切割式组合体的三视图。绘制时应绘制出未切割基本体的三视图，然后在该基本体视图的基础上应用线、面投影特性（线面分析法）逐一画出各切割部分的投影，最后进行综合整理得出切割式组合体的三视图。

如图 4-10（a）所示，首先进行形体分析：该组合体未切割时的基本形体是长方体，在基本形体的基础上切去形体 1，2，3 后形成了如图所示的切割式组合体。该切割式组合体三视图的作图方法与步骤：首先画出未切割基本体——长方体的三视图，然后根据先主后次、先特征视图后其他视图的原则逐一画出各切割部分的投影，最后进行综合整理、检查完成其三视图，其作图方法与步骤如图 4-10（b）～（f）所示。

> 在画每个切割部分的三视图时，应先画反映形体特征或有积聚性的视图，然后再按照投影关系画出其他两个视图。如图 4-10（c）所示，应先画切口的主视图，然后画切口的俯视图和左视图；又如图 4-10（e）所示，应先画左视图，然后画主视图和俯视图。

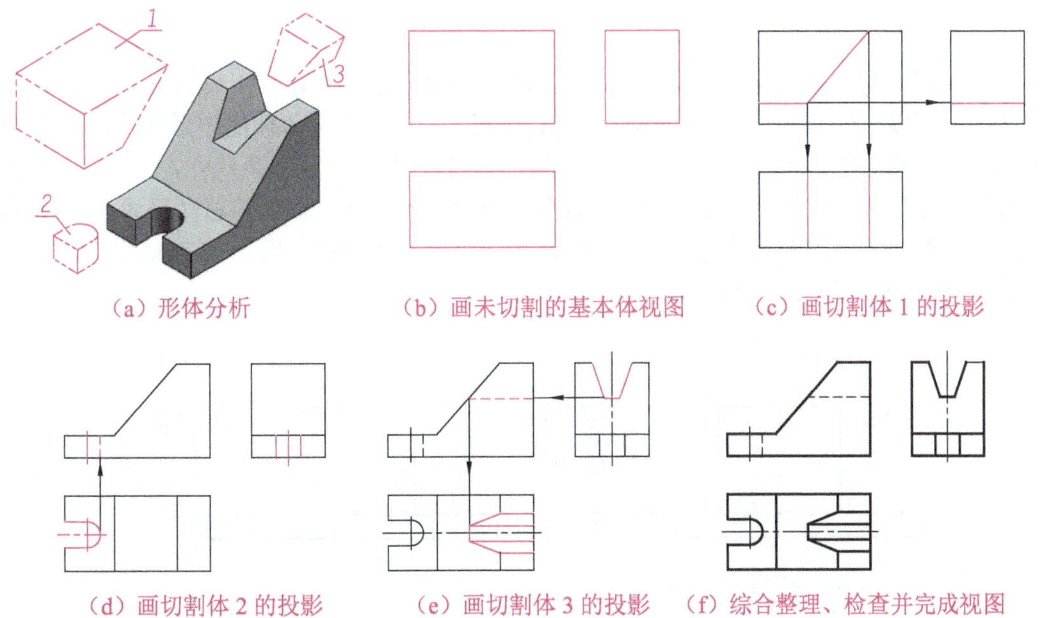

（a）形体分析　（b）画未切割的基本体视图　（c）画切割体 1 的投影

（d）画切割体 2 的投影　（e）画切割体 3 的投影　（f）综合整理、检查并完成视图

图 4-10　切割式组合体的作图方法与步骤

4.3　组合体的尺寸标注

视图只能表达物体的形状，要表达它的真实大小，还需要在视图上标出其尺寸，所标注的尺寸应正确、完整、清晰和合理。

- **正确**：是指所标注的尺寸数值正确，注法符合国家尺寸注法的规定。
- **完整**：是指尺寸必须齐全，不允许有遗漏或重复标注尺寸。如果遗漏尺寸，将使机件无法加工；如果出现重复尺寸，则若尺寸互相矛盾，同样使零件无法加工；若尺寸互相不矛盾，也将使尺寸标注混乱，不利于看图。
- **清晰**：是指尺寸的布置应整齐清晰，便于看图。
- **合理**：所注尺寸既能保证设计要求，又使加工、测量、装配方便。

4.3.1　尺寸的种类

为了将尺寸标注的完整，组合体的视图上一般应标出以下几种尺寸。

1. 定形尺寸

定形尺寸是用来确定组合体上各基本体形状大小的尺寸。例如，图 4-11（a）中底板尺寸：长 70、宽 40、高 6、圆柱孔ϕ10、圆角 *R*5，以及圆柱体的直径ϕ30、高 25 等均为定形尺寸。

2. 定位尺寸

定位尺寸是用来确定组合体各基本形体间相对位置的尺寸。例如，图 4-11（a）中底板加工ϕ10 圆柱孔，确定该圆孔圆心位置的尺寸 50 为定位尺寸。

3. 总体尺寸

总体尺寸是用来确定组合体总长、总宽和总高的尺寸。如图 4-11（a）所示，总长 70、总宽 40、总高 31 是基本体的总体尺寸。总体尺寸有时就是基本体的定形尺寸，尺寸 70 和 40 既是底板的长和宽，又是组合体的总长和总宽。如果出现多余尺寸，这时就必须对已标注的定形和定位尺寸作适当调整，避免出现封闭尺寸链。例如，总高尺寸 31 与原有的 25，6 组成了封闭的尺寸链，此时，应减去一个同方向的定形尺寸 25，如果需要标注，可在尺寸上加上括号，作为参考尺寸。

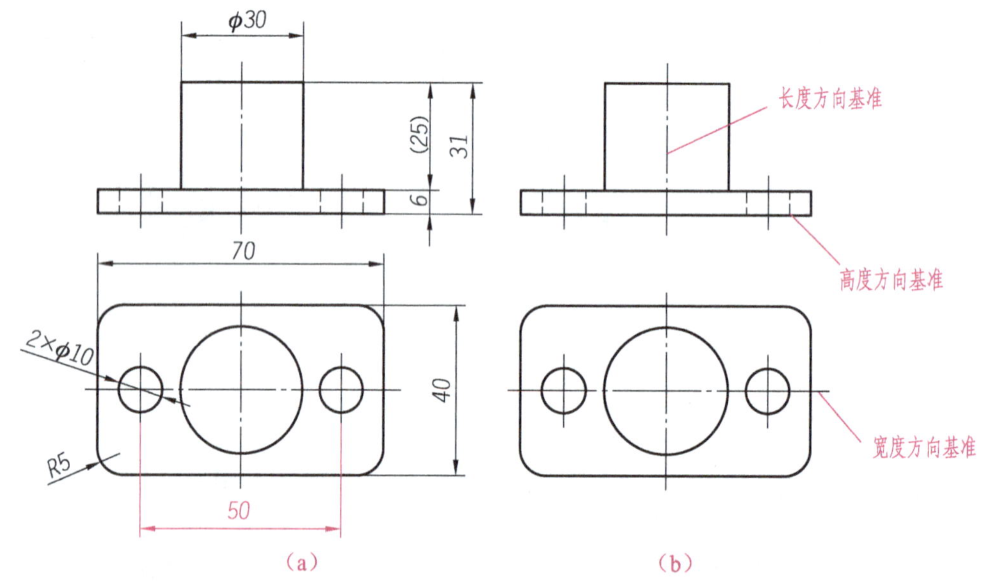

图 4-11 支座

一般组合体视图的尺寸应先标定形、定位尺寸，再标总体尺寸。

4.3.2 尺寸基准

在明确了视图中应标注哪些尺寸的同时，还需要考虑尺寸基准问题。所谓尺寸基准，是指标注尺寸的起点。物体有长、宽、高三个方向的尺寸基准，每个方向上必须要有一个主要基准，有时还有一个或几个辅助基准。通常选择组合体的对称中心平面、底面、重要端面以及回转体的轴线等作为尺寸基准。

如图 4-11（b）所示，左右对称面为长度方向上的尺寸基准，标注出尺寸 70，50；底板的底面为高度方向上的尺寸基准，标注出尺寸 6，31；底板前后对称面作为宽度方向的基准，标注出尺寸 40。

下面，以图 4-12 所示轴承座的三视图为例，来讲解组合体尺寸标注的一般步骤。

① 分析形体。轴承座由底板、圆管、支撑板、肋板四部分组成，弄清各自基础形体的形状，初步明确要标注的尺寸。

② 确定长、宽、高方向的基准。轴承座的尺寸基准：左右对称面为长度方向上的尺寸基准；底板的底面为高度方向上的尺寸基准；底板与支承板的后端面为宽度方向上的尺寸基准。

选定尺寸基准后，各方向的主要尺寸就应从相应的尺寸基准处进行标注。如图 4-12 所示，主、俯视图中的尺寸 32，3，24 是从长度基准标注的；俯、左视图中的尺寸 13，18，3.5，14 是从宽度基准标注的；主视图中的尺寸 4，17 是从高度基准标注的。

③ 标注定形和定位尺寸。按组合体的形成过程，逐个标注各基本形体的定形尺寸和定位尺寸，如图 4-12（a）～（d）所示。

④ 标注总体尺寸。如图 4-12（d）中，底板的长度尺寸 32，也是轴承座的总长；底板的总宽尺寸 18，也是轴承座的总宽尺寸；轴承座的总高由圆筒的轴线高 17 再加上圆筒的半径决定（即 17+6=23）。在这种情况下，总高是不直接标出来的，即当组合体的一端或两端为回转体时，由于注出了定形或定位尺寸，一般不以轮廓线为界直接标注其总体尺寸，往往标注出中心距或中心高。

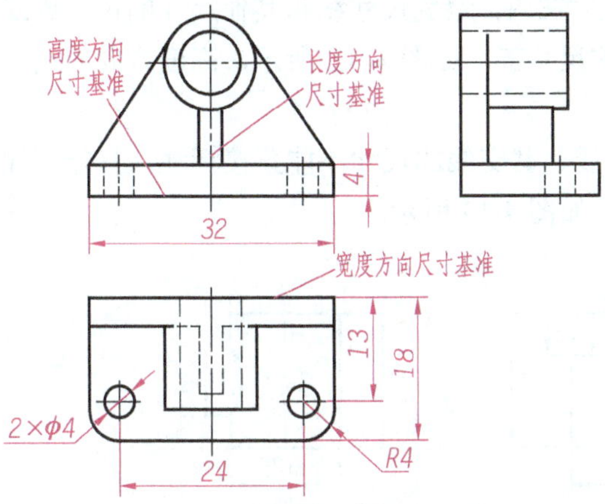

（a）确定基准并标注底板的尺寸

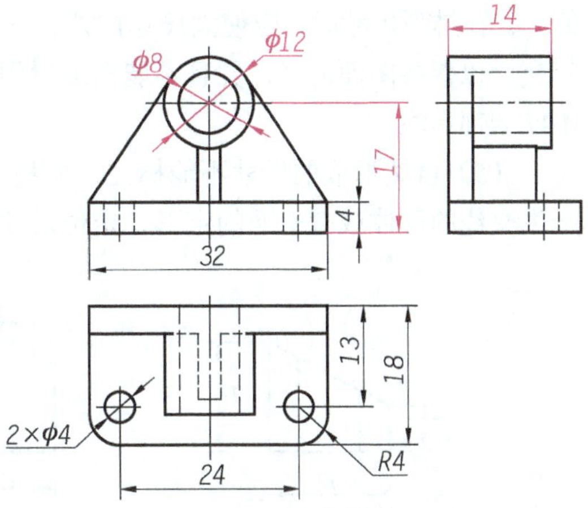

（b）标注圆筒的尺寸

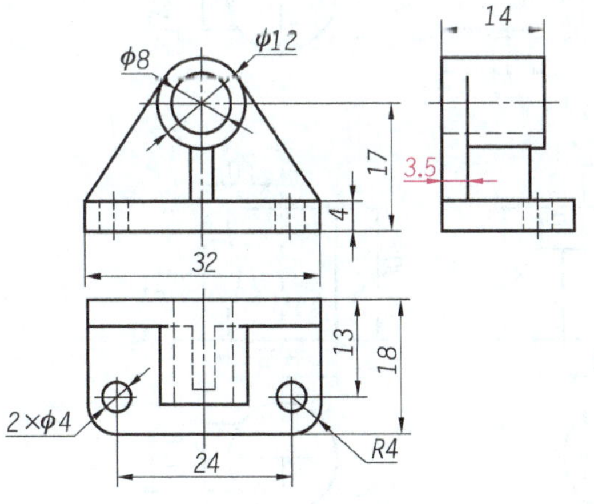

（c）标注支撑板的尺寸

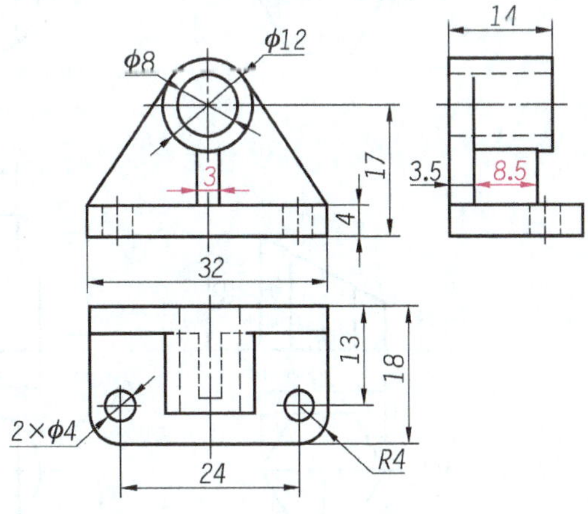

（d）标注肋板的尺寸

图 4-12　标注轴承座的尺寸

4.3.3　标注尺寸的注意事项

标注组合体三视图的尺寸时，除了要完整、清晰地标出定形尺寸、定位尺寸和总体尺寸外，尺寸的布局要恰当、清晰，便于看图，不致发生误解或混淆，具体应注意以下几点。

（1）组成组合体的各基本形体的定形和定位尺寸，要尽量集中标注在一个或者两个相邻视图上，这样便于看图。如图 4-12（a）中底板上两圆孔的定形尺寸 2×ϕ4 和定位尺寸 24 就集中标注的俯视图上。

（2）尺寸应标在表达形体特征最明显的视图上，尽量避免标注在虚线上。如图 4-12（b）中圆筒的孔径ϕ8 就标注在主视图上。

（3）对称结构的尺寸，一般应对称标注（注全长）。如图 4-12（d）中肋板的宽度尺寸 3，底板上两圆孔的定位尺寸 24，底板的长度尺寸 32 均以轴承座的对称中心线为基准对称标注。

（4）尺寸应尽量注在视图外，且同一方向连续的几个尺寸，应尽量标注在同一位置线上。在排列尺寸时，应使大尺寸在外、小尺寸在内，避免尺寸线和其他尺寸的尺寸界线相交，以保持图面清晰，并且不能出现封闭的尺寸链。如图 4-11 所示，高度方向的尺寸不能全部标注。

（5）自然形成的尺寸不能标注，如相贯线、截交线的尺寸不能直接标注，只能标注产生交线的形体或截平面的定形、定位尺寸，如图 4-13 所示。

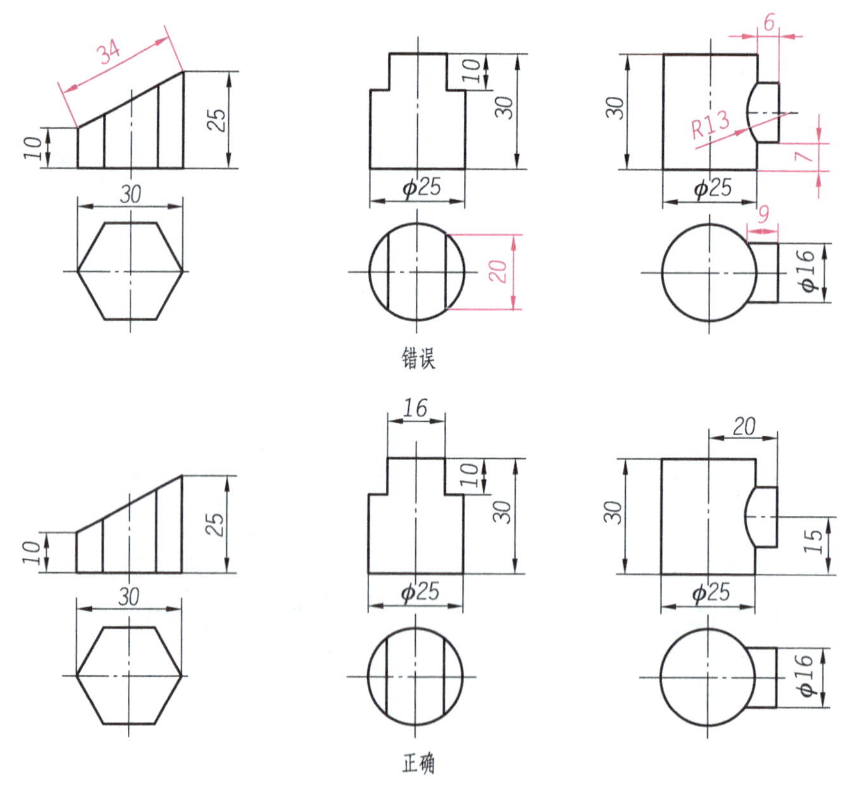

图 4-13　自然尺寸的标注

在标注尺寸时，除了要注意上述事项外，所标注的尺寸要便于测量和加工。

图 4-14 所示为组合体常见结构的尺寸标注，读者可在标注类似结构的尺寸时参考。

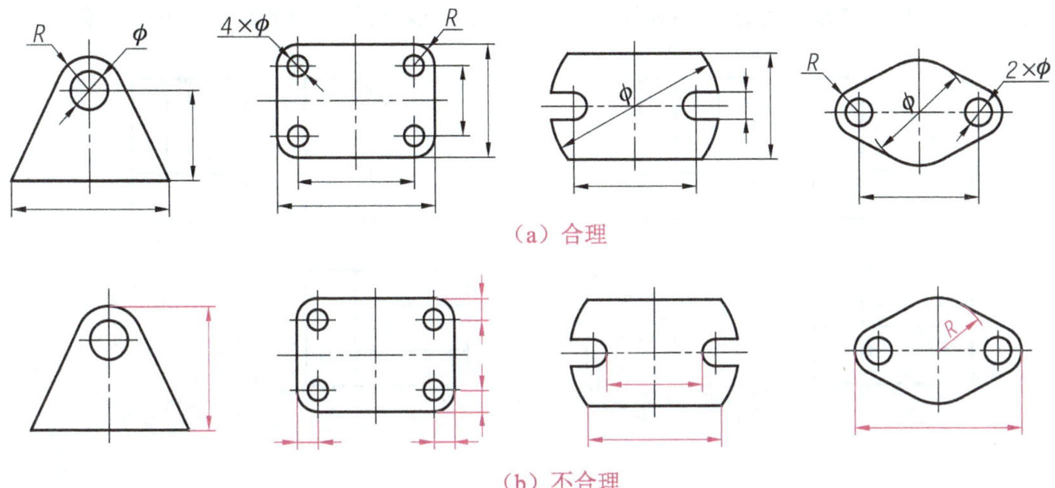

（a）合理

（b）不合理

图 4-14　组合体常见结构的尺寸标法

4.4　识读组合体视图

画图是把空间组合体用正投影法表达在平面图纸上，即由物生图；读图则是根据给定的视图，通过投影分析想象出物体的空间形状，即由图生物。画图和读图是相辅相成的，读图是画图的逆过程。

4.4.1　读组合体视图的基本要领

1. 从反映形状特征的视图读起

认识每一个形体的关键是要抓住其形状特征。主视图常常能较多地反映组合体各部分的形状特征，所以读图时一般从主视图读起。但是组成组合体的各形体的形状特征不一定全集中在主视图上，因此还需要找出最能反映这些部分形状特征的视图，并以特征视图为主，结合其他视图迅速地将各部分形状判断清楚。

2. 将几个视图联系起来看

在机械图样中，机件形体一般是通过几个视图来表达的，每个视图只能反映机件一个方向的形状。因此，仅由一个或者两个视图往往不能唯一表达机件的形状，故读图时，需将几个视图联系起来想象物体的形状。如图 4-15 所示，虽然它们的左、俯视图完全相同，但所表达的形体各不相同。

3. 要注意利用细虚线分析组成部分的位置

利用好细虚线这个“不可见”的特点对看图很有帮助，尤其对判定其形体、表面或交线的位置（处于物体的“中部”或“后部”）非常有用。

如图 4-15 所示主视图中的三角形，图 4-15（a）上为实线，说明从前向后看时该直角三棱柱的轮廓线均可见，故该三棱柱是叠加在形体上的；图 4-15（b）上为虚线，说明从前向后看时该直角三棱柱的轮廓线均不可见，故该三棱柱是在基础形体上切割而成的。

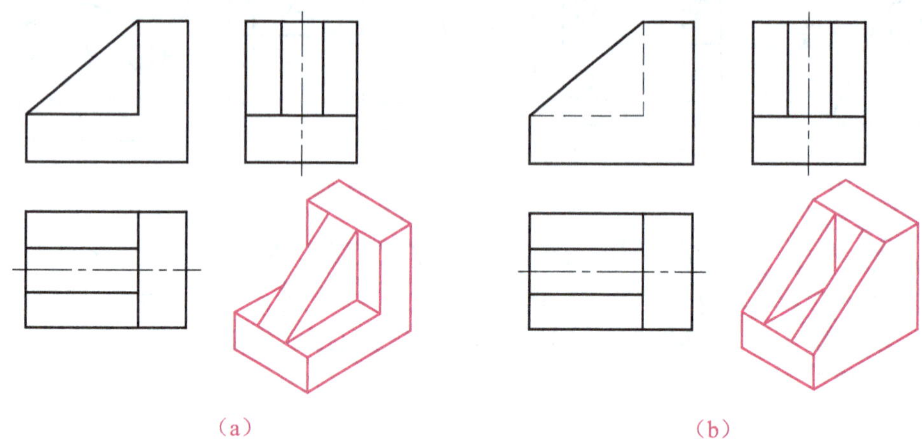

图 4-15　将几个视图联系起来想象物体的形状

4.4.2　读组合体视图的基本方法

组合体三视图读图的基本方法有形体分析法和线面分析法两种。

1. 形体分析法读图

用形体分析法读组合体视图的基本思路是：分部分想形状，合起来想整体，即先从能够反映物体主要形状特征的视图入手，以轮廓线所构成的封闭线框为基本单位，将主视图分为几个相对独立的部分（线框），每个独立的部分（线框）基本上可对应某简单形体的一个投影；然后针对每个线框，按照投影规律找出它们在其他视图上对应的投影范围，通过综合分析想象出该线框所代表的简单形体的形状；最后分析各简单形体之间的相对位置关系，综合想象出整个形体的形状。

【例 4-1】如图 4-16（a）所示，根据三视图，想象该组合体的空间形状。

形体分析：

① 划分线框，分析形体。由图 4-16（a）可知，该组合体三视图中的主视图能较多地反映该组合体各部分的形状特征，因此读图时可从主视图入手。经分析可将其划分为 I，II，III，IV 四个线框。

② 对照投影，想象形状。按上步所划分的线框分别找出其各自对应的另外两个投影，从而构思出各形体的形状，如图 4-16（b）～（d）所示。

③ 综合各形体，想象整体。在看懂了每个形体形状的基础上，再根据组合体的三视图，找出各形体之间的相对位置关系，从而综合构思出组合体的形状，如图 4-17 所示。

【例 4-2】如图 4-18 所示，已知主视图和俯视图，想象出物体的形状并补画其左视图。

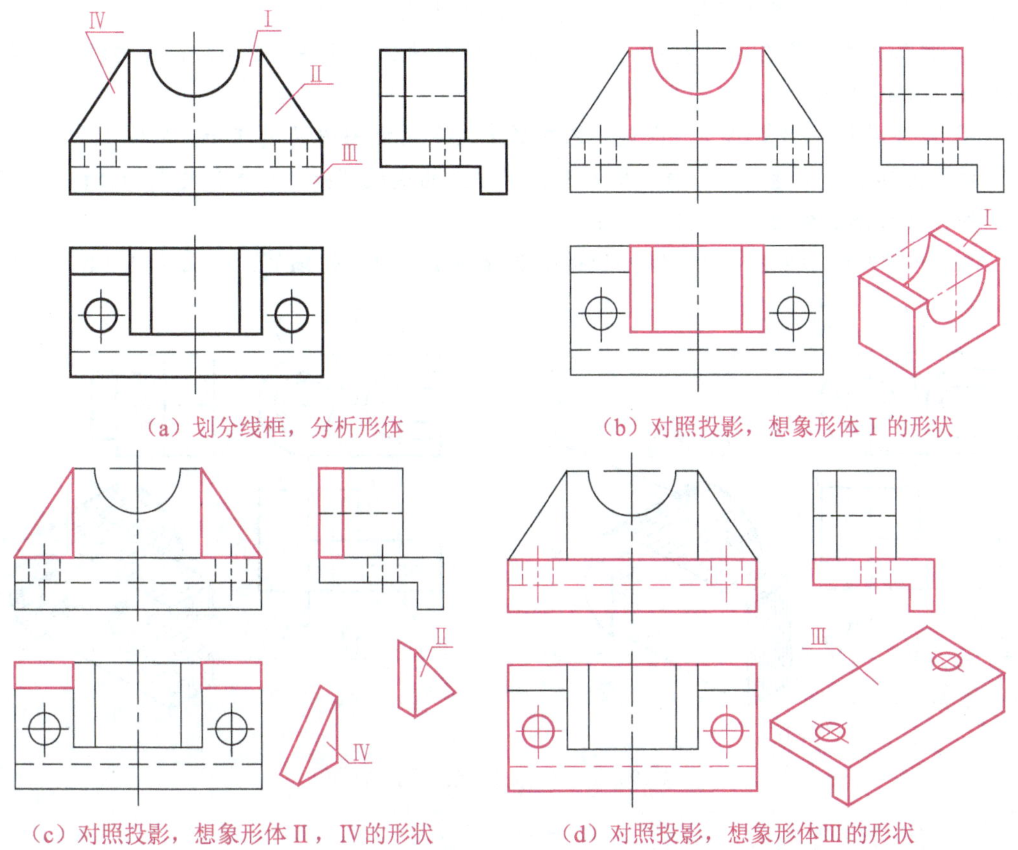

（a）划分线框，分析形体　　（b）对照投影，想象形体 Ⅰ 的形状

（c）对照投影，想象形体 Ⅱ，Ⅳ的形状　　（d）对照投影，想象形体Ⅲ的形状

图 4-16　利用形体分析法想象各形体的形状

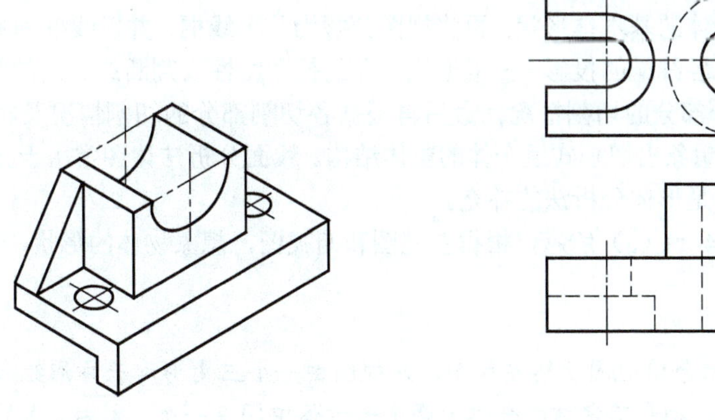

图 4-17　综合想象整体的形状　　图 4-18　补画左视图

作图步骤：

① 划分线框，分析形体。利用“长对正”的投影规则，并结合俯视图中各线框的位置，可将主视图分为 1′，2′，3′三部分，如图 4-19（a）所示。

② 对照投影，想象形状。1′的基本形体是圆柱体，2′的基本形体是长方体，3′的基本

形体是半圆柱体，三者的位置关系如图 4-19（a）中立体图所示。

③ 画各基本形体在左视图中的投影。按照各形体的位置关系，依次画出左视图投影，如图 4-19（a）所示。

④ 结合虚线，想象细节。由俯视图中的虚线及主视图中的圆可知，形体Ⅰ和形体Ⅲ半圆柱体上钻了一个通孔；再由主视图及俯视图上的虚线可知，形体Ⅱ的左侧上切了一个环形槽，其立体图如图 4-19（b）所示。

⑤ 补画细节，检查图形，根据分析结果补画左视图中的细节，如图 4-19（b）所示。

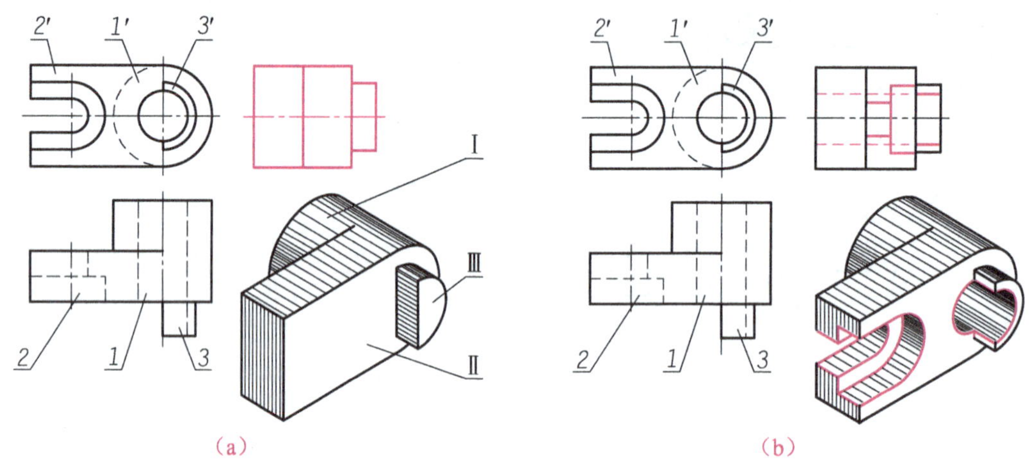

图 4-19　利用形体分析法补画左视图

2. 线面分析法读图

当视图不易被分解为几个形体时，可采用形体分析和线面分析相结合的方法来分析。线面分析法读图多用于以切割方式为主形成的组合体视图，其读图方法是：先根据给定视图想象出未切割组合体的基本体形状；再将视图分解为几个线框，并以线框为基础，应用线面分析法逐个分析各线框的投影——根据线、面的投影特性去判断线、面的空间位置，从而想象出物体每一部分的切割情况；最后再根据各切割部分的切割情况及相对位置关系，综合归纳、整理想象出切割式组合体的整体结构。线面分析法读图常用于分析视图中较难读懂的线框，它是形体分析法的补充。

【例 4-3】如图 4-20（a）所示，根据左视图和俯视图，想象物体的形状，并补画主视图。

作图步骤：

① 形体分析。结合俯视图观察左视图，左视图由一个三角形和长方形组成，俯视图的外轮廓是一个矩形。初步确定该组合体为两个长方体中间夹一个三棱柱，如图 4-20（b）所示。此时，左视图正确，而俯视图不对。

② 逐个线框分析。俯视图上的线框 p，对应左视图上的斜线 p''，应为侧垂面；俯视图上的左右小三角形 r，只能和左视图上的三角形 r''对应，应为两个小斜面，如图 4-20（c）所示。此时，左视图正确，而俯视图仍不对。

③ 继续分析。进一步分析已知条件，平面三角形 R 上有一条正垂线，所以应为正垂

面。如果 A 点移动到 B 点，其他结构不动，则左视图和俯视图的投影均正确，此时立体图如图 4-20（d）所示。

④ 补画主视图。根据立体图及其他两个视图即可画出主视图，如图 4-20（d）所示。

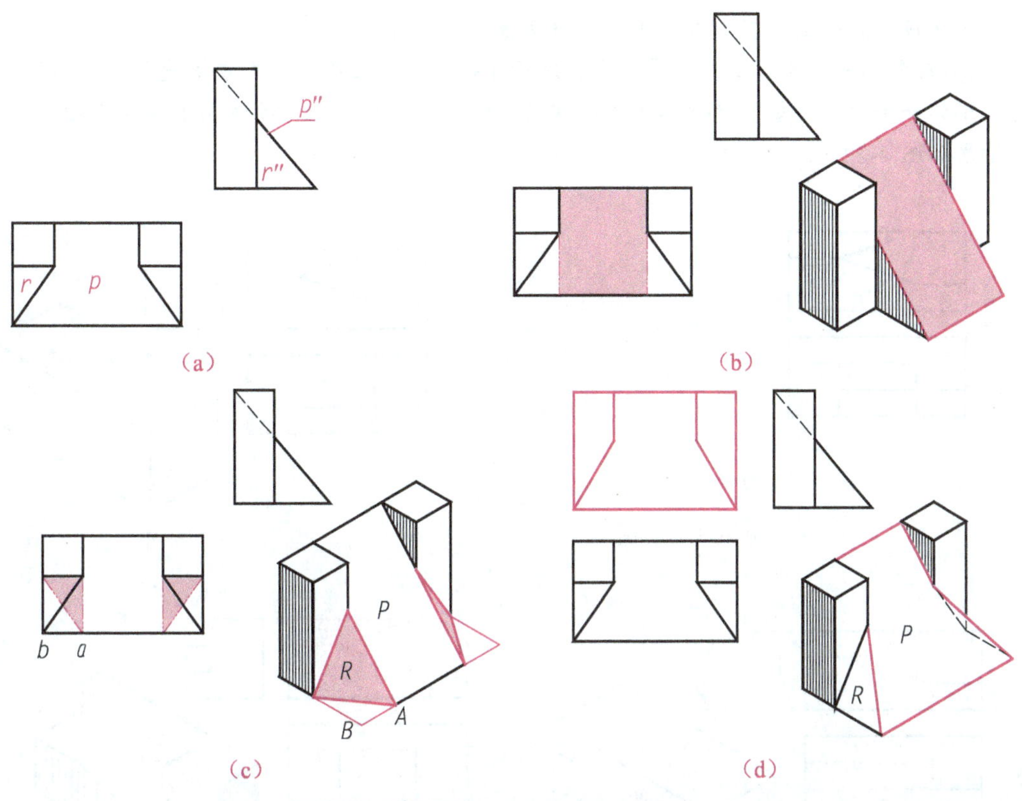

图 4-20　分析视图并补画主视图

【例 4-4】已知图 4-21 所示的主视图和俯视图，想象出物体的形状，并补画左视图。

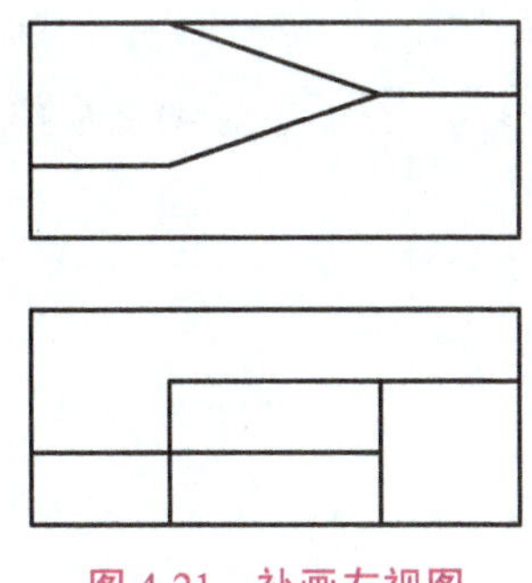

图 4-21　补画左视图

作图步骤：

① 形体分析。由主视图和俯视图可以看出，该案例的基础形体是一个长方体，如图 4-22（a）所示。

② 分析线框 1 和线框 2。俯视图中所示的线框 1 和 2 对应主视图上的两段线段 1′和 2′，由此可知这两个平面应为水平面，其在长方体上的位置如图 4-22（b）所示。

③ 分析倾斜直线3′和4′。主视图中的斜线3′和4′对应俯视图中的两个矩形线框3和4，由此可知这两个平面应为正垂面，侧面投影为类似形，如图4-22（c）所示。

④ 分析线框5′和6′。主视图中的线框5′和6′对应俯视图中的线段5和6，由此可知这两个平面应为正平面，在长方体上的位置如图4-22（d）所示。

⑤ 综合想象，并补画左视图。综上分析可知，其形状是一个长方体被六个平面切割，是楼梯的一个简化模型。得知其立体形状后，根据其分析过程，逐步画出其左视图，左视图结果如图4-22（d）所示。

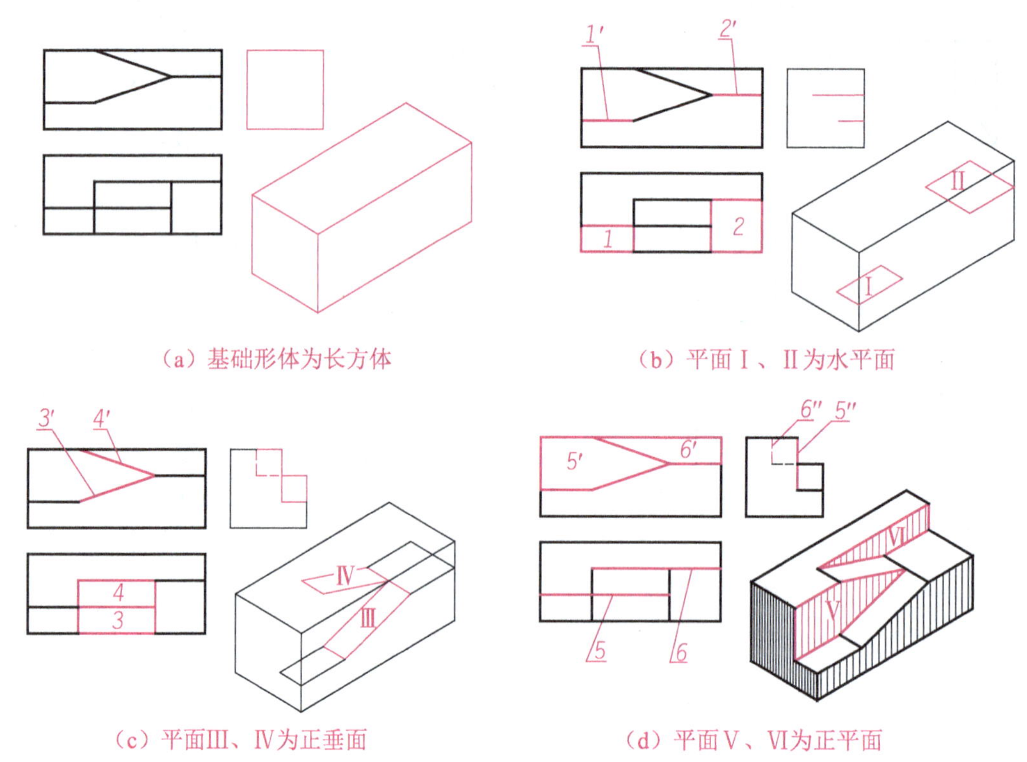

（a）基础形体为长方体　（b）平面Ⅰ、Ⅱ为水平面

（c）平面Ⅲ、Ⅳ为正垂面　（d）平面Ⅴ、Ⅵ为正平面

图4-22　分析视图并补画左视图

第 5 章 机械图样的画法

【本章导读】

在实际生产中，当机件的内、外结构形状都比较复杂时，若仅用三视图往往不能清楚、完整地表达机件。为此，国家标准《技术制图》和《机械制图》中规定了视图、剖视图、断面图、局部放大图等基本表示方法。本章将着重介绍各种基本表示方法的使用场合、画法与标注。

【技能目标】

◈ 熟悉基本视图的形成、名称和配置关系。

◈ 熟悉向视图、局部视图和斜视图的画法与标注。

◈ 理解剖视图的形成，并掌握全剖视图、半剖视图和局部剖视图的画法与标注。

◈ 能够识读断面图、局部放大图，以及其简化画法与标注。

◈ 熟悉第三角视图的画法。

5.1 视图

视图是指根据《技术制图 图样画法 视图》（GB/T 17451—1998）和《机械制图 图样画法 视图》（GB/T 4458.1—2002）的规定，用正投影绘制出物体的图形。视图主要用来表达机件的外部结构和形状，一般只画出机件的可见部分，必要时才用细虚线画出其不可见部分。视图可分为基本视图、向视图、局部视图和斜视图四种。

5.1.1 基本视图

当机件的形状比较复杂，且三视图不能准确、完整、清晰地表达其外部形状和结构时，需要在原来三个投影面的基础上再添加三个投影面。这六个投影面形成了一个六面体，六面体的六个面称为基本投影面。将机件放置于六面体中并向这六个基本投影面投影，这样得到的六个视图称为基本视图，如图 5-1（a）所示。

基本视图的名称、投影方向及配置关系除了主视图、俯视图和左视图外，还有后视图（从后方向前方投影）、仰视图（从下方向上方投影）和右视图（从右方向左方投影）。六个基本投影面的展开方法为：正投影面保持不动，其余各投影面按照图 5-1（a）中箭头所指方向展开。展开后，这六个基本视图的配置关系为：原有三视图位置不变，右视图在主视图正左方，仰视图在主视图的正上方，后视图在左视图的正右方。

如图 5-1（b）所示，基本视图之间仍然保持“长对正、高齐平、宽相等”的“三等”投影关系。在同一张图纸上，如果机件的各视图按照基本视图的位置配置时，一律不标注视图的名称。

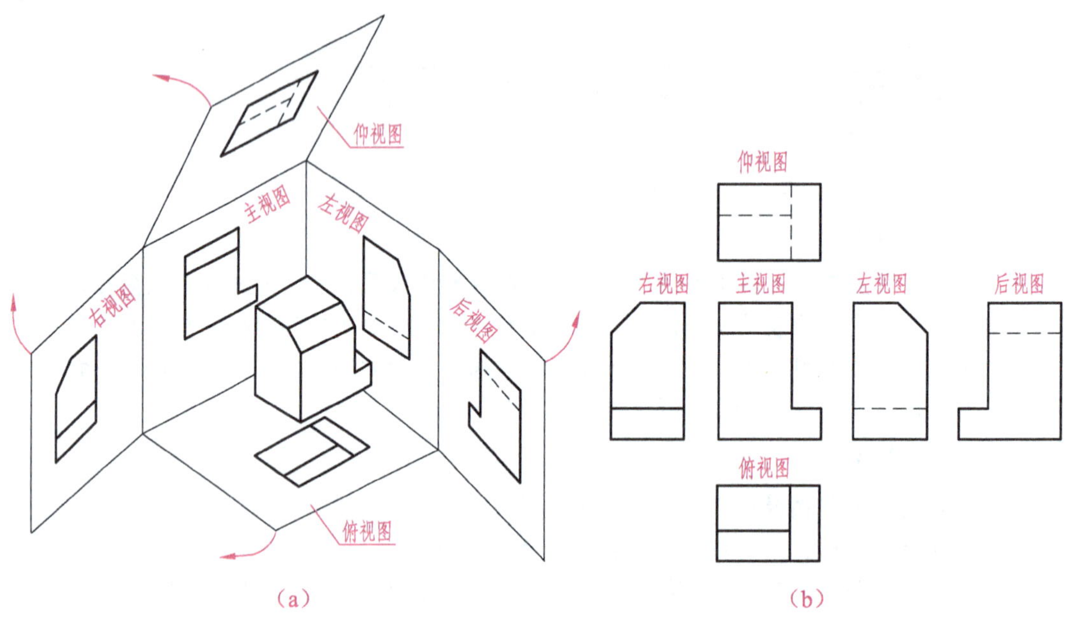

图 5-1 基本视图的形成及配置

除后视图外，各视图的里边（靠近主视图的一侧）均表示机件的后面，各视图的外边（远离主视图的一侧）均表示机件的前面。后视图图形靠近左视图的一侧表示机件的右面，远离左视图的一侧表示机件的左面。

> 虽然国标中规定了六个基本视图，但是不等于每个机件都必须要用六个基本视图表达。在机件表达完整、清楚的情况下，视图的数量越少越好。实际画图时，若无特殊情况，一般优先选用主视图、俯视图和左视图。
>
> 视图中的细虚线一般用来表达机件不可见的内、外结构形状，如果该结构形状在其他视图中已经表达清楚了，则在该视图中的细虚线可省略不画，否则这些细虚线必须画出。

5.1.2 向视图

向视图是可以自由配置的视图，是基本视图的另一种表达方法。若为了合理利用图幅，各视图不能按投影关系配置，则可使用向视图，但需要在向视图的正上方标注视图的名称“×”（×为大写拉丁字母，即 *A*，*B*，*C*，…），然后在对应的基本视图上用箭头标出投射方向并注写同样的字母，如图 5-2 中的向视图 *D*，*E*，*F*。

> 向视图必须是机件的一个完整视图，不能只绘制局部图形，否则就是局部视图。此外，向视图是移位配置的基本视图，是用正投影法获得的视图，因此不可以旋转配置。

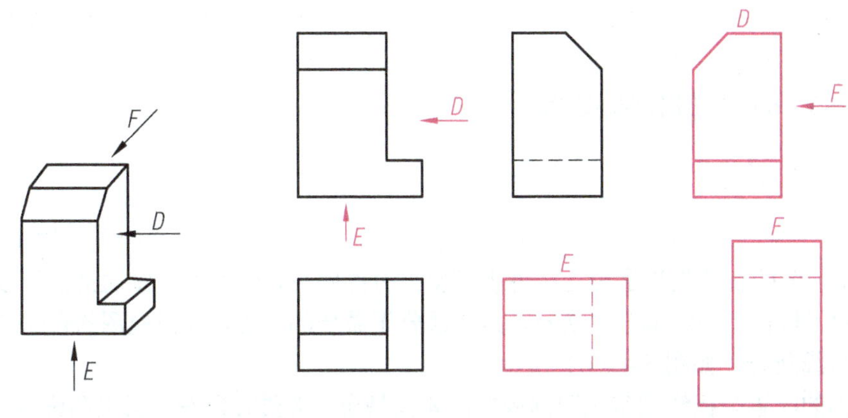

图 5-2　向视图

5.1.3　局部视图

将机件的某一部分向基本投影面投射所得到的视图称为局部视图。如图 5-3 所示，机件在选用主视图和俯视图后，只有 *A*，*B* 两个方向凸起部分的结构尚未表达清楚。为此，可采用 *A*，*B* 两个局部视图加以补充表达。这样既简化了作图，又使表达简单明了。

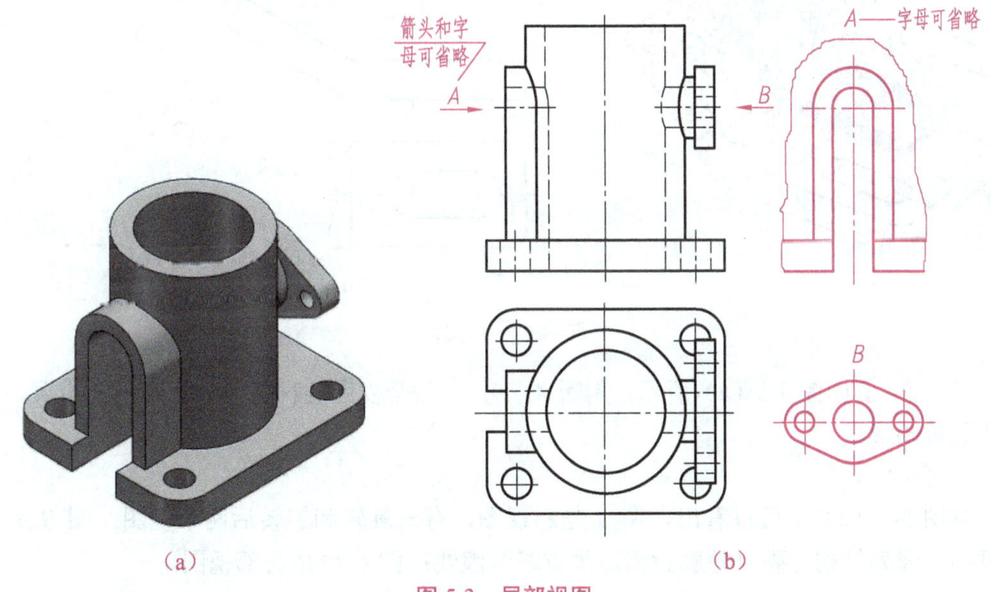

图 5-3　局部视图

局部视图的配置、标注及画法如下：

（1）局部视图一般需要标注投射方向和视图名称，但当其按基本视图位置配置，且中间没有其他图形隔开时，则不必标注，如图 5-3（b）所示的字母 *A* 及箭头均可省略。

（2）局部视图也可按向视图的配置形式配置在合适位置，此时需要在局部视图的上方用大写拉丁字母标出视图的名称“×”，在相应的视图附近用箭头指明投影方向，并注上同样的字母，如图 5-3（b）中的局部视图 *B*。

（3）局部视图断裂处的边界线用波浪线或双折线表示，如图 5-3（b）所示的局部视图 *A*。但当所表达的局部结构是完整的，且外形轮廓线呈封闭状态时，波浪线可省略不画，如图 5-3（b）中的局部视图 *B*。

5.1.4 斜视图

将机件向不平行于任何基本投影面的平面投射所得的视图称为斜视图，如图 5-4（a）所示。画斜视图的目的是为了表达机件上倾斜部分的实形，所以斜视图通常都画成局部视图，即只画出机件上倾斜部分的实形，其余部分无需全部画出，并在视图的合适位置用波浪线或双折线断开，如图 5-4（b）所示。

斜视图的配置与标注通常按照向视图的相关规定，必要时允许将斜视图旋转配置。旋转配置时，应在视图上方画出旋转符号“⌒↘×”（表示顺时针旋转）或“×↗⌒”（表示逆时针旋转），且表示该视图名称的大写拉丁字母“×”应靠近旋转符号的箭头端，箭头方向由旋转方向确定，如图 5-4（c）所示。

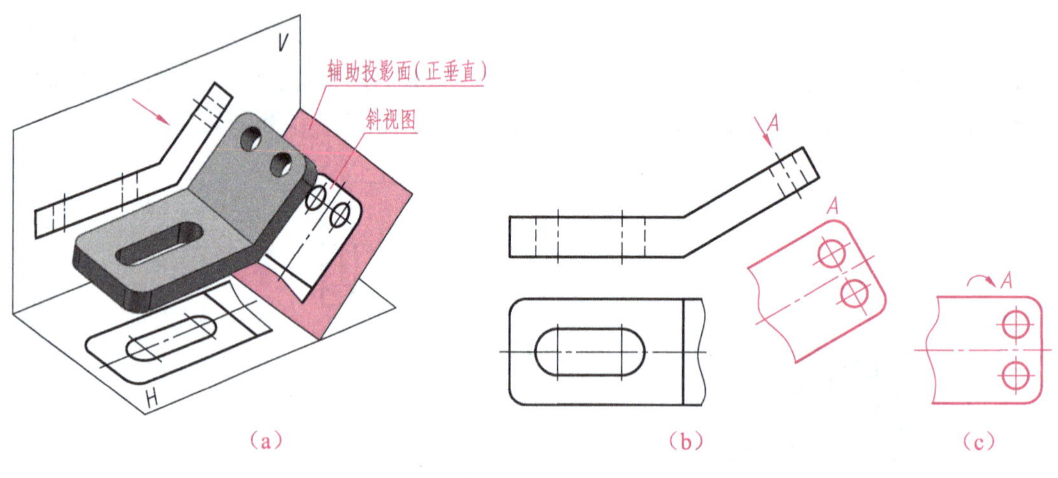

图 5-4 斜视图

【例 5-1】如图 5-5（a）所示，判断 *A*，*B*，*C* 三个视图的种类，分析图中的错误，并画出正确图形。

分析：

从图 5-5（a）中可以看出，图 *A* 是斜视图，有未旋转和旋转后两个视图；图 *B* 是局部视图，因为结构完整且轮廓封闭，故省略波浪线；图 *C* 也是局部视图。

未旋转的斜视图 *A* 与主视图在同一平面上，主视图中箭头 *A* 所指处的槽可见，由此可知该槽在前方，故槽应该画在斜视图 *A* 的下边，如图 5-5（b）所示；旋转后的斜视图 *A*，槽的前后方向错了，且旋转时一般旋转锐角；图 *B* 所表示的半圆部分在后方，故图 *B* 的方向也反了；图 *C* 中少画了不可见轮廓的细虚线，正确画法如图 5-5（b）所示。

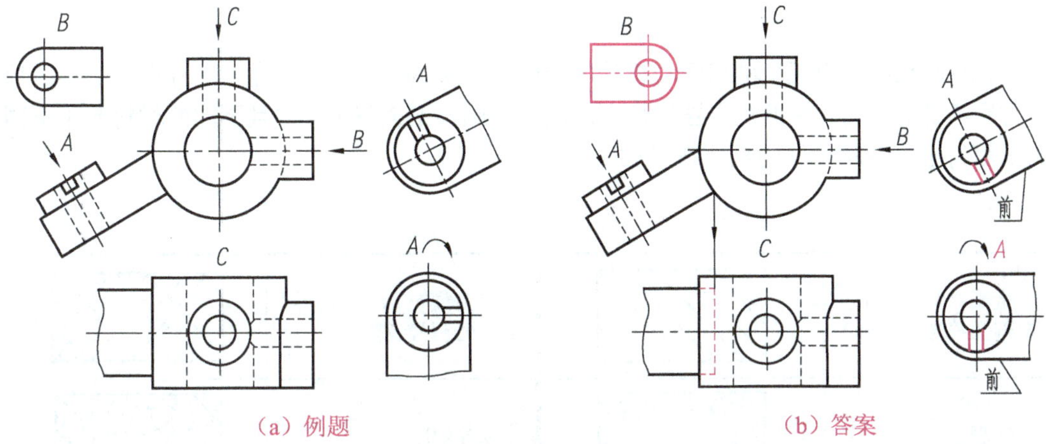

图 5-5　改正图中的错误

5.2　剖视图

用视图表达机件时，不可见的结构形状用细虚线表示。当机件的内部结构比较复杂时，视图中就会出现较多细虚线，有时细虚线会与外形轮廓线（粗实线）互相重叠而影响视图的清晰度，并给看图和标注尺寸带来困难。为此，《技术制图 图样画法 剖视图和断面图》（GB/T 17452—1998）和《机械制图 图样画法 剖视图和断面图》（GB/T 4458.6—2002）规定可用剖视图来表达机件的内部结构。

5.2.1　剖视图的形成及画法

1. 剖视图的形成

假想用一剖切面将机件剖开，将处在观察者和剖切面之间的部分移去，将剩下的部分向基本投影面作正投影所得到的视图，称为剖视图。

如图 5-6 所示，假想沿机件的前后对称平面将其剖开，移去剖切面前面的部分，将余下部分向正投影面投射。此时，如图 5-6（b）所示，主视图上表达机件内部孔、槽的细虚线在主视图上的投影均可见，如图 5-6（c）所示。

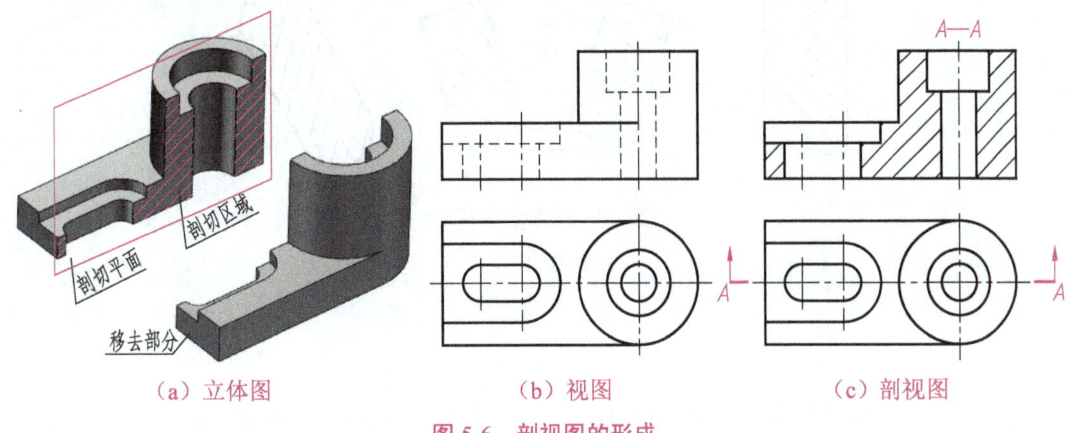

图 5-6　剖视图的形成

2. 剖面符号及剖面线的画法

机件被假想剖开后，剖切面与机件的接触部分称为剖面区域。为了区分机件的实心部分与空心部分，国家标准规定被剖切到的面上要画出剖面符号，并且不同的材料要用不同的剖面符号。各种材料的剖面符号如表 5-1 所示。

表 5-1　各种材料的剖面符号（摘自 GB/T 4457.5—2013）

材料		剖面符号	材料	剖面符号
金属材料（已有规定剖面符号者除外）			非金属材料（已有规定剖面符号者除外）	
混凝土			钢筋混凝土	
型砂、填砂、粉末冶金、砂轮、陶瓷刀片、硬质合金刀片等			砖	
玻璃及供观察用的其他透明材料			格网（筛网、过滤网）	
木材	纵剖面		液体	
	横剖面			

当不需要在剖面区域表示机件的材料时，剖面符号可以采用间隔相等，且与图形的主要轮廓线或剖面区域的对称线成 45°的平行细实线表示，如图 5-7 所示。同一机件的各个剖面区域的剖面线应当一致。当图形的主要轮廓线与水平呈 45°时，该图形的剖面线应画成与水平线成 30°或 60°的平行细实线，其倾斜方向仍与其他图形的剖面符号一致，如图 5-8 所示。

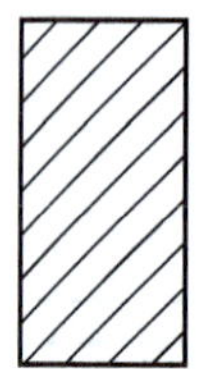
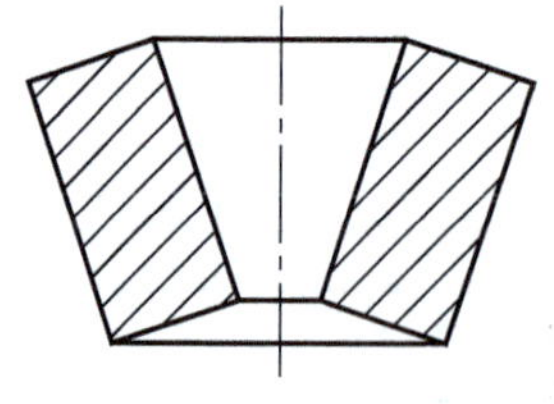
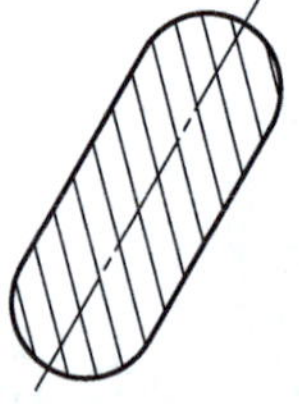

图 5-7　剖面线的画法

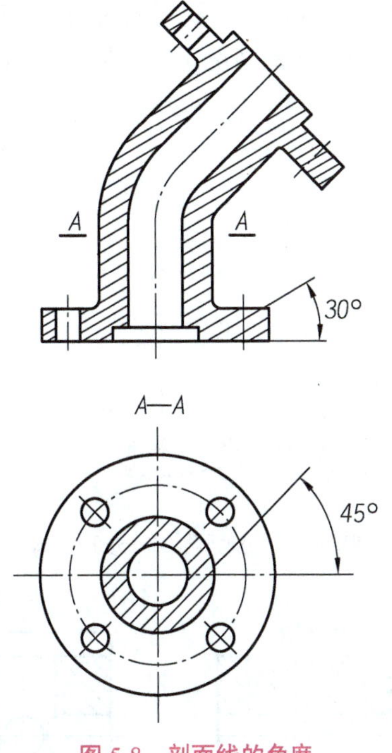

图 5-8 剖面线的角度

3. 剖视图的标注与配置

为了便于读图，一般应在剖视图上方用字母标出视图名称“×－×”（×为大写拉丁字母，即 *A*，*B*，*C*，……），并在相应的视图上画出剖切符号（用长为 5～10 mm，宽约(1～1.5)*d* 的粗短线表示剖切位置，用箭头表示投射方向），且需要注上同样的字母，如图 5-6（c）所示。

> 当剖视图按投影关系配置，中间又没有其他图形隔开时，可以省略箭头；当剖切面通过机件的对称平面，且剖视图是按投影关系配置，中间又没有其他图形隔开时，不必标注，如图 5-6（c）所示的视图名称、俯视图中的剖切符号及视图名称均不必标注。

4. 画剖视图的方法与步骤

要绘制图 5-9（a）所示机件的剖视图，可按如下方法和步骤进行。

（1）画机件的基本视图。根据机件的结构形状特点，画出机件的基本视图，如图 5-9（b）所示。

（2）确定剖切平面的位置。如图 5-9（b）所示，剖切面的位置选择通过机件上孔和槽的前后对称面。

（3）画出剖视图。凡剖切面与机件表面的交线及剖切面后面的可见轮廓线，都用粗实线画出；剖切面后面的不可见部分，如果在其他视图中已经表达清楚，剖视图上一般不再画细虚线，如图 5-9（c）所示，既不影响剖视图的清晰，还可减少视图的数量。但对尚未表达清楚的结构，在保证图面清晰的情况下，可以有少量的细虚线，如图 5-10 所示。

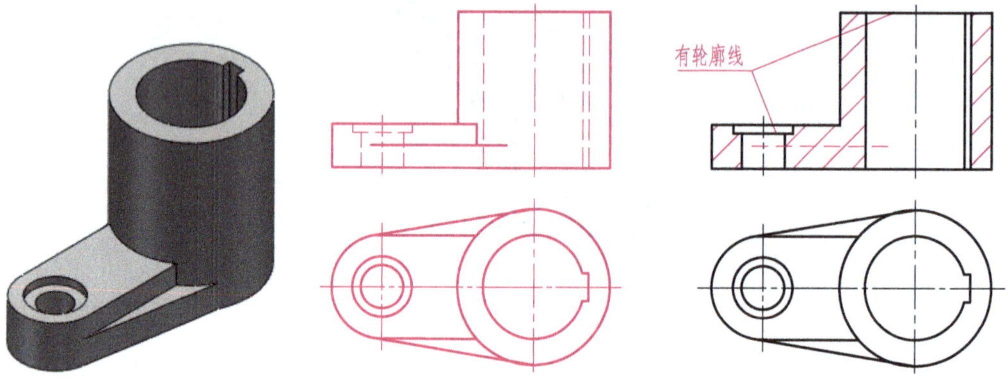

图 5-9 画剖视图的方法和步骤

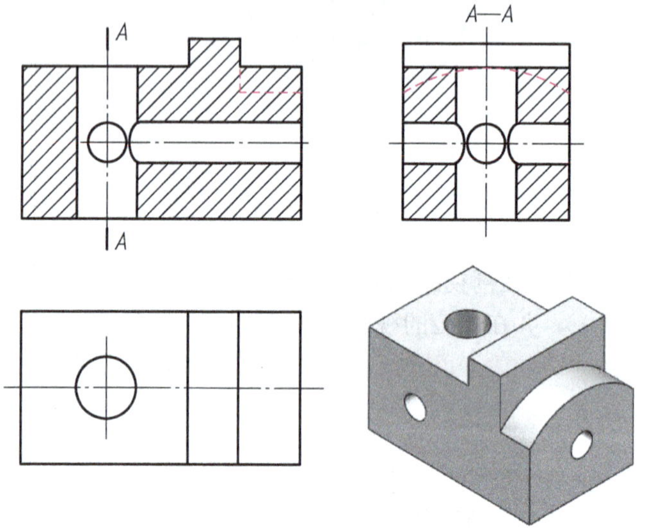

图 5-10 剖视图中细虚线的取舍

（4）画剖面符号。在剖切面与机件接触面区域内画出与该材料对应的剖面符号，如图 5-9（c）所示。

（5）剖视图的标注。由于该机件的剖切面通过机件的对称平面，且剖视图按投影关系配置，中间又没有其他图形隔开，故可省略标注。

剖切是一种假想，并不是真的将机件切去一部分，因此，除剖视图外的其他视图仍应完整画出，并可取剖视。对于机件上的肋板、轮辐及薄壁等，当剖切面平行于肋板、轮辐及薄壁（纵向剖切）进行剖切时，这些结构都不画剖面线，而用粗实线画出与其邻接形体的理论轮廓线将它们分开。但横向剖切时，仍应画出剖面线，如图 5-11 所示。

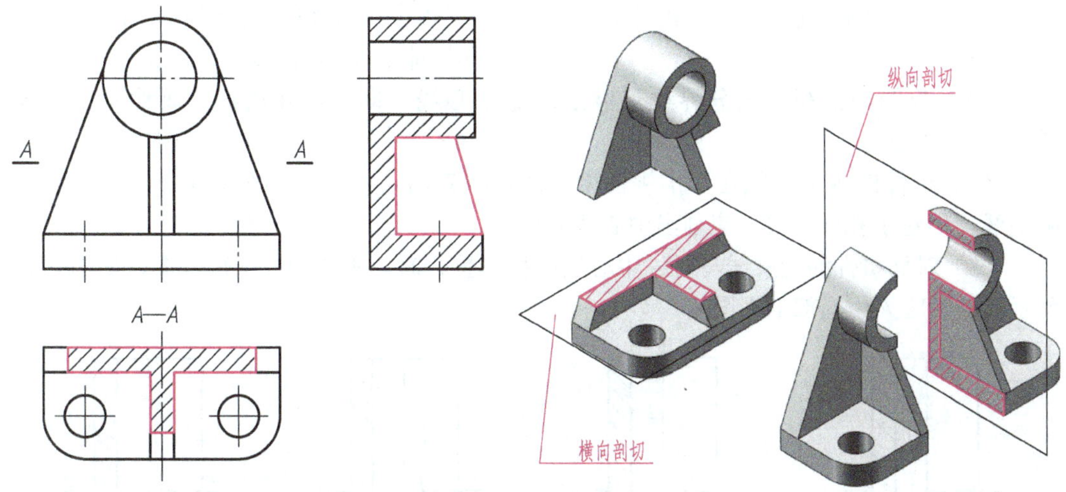

图 5-11　剖视图中肋板的画法

5.2.2　剖视图的种类

按机件被剖切的范围大小，剖视图可分为全剖视图、半剖视图和局部剖视图。

1. 全剖视图

用剖切面完全地剖开机件所得的视图称为全剖视图。全剖视图主要用于表达内部形状复杂的不对称机件，或外形简单的对称机件，如图 5-6 和图 5-9 所示，均为全剖视图。

2. 半剖视图

当机件具有中心对称平面时，向垂直于对称平面的投影面上投影所得到的图形，以对称中心线为界，一半画视图以表达外形，另一半画剖视图以表达内部结构，这样组合而成的图形称为半剖视图。

如图 5-12 所示，机件左右对称（对称面是侧平面），所以在主视图上可以一半画成剖视图，一半画成视图，剖视图与视图的分界线处应画出细点画线，如图 5-12（b）所示。俯视图也可以画成半剖视图，其剖切情况如图 5-12（c）所示。

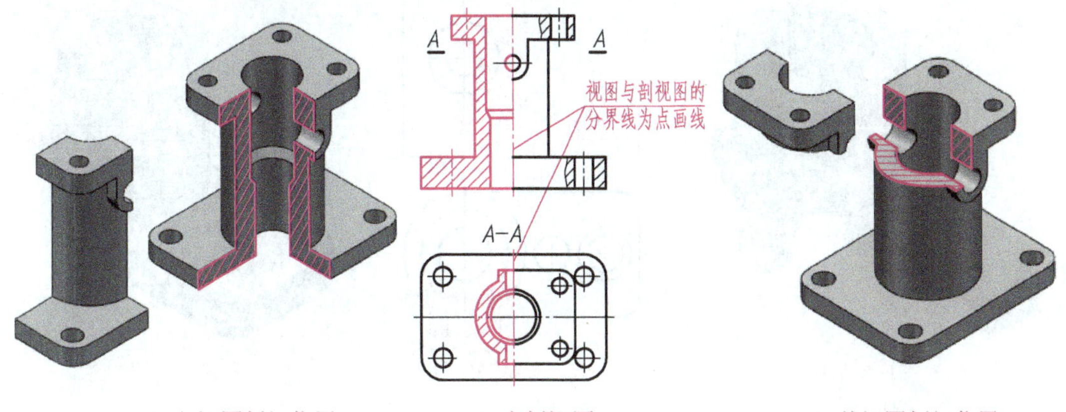

（a）主视图剖切位置　（b）半剖视图　（c）俯视图剖切位置

图 5-12　半剖视图的形成

由于半剖视图既充分表达了机件的内部形状，又保留了机件的外部形状，所以常用半剖视图表达内、外形状都需要表达的对称机件。画半剖视图时应注意以下几点：

（1）视图与剖视图的分界线只能是对称中心线，即分界线用细点画线画出，如图 5-12（b）所示。

（2）机件的内部形状在半剖视图中已表达清楚时，在另一半视图中就不必再画出细虚线，但对于孔或槽等，应画出中心线的位置。

（3）对称机件的轮廓线与对称中心线的投影重合时，不宜画成半剖视图，如图 5-13 所示（一般应采用局部剖视图）。

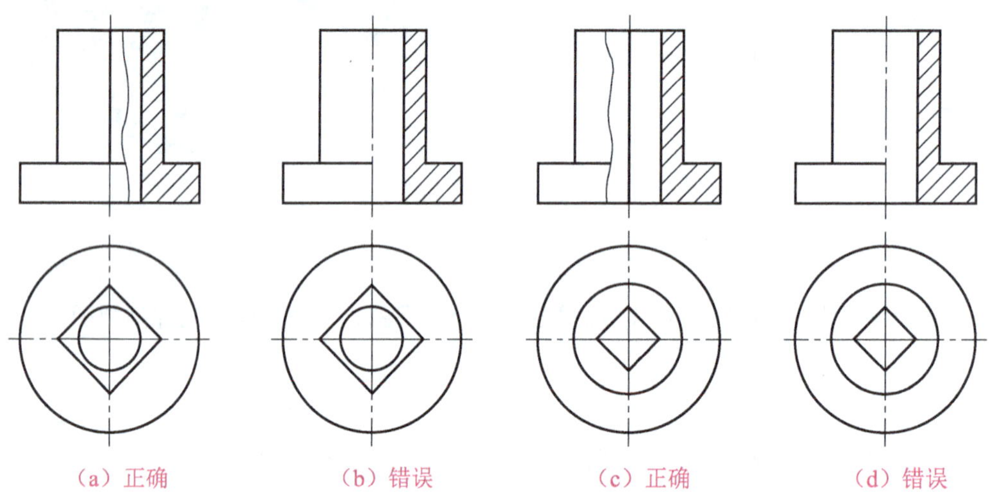

（a）正确　（b）错误　（c）正确　（d）错误

图 5-13　对称机件不宜画成半剖视图的情形

3. 局部剖视图

用剖切面局部地剖开机件所得的视图称为局部剖视图，如图 5-14 所示。局部剖视图不受机件是否对称的限制，可以根据机件的结构形状特点灵活地选择剖切位置和范围，适用于内、外形状都需要表达的不对称机件。

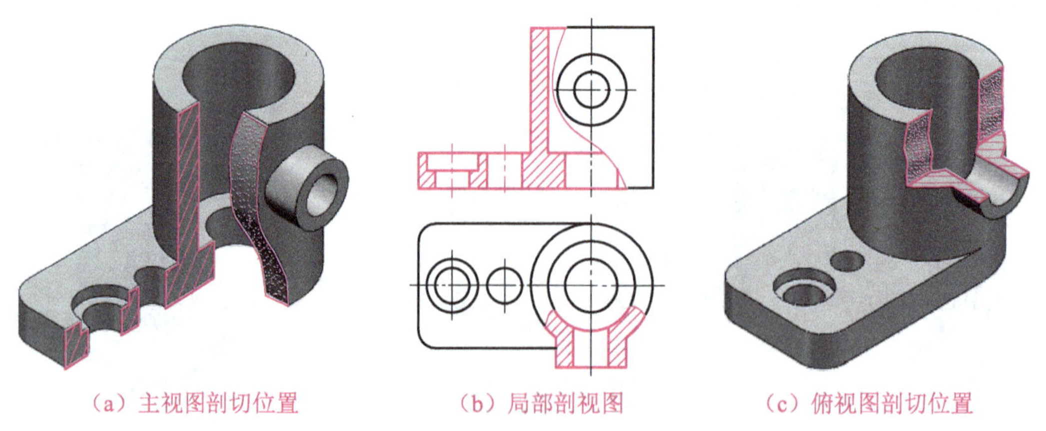

（a）主视图剖切位置　（b）局部剖视图　（c）俯视图剖切位置

图 5-14　局部剖视图

在局部剖视图中，视图与剖视图的分界线用波浪线表示，各部分的可见轮廓线应画到波浪线处。

在一个视图中，局部剖切的次数不宜过多，否则视图就会显得破碎，影响看图，如图 5-15 所示。

波浪线只能画在物体表面的实体部分，不能直接穿过孔或槽，若遇到孔、槽等结构时，必须断开，如图 5-15（b）所示箭头 1 所指位置。

波浪线不能与图形上其他图线重合或画在轮廓线的延长线上，也不能超出视图的轮廓线，如图 5-15（b）所示箭头 3 和箭头 2 所指位置。

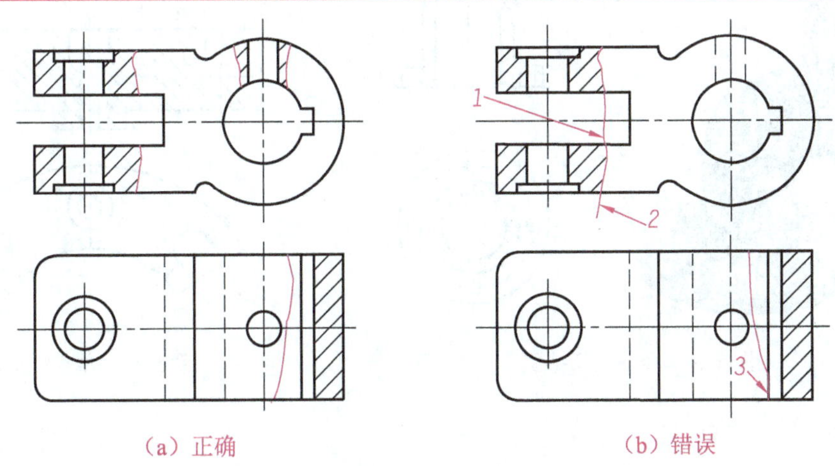

（a）正确　　（b）错误

图 5-15　局部剖视图中波浪线的画法

5.2.3　剖切面的选用

由于机件的结构形状千差万别，因此在作剖切处理时，需要根据机件的结构特点选择不同形式的剖切面，以便使机件的形状得到充分表达。因此，剖切机件的剖切面的数量和形状也不尽相同。常用的剖切面有单一剖切面、几个平行的剖切平面和几个相交的剖切面。

1. 单一剖切面

仅用一个剖切面剖开机件，称为单一剖切面，简称单一剖。当机件的内部结构位于一个剖切平面上时，可选用单一剖切面剖开机件，如图 5-9 所示。单一剖切面包括单一剖切平面，单一斜剖切面和单一剖切柱面。

（1）单一剖切平面是用平行于基本投影面的平面剖切机件，如图 5-16 所示，*A*—*A* 剖视图为单一剖切平面。

（2）单一斜剖切面是用不平行于基本投影面的平面剖切机件，如图 5-16 所示的 *B*—*B* 剖视图。由单一斜剖切面剖切所得到的剖视图一般配置在与倾斜部分保持投影关系的位置。但在不致引起误解的情况下，为了看图方便，也允许将图形旋转配置，此时必须加注旋转符号“⌒↘”或“↙⌒”，如图 5-16 所示。

（3）单一剖切面还可以是回转形的柱形剖切面，称为单一柱面剖切。这种剖切是为了准确表达处于圆周分布的某些内部结构形状，柱面剖切后，通常采用展开画法，并仅画出剖面展开图，剖切柱面后面的有关结构省略不画。此时，应在剖视图名称“×－×”后加注“展开”二字，如图 5-17 所示。

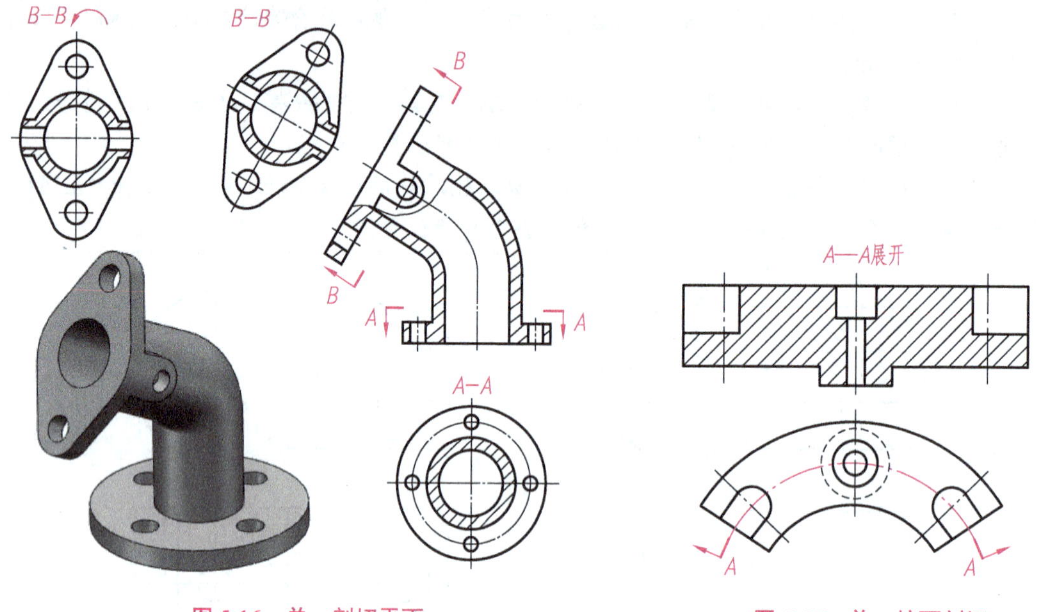

图 5-16　单一剖切平面　　　图 5-17　单一柱面剖切

2. 几个平行的剖切平面

当机件上具有几种不同的结构要素（如孔、槽），而它们的中心平面互相平行且在同一方向投影无重叠时，可用几个平行的剖切平面剖开机件，这种剖切也称为阶梯剖。如图 5-18 所示的机件，就是用三个互相平行的剖切平面将机件剖开，得到 $A-A$ 剖视图。

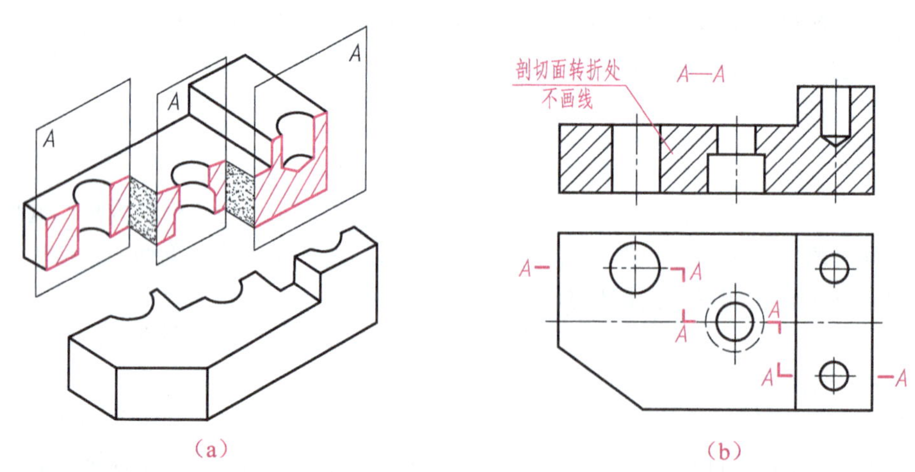

图 5-18　几个平行的剖切平面

如图 5-18（b）所示，绘制被几个平行的剖切平面剖切的剖视图时，应注意以下几点：

（1）剖切平面是假想的，因此剖视图中不应画出剖切平面转折处的投影；

（2）在剖切平面的起、止和转折处应画出剖切符号，且需在剖切符号的起、止位置处用垂直箭头表示投射方向，但当剖视图按投影关系配置，且中间又无其他视图隔开时，可省略箭头；

（3）在剖视图的上方需标注剖视图的名称"×—×"，且在剖切符号的外侧或上方标注相同字母。

3. 几个相交的剖切面

当用单一剖切面或几个平行的剖切平面不能完整表达机件的内部结构（如具有回转轴的机件）时，可利用几个相交的剖切面将其剖开，然后将剖面的倾斜部分旋转到与基本投影面平行时再进行投射。这种"先剖切→后旋转→再投射"的投射方法称为旋转剖，如图 5-19 所示。

旋转剖除了表达图 5-19 所示回转机件上的孔、槽等结构外，还可以用于表达机件上与主要内形结构相倾斜的结构中的孔、槽等，如图 5-20 所示的连杆。

几个相交的剖切面可以是几个剖切平面的相交，也可以是剖切平面和剖切柱面的组合。如图 5-21 所示是三个剖切平面相交剖切机件内部结构的实例。

几个相交的剖切面的标注必须用带字母的剖切符号表示出剖切平面的起、止和转折位置以及用箭头表示出投影方向，注出视图名称"×—×"，如图 5-19、图 5-20 和图 5-21 所示。

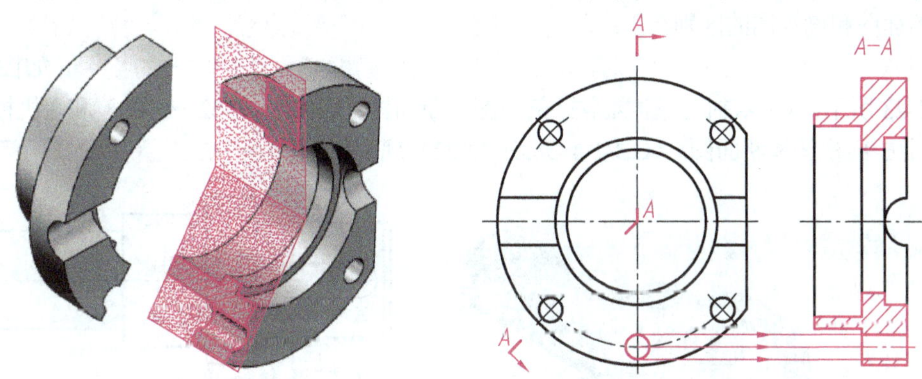

图 5-19　两相交剖切平面的全剖视图（1）

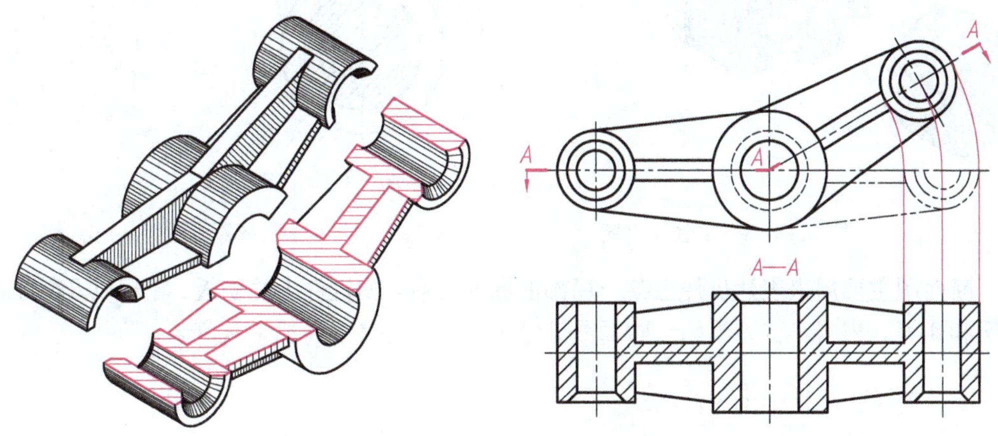

图 5-20　两相交剖切平面的全剖视图（2）

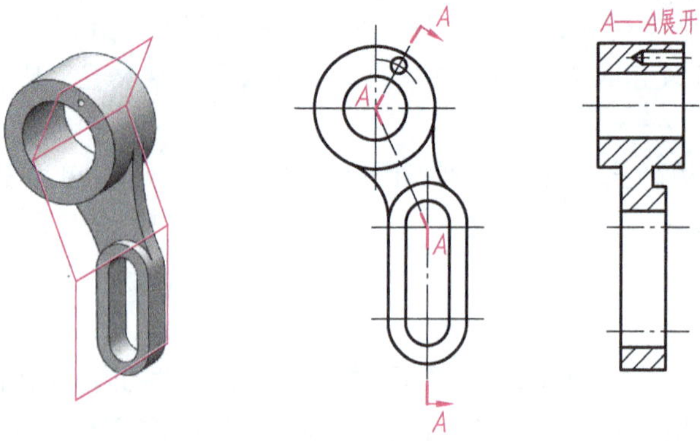

图 5-21 相交剖切面的全剖视图（3）

几个相交的剖切面适用于表达具有回转轴的机件，剖切面的交线应与机件的回转轴线重合。位于剖切面之后的其他结构要素，一般仍按原来位置投影画出，如图 5-19 所示。

5.3 断面图

假想用剖切平面将机件某处切断，仅画出剖切平面与机件接触部分的图形，称为断面图。断面图和剖视图的区别在于：断面图只画机件被剖切后的断面形状，而剖视图除了画出断面形状之外，还必须画出机件上位于剖切平面后面的其他可见部分的投影，如图 5-22 和图 5-23 所示。《技术制图 图样画法 剖视图和断面图》（GB/T 17452—1998）和《机械制图 图样画法 剖视图和断面图》（GB/T 4458.6—2002）规定可用断面图来表达机件的断面形状。

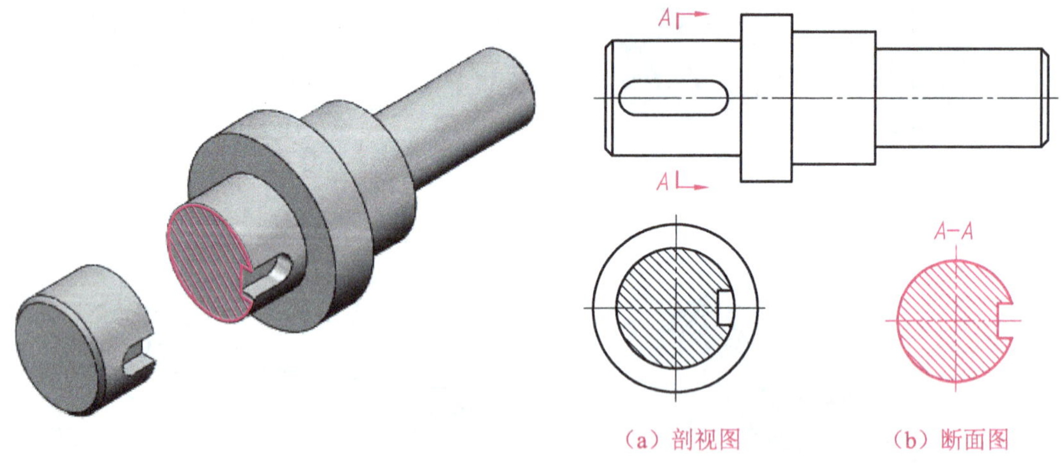

图 5-22 轴的立体示意图

图 5-23 轴上键槽断面图和剖视图的区别

断面图主要用来表达机件上某一局部的断面形状，如机件上的肋板、轮辐以及轴上的键槽和孔等。根据其位置不同，断面图可分为移出断面图和重合断面图。

5.3.1 移出断面图的画法

画在视图之外的断面图称为移出断面图，轮廓线用粗实线绘制。如图 5-23（b）所示。

画移出断面图时，应注意以下几点。

（1）移出断面图的图形对称时，可配置在视图的中断处，如图 5-24 所示。

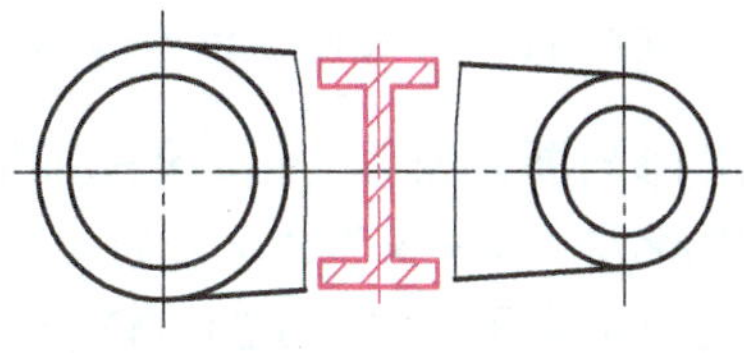

图 5-24 断面图配置在视图的断开处

（2）由两个或多个相交的剖切平面剖切所得到的移出断面图，中间一般应断开，如图 5-25 所示。

（3）当剖切平面通过由回转曲面形成的孔或凹坑的轴线时，这些结构应按剖视图绘制，如图 5-26 所示。

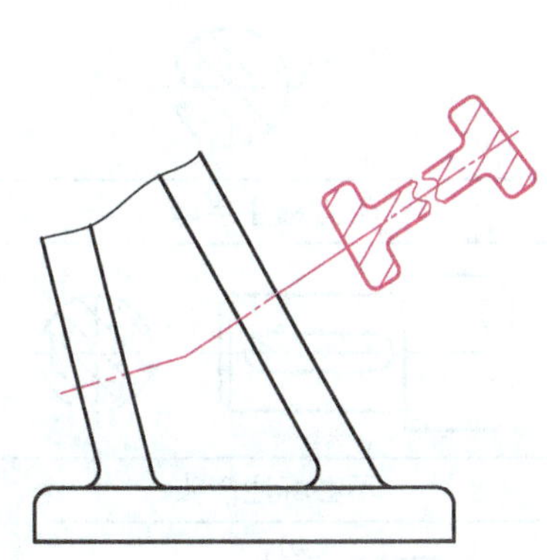

图 5-25 倾斜结构的移出断面图画法

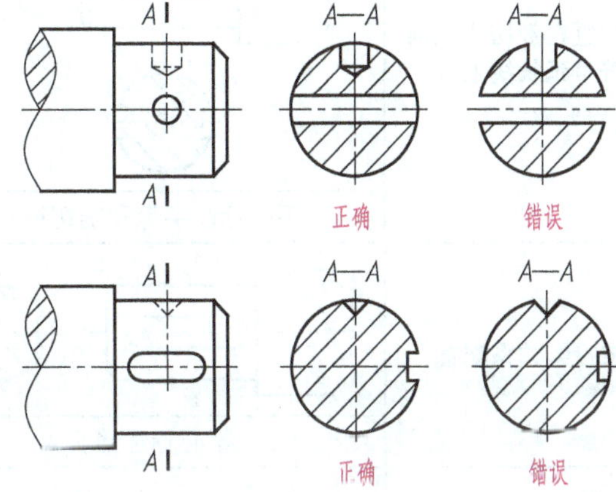

图 5-26 剖切平面通过孔或凹坑的轴线时的画法

（4）当剖切平面通过非回转曲面的孔或槽时，会导致出现完全分离的断面，此时这些结构也按剖视图绘制，如图 5-27 所示。

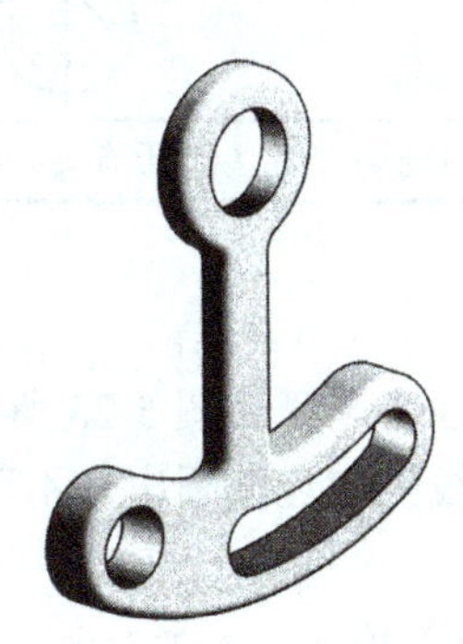
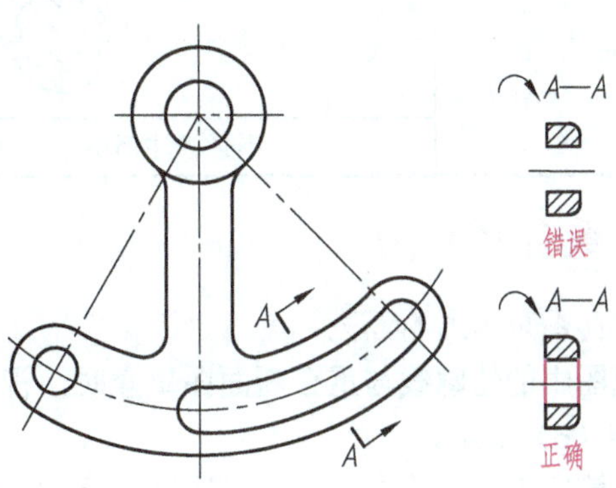

图 5-27 断面分离时的画法

（5）必要时可将移出断面图配置在其他适当位置。在不致引起误解时，允许将图形旋转，但必须标注旋转符号，如图 5-27 所示。

如图 5-26 和图 5-27 所示，这些视图的“结构”是指剖切平面剖切机件时直接接触的断面处的孔、槽或凹坑等结构，与其他结构无关。

画出移出断面图后，应按国家标准规定进行标注，即一般应在断面图的上方标注移出断面图的名称“×－×”（“×”为大写拉丁字母），在相应的视图上画出剖切符号和箭头，并标注相同的字母，如图 5-23（b）所示。移出断面图的标注及可以省略标注的一些场合如表 5-2 所示。

表 5-2　移出断面图的配置及标注

配　置	对称的移出断面图	不对称的移出断面图
配置在剖切线或剖切符号延长线上	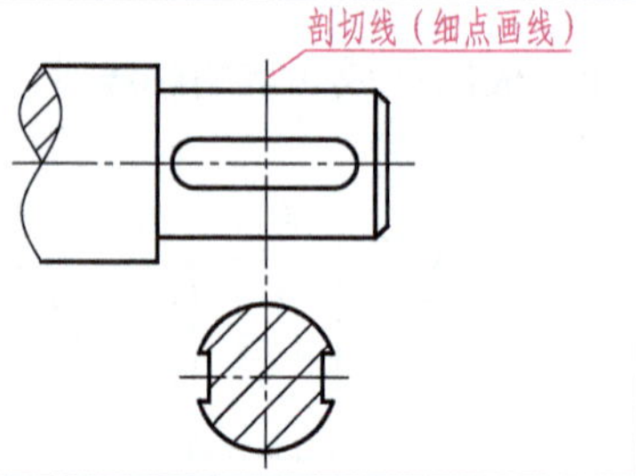	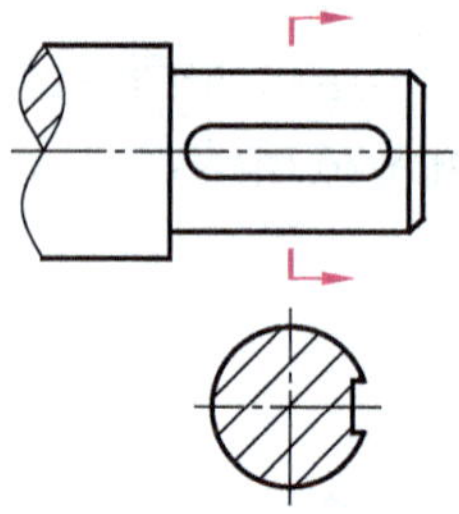
	不必标注字母和剖切符号	不必标注字母
按投影关系配置	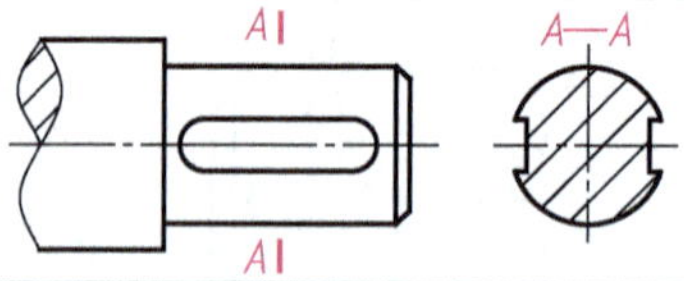	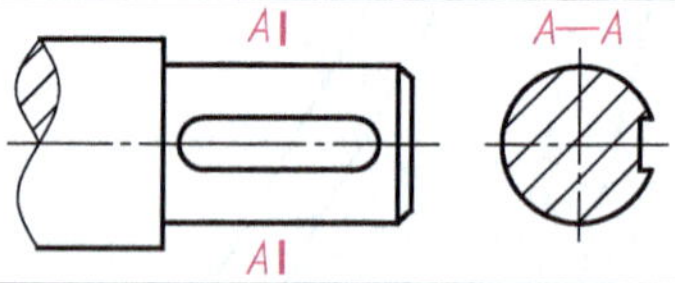
	不必标注箭头	不必标注箭头
配置在其他位置	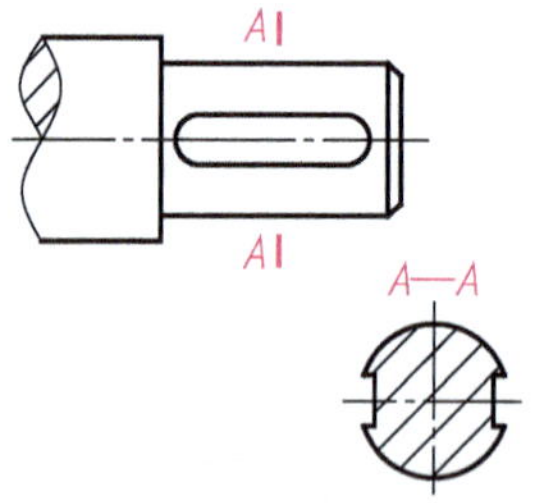	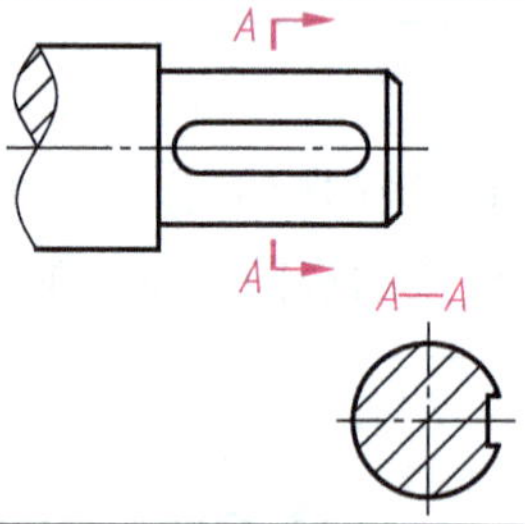
	不必标注箭头	应标注剖切符号（包括箭头）和字母

5.3.2　重合断面图

画在视图之内的断面图称为重合断面图，轮廓线用细实线绘制，如图 5-28 所示。

当视图中的轮廓线与重合断面图重叠时，视图中的轮廓线仍应连续画出，不可间断，如图 5-28（b）所示。

一般情况下，对称的重合断面图不必标注，如图 5-28（a）所示；不对称的重合断面图，在不致引起误解的情况下，可省略标注，如图 5-28（b）所示。

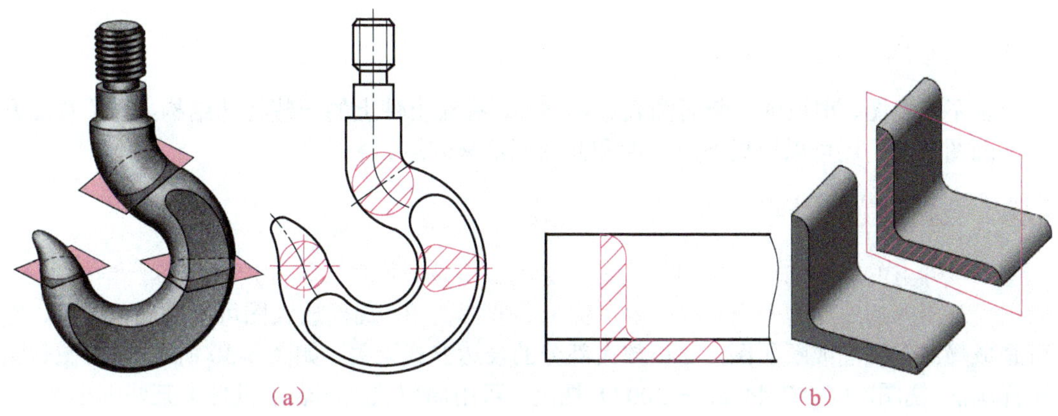

图 5-28　重合断面图

【例 5-2】如图 5-29（a）所示，在指定位置画出移出断面图和重合断面图。

分析：

由图 5-29（a）可知，图中有两个结构需要用断面图来表达，一处为梯形肋板，另一处为“工”字形肋板。其中，梯形肋板的断面图可用单一剖切平面剖切，配置在视图的轮廓线内；“工”字形肋板的断面图可用两个相交剖切平面剖切，配置在俯视图中剖切线的延长线上。

作图步骤：

① 梯形肋板的断面图是重合断面图，在俯视图上量取肋板的宽度，然后用细实线绘制肋板的轮廓线，并用波浪线将其断开，如图 5-29（b）所示Ⅰ处。

② “工”字形肋板的移出断面图轮廓线用粗实线绘制，其断面由上、下两横笔和一竖笔组成。其中，两横笔的长及竖笔的宽可直接在主视图中量取，两横笔的宽可直接在俯视图中量取。由于本例是用两个相交的剖切平面切开机件，所以断面图的中间应断开，如图 5-29（b）所示Ⅱ处。

③ 因主视图中的剖面线已有，因此重合断面图中的剖面线应与其一致。考虑到移出断面图斜放，若仍用原 45°的剖面线效果不好，因而在角度上可作适当调整。

④ 两个断面图均不需要标注，如图 5-29（b）所示。

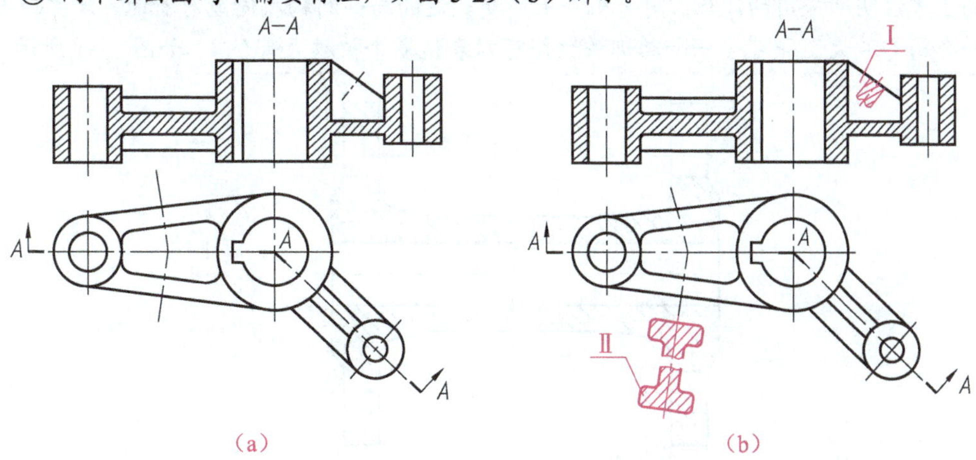

图 5-29　作移出断面图和重合断面图

5.4 其他表示方法

除了用视图、剖视图和断面图表达机件外，针对机件上的一些特殊结构，为了看图方便、画图简便，还可以用局部放大图和简化画法来表达。

5.4.1 局部放大图

当机件上的某些细小结构在视图中表达不够清楚或不便于标注尺寸时，可将该细小结构用大于原图形的比例画出，这种图形称为局部放大图。局部放大图可画成局部视图，也可画成局部剖视图或断面图，与被放大部分的表达方式无关，如图 5-30 所示。《机械制图 图样画法 视图》（GB/T 4458.1—2002）规定，可用局部放大图表示机件上某些细小结构。

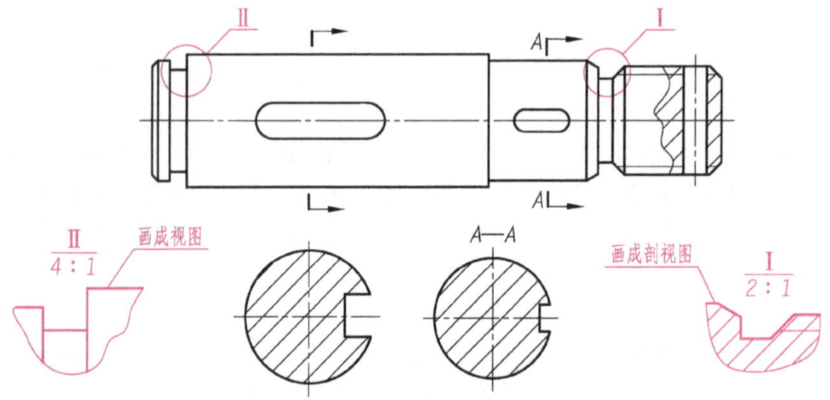

图 5-30 局部放大图（1）

绘制局部放大图时，应用细实线圈出被放大的部位，在指引线上用罗马数字编号。局部放大图应尽量配置在被放大部位的附近。当同一机件上有多处被放大时，应用罗马数字编号，并在局部放大图上方以分数形式标出相应的罗马数字和所采用的比例，如图 5-30 所示。绘制局部放大图时，其剖面线的间距不放大。

> 当机件上被放大的部位仅有一处时，无需写出罗马数字编号，只需在局部放大图的上方注明所采用的比例。同一机件上所要表达的局部结构相同或对称时，只需画出一个局部放大图即可（一个局部放大图可以表达多个被放大部位），如图 5-31 所示。

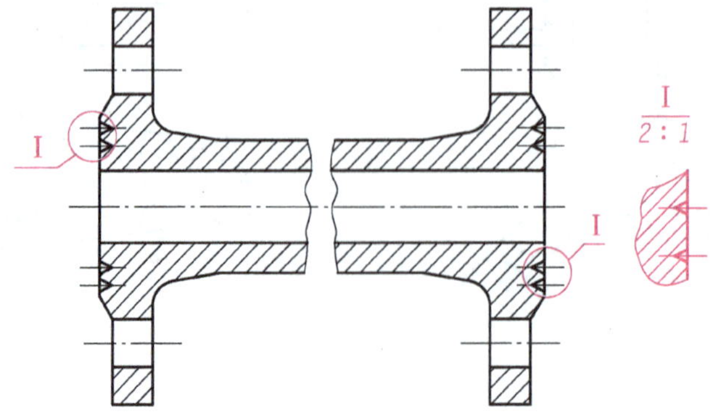

图 5-31 局部放大图（2）

局部放大图中标注的比例是该图与机件实际尺寸之比，与原图比例无关。

5.4.2 简化画法

为提高识图和绘图效率，增加图样的清晰度，《技术制图 简化表示法 第 1 部分：图样画法》（GB/T 16675.1—2012）和《机械制图 图样画法 视图》（GB/T 4458.1—2002）规定了一些简化画法，现介绍其中最常见的几种情况。

（1）机件上具有若干个按一定规律分布的相同结构（如齿、槽等）时，只需画出一个或几个完整的结构，其余用细实线连接，并在图上注明该结构的总数，如图 5-32（a）所示。若干个直径相同、且成一定规律分布的孔，可只画出一个或几个，其余用细点画线或“十”字形表示其中心位置，并注明孔的总数，如图 5-32（b）所示。

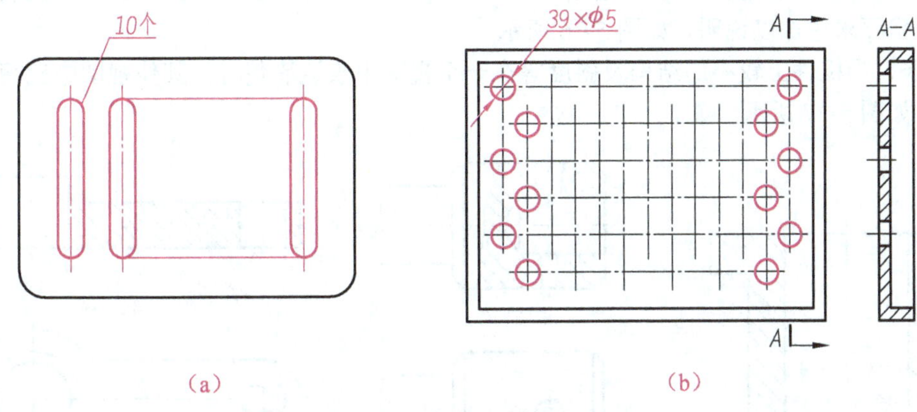

图 5-32 相同结构要素的简化表示法

（2）在不致引起误解的情况下，对称机件的视图可只画一半或四分之一，但需要在对称中心线的两端面分别画出两条与其垂直的细实线，如图 5-33 所示。

（3）对于机件上的肋板、轮辐及薄壁等，当剖切平面沿纵向（通过肋板、轮辐等的对称平面）剖切时，这些结构按不剖画出，即用粗实线画出其可见轮廓线，如图 5-34 中的肋板；当机件上的肋板、轮辐、孔或槽等不处于剖切平面上时，可将这些结构旋转到剖切平面上画出，如图 5-34 中的孔。

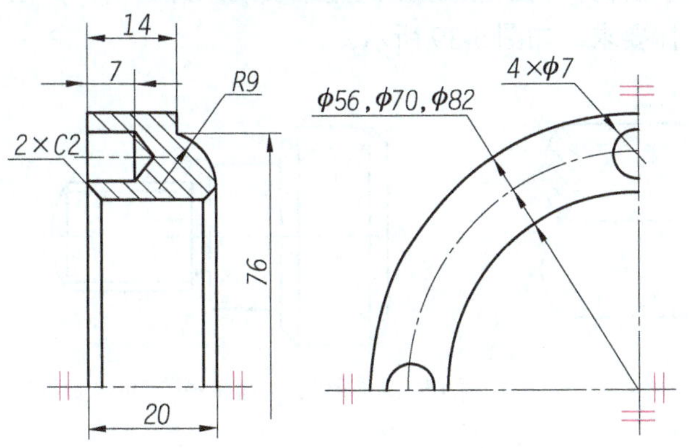

图 5-33 对称机件视图的简化表示法

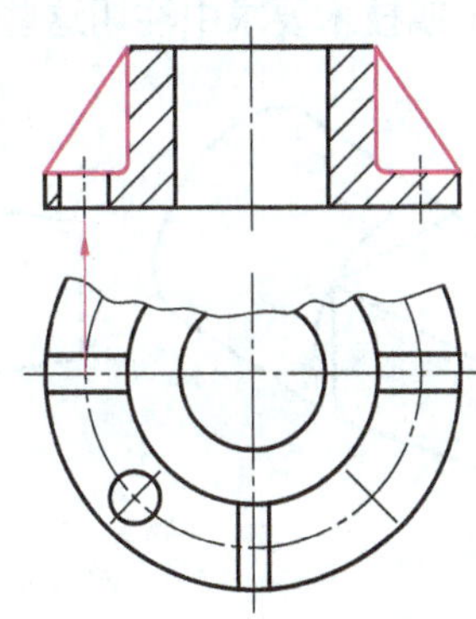

图 5-34 机件上的肋板、轮辐及孔的画法

（4）较长机件（如轴、杆、型材等）沿长度方向的形状一致或按一定规律变化时，可断开后缩短绘制，断开处用波浪线或细双点画线绘制，但其长度尺寸必须按照实际尺寸标注，如图 5-35 所示。

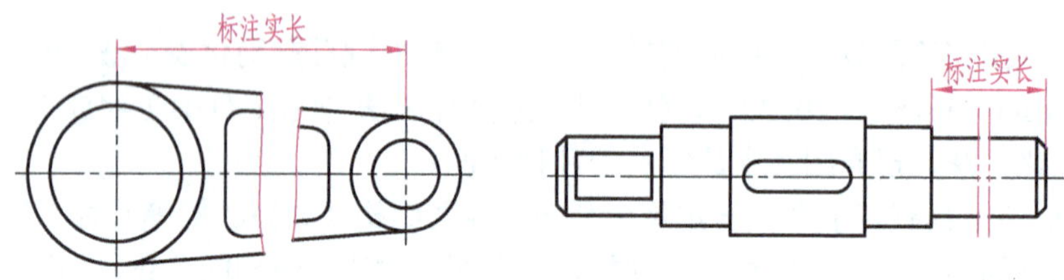

图 5-35 较长机件的简化画法

（5）在不致引起误解时，视图中的小圆角或小倒角允许省略不画，但必须注明尺寸或在技术要求中加以说明，如图 5-36 所示。

（6）当机件上较小的结构及斜度等在一个视图中表达清楚时，其他视图中应简化或省略，如图 5-37 所示。

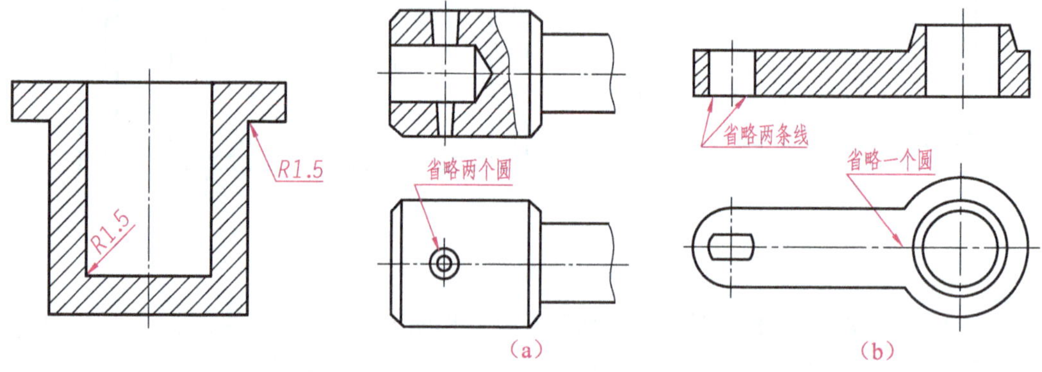

图 5-36 小圆角的简化画法

图 5-37 较小结构的简化画法

（7）当回转体零件上的平面在视图中不能充分表达时，可在图形上用相交的两条细实线表示平面，如图 5-38 所示。

（8）网状物、编织物或机件上的滚花部分可在轮廓线附近用细实线示意画出，并在视图上或技术要求中注明这些结构的具体要求，如图 5-39 所示。

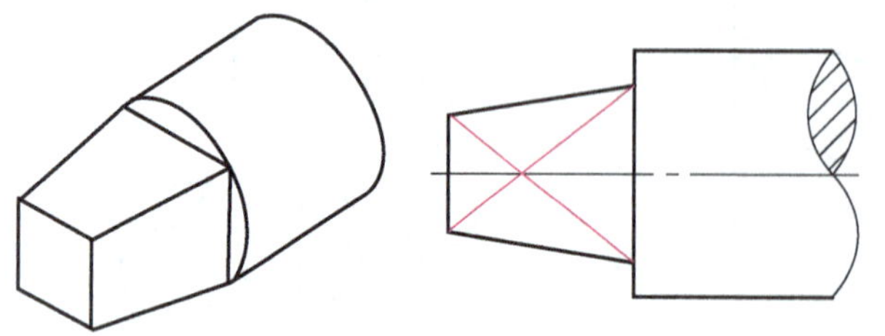

图 5-38 回转体上平面的简化表示法

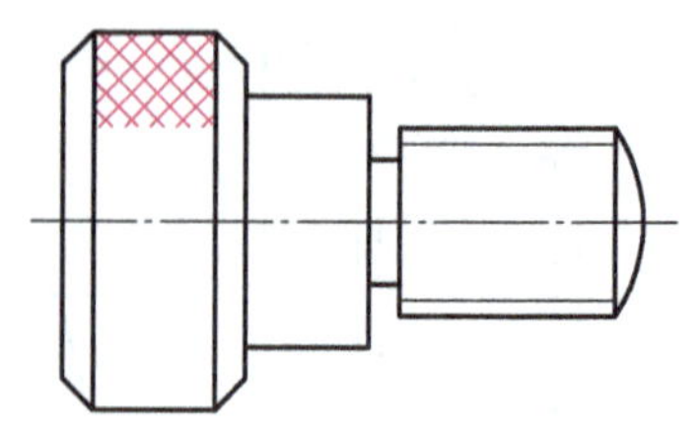

图 5-39 机件上滚花部分的简化表示法

5.5 表达方法的应用案例

在实际生产中，无论绘图还是读图，均需要正确、灵活地综合运用各种表达方法，从而完整、清楚地将机件的内、外结构形状及形体间的相对位置表达出来。

1. 选择合适的表达方案，画出机件图样

选择机件的表达方案时，应根据机件的结构特点，在能够完整、清楚地表达机件结构形状的前提下，力求作图简单，读图方便。确定表达方案时，应先确定主视图，然后再逐个增加其他视图，每个视图应突出各自的表达重点。

【例 5-3】如图 5-40 所示，根据支架的结构形状确定表达方案。

方案分析：

（1）形体分析。该支架的主体为 *A*，*B* 两轴座，中间由“工”字形肋板连接，轴座 *B* 上有倾斜凸耳 *C*，凸耳上有两个阶梯孔 *E*。

（2）选择主视图。一般以支架的工作位置或加工位置作为主视图的位置，其投射方向要能尽量多地反映出支架各组成部分的结构特征及相互位置关系。

如图 5-40 所示，当以箭头 1 所指方向作为主视图的投射方向时，*A*，*B* 两轴座上的孔及凸耳 *C* 的位置关系可以真实地表达出来；当以箭头 2 所指方向作为主视图的投射方向时，*A*，*B* 两轴座的平行轴线特征反映得比较清楚，但凸耳 *C* 的投影将会变形。现暂以箭头 1 所指方向作为主视图的投射方向进行下述讨论。

（3）确定其他视图。主视图确定后，根据机件的复杂程度和内外结构特点，综合考虑、灵活选择其他视图。选择其他视图时，应优先选用基本视图或在基本视图上作剖视图，并尽量按投影关系配置各视图。

该支架中，若将箭头 1 所指方向作为主视图的投射方向，将箭头 2 所指方向作为右视图的投射方向，为避免凸耳 *C* 在右视图中变形，可在主视图中沿 *A*，*B* 两轴孔轴线所在的平面剖开支架，得到 *A—A* 剖视图，而凸耳 *C* 的真实形状可作 *C* 向斜视图予以反映。同时，*C* 向斜视图上也反映了两个阶梯孔 *E* 的孔间距。

为了表达阶梯孔 *E* 的内部结构，可通过两个阶梯孔 *E* 的轴线所在平面作剖视图，得到 *D—D* 剖视图。此外，再作一移出断面图表达“工”字形肋板的截面形状即可，如图 5-41 所示。

> 绘制机械图样时，应考虑看图方便。因此，选择简单合理的表达方法非常重要。同一机件可以有多种表达方法，各种表达方法又各有优缺点，因此在选择表示方法时，应细心琢磨，在保证图样完整、清晰的原则下，灵活运用各种表示方法。

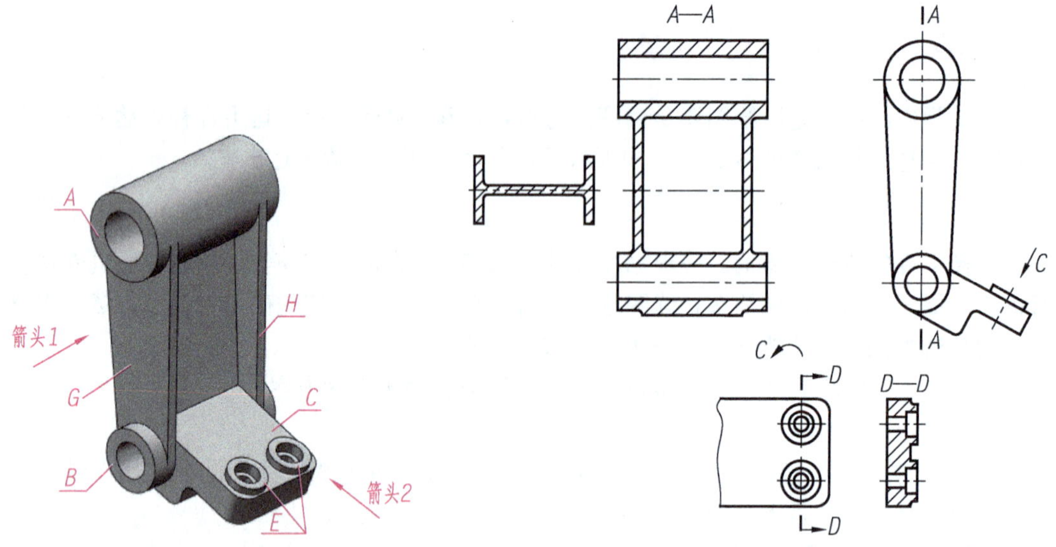

图 5-40 支架立体图

图 5-41 支架的表达方案

2. 根据机件的表达方案，想象其结构形状

在看机械图样时，不仅要弄清楚各视图的表达方法及视图与视图之间的关系，还要想象出该机件的空间结构形状。看图样时，对于图样上的剖视图和断面图，要先看清楚是哪种剖视或断面，然后分析剖切平面的位置、投射方向、各视图的表达意图以及它们之间的关系，从而想象出机件的整体形状。

【例 5-4】如图 5-42 所示，分析四通管的表达方案，说明该机件各个视图所采用的表达方法并想象出该机件的空间结构。

视图分析：

（1）概括了解。首先浏览全图，查看视图、剖视图、断面图等的数量、投射方向及图形位置，以便对机件的复杂程度有一个初步了解。

图 5-42 所示的投影图选用了全剖的主视图 *B*—*B* 和俯视图 *A*—*A*、剖视图 *C*—*C* 和 *E*—*E*、局部视图 *D* 共五个视图。

（2）分析各视图的特点及表达意图。根据各视图的名称，在相应视图上找出剖切符号、剖切位置和投射方向。

① 主视图 *B*—*B* 是用两个相交平面剖切，由前向后投射得到的全剖视图，主要表达机件的内腔形状。

② 俯视图 *A*—*A* 是用两个平行的平面剖切，由上向下投射得到的全剖视图，主要表达左右两处凸缘部分的形状及安装孔的分布情况。

③ 剖视图 *C*—*C* 是用单一平面剖切，由右向左投射得到的局部剖视图，主要表达左侧凸缘部分的截面形状。

④ 视图 *D* 是自上向下投射所得到的局部视图，主要表达顶部方形凸缘结构。

⑤ 剖视图 *E*—*E* 是用单一斜剖切平面剖切所得到的全剖视图，主要表达右侧凸缘部分的形状及安装孔。

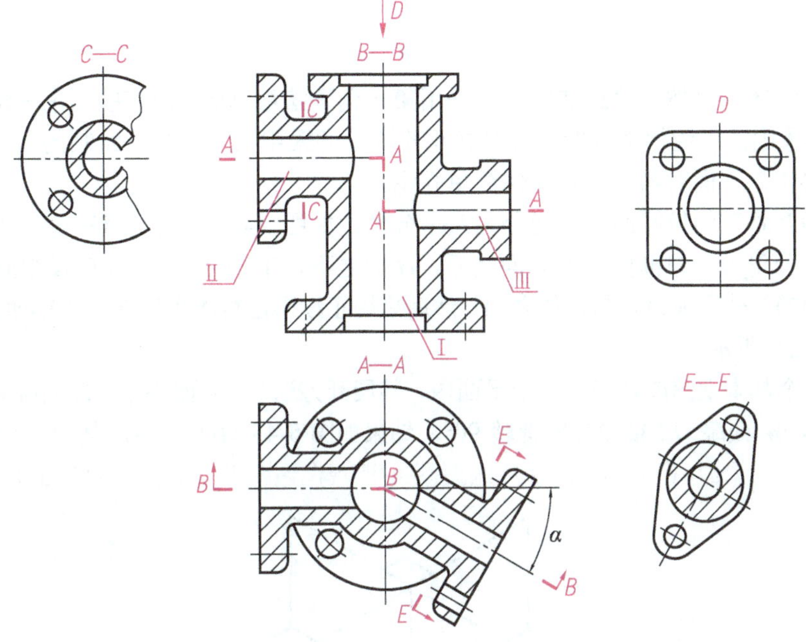

图 5-42　机件的投影图

（3）深入分析，想象整体形状。读剖视图的基本方法也是形体分析法，即分部分，想形状，想整体。

从主视图、俯视图的投影关系确定线框Ⅰ是带凹坑的圆筒，其下端有带四个小圆孔的圆盘形凸缘；从 D 局部视图可确定线框Ⅰ的上端是带有四个小圆孔的方形凸缘；线框Ⅱ，Ⅲ表示不在同一高度的两个圆孔，而且两孔的轴线成 α 角；从 $C—C$ 剖视图可进一步确定线框Ⅱ为带小圆孔的圆盘形凸缘；从 $E—E$ 剖视图可确定线框Ⅲ为带两个小孔的菱形凸缘。

通过上述分析，可综合想象出该机件的形状，如图 5-43 所示。

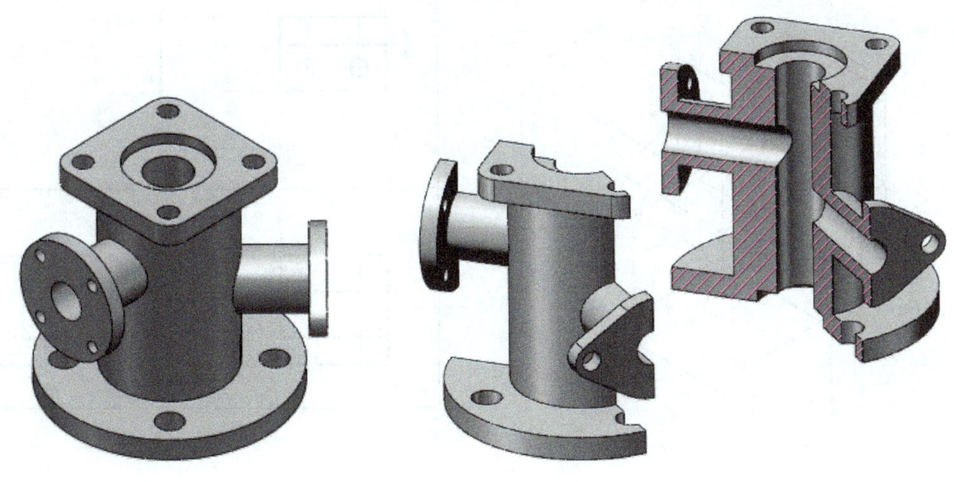

图 5-43　机件的立体图

5.6 第三角画法

我国工程图样是按正投影法并优先采用第一角画法绘制的，但有些国家和地区，如美国、日本和我国的台湾等地区的图样是按正投影法并采用第三角画法绘制的。为了便于技术交流和协作，下面对第三角画法作简单介绍。

三个相互垂直的投影面将空间分为八个分角，如图 5-44 所示。第三角画法是指将机件置于第三分角内（即机件位于 *V* 面之后，*H* 面之下，*W* 面之左），并使投影面（假定投影面是透明的）处于观察者和物体之间，然后采用正投影法得到机件在各投影面上的投影，如图 5-45（a）所示。

要将三个基本视图展开在同一个平面内，其展开方法是：*V* 面不动，*H* 面绕 *OX* 轴顺时针旋转 90°，*W* 面绕 *OZ* 轴顺时针旋转 90°，结果如图 5-45（b）所示。其中，在 *V* 面上得到的视图称为主视图，在 *H* 面上得到的视图称为俯视图，在 *W* 面上得到的视图称为右视图。

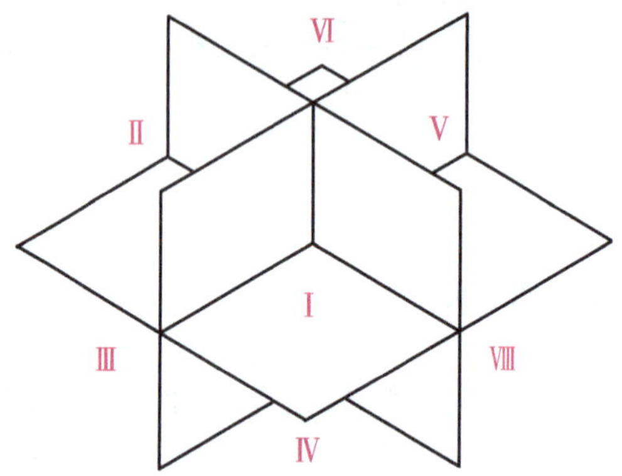

图 5-44 空间八个分角的划分

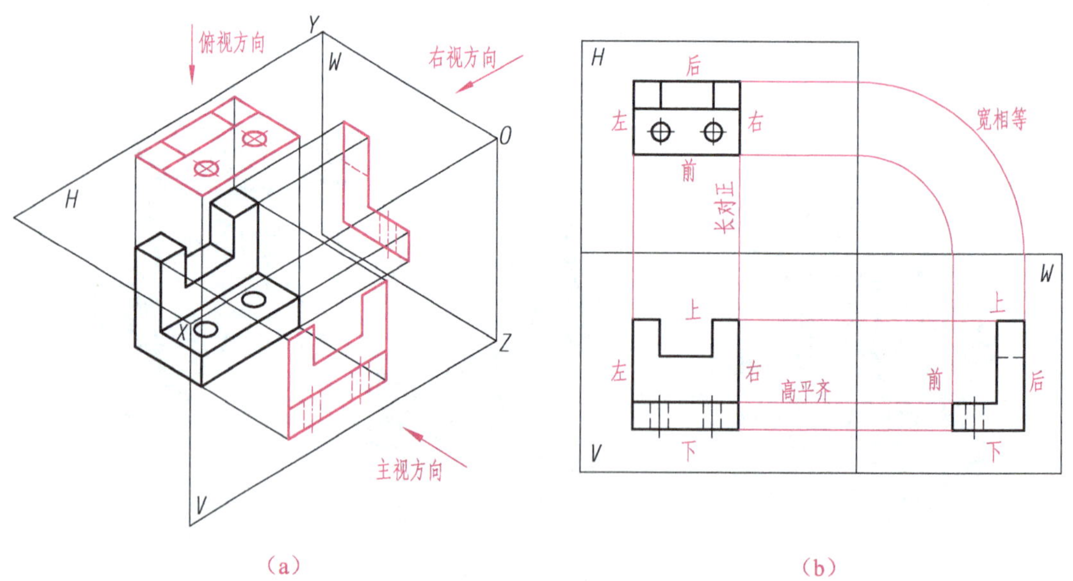

图 5-45 三投影面体系及第三角视图

5.6.1 第一角画法和第三角画法的比较

第一角画法和第三角画法的投影面展开方式及视图配置如图 5-46 所示。仔细比较可以看出，六个基本视图及其名称都相同，相应视图之间仍保持“长对正、高平齐、宽相等”的投影关系。以下介绍它们的区别。

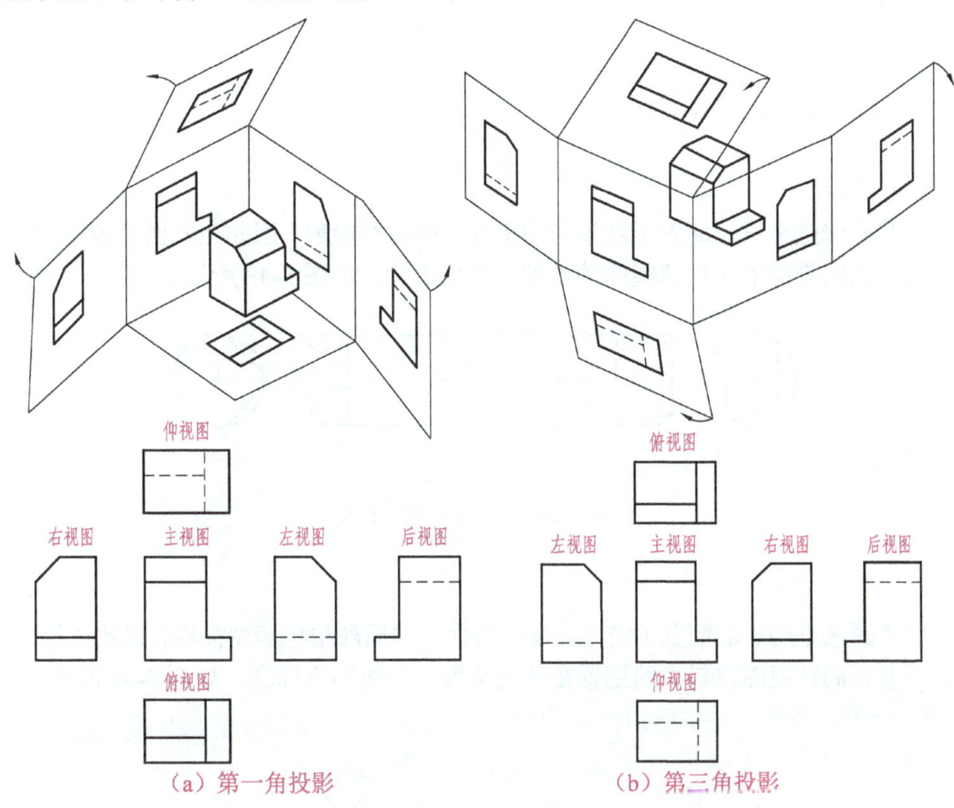

图 5-46 第一角画法和第三角画法的区别

1. 视图的配置关系

由于两种画法投影面的展开方向不同，所以视图的配置关系也不同。除主、后视图外，其他视图的配置一一对应相反，即上、下对调，左、右互换。

2. 视图的方位关系

由于视图的配置关系不同，所以第三角画法的俯、仰、左、右视图靠近主视图的一侧均表示机件的前面，远离主视图的一侧均表示机件的后面。这与第一角画法的“外前里后”正好相反。

3. 投影识别符号

采用第三角画法时，必须在标题栏的“图样代号”一栏中注写出第三角画法的投影识别符号。如采用第一角画法时，一般不需要画投影识别符号。第一角画法和第三角画法的投影识别符号如图 5-47 所示。

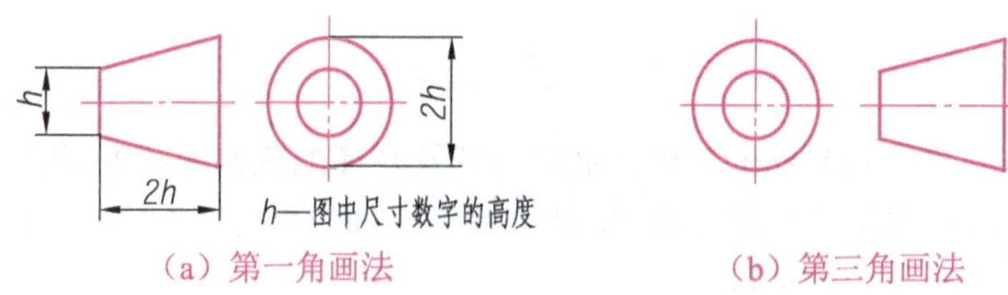

（a）第一角画法　　（b）第三角画法

图 5-47　投影识别符号

5.6.2　第三角画法的特点

1. 便于读图

第三角画法是将投影面置于观察者与机件之间进行投射，因此在六面视图中，除后视图外，其他视图都配置在相邻视图的近侧，方便识读，如图 5-48 所示。

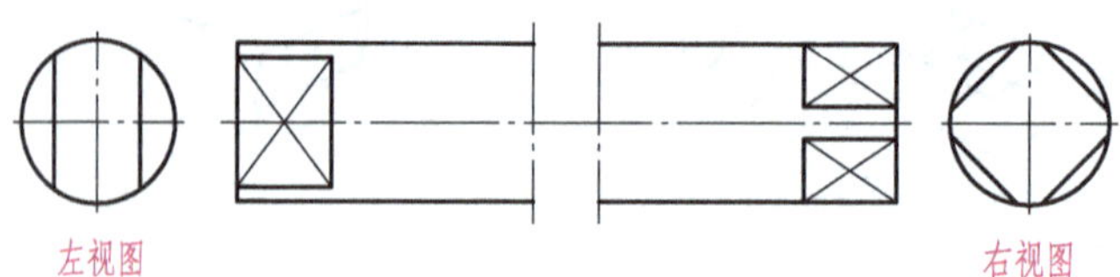

图 5-48　第三角画法视图位置配置

2. 便于表达

第三角画法采用近侧配置的特点，表达机件上的局部结构清楚简明。因此在第三角画法中，只要将局部视图或斜视图配置在适当位置，一般不再标注，如图 5-49 所示。

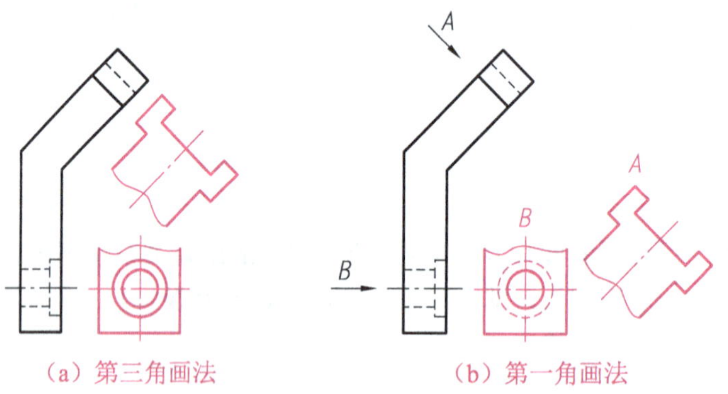

（a）第三角画法　　（b）第一角画法

图 5-49　第三角画法与第一角画法的比较

3. 剖面图画法

在第三角画法中，剖视图和断面图统称为“剖面图”，并分为全剖面图、半剖面图、破裂剖面图、旋转剖面图和阶梯剖面图。

剖面图的标注与第一角画法也不同，剖切线用粗双点画线表示，并以箭头指明投射方向，如图 5-50 所示，剖面图的名称写在剖面图的下方。

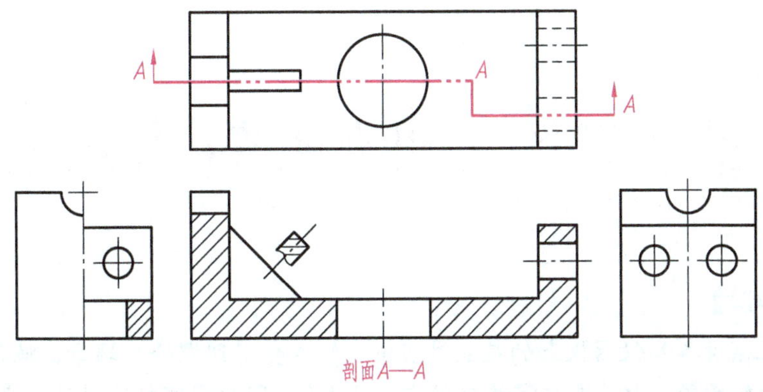

图 5-50　第三角画法的剖面图

第 6 章 常用零件的特殊表示法

【本章导读】

在机械设备和仪器仪表的装配过程中，经常会用到螺栓、螺母、螺钉、键、销和滚动轴承等，由于这些零件应用广、用量大，因此国家标准对这些零件的结构和尺寸作了统一规定，并称这些零件为标准件。此外，国家标准还对一些零件的部分尺寸和参数实行了标准化，并称这些零件为常用件，如齿轮、弹簧等。

【技能目标】

◈ 了解螺纹的形成和种类，掌握单个螺纹及螺纹连接的画法、标记和标注。

◈ 熟悉常用螺纹紧固件的种类、标记及连接画法。

◈ 了解直齿圆柱齿轮和直齿圆锥齿轮各部分名称、参数及尺寸关系，能够根据直齿圆柱齿轮各部分参数及尺寸关系绘制出其零件图。

◈ 熟悉键、销的标记及键连接和销连接的规定画法，掌握根据轴的直径及相关要求，查阅键槽尺寸的方法。

◈ 了解常用滚动轴承的类型、代号及其规定画法和简化画法。

◈ 掌握圆柱螺旋压缩弹簧各部分名称、尺寸关系及规定画法。

6.1 螺 纹

螺纹是螺栓、螺钉、螺母等零件上的主要结构，是机器设备中零件之间连接的重要方式之一，它既起连接作用，也起传递动力的作用，用于功耗要求不很严格的传动场合。螺纹有外螺纹和内螺纹两种，成对使用。在圆柱或圆锥外表面上形成的螺纹称为外螺纹，如图 6-1（a）所示；在其内孔表面上形成的螺纹称为内螺纹，如图 6-1（b）所示。

6.1.1 螺纹的基础知识

1. 螺纹的加工方法

当一动点绕圆柱轴线作等速回转运动，同时又沿其轴向作等速直线运动时，该动点的轨迹称为螺旋线。一个平面图形（如三角形、梯形等）沿着圆柱或圆锥表面上的螺旋线运动所形成的具有规定形状的连续凸起和沟槽称为螺纹。螺纹的加工方法很多，一般利用机床（如车床、滚丝机等）进行机械加工，也可以使用工具（如板牙、丝锥等）进行手工加工。如图 6-1（a）和（b）所示为在车床上车削外螺纹和内螺纹。若要对直径较小的孔加工螺纹，需先用顶角约为 120°的钻头钻底孔，然后用丝锥攻制内螺纹，如图 6-1（c）所示。

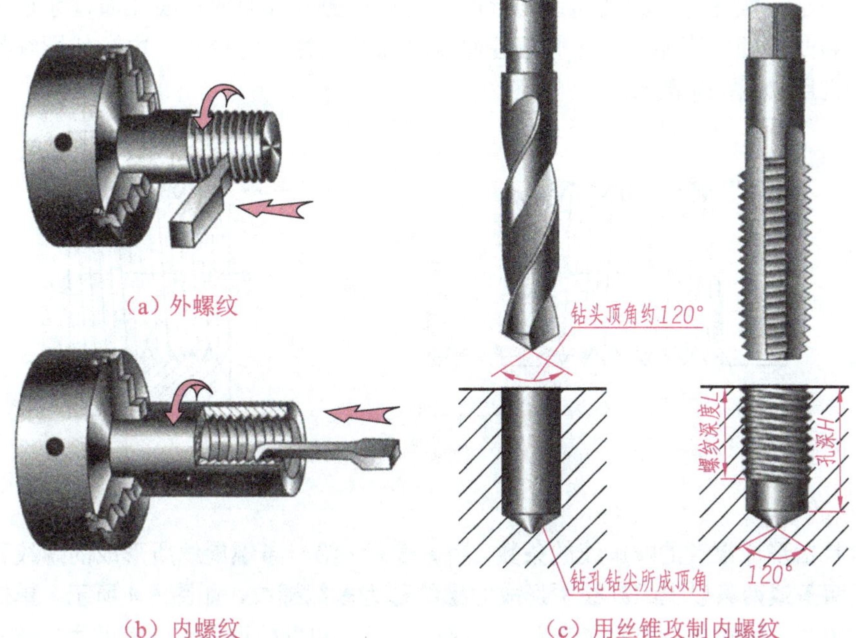

（a）外螺纹

（b）内螺纹

（c）用丝锥攻制内螺纹

图 6-1　螺纹的加工方法

2. 螺纹的基本要素

螺纹的基本要素有五个，即牙型、直径、螺距（或导程）、线数和旋向。只有这五要素完全相同的内、外螺纹，才能成对配合使用。

1）牙型

牙型是指螺纹轴线剖面上的螺纹轮廓形状。常见的牙型有三角形、梯形和锯齿形等，如图 6-2 所示。常用普通螺纹的牙型为三角形，牙型角为 60°。

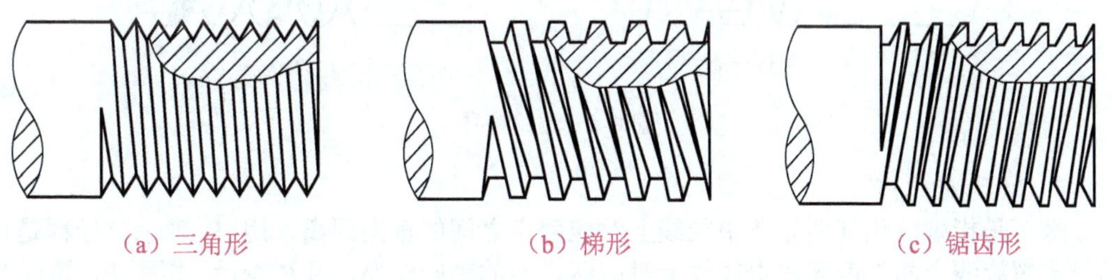

（a）三角形　　（b）梯形　　（c）锯齿形

图 6-2　螺纹的牙型

2）直径

螺纹的直径有大径、小径和中径之分，如图 6-3 所示。

- **大径**：是指与外螺纹牙顶或内螺纹牙底相切的假想圆柱或圆锥的直径，内、外螺纹的大径分别用 D 和 d 表示。除管螺纹外，通常所说的公称直径均指螺纹大径。
- **小径**：是指与外螺纹牙底或内螺纹牙顶相切的假想圆柱或圆锥的直径，内、外螺纹的小径分别用 D_1 和 d_1 表示。

➢ **中径**：假想有一圆柱面或圆锥面，且该柱面或锥面的素线在通过牙型上的沟槽和凸起处宽度相等，该假想柱面或锥面的直径称为中径，内、外螺纹的中径分别用 D_2 和 d_2 表示。

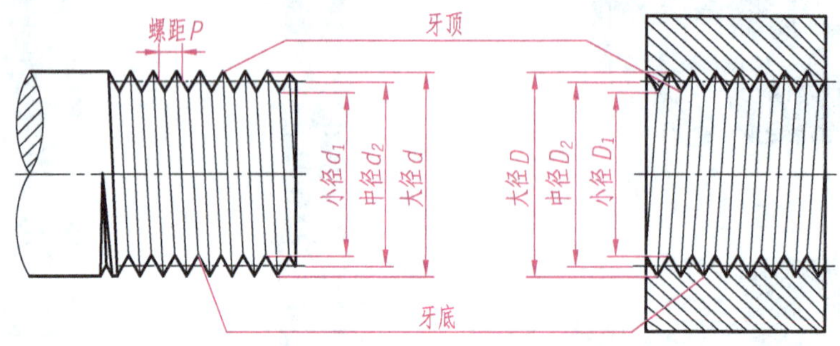

图 6-3 螺纹各部分名称

3）线数 n

线数是指形成螺纹的螺旋线的条数，用 n 表示。沿一条螺旋线所形成的螺纹称为单线螺纹，沿两条或两条以上螺旋线所形成的螺纹称为多线螺纹，如图 6-4 所示。单线螺纹用于螺纹的锁紧，如固定吊扇的螺钉螺母、煤气瓶接头和机械设备零件间的固定连接等；而多线螺纹多用于传递动力和运动，如用于抬高车辆便于维修的千斤顶、用于夹紧工件进行钳工加工的台虎钳和用于加工螺纹的车床螺杆等。

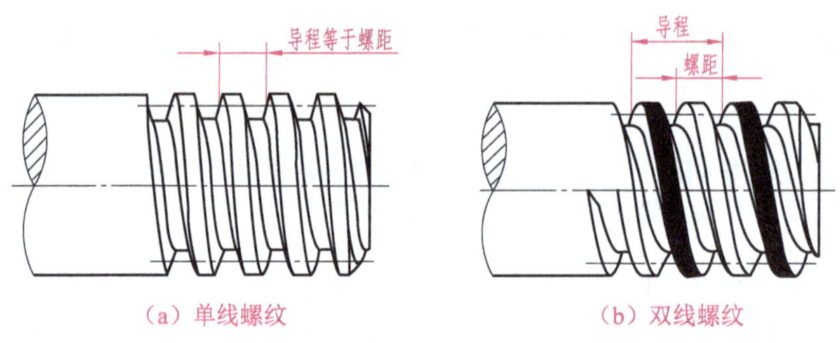

（a）单线螺纹　（b）双线螺纹

图 6-4 螺纹线数

4）螺距 P 和导程 P_h

螺距是指螺纹相邻两牙在中径线上对应两点之间的轴向距离，用 P 表示；导程是指同一条螺旋线上相邻两牙在中径线上对应两点间的轴向距离，用 P_h 表示。螺距 P、导程 P_h 和线数 n 的关系如下：

单线螺纹：　$P_h = P$

多线螺纹：　$P_h = nP$

5）旋向

螺纹有左旋和右旋两种，如图 6-5 所示。顺时针旋进的螺纹为右旋螺纹，其螺纹线的特征是左低右高，右旋螺纹记为 RH；逆时针旋进的螺纹为左旋螺纹，其螺纹线的特征是左高右低，左旋螺纹记为 LH。工程上常用右旋螺纹。

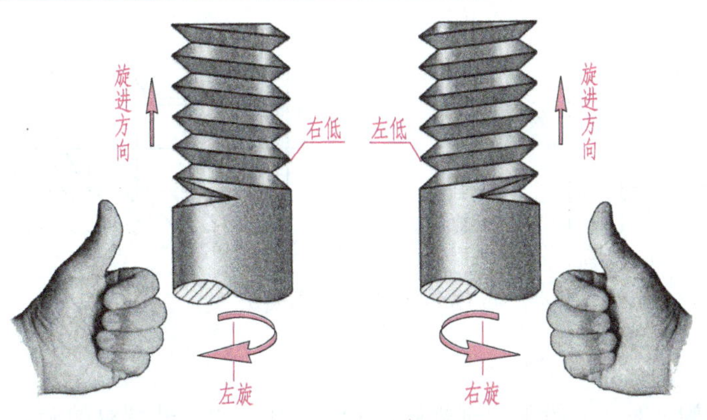

图 6-5 螺纹的旋向

6.1.2 螺纹的规定画法

由于螺纹的真实投影比较复杂，为了简化作图，《机械制图 螺纹及螺纹紧固件表示法》（GB/T 4459.1—1995）对螺纹的画法作了统一规定，且不论螺纹的牙型如何，其画法均相同。

1. 外螺纹的规定画法

如图 6-6（a）所示，在投影为非圆的视图中，螺纹大径用粗实线表示，螺纹小径用细实线表示（取小径 $d_1 = 0.85d$ ），并画入倒角内。螺纹终止线用粗实线表示，螺尾部分一般不必画出。但当需要表示螺尾时，可用与轴线成 30°的细实线表示。

在投影为圆的视图中，表示螺纹大径的圆用粗实线画，表示螺纹小径的圆用细实线只画约 3/4 圈，倒角圆省略不画。螺纹局部剖视图的画法如图 6-6（b）所示。

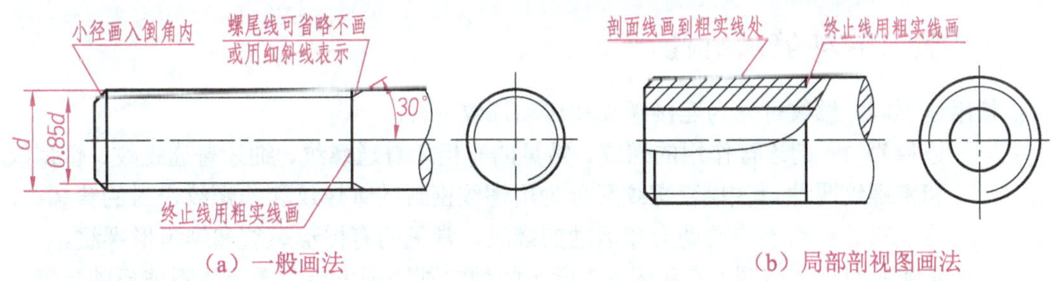

（a）一般画法　　（b）局部剖视图画法

图 6-6 外螺纹的画法

2. 内螺纹的规定画法

内螺纹通常用剖视图表示。在非圆视图中，螺纹大径用细实线画出，小径用粗实线画出，螺纹终止线用粗实线画出，剖面线画到粗实线处。在投影为圆的视图中，螺纹大径用细实线画约 3/4 圆弧，小径用粗实线圆表示，倒角圆省略不画，如图 6-7（a）所示。

当螺纹孔为盲孔（非通孔）时，应将钻孔深度和螺孔深度分别画出，且终止线到孔末端的距离按 0.5 倍大径绘制，钻孔时在末端形成的锥角按 120°绘制，如图 6-7（b）所示。当内螺纹为不可见时，螺纹的所有图线均用细虚线绘制。

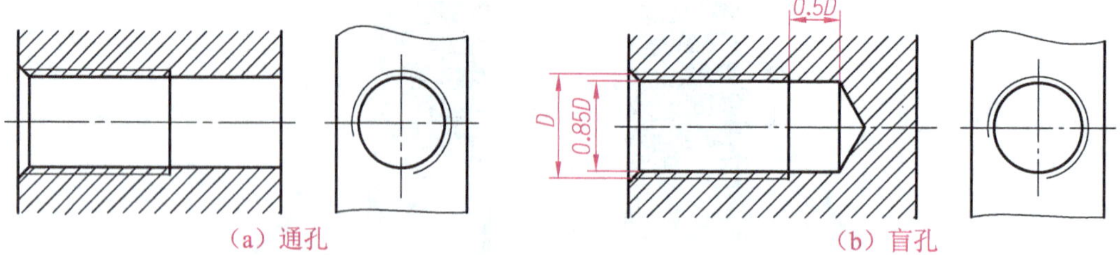

图 6-7 内螺纹的画法

3. 内、外螺纹的旋合画法

内、外螺纹旋合时，一般采用剖视图表示。其中，内、外螺纹的旋合部分按外螺纹的规定画法绘制，其余不重合部分按各自的规定画法绘制，如图 6-8 所示。

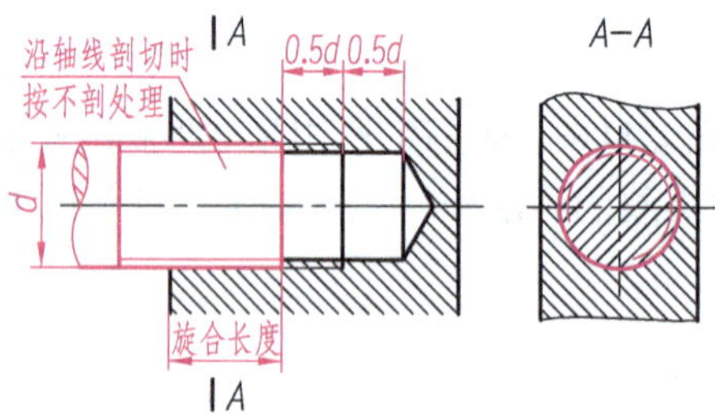

图 6-8 内、外螺纹的旋合画法

（1）在剖切平面通过螺纹轴线的剖视图中，实心螺杆按不剖绘制；

（2）表示内、外螺纹大径的细实线和粗实线，以及表示内、外螺纹小径的粗实线和细实线均应分别对齐。

6.1.3 螺纹的种类及标注

按用途不同，螺纹可分为连接螺纹和传动螺纹两种。

- 连接螺纹：起连接作用的螺纹，常见的有粗牙普通螺纹、细牙普通螺纹、管螺纹和锥螺纹四种。其中，管螺纹又分为用螺纹密封的管螺纹和非螺纹密封的管螺纹。
- 传动螺纹：用于传递动力和运动的螺纹，常见的有梯形螺纹和锯齿形螺纹。

无论是哪种螺纹，按图 6-6 和图 6-7 所示的规定画法画出后，图上均不能反映牙型、螺距、线数和旋向等。为此，需按规定的格式进行标注，以清楚表达螺纹的种类及要素。

1. 普通螺纹的标记规定

普通螺纹的应用最为广泛，其标记由螺纹特征代号、尺寸代号、公差带代号、旋合长度代号、旋向代号组成。其中，公差带代号是用来说明螺纹加工精度的。完整的螺纹标记格式和内容如下：

（1）单线螺纹的尺寸代号为“公称直径×螺距”。普通螺纹的螺距有粗牙和细牙两种，粗牙螺纹不标注螺距，细牙螺纹必须注出螺距。多线螺纹的尺寸代号为“公称直径×Ph 导程 P 螺距”。公称直径、导程、螺距的单位均为 mm。

（2）螺纹公差带代号包括中径和顶径公差带代号，如 5g6g，前者表示中径公差带代号，后者表示顶径公差带代号。如果中径与顶径公差带代号相同，则只标注一个代号。最常用的中等公差精度的普通螺纹（公称直径⩽1.4 mm 的 5H，6h 和公称直径⩾1.6 mm 的 6H，6g），可不标注公差带代号。公差带代号大写字母为内螺纹，小写字母为外螺纹。有关公差带的内容，将在第 7 章中叙述。

（3）普通螺纹的旋合长度规定为短（S）、中（N）、长（L）三组，中等旋合长度（N）不必标注。

（4）左旋螺纹要注写 LH，右旋螺纹不注。

【例 6-1】解释螺纹标记 M20×1.5－5g6g－S－LH 中各符号代表的含义。

解释：

M 为普通螺纹特征代号；公称直径为 20 mm，细牙，螺距为 1.5 mm；中径公差带代号为 5g，顶径公差带代号为 6g；短旋合长度，左旋。

【例 6-2】解释螺纹标记 M10－6g－L 中各符号代表的含义。

解释：

M 为普通螺纹特征代号；公称直径为 10 mm，粗牙；中径公差带和顶径公差带代号均为 6g；长旋合长度，右旋。

【例 6-3】解释螺纹标记 M16×Ph3P1.5－5g6g－L－LH 中各符号代表的含义。

解释：

M 为普通螺纹特征代号；公称直径为 16 mm，导程为 3 mm，螺距为 1.5 mm；中径公差带代号为 5g，顶径公差带代号为 6g；长旋合长度，左旋。

2. 常用螺纹的种类和标注示例

各种螺纹的标记如表 6-1 所示。其中，当梯形螺纹和锯齿形螺纹为多线螺纹时，螺距应注在括号内，并冠以字母 P，且该括号应注写在导程之后。

表 6-1　常用螺纹的种类和标注示例

<table>
<tr><th colspan="2">螺纹种类</th><th colspan="2">特征代号</th><th>标记示例</th><th>说　明</th><th>用　途</th></tr>
<tr><td rowspan="2">连接螺纹</td><td rowspan="2">普通螺纹</td><td rowspan="2">M</td><td>粗牙</td><td>M20−6g</td><td>粗牙普通螺纹，公称直径为 20 mm，螺纹中、大径公差带代号均为 6g，中等旋合长度，右旋</td><td rowspan="2">主要用于紧固连接，其牙型角为 60°，螺距分为粗牙和细牙。粗牙螺纹的直径和螺距的比例适中、强度好；细牙螺纹用于薄壁零件和轴向尺寸受限制的场合或用于微调机构</td></tr>
<tr><td>细牙</td><td>M16X1.5−6H−L</td><td>细牙普通螺纹，公称直径为 16 mm，螺距为 1.5 mm，螺纹中、大径公差带代号均为 6H，长旋合长度，右旋</td></tr>
</table>

（续表）

<table>
<tr><th colspan="2">螺纹种类</th><th colspan="2">特征代号</th><th>标记示例</th><th>说 明</th><th>用 途</th></tr>
<tr><td rowspan="2">连接螺纹</td><td rowspan="2">管螺纹</td><td>G</td><td>55°非密封管螺纹</td><td>G1/2A
G1/2</td><td>55°非密封管螺纹外螺纹有A，B 两种公差等级，公差等级代号标注在尺寸代号之后，例如，G1/2A：G 表示 55°非密封管螺纹，1/2 为尺寸代号，尺寸代号无单位，表示管子外径的英寸数，右旋
55°非密封管螺纹内螺纹只有一种公差等级，可省略不标，如 G1/2</td><td rowspan="2">管螺纹主要用于管道的连接，使内外螺纹的配合紧密，有直管螺纹和锥管螺纹两种。在液压系统、气动系统、润滑附件和仪表等管道连接中，常用管螺纹。管螺纹标注时，要从螺纹的大径引出</td></tr>
<tr><td>Rp
Rc
R_1
R_2</td><td>55°密封管螺纹</td><td>Rc1/2</td><td>55°密封管螺纹圆柱内、外螺纹只有一种公差等级，可省略不标
圆柱内螺纹代号为 Rp，圆锥内螺纹代号为 Rc，R_1 和 R_2 分别表示与圆柱和圆锥配合的圆锥外螺纹代号。例如，Rc1/2：Rc 表示 55°密封圆锥内螺纹，尺寸代号为 1/2，右旋</td></tr>
<tr><td rowspan="2">传动螺纹</td><td>梯形螺纹</td><td colspan="2">Tr</td><td>Tr40×Ph14P7-8H-L-LH</td><td>双线梯形螺纹，公称直径为 40 mm，导程为 14 mm，螺距为 7 mm，中径公差带代号为 8H，长旋合长度，左旋</td><td>梯形螺纹是最常用的传动螺纹，用来传递双向动力，如机床的丝杠等</td></tr>
<tr><td>锯齿形螺纹</td><td colspan="2">B</td><td>B32×6-7e</td><td>锯齿形螺纹，公称直径为 32 mm，单线螺纹，螺距为 6 mm，中径公差带代号为 7e，中等旋合长度，右旋</td><td>锯齿形螺纹只适用于承受单方向的轴向载荷，如千斤顶中的螺杆等</td></tr>
</table>

6.2 常用螺纹紧固件

螺纹紧固件是指利用内、外螺纹的旋合作用来连接和紧固一些零部件的零件。螺纹紧固件的种类很多，常用的有螺栓、螺柱、螺钉、螺母和垫圈等，如图 6-9 所示。

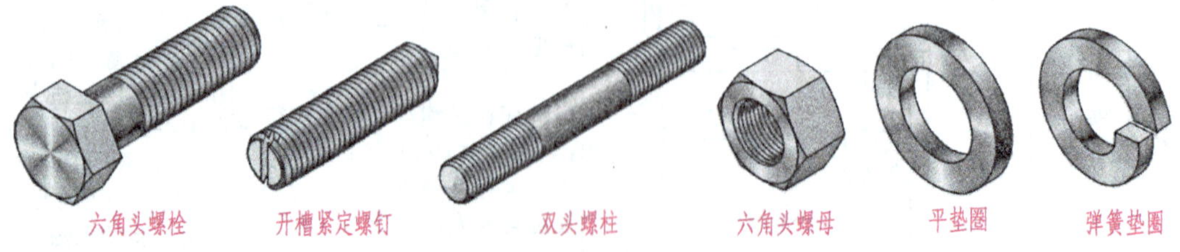

图 6-9 常见螺纹紧固件

6.2.1　螺纹紧固件的规定标记

螺纹紧固件的结构和尺寸已标准化，属于标准件，一般由专门的工厂生产。各种标准件都有规定标记，使用时，可根据其标记从相应的国家标准中查出它们的结构形式、尺寸及技术要求等。常见螺纹紧固件的标记示例如表 6-2 所示。

表 6-2　常见螺纹紧固件的标记示例

种类及标准号	图例及尺寸	标 记 示 例
六角头螺栓 GB/T 5782—2016	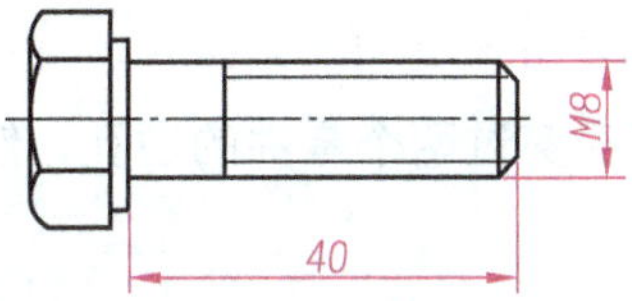 M8 40	螺栓 GB/T 5782 M8×40 表示六角头螺栓的规格为 M8，公称长度 40 mm
双头螺柱 GB/T 897，898，899，900—1988	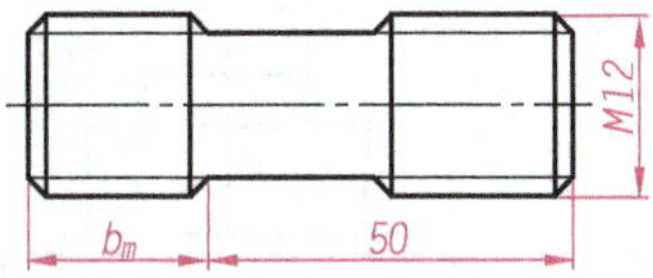 M12 b_m　50	螺柱 GB/T 898 M12×50 表示两端均为粗牙普通螺纹的双头螺柱，规格为 M12，公称长度 50 mm
开槽沉头螺钉 GB/T 68—2016	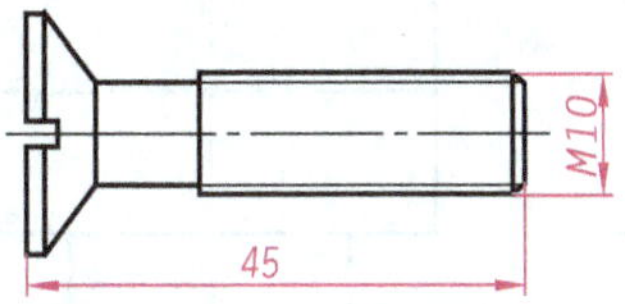 M10 45	螺钉 GB/T 68 M10×45 表示开槽沉头螺钉的螺纹规格为 M10，公称长度 45 mm
Ⅰ型六角螺母 GB/T 6170—2015	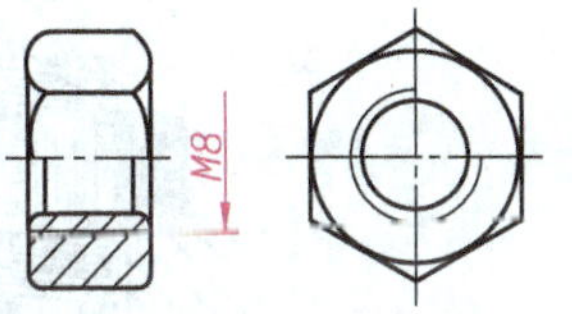 M8	螺母 GB/T 6170 M8 表示 A 级Ⅰ型六角螺母的螺纹规格为 M8
平垫圈 GB/T 97.1—2002	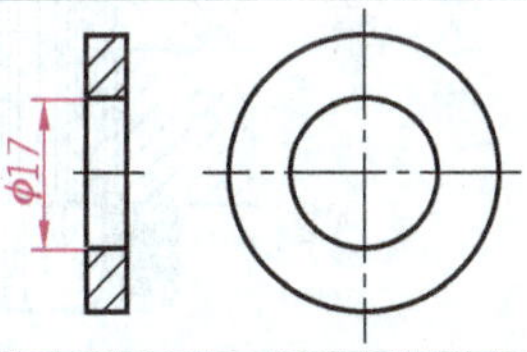 $\phi17$	垫圈 GB/T 97.1 16 表示公称规格为 16 mm（可从标准中查得垫圈孔径为$\phi17$）的标准 A 级平垫圈
标准型弹簧垫圈 GB/T 93—1987	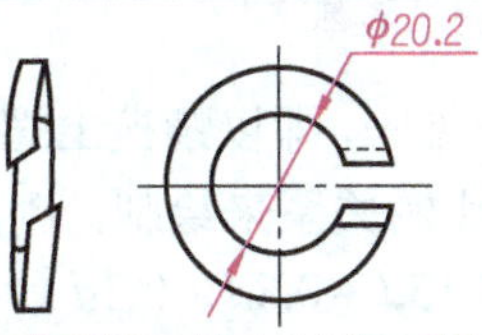 $\phi20.2$	垫圈 GB/T 93 20 表示公称规格为 20 mm 的标准弹簧垫（可从标准中查得垫圈孔径为$\phi20.2$）

6.2.2　螺纹紧固件连接的画法

螺纹紧固件的连接形式有螺栓连接、螺柱连接和螺钉连接三种。无论采用哪种连接，其画法都应遵守下列规定。

（1）两零件的接触表面只画一条线，不接触的相邻两表面，不论其间隙大小均需画成两条线（小间隙可夸大画出）。

（2）相邻零件剖面线的方向相反，或剖面线的方向相同但间距不同；但同一零件的剖面线在所有视图中应同间距同方向。

（3）当剖切平面通过螺纹紧固件的轴线时，螺纹紧固件均按不剖绘制。

（4）各紧固件可采用简化画法，即螺栓、螺母及螺钉头部结构均可简化；螺纹紧固件上的倒角和退刀槽等工艺结构也可省略不画。

1. 螺栓连接

螺栓连接用于连接两个较薄且都能钻出通孔的零件，不经常拆卸的场合。其紧固件有螺栓、螺母和垫圈。连接时，先将螺栓的杆身穿过两个零件的通孔，然后套上垫圈，再拧紧螺母，其装配示意图如图 6-10 所示。

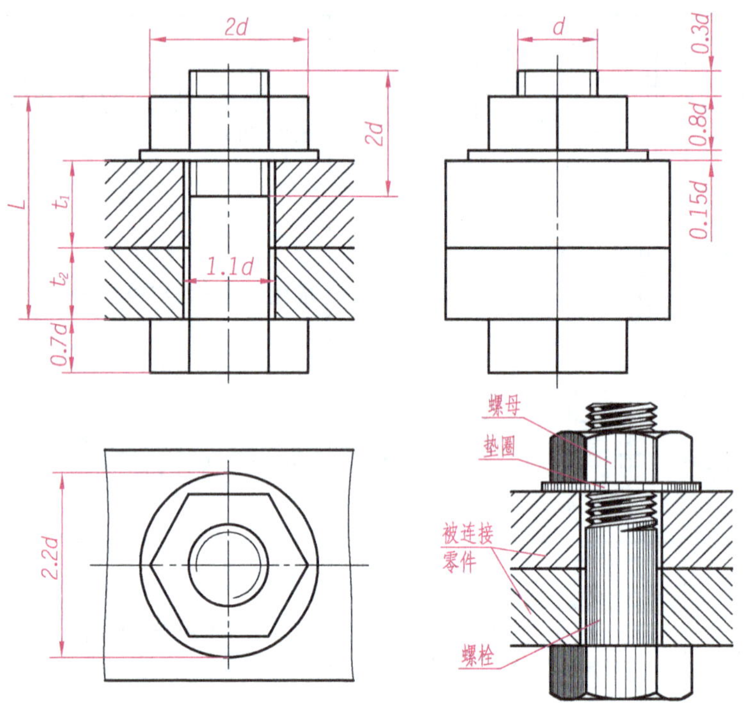

图 6-10 螺栓连接的画法

绘制螺栓连接时，各紧固件提倡采用比例法绘制，即以螺栓上螺纹的公称直径（大径 d）为基准，其余各部分的尺寸按其与公称直径的比例关系来绘制，倒角省略不画，如图 6-10 所示。其中，螺栓的长度 L 应按照 $L=t_1+t_2+0.15d+0.8d+0.3d$ 计算，计算出 L 值后，还需从相应的螺栓标准（参见附表）所规定的长度系列中选择最接近标准的长度值。

（1）被连接零件的孔径须大于螺栓大径（≈1.1d），否则在组装时螺栓装不进通孔；

（2）螺栓的螺纹终止线必须画到垫圈之下（应在被连接两零件接触面的上方），否则螺母可能拧不紧。

2. 双头螺柱连接

双头螺柱的两端都加工有螺纹，其一端和被连接零件旋合（旋入端），另一端和螺母旋合（紧固端），常用于一个较厚且不易加工通孔的零件和另一个较薄可加工出通孔零件的连接，多用于受力较大、较常拆卸的场合。

双头螺柱连接与螺栓连接相同，通常采用比例法绘制，其连接图的画法如图 6-11 所示。画螺柱连接时，应注意以下几点。

（1）因为双头螺柱旋入端的螺纹全部旋入螺孔内，所以旋入端的螺纹终止线应与两被连接件的接触面平齐，以示旋入端已拧紧。

（2）为了确保旋入端全部旋入螺孔内，零件上的螺孔深度应大于旋入端长度。画图时，螺孔的螺纹深度可按 $b_m+0.5d$ 画出；钻底孔时，其深度应略大于螺孔的螺纹深度。孔底应画出钻头留下的 120°圆锥孔。

弹簧垫圈靠弹性及斜口摩擦防止紧固件的松动，绘图时按图 6-11（a）绘制；平垫圈相对弹簧垫圈锁紧功能较差些，绘图时按照 6-11（b）绘制。

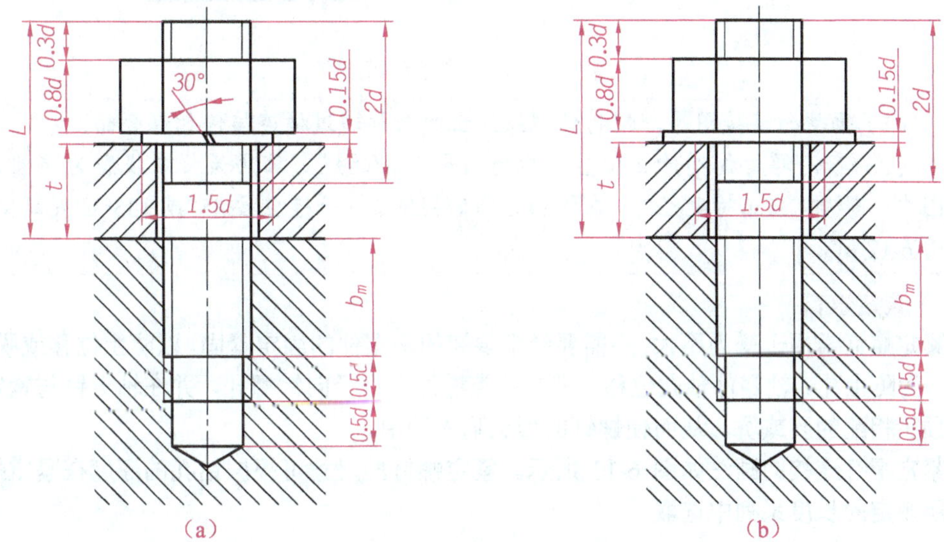

图 6-11　双头螺柱连接的画法

3. 螺钉连接

螺钉的种类较多，按其使用场合和连接原理可分为连接螺钉和紧定螺钉两种。

1）连接螺钉

连接螺钉用于连接一个较薄、一个较厚的两零件，常用于受力不大，不经常拆卸的场合。装配时，将螺钉直接穿过被连接零件上的通孔（光孔）后拧入机件上的螺纹孔中，靠螺钉头部压紧被连接零件。

连接螺钉的种类较多，图 6-12 所示为圆柱头螺钉连接和沉头螺钉连接的比例画法。其中，螺钉的总长度先按 $L=$光孔零件的厚度（t）+ 螺钉旋入长度（b_m）计算，然后从相应的螺钉标准所规定的长度系列中选择最接近标准的长度值。

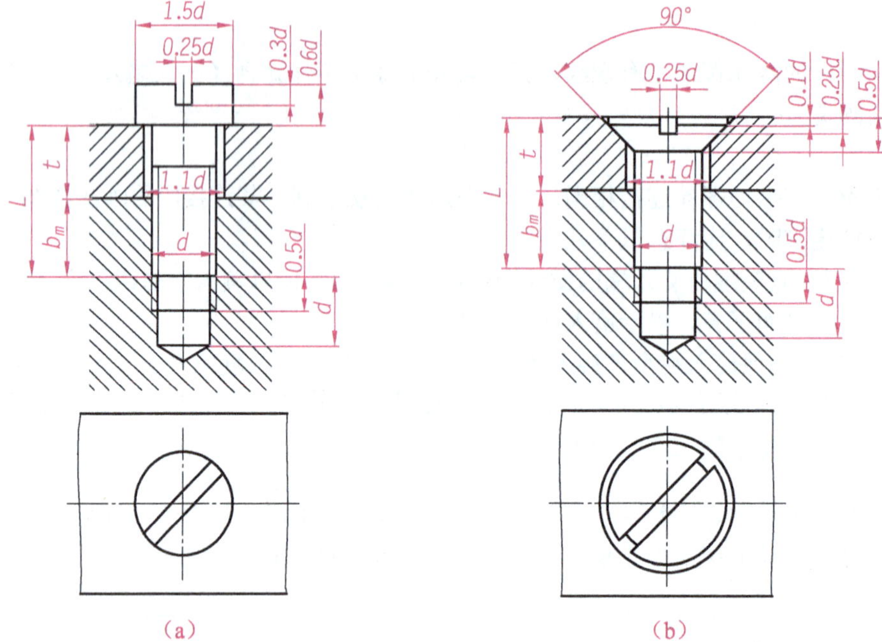

（a）　　（b）

图 6-12　连接螺钉的画法

（1）画螺钉连接图时，螺钉的螺纹终止线必须超过被连接件的结合面。

（2）不论螺钉旋到什么位置，螺钉头部开槽的规定画法为：在投影为非圆的视图中，其槽口应正对观察者；在投影为圆的视图上，开槽应按 45°或 135°位置简化，如图 6-12 所示。

2）紧定螺钉

紧定螺钉常用于受力不大、不需要经常装卸的两零件的固定紧固，以防止位移或脱落。例如，为防止孔、轴零件轴向位移，常在孔类零件上沿径向钻螺孔，并在轴上钻与紧定螺钉的顶头相配的孔或坑，从而使螺钉的顶头陷入轴中。

紧定螺钉连接的画法如图 6-13 所示。紧定螺钉的尺寸可根据钻孔的深度在紧定螺钉标准所规定的长度系列中选取。

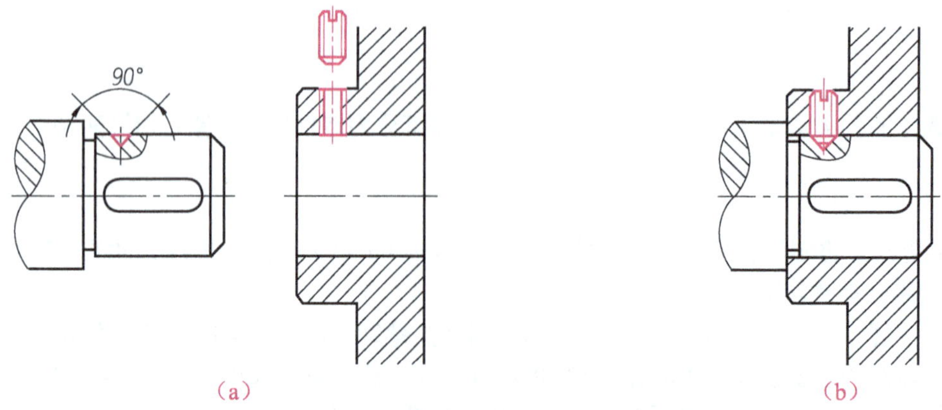

（a）　　（b）

图 6-13　紧定螺钉连接的画法

6.3　齿　轮

齿轮传动在机器中应用相当广泛，它能将一根轴上的动力传递给另一根轴，并能根据要求改变另一轴的转速和旋转方向，常见的齿轮种类有圆柱齿轮、圆锥齿轮和蜗轮蜗杆，如图 6-14 所示。

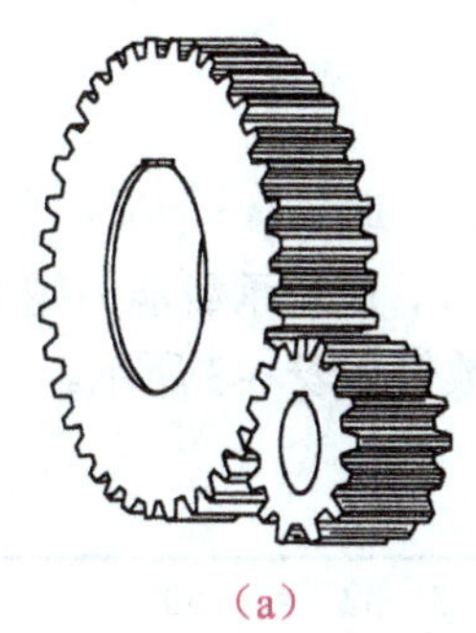
（a）

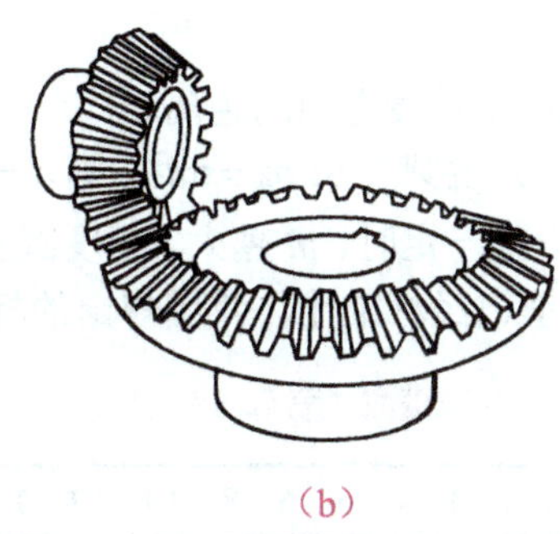
（b）

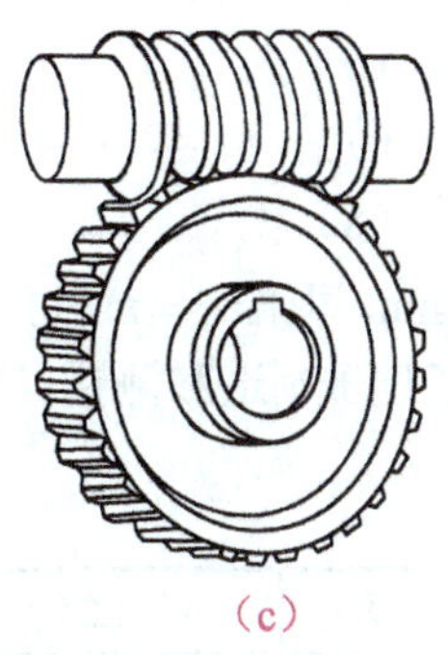
（c）

图 6-14　常见的齿轮传动

其中，圆柱齿轮用于两平行轴间的传动；圆锥齿轮用于两相交轴间的传动；蜗杆蜗轮用于两交叉轴间的传动。

6.3.1　圆柱齿轮

按轮齿方向不同，圆柱齿轮可分为直齿圆柱齿轮、斜齿圆柱齿轮和人字齿圆柱齿轮等，其中，最常用的是直齿圆柱齿轮，如图 6-15 所示。

1. 直齿圆柱齿轮各部分名称及参数

直齿圆柱齿轮各部分的名称及重要参数，如图 6-16 所示。

图 6-15　直齿圆柱齿轮

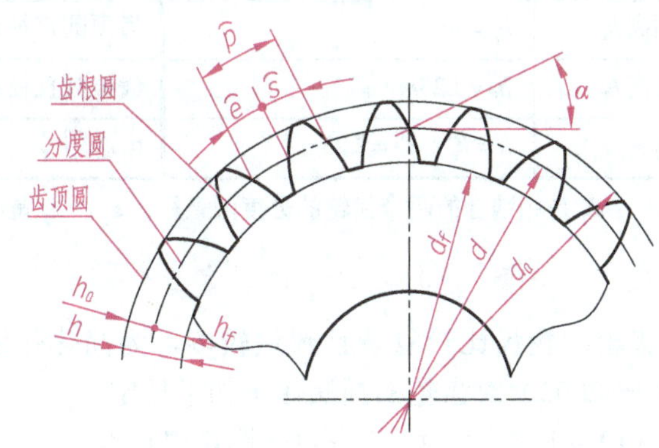

图 6-16　直齿圆柱齿轮各部分名称及其代号

（1）齿数（z）——齿轮上轮齿的个数。

（2）齿顶圆直径（d_a）——通过齿轮各齿顶的圆柱面直径。

（3）齿根圆直径（d_f）——通过齿轮各齿根的圆柱面直径。

（4）分度圆直径（d）——用一个假想圆柱面在垂直于齿向的截面内切割轮齿，使得齿槽宽（e）和齿厚（s）相等，这个假想的圆柱面称为分度圆，其直径称为分度圆直径。

（5）齿高（h）——齿顶圆和齿根圆之间的径向距离。分度圆将轮齿分成两部分，自分度圆到齿顶圆的距离称为齿顶高，用 h_a 表示；自分度圆到齿根圆的距离称为齿根高，用 h_f 表示。齿高为齿顶高和齿根高之和，即 $h = h_a + h_f$。

（6）齿距（p）——分度圆上相邻两齿廓对点之间的弧长。齿距=齿厚+齿槽宽，即 $p = s + e$。

（7）中心距（a）——两齿轮轴线之间的距离。

（8）模数（m）——由于分度圆周长 $pz = \pi d$，则 $d = (p/\pi)z$。定义 $m = p/\pi$，单位为 mm，根据 $d = mz$ 可知，当齿数一定时，m 越大，分度圆直径越大，齿轮承载能力越大。为了便于制造和测量，模数的值已经标准化。我国规定的标准模数值如表 6-3 所示。

表 6-3　标准模数（摘自 GB/T 1357—2008）

第一系列	1　1.25　1.5　2　2.5　3　4　5　6　8　10　12　16　20　25　32　40　50
第二系列	1.75　2.25　2.75　（3.25）　3.5　（3.75）　4.5　（6.5）　7　9　（11）　14　18　22　28　（30）　36　45

注：选用时，应优先选用第一系列，尽量不要选用括号内的模数。

（9）压力角（α）——分度圆上齿轮轮廓曲线的法线（接触点作用力方向）与分度圆切线所夹的锐角。我国规定的标准齿轮的压力角为 20°。

齿轮的齿数 z 和模数 m 确定后，就可按表 6-4 中的公式计算出齿轮各部分的尺寸。

表 6-4　直齿圆柱齿轮各部分的尺寸计算公式

名　称	计算公式	名　称	计算公式
分度圆直径 d	$d = mz$	齿距 p	$p = \pi m$
齿顶高 h_a	$h_a = m$	齿顶圆直径 d_a	$d_a = d + 2h_a = m(z+2)$
齿根高 h_f	$h_f = 1.25m$	齿根圆直径 d_f	$d_f = d - 2h_f = m(z-2.5)$
齿高 h	$h = h_a + h_f = 2.25m$	中心距 a	$a = (d_1 + d_2)/2 = (mz_1 + mz_2)/2$

注：d_1，d_2 是相啮合的两个齿轮的分度圆直径；z_1，z_2 是两个齿轮的齿数。

2. 单个直齿圆柱齿轮的规定画法

齿轮的轮齿比较复杂且数量较多，为简化作图，《机械制图　齿轮表示法》（GB/T 4459.2—2003）对齿轮的画法作出如下规定。

（1）齿轮一般用两个视图（见图 6-17），或用一个视图和一个局部视图表示（见图 6-18）。

（2）齿顶圆和齿顶线用粗实线绘制；分度圆和分度线用细点画线绘制。

（3）齿根圆和齿根线用细实线绘制，也可省略不画（见图 6-17），但在剖视图中，齿根线用粗实线绘制。

（4）剖视图中，当剖切平面通过齿轮的轴线时，轮齿一律按不剖绘制，如图 6-18 所示。

（5）如果轮齿有倒角时，在投影为圆的视图中，倒角圆省略不画。

（6）若为斜齿轮或人字齿轮，可用三条与齿线方向一致的细实线表示齿轮的特征，如图 6-19 所示。

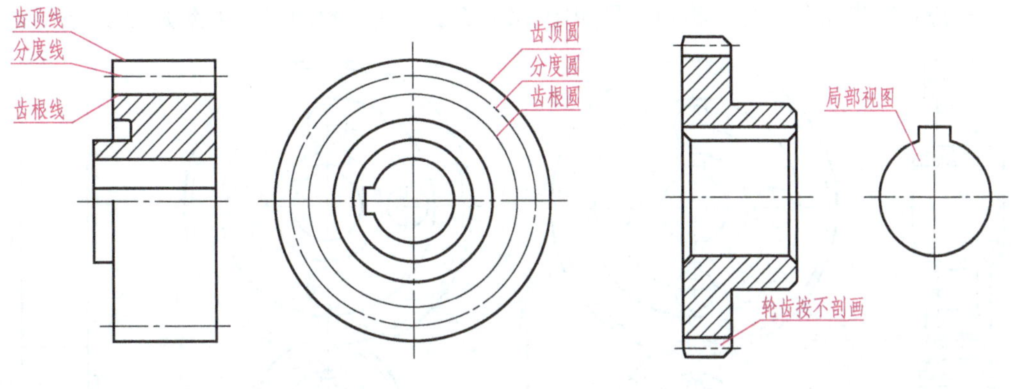

图 6-17　单个圆柱齿轮的画法（一）　　图 6-18　单个圆柱齿轮的画法（二）

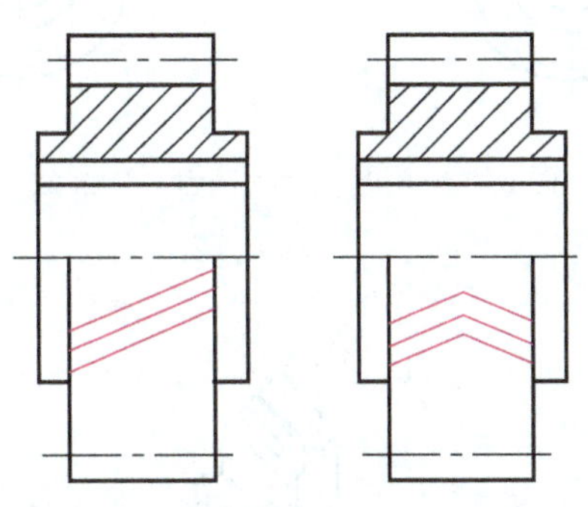

图 6-19　斜齿轮或人字齿轮的画法

3. 两直齿圆柱齿轮啮合的规定画法

两齿轮啮合时，除啮合区外，其余部分的结构均按单个齿轮的画法绘制，绘图时应注意以下几点。

（1）如图 6-20（a）所示，画啮合图时，一般采用两个视图表示。在垂直于圆柱齿轮轴线的视图中，两分度圆相切；啮合区内的齿顶圆用粗实线绘制，或省略不画，如图 6-20（b）所示；齿根线用细实线绘制或省略不画。

（2）在圆柱齿轮啮合的剖视图中，在啮合区域内，将一个齿轮的轮齿用粗实线绘制，另一个齿轮的轮齿被遮挡部分用虚线绘制，或被遮挡部分省略不画，且一个齿轮的齿顶线与另一个齿轮的齿根线之间的间隙为 0.25m（模数），如图 6-20（a）所示。

（3）在平行于圆柱齿轮轴线的外形视图中，两分度线重合，用粗实线绘制；啮合区的齿顶线不需画出，如图 6-20（c）所示。

6.3.2　直齿圆锥齿轮

直齿圆锥齿轮的轮齿是在圆锥面上加工而成的，因此轮齿沿圆锥素线方向一端大、一端小，齿厚、齿槽宽、齿高及模数也随之变化。为了设计和制造方便，通常规定圆锥齿轮以大端的模数为标准模数，用它来计算和决定齿轮其他各部分的尺寸。

1. 直齿圆锥齿轮各部分名称及参数

直齿圆锥齿轮各部分名称和代号如图 6-21 所示，其参数的尺寸关系如表 6-5 所示。

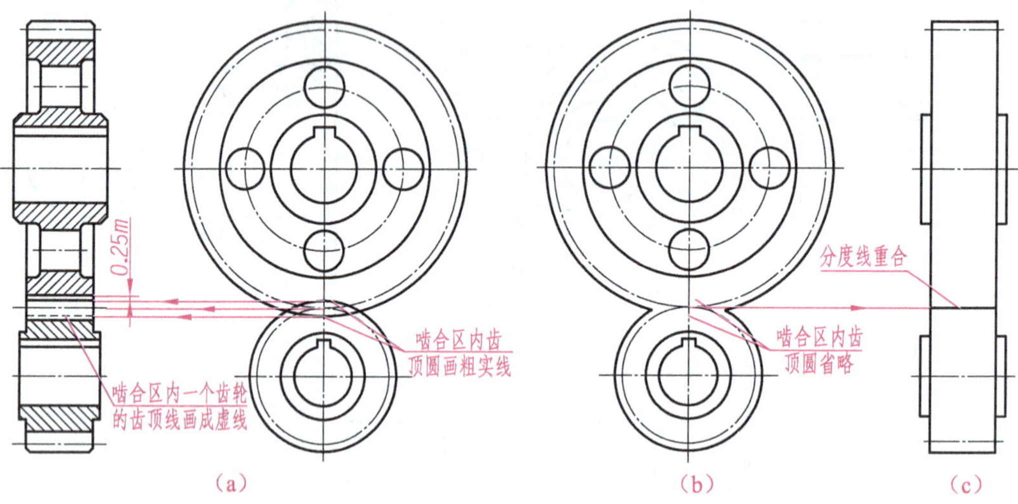

图 6-20 两圆柱齿轮啮合时的画法

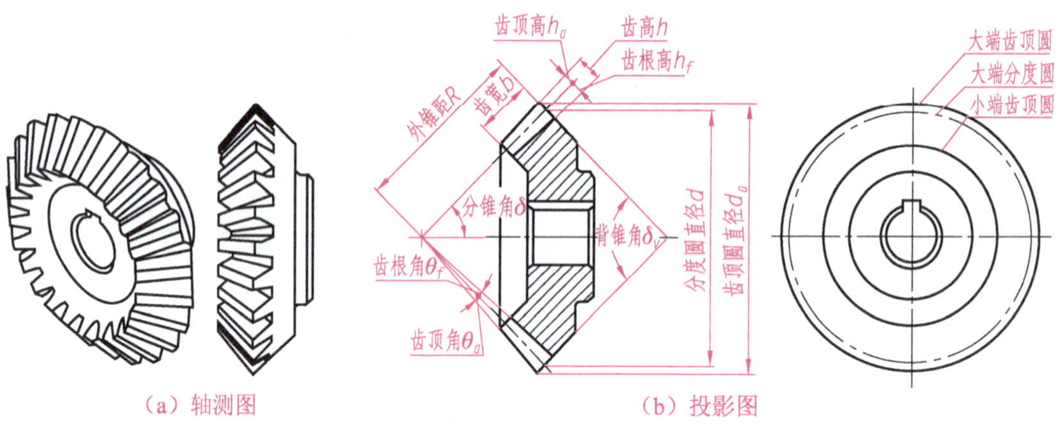

图 6-21 直齿圆锥齿轮各部分名称及代号

表 6-5 直齿圆锥齿轮各部分的尺寸计算公式

名　称	计算公式	名　称	计算公式
分度圆直径 d_e	$d_e = mz$	齿顶高 h_a	$h_a = m$
分锥角 δ：δ_1（小齿轮），δ_2（大齿轮）	$\delta_1 = \arctan(z_1/z_2)$	齿根高 h_f	$h_f = 1.2m$
	$\delta_2 = \arctan(z_2/z_1) = 90° - \delta_1$	齿高 h	$h = h_a + h_f = 2.2m$
齿顶圆直径 d_a	$d_a = m(z + 2\cos\delta)$	齿顶角 θ_a	$\theta_a = \arctan(2\sin\delta/z)$
齿根圆直径 d_f	$d_f = m(z - 2.4\cos\delta)$	齿根角 θ_f	$\theta_f = \arctan(2.4\sin\delta/z)$
背锥距 R	$R = mz/(2\sin\delta)$	齿宽 b	$b \leqslant R/3$

2. 单个圆锥齿轮的规定画法

单个圆锥齿轮的画图步骤如图 6-22 所示，在画图时要注意以下几点。

（1）圆锥齿轮的主视图一般用剖视图来表达，但轮齿按不剖处理。

（2）画圆锥齿轮的左视图时，需用粗实线画出大端和小端的齿顶圆；用点画线画出大端分度圆；无需画出大、小端的齿根圆和小端分度圆；齿轮轮齿部分以外的结构均按真实投影绘制。

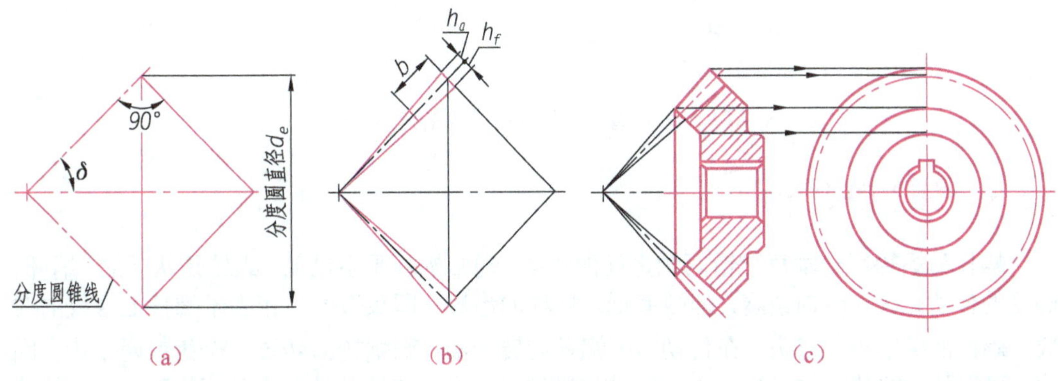

图 6-22　单个圆锥齿轮的规定画法

3. 两直齿圆锥齿轮啮合的规定画法

圆锥齿轮啮合时的画法与圆柱齿轮啮合时的画法基本相同，一般采用主、左视图表示，且主视图画成剖视图。在啮合区域内，应将一个齿轮的齿顶线画成粗实线，而将另一个齿轮的齿顶线画成虚线或省略不画，如图 6-23（d）所示的主视图中，一个齿轮的齿顶线为虚线。此外，两圆锥齿轮啮合时，其分度线应相切，具体画法如图 6-23 所示。

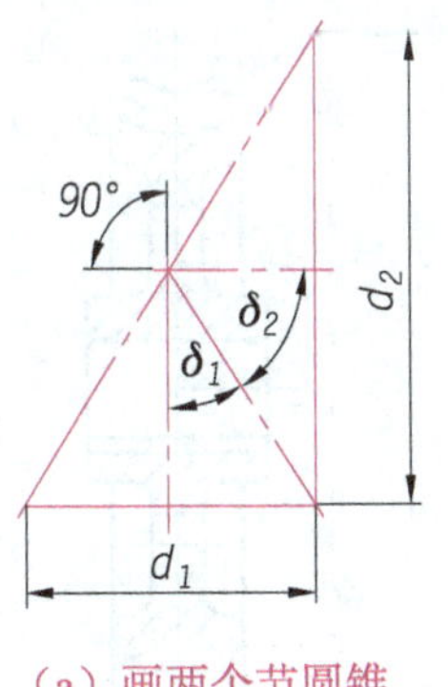

（a）画两个节圆锥

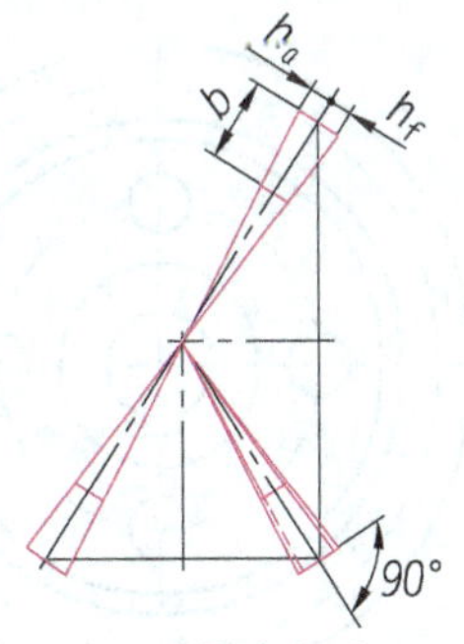

（b）画轮齿部分

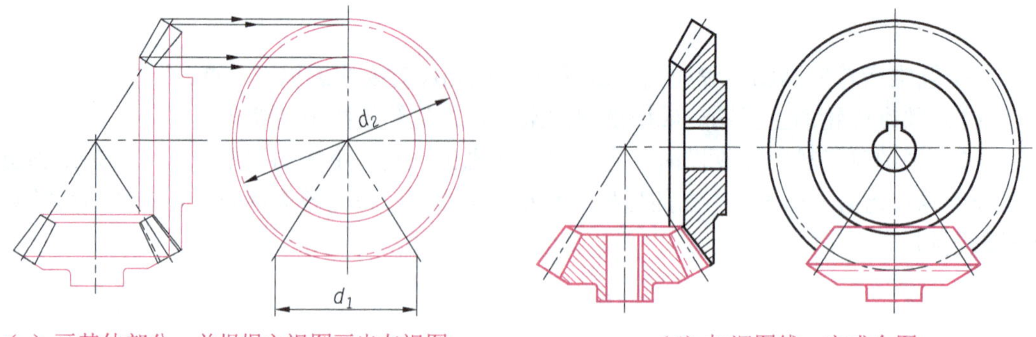

（c）画其他部分，并根据主视图画出左视图　　（d）加深图线，完成全图

图 6-23　两直齿圆锥齿轮啮合的规定画图

6.3.3　蜗杆和蜗轮

蜗杆和蜗轮用于垂直交错两轴之间的传动，通常蜗杆是主动的，蜗轮是从动的。蜗杆、蜗轮的传动比大，结构紧凑，但效率低，蜗杆的齿数（即头数）z_1 相当于螺杆上螺纹的线数。蜗杆常用单头或双头，在传动时，蜗杆旋转一圈，则蜗轮只转过一个齿或两个齿。因此，可得到大的传动比（$i = z_2/z_1$，z_2 蜗轮齿数），蜗杆和蜗轮的轮齿是螺旋形的，蜗轮的齿顶面和齿根面常制成圆环面。啮合的蜗杆、蜗轮的模数相同，且蜗轮的螺旋角和蜗杆的螺旋线升角大小相等、方向相同。

蜗轮和蜗杆各部分几何要素的代号和规定画法，如图 6-24、图 6-25 所示，其画法与圆柱齿轮基本相同，但是在蜗轮投影为圆的视图中，只画出分度圆和齿外圆，不画齿顶圆与齿根圆。在外形视图中，蜗杆的齿根圆和齿根线用细实线绘制或省略不画。图中，P_x 是蜗杆的轴向齿距；d_{e2} 是蜗轮齿顶的最外圆直径；d_{a2} 是蜗轮的齿顶圆环面喉圆的直径。

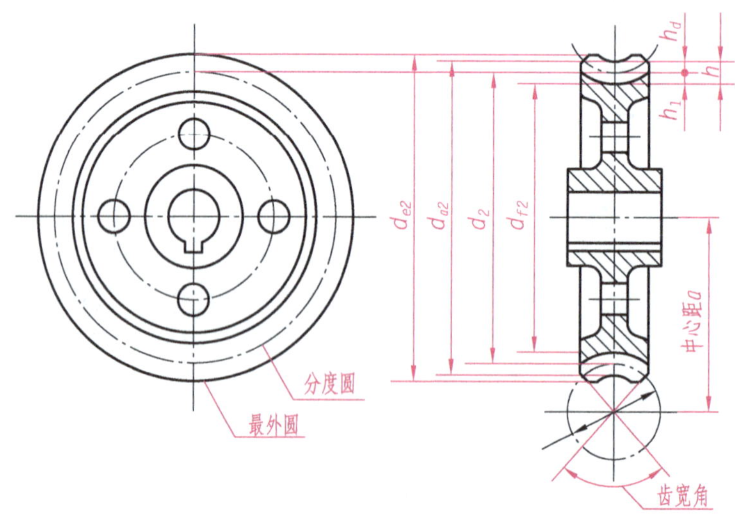

图 6-24　蜗轮的几何要素代号和画法

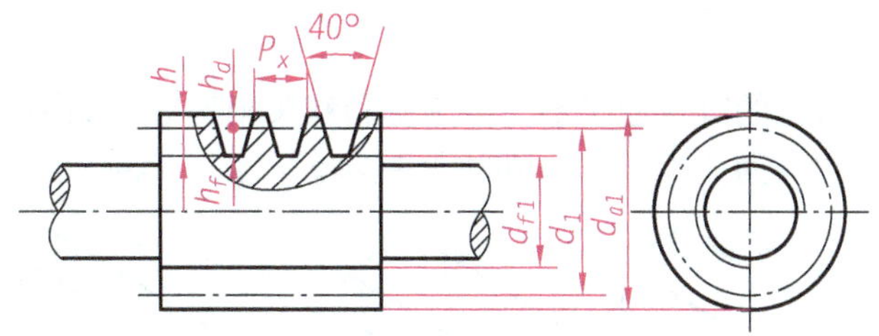

图 6-25　蜗杆的几何要素代号和画法

蜗杆和蜗轮的啮合画法，如图 6-26 所示。在主视图中，蜗轮被蜗杆遮住的部分不必画出；在左视图中，蜗轮的分度圆和蜗杆的分度线相切。

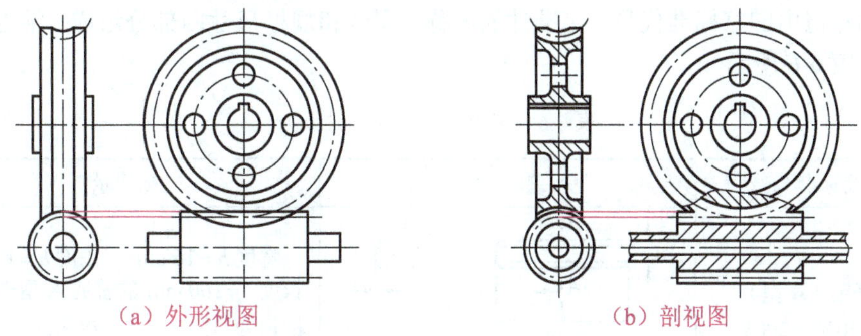

（a）外形视图　　（b）剖视图

图 6-26　蜗杆、蜗轮的啮合画法

6.4　键连接和销连接

键和销都是标准件，键连接和销连接也是工程中常用的一种可拆连接。

6.4.1　键及键连接

在机器和设备中，通常用键来连接轴和轴上的零件（如齿轮、皮带轮等）。使它们能一起转动，即在轮孔和轴上分别加工键槽，用键将轮和轴连接起来进行转动，这种连接称为键连接，如图 6-27 所示。

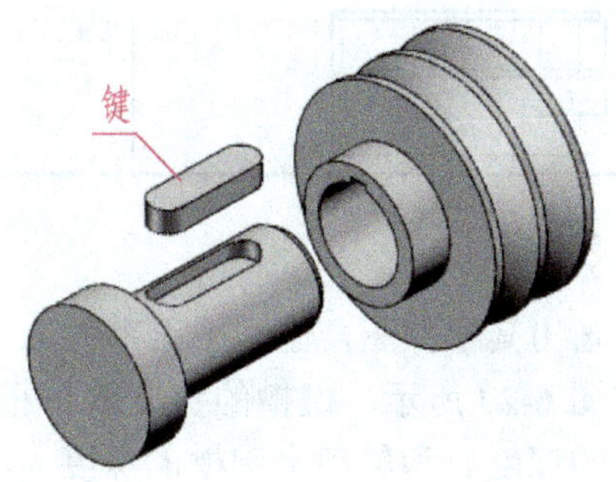

图 6-27　键连接

1. 键的种类及标记

键的种类很多，常见的有普通平键、半圆键和钩头楔键等，如图 6-28 所示。其中，普通平键应用最广，它分为 A 型、B 型和 C 型三种。

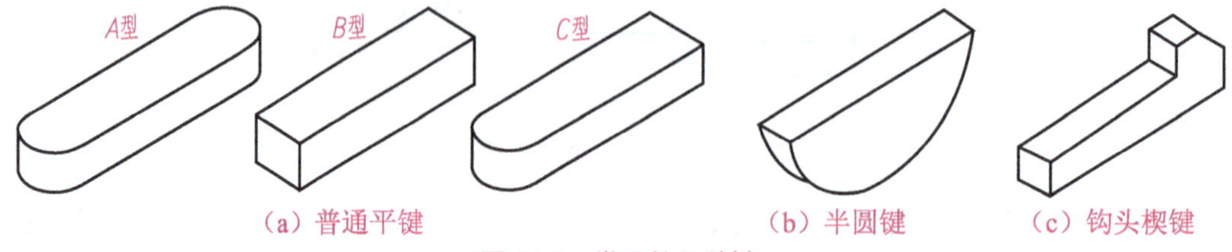

（a）普通平键　（b）半圆键　（c）钩头楔键

图 6-28　常见的几种键

键的标记由国家标准代号、标准件的名称、型号和规格尺寸四部分组成。常用键的标记示例如表 6-6 所示。

表 6-6　键的形式及其标记示例

名称及标准编号	图　例	标记示例
普通平键（A 型） GB/T 1096—2003		宽度 $b=16$ mm，高度 $h=10$ mm，长度 $l=100$ mm 的普通 A 型平键，其标记为 GB/T 1096　键 16×10×100 （普通 A 型平键在标注时省略型号 A）
半圆键 GB/T 1099.1—2003		宽度 $b=6$ mm，高度 $h=10$ mm，直径 $D=25$ mm 的普通型半圆键，其标记为 GB/T 1099.1　键 6×10×25
钩头楔键 GB/T 1565—2003		宽度 $b=16$ mm，高度 $h=10$ mm，长度 $L=100$ mm 的钩头楔键，其标记为 GB/T 1565　键 16×100

2. 键槽的画法及尺寸标注

键是标准件，一般不必画出其零件图，但需画出零件上与键相配合的键槽。普通平键键槽的画法和尺寸标注如图 6-29 所示。键槽的宽度 b 可根据轴的直径 d 查附表 13，从该附表中还可知轴上键槽的深度 t_1 和轮毂上键槽的深度 t_2。键的长度 L 应比轮毂长度小 5～10 mm。

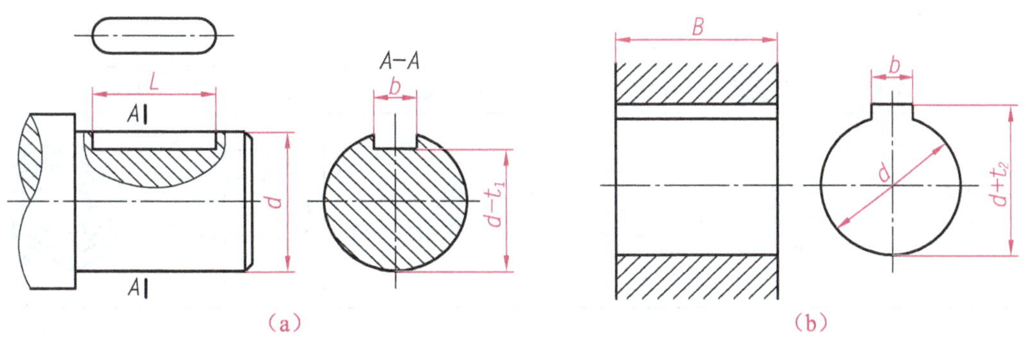

图 6-29　键槽的画法和尺寸标注

3. 普通键连接的画法

普通平键的两侧面为工作面，底面和顶面为非工作面。在绘制装配图时，键的两侧面和键的底面分别与轴上的键槽接触，故画成一条线，平键的顶面与键槽的底面之间是有间隙的，必须画成两条线，如图 6-30 所示。

在键连接装配图中，当剖切平面通过轴的轴线和键的对称面时，轴和键按不剖绘制；为了表示键在轴上的装配关系，在轴上采用了局部剖视图，如图 6-30 所示。

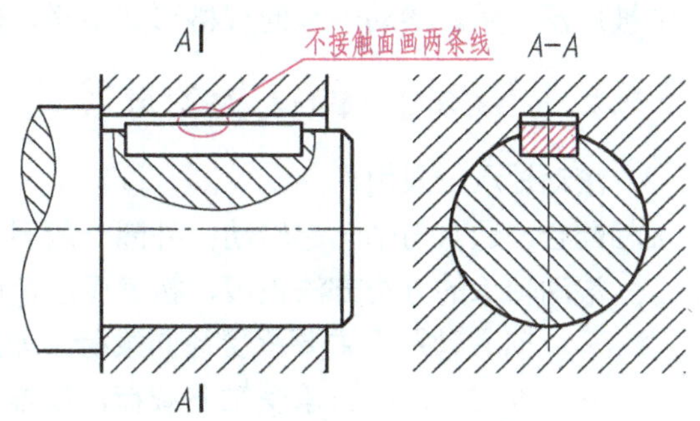

图 6-30　普通平键连接的画法

6.4.2　销及销连接

销也是常用的标准件，在机器中主要用于零件间的连接、定位或防松。常见的销有圆柱销、圆锥销和开口销三种。开口销经常与开槽螺母配合使用，可起到防松脱的作用。销的种类、标记及画法如表 6-7 所示。当剖切平面通过销的轴线时，销作不剖处理。

表 6-7　销的种类、标记及画法

名称及标准编号	形状及主要尺寸	标　记	连接画法
圆柱销 GB/T 119.1—2000	d l	销 GB/T 119.1　$d \times l$	
圆锥销 GB/T 117—2000	1:50 d l	销 GB/T 117　$d \times l$ 注意：圆锥销的公称直径是指其小端的直径	

（续表）

名称及标准编号	形状及主要尺寸	标　记	连接画法
开口销 GB/T 91—2000	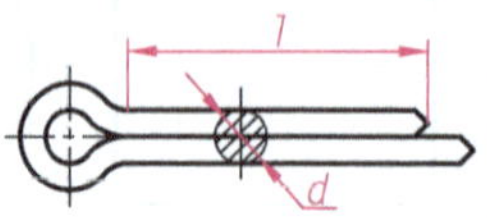	销 GB/T 91　$d\times l$ 注意：d 指销孔直径	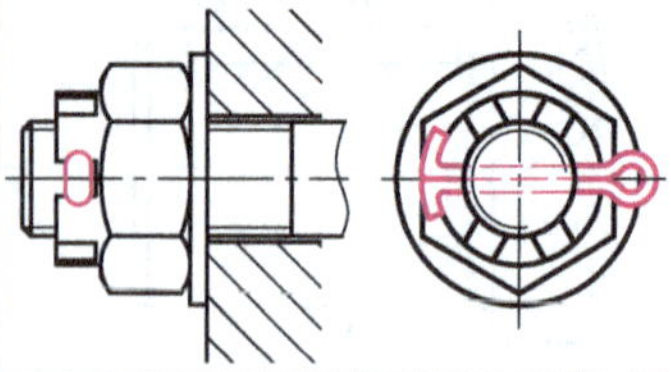

6.5　滚动轴承

滚动轴承是用来支承轴的标准件，具有结构紧凑、摩擦力小等优点，因此在机械生产中被广泛应用。滚动轴承的规格形式多样，但都已经标准化，需用时可查阅相关标准。

6.5.1　滚动轴承的结构及分类

滚动轴承一般由外圈、内圈、滚动体和保持架四部分组成，如图 6-31 所示。内圈与轴相配合，通常与轴一起转动；外圈一般固定在机体或轴承座内不转动。

滚动轴承的分类方法很多，按其受载荷的方向不同可分为以下三类。

- **向心轴承：**主要承受径向载荷，如深沟球轴承，如图 6-31（a）所示。
- **推力轴承：**只承受轴向载荷，如推力球轴承，如图 6-31（b）所示。
- **向心推力轴承：**同时承受径向和轴向载荷，如圆锥滚子轴承，如图 6-31（c）所示。

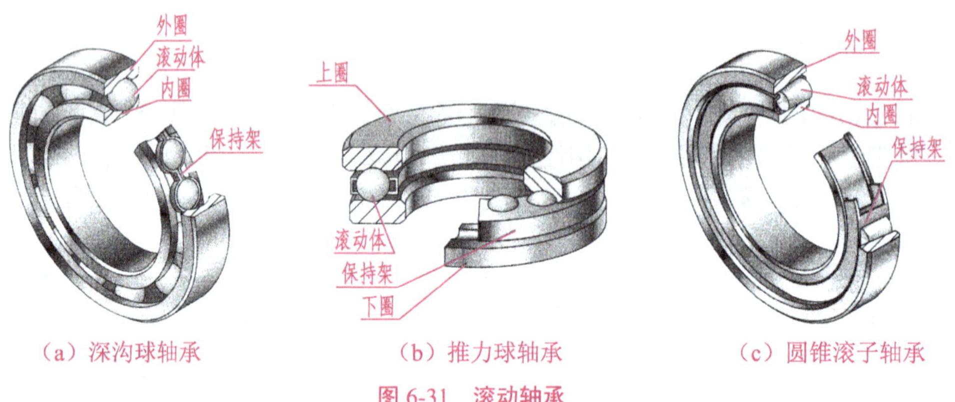

（a）深沟球轴承　（b）推力球轴承　（c）圆锥滚子轴承

图 6-31　滚动轴承

6.5.2　滚动轴承的代号

滚动轴承的代号由前置代号、基本代号和后置代号组成。前置代号和后置代号是轴承在结构形状、尺寸、公差、技术要求等方面有所改变时，在基本代号左、右添加的补充代号。若无特殊要求，滚动轴承一般只标记基本代号。

基本代号表示滚动轴承的基本类型、结构和尺寸，是滚动轴承代号的基础。基本代号由轴承类型代号、尺寸系列代号和内径代号三部分构成，其组成顺序为

类型代号	尺寸系列代号	内径代号

➢ 类型代号：用阿拉伯数字或大写拉丁字母表示，如表 6-8 所示。

➢ 尺寸系列代号：由轴承宽（高）度系列代号和直径系列代号组成，用两位数字表示。尺寸系列代号主要用于区分内径相同，而宽度和外径不同的轴承。例如，“02”，0 是宽（高）度系列代号，2 是直径系列代号。宽度系列为 0 时，通常省略。

表 6-8　轴承类型代号

代号	轴承类型	代号	轴承类型
0	双列角接触球轴承	6	深沟球轴承
1	调心球轴承	7	角接触球轴承
2	调心滚子轴承和推力调心滚子轴承	8	推力圆柱滚子轴承
3	圆锥滚子轴承	N	圆柱滚子轴承
4	双列深沟球轴承	U	外球面球轴承
5	推力球轴承	QJ	四点接触球轴承

➢ 内径代号：表示轴承的公称内径，用两位数字表示，具体如下：

——代号为 00，01，02，03 时，分别表示轴承内径 $d=10$，12，15，17 mm；

——代号为 04～96 时（22，28，32 除外），代号数字乘以 5 即为轴承内径；

——轴承公称内径为 1～9 mm，大于或等于 500 mm，以及 22 mm，28 mm，32 mm 时，内径代号用公称内径数表示，且应与尺寸系列代号之间用“/”隔开。

滚动轴承代号标记示例如下。

（1）轴承基本代号 6208

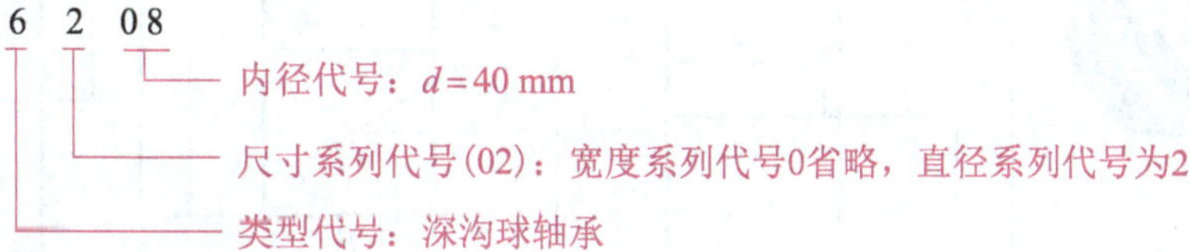

（2）轴承基本代号 62/22

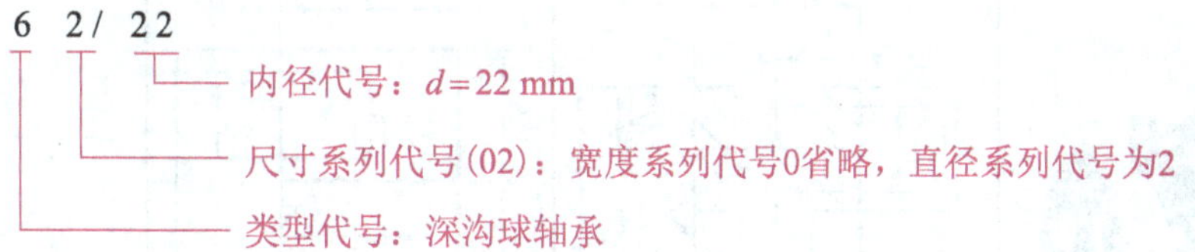

（3）轴承基本代号 30312

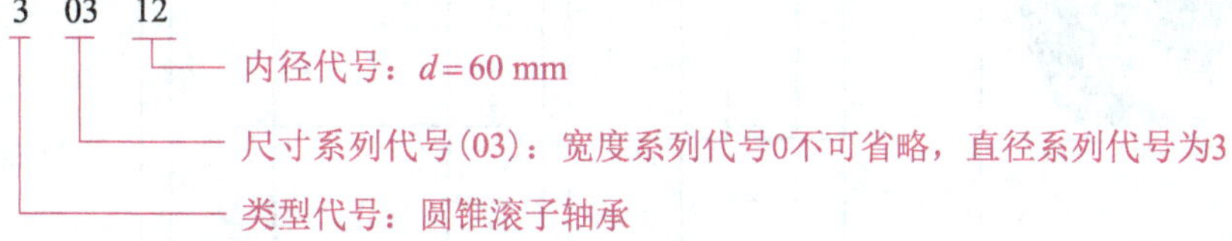

6.5.3　滚动轴承的画法

国家标准对滚动轴承的画法作了统一规定，有简化画法和规定画法两种，如表 6-9 所示。其中，简化画法又分为通用画法和特征画法，但在同一张图样中只允许采用一种画法。

表 6-9 滚动轴承的特征画法和规定画法（摘自 GB/T 4459.7—1998）

<table>
<tr><th rowspan="2">名称</th><th rowspan="2">结构形式</th><th>规定画法</th><th>特征画法</th><th>通用画法</th></tr>
<tr><th colspan="3">均指滚动轴承在所属装配图的剖视图画法</th></tr>
<tr><td>深沟球轴承</td><td></td><td>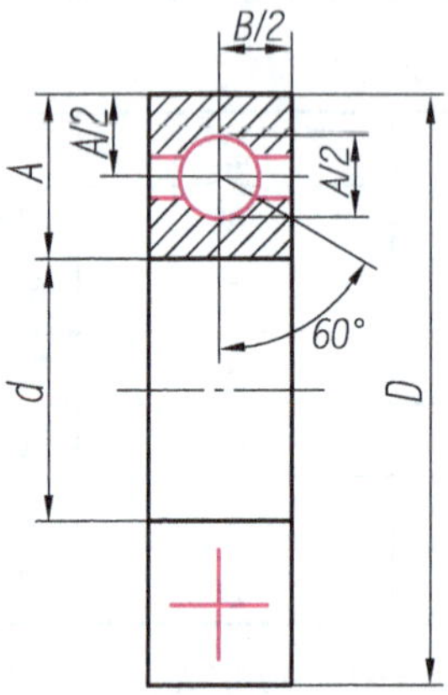
</td><td>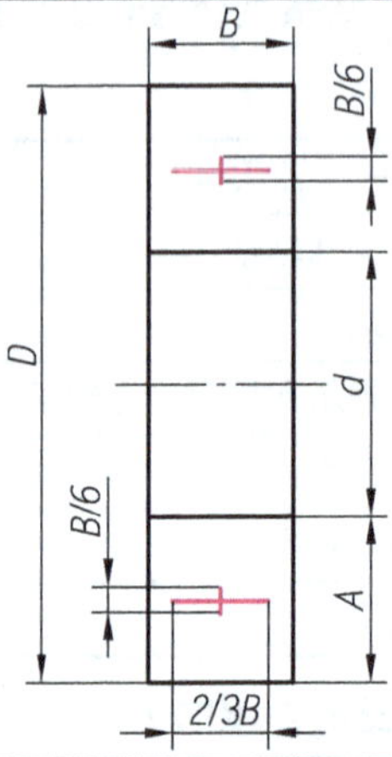
</td><td rowspan="3">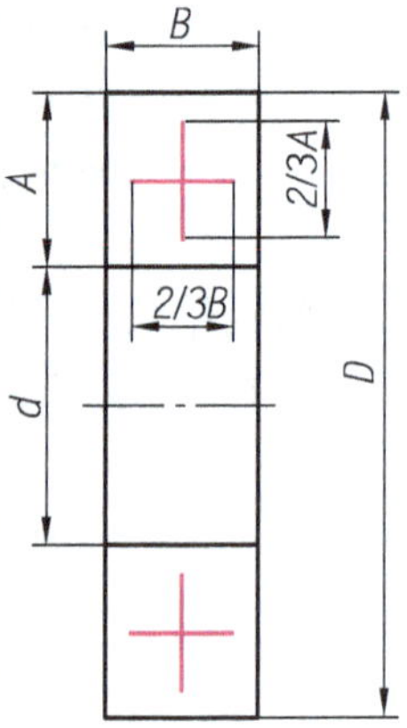
</td></tr>
<tr><td>圆锥滚子轴承</td><td></td><td>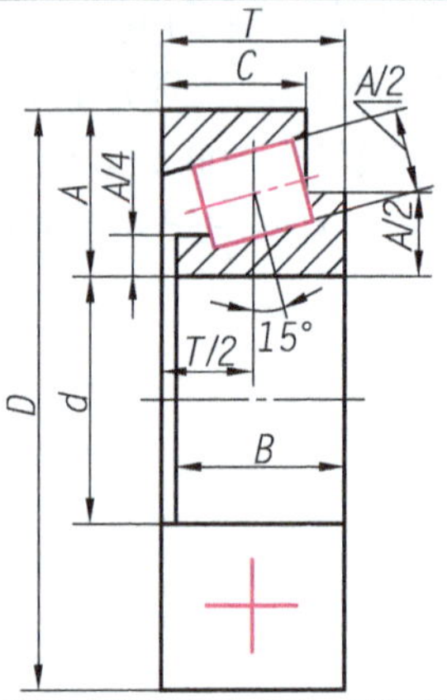
</td><td>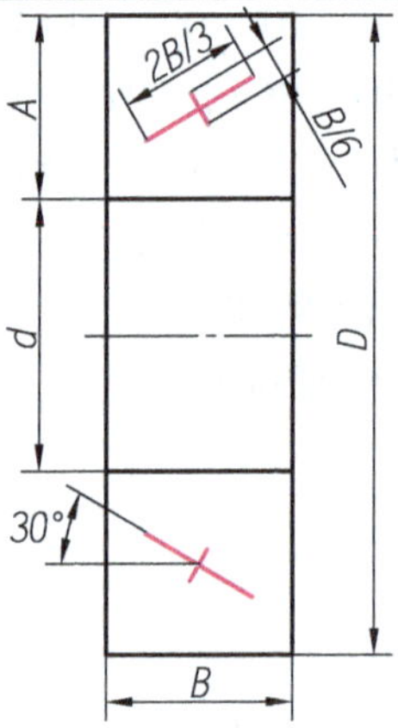
</td></tr>
<tr><td>推力球轴承</td><td></td><td>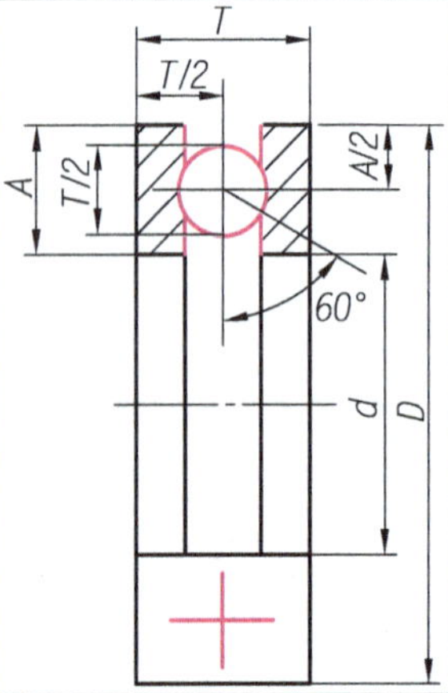
</td><td>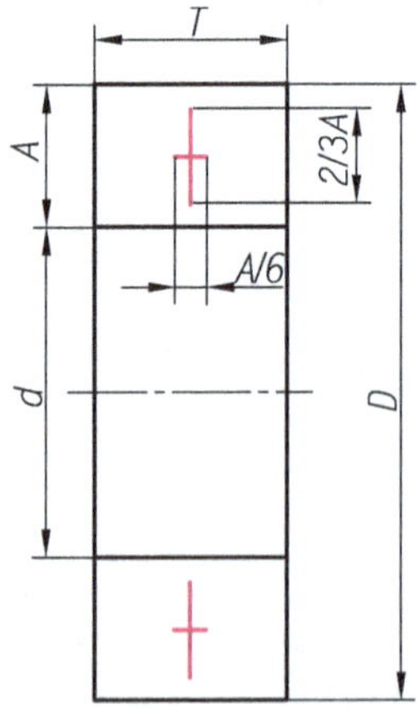
</td></tr>
<tr><td colspan="2">各种方法选用</td><td>轴承的产品图样、产品样本、产品标准和产品使用说明书中采用</td><td>当需要较形象地表示滚动轴承结构特征时采用</td><td>当需要确切地表示滚动轴承的外形轮廓、承载特性和结构特征时采用</td></tr>
</table>

6.6　弹　簧

弹簧是一种用于减震、夹紧、自动复位和储存能量的零件。弹簧的种类很多，常见的有压缩弹簧、拉伸弹簧和扭转弹簧，如图 6-32 所示，本节仅介绍机械中最常用的圆柱螺旋压缩弹簧的画法。

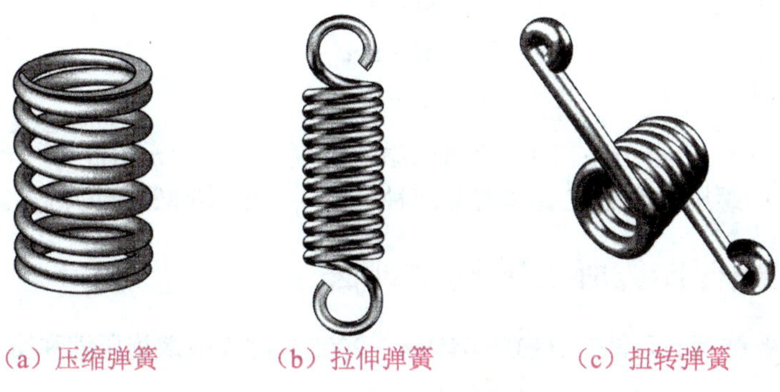

（a）压缩弹簧　（b）拉伸弹簧　（c）扭转弹簧

图 6-32　常见螺旋弹簧

6.6.1　圆柱螺旋压缩弹簧各部分名称和尺寸关系

圆柱螺旋压缩弹簧各部分的名称、代号和尺寸关系如下（见图 6-33）。

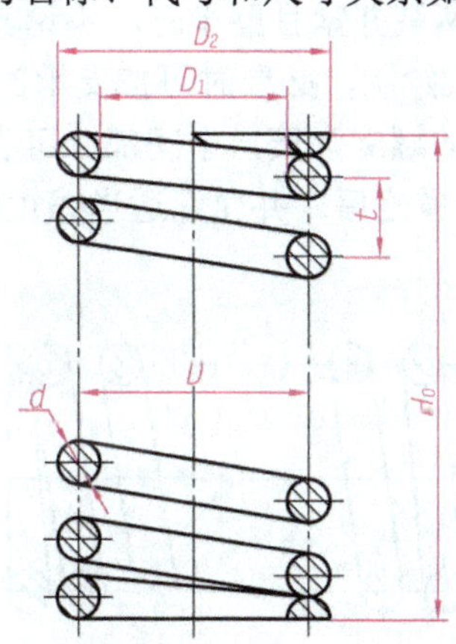

图 6-33　圆柱螺旋压缩弹簧各部分名称

（1）弹簧丝直径（d）：又称线径，是指用于制造弹簧的钢丝直径。

（2）弹簧直径。

- 弹簧中径 D：弹簧的平均直径，$D=(D_1+D_2)/2$；
- 弹簧内径 D_1：弹簧的最小直径，$D_1=D-d$；
- 弹簧外径 D_2：弹簧的最大直径，$D_2=D+d$。

（3）节距（t）：除两端的支承圈外，弹簧上相邻两圈截面中心线的轴向距离，一般 $t=D/3\sim D/2$。

（4）支承圈数（n_2）：为了保证弹簧压缩时受力均匀、工作平稳，制造时需将弹簧两端并紧且磨平。这部分并紧、磨平的圈数称为支承圈数。支承圈数有 1.5 圈、2 圈和 2.5

圈三种，2.5 圈较为常用，即两端各并紧 1.25，其中包括磨平 0.75 圈。

（5）有效圈数（n）：压缩弹簧除支承圈外，具有相等节距的圈数。

（6）总圈数（n_1）：弹簧的支承圈数和有效圈数之和，即 $n_1 = n_2 + n$。

（7）弹簧的自由高度（或自由长度）（H_0）：弹簧不受外力作用时的高度，即

$$H_0 = nt + (n_2 - 0.5)d$$

当 $n_2 = 1.5$ 时 $\quad H_0 = nt + d$

当 $n_2 = 2$ 时 $\quad H_0 = nt + 1.5d$

当 $n_2 = 2.5$ 时 $\quad H_0 = nt + 2d$

（8）弹簧展开长度（L）：制造弹簧的钢丝长度，即 $L \approx n_1\sqrt{(\pi D_2)^2 + t^2} \approx \pi D n_1$。

（9）旋向：螺旋弹簧分左旋和右旋两种。其中，右旋弹簧最为常见。

6.6.2 圆柱螺旋压缩弹簧的规定画法

《机械制图 弹簧表示法》（GB/T 4459.4—2003）对圆柱螺旋压缩弹簧的画法作了以下规定。

（1）圆柱螺旋弹簧在平行于螺旋弹簧轴线投影面的视图或剖视图中，弹簧各圈的轮廓应画成直线，如图 6-34 所示。

（2）螺旋弹簧均可画成右旋，对必须保证的旋向要求应在“技术要求”中注明。

（3）当要求螺旋压缩弹簧两端并紧且磨平时，不论支承圈的圈数多少和末端贴紧情况如何，均按图 6-34 所示的形式绘制，必要时可按支承圈的实际结构绘制。

（4）有效圈数在 4 圈以上的螺旋弹簧，中间部分可省略不画，只画通过簧丝剖面中心的两条细点画线。当中间部分省略后，并允许适当缩短图形的长度，如图 6-34（a）和（b）所示。

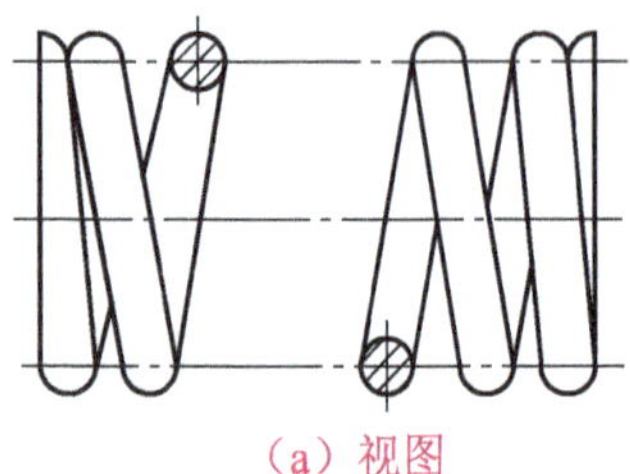
（a）视图

（b）剖视图

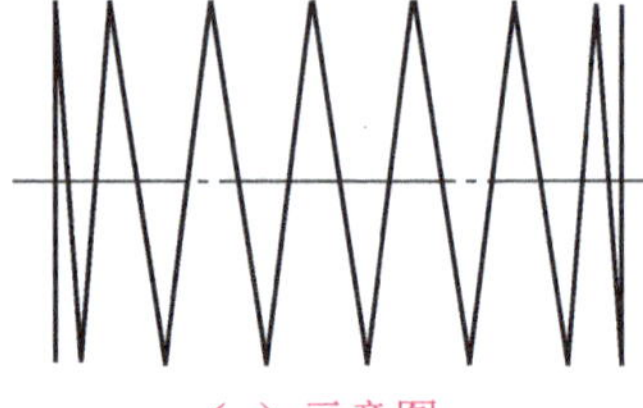
（c）示意图

图 6-34 螺旋弹簧的画法

（5）在装配图中，螺旋弹簧被剖切时，可按图 6-35 所示的三种方法绘制。其中，当弹簧丝直径在图形上等于或小于 2 mm 时，断面可用涂黑表示，如图 6-35（a）所示，也可以采用示意画法，如图 6-35（b）所示。

（6）零件上，被弹簧挡住的结构一般不画出，但其可见部分应从弹簧的外轮廓或从弹簧丝断面的中心线画起，如图 6-35（c）所示。

如图 6-36 所示为弹簧的工作图。当需要表达弹簧负荷与高度之间的变化关系时，必须用图解表示。主视图上方的机械性能曲线画成直线。其中：F_1——弹簧的预加负荷，F_2——弹簧的最大负荷，F_3——弹簧的允许极限负荷。

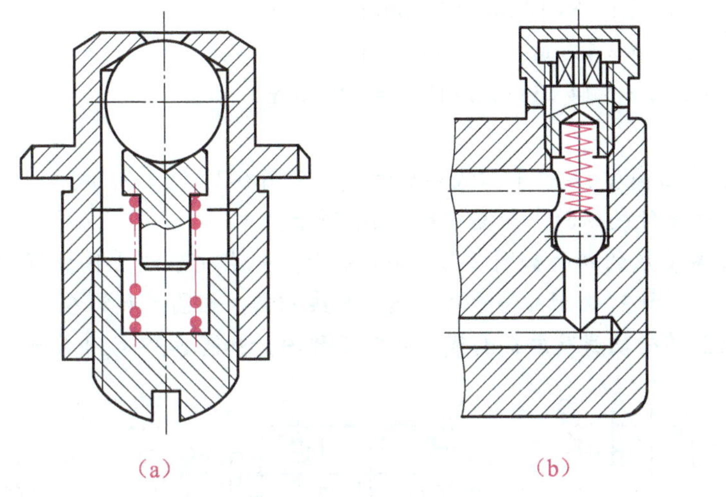

图 6-35　装配图中弹簧的画法

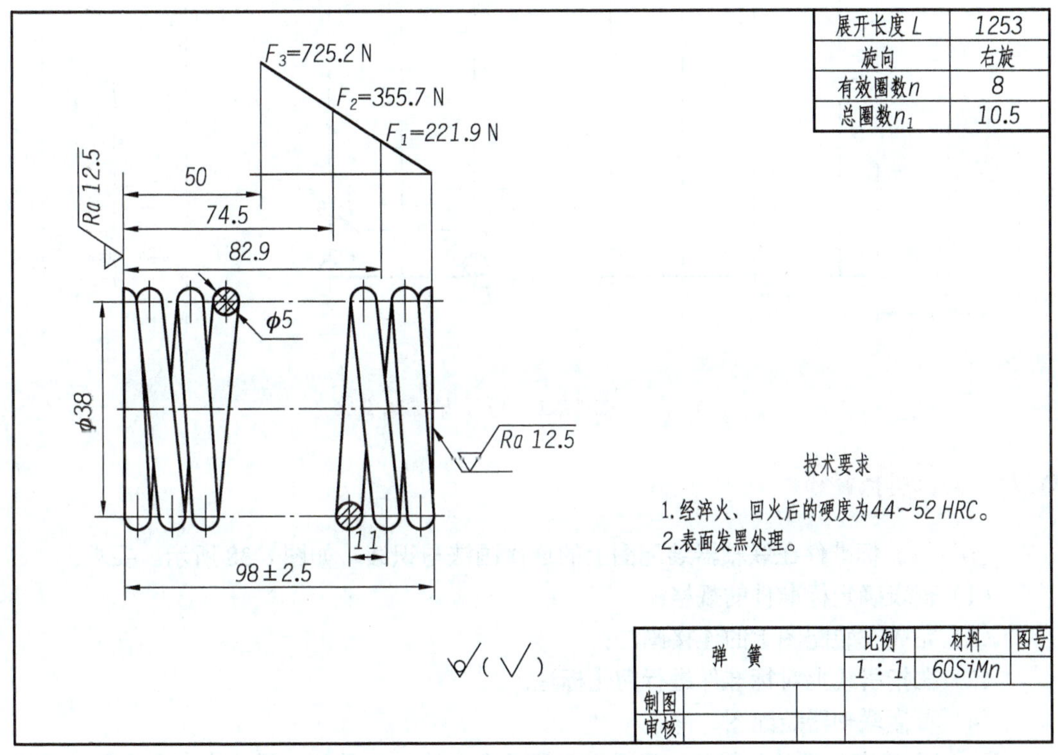

图 6-36　弹簧的工作图

6.6.3　圆柱螺旋压缩弹簧的作图步骤

【例 6-4】某弹簧簧丝直径 $d=5$ mm，弹簧外径 $D_2=43$ mm，节距 $t=10$ mm，有效圈数 $n=8$，支承圈数 $n_2=2.5$。试画出弹簧的剖视图。

解:（1）计算。

总圈数　　　　$n_1=n_2+n=8+2.5=10.5$

自由高度 $H_0 = nt + 2d = 8\times10\text{ mm} + 2\times5\text{ mm} = 90\text{ mm}$

弹簧中径 $D = D_2 - d = 43\text{ mm} - 5\text{ mm} = 38\text{ mm}$

展开长度 $L \approx \pi D n_1 = 3.14\times38\text{ mm}\times10.5 \approx 1\,253\text{ mm}$

（2）画图。

① 根据弹簧中径 D 和自由高度 H_0 作中心线和端面线，如图 6-37（a）所示。

② 画出支承圈部分弹簧簧丝的断面，如图 6-37（b）所示。

③ 画出有效圈部分弹簧簧丝的断面如图 6-37（c）所示。先在 CE 线上根据节距 t 画出圆 2 和圆 3，然后从 1，2 和 3，4 的中点作垂线与 AB 线相交，画圆 5 和圆 6。

④ 按右旋方向作相应圆的公切线及画剖面线，即完成作图，如图 6-37（d）所示。

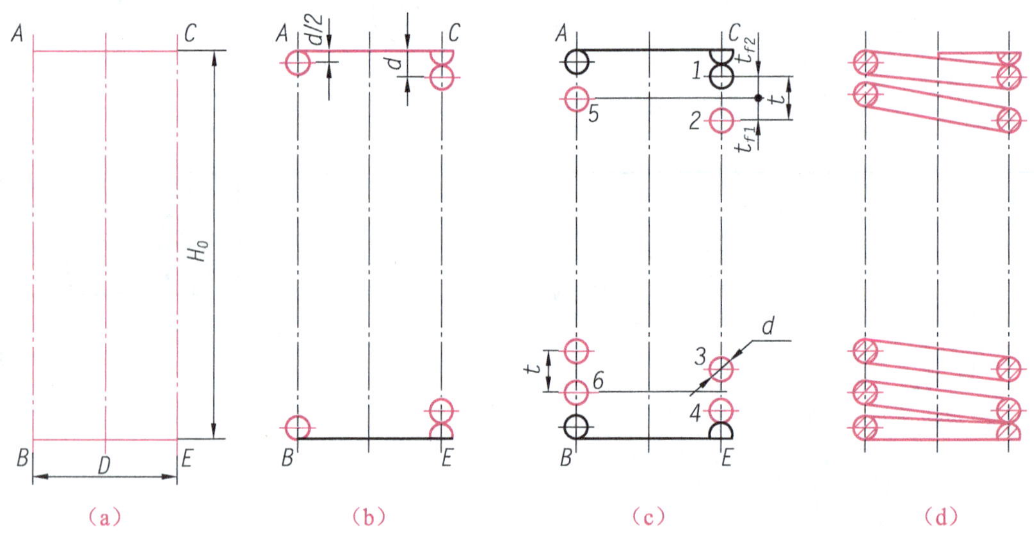

图 6-37 圆柱螺旋压缩弹簧的画图步骤

6.7 识读图例

【例 6-5】标准件在联轴器装配图上的连接画法与识读，如图 6-38 所示。要求：

（1）查表确定标准件的规格；

（2）完成在装配图上的连接画法；

（3）在指引线上对标准件进行简化标注；

（4）看懂联轴器装配图。

解：（1）确定标准件的规格。根据图中所示两个法兰和轴的位置、结构及将两轴连接在一起的情况可知，该联轴器须用螺栓、螺母、垫圈等紧固件和普通平键、圆柱销及紧定螺钉连接。其规格的确定方法是：

① 确定螺栓、螺母、垫圈的规格。螺栓孔径为 $\phi7$ mm，故选用公称直径为 $\phi6$ mm 的螺栓、螺母和垫圈为宜。查附表 5，取螺母厚为 5.2 mm；查附表 10，取垫圈厚为 1.6 mm；螺栓的长度 $Z = 9 + 9 + 5.2 + 1.6 + 1.8$（螺栓伸出螺母的长度按 $0.3d$ 计算）$= 26.6$ mm，经查附表 4，取标准长度 30 mm，即螺栓为 M6×30、螺母为 M6、垫圈为 6。

② 确定键的规格。键的规格根据轴的直径ϕ17 mm 查附表 13，确定用普通 A 型平键，键的宽度和高度均为 5 mm，键的长度根据尺寸 23 mm，可选标准长度 20 mm。

③ 确定圆柱销的规格。根据ϕ4 mm 及ϕ35 mm 查附表 14，取圆柱销的公称尺寸为 4×35。

④ 确定紧定螺钉的规格。由ϕ35 mm 及ϕ17 mm 可知，紧定螺钉连接处的壁厚为 9 mm，查附表 8，选用开槽锥端紧定螺钉，其公称长度为 10 mm，即规格为 M5×10。

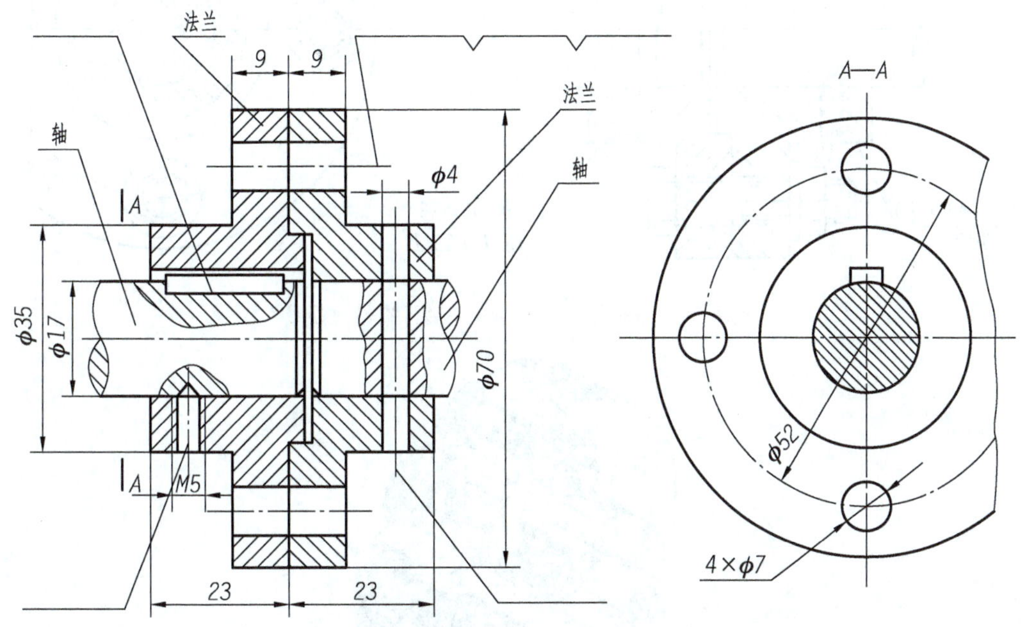

图 6-38　联轴器的装配图（安装标准件之前）

（2）标准件的连接画法（见图 6-39）。

① 螺栓连接的画法。该螺栓、螺母采用简化画法绘制，应注意光孔与螺杆之间有缝隙，画成两条线。

② 键连接的画法。键与键槽的两侧有配合关系，键与键槽的底面相接触，都只画一条线，键的上面与法兰键槽的上面有缝隙，应画成两条线。

③ 圆柱销的连接画法。圆柱销与销孔是配合关系，销的两侧均应画成一条线。

④ 紧定螺钉的连接画法。螺钉杆全部旋入螺孔内，按外螺纹的画法绘制，螺钉的锥端应顶住轴上的锥坑。

（3）标准件在图上的标注（见图 6-39）。

（4）联轴器装配图的识读。如图 6-39 所示，该装配图采用了两个视图，主视图取全剖，因剖切平面是通过标准件的对称平面或轴线剖切的，这些标准件均按不剖绘制。为了表示键、销、螺钉的装配情况，都采用了局部剖；被连接的两轴都采用了断裂画法；左视图主要是表示螺栓连接在法兰盘上的分布情况。其中，为了表示键与轴和法兰的连接情况，采用了局部剖；为了有效地利用图纸，左视图中法兰盘的前部被打掉一部分，以波浪线表示。联轴器的示意图如图 6-40 所示。

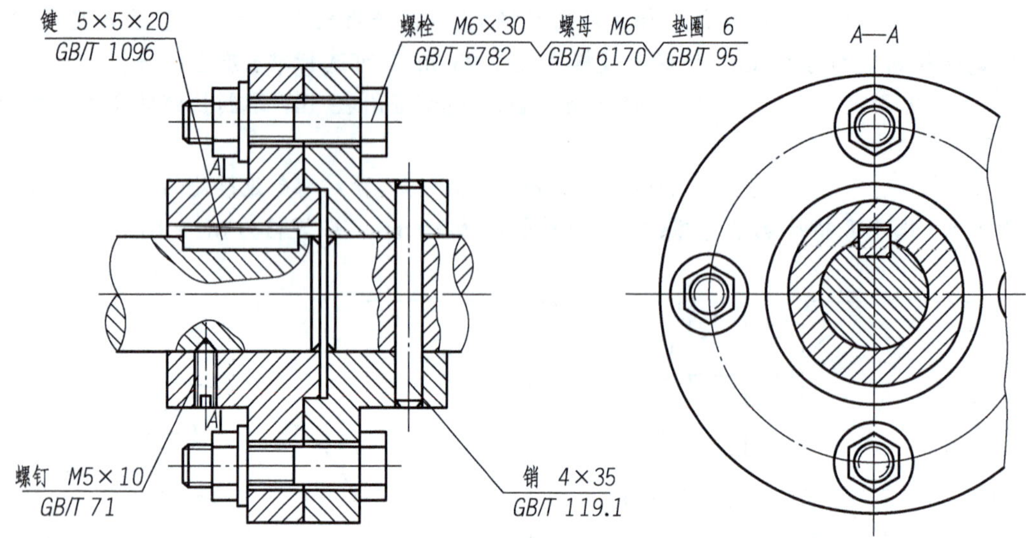

图 6-39　联轴器的装配图（安装标准件之后）

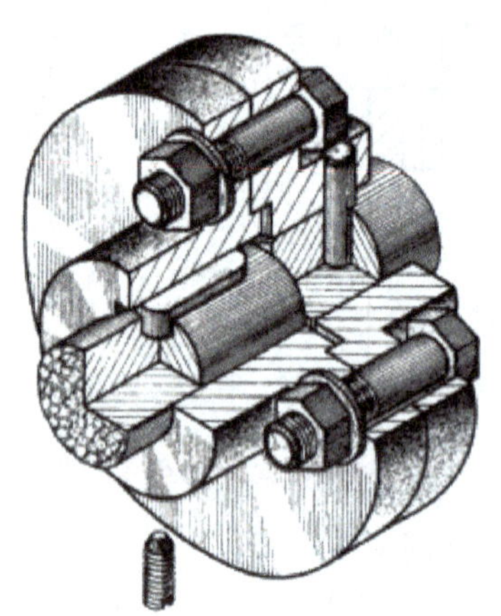

图 6-40　联轴器的示意图

【例 6-6】识读圆柱齿轮工作图，如图 6-41 所示。

解：识读圆柱齿轮工作图，应注意把握以下几点。

（1）齿轮的图形。该齿轮共有两个视图，主视图采用了全剖，轮齿不剖，齿顶线和齿根线为粗实线，分度线为细点画线。辐板上均匀分布的孔采用简化画法，将其旋转到剖切平面上画出；左视图为齿轮的端面视图，齿顶圆为粗实线，分度圆为细点画线，齿根圆省略未画。齿轮的其他结构都是按投影关系绘制的。

（2）齿轮的参数表。参数表位于图 6-41 的右上角。从表中可知，该齿轮的模数 m 为 5，齿数 z 为 40，由此可计算出齿轮的分度圆直径 $d = mz = 200$ mm，齿顶圆直径 $d_a = m(z+2) = 210$ mm，齿根圆直径 $d_f = m(z-2.5) = 187.5$ mm。

注意：齿顶圆直径、分度圆直径及有关齿轮的基本尺寸必须直接注出，齿根圆直径一般在加工时由刀具决定，规定不注。

（3）键槽的尺寸及偏差。键槽宽度和深度应根据轮毂轴孔的公称直径查附表 13 得到，即查公称直径为>22～30 mm，对应键槽宽 $b=8$ mm，其极限偏差为 JS9（±0.018），即得槽宽尺寸及公差为 8±0.018 mm；槽深 $t_2=3.3$ mm，图中应表示为 30+3.3=33.3 mm，其极限偏差为 $^{+0.2}_{0}$ mm，由此得图中的槽深尺寸和公差 $33.3^{+0.2}_{0}$。其余内容可根据零件图的读图方法识读。

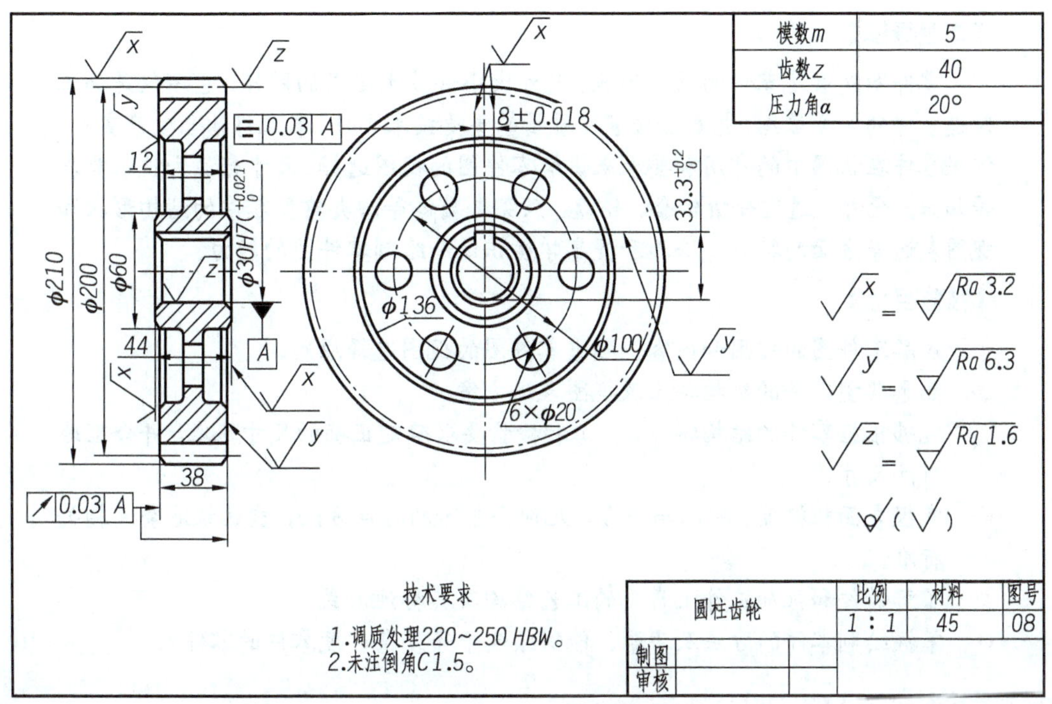

图 6-41　直齿圆柱齿轮

第7章 零件图

【本章导读】

零件图是表达零件的结构形状、尺寸大小和技术要求的图样，它不仅是加工制造零件的主要依据，也是检验零件质量的重要技术文件。本章将结合生产实际，依据零件在机器中的作用和要求来讲解零件图的视图选择、尺寸标注和技术要求等知识。此外，通过分析轴套、轮盘、叉架、箱体等四类典型零件的结构形状和视图表达等方面的特点，培养和提高学生识读和绘制零件图的能力。

【技能目标】

◇ 理解零件图的作用和内容，熟悉零件图的视图选择原则。
◇ 熟悉典型零件的结构特点及视图表达方案。
◇ 能够根据零件的结构特点、加工和检验要求确定正确的尺寸基准，并合理地标注尺寸。
◇ 掌握表面粗糙度、极限与配合、几何公差等的标注方法，能熟练地查阅相关标准。
◇ 了解铸件和机加工件上常见的工艺结构及其标注形式。
◇ 掌握绘制零件的方法及步骤，能够绘制中等复杂程度零件的零件图。

7.1 零件图的作用和内容

任何机器或部件都是由若干零件按照一定装配关系和技术要求组装而成的，因此零件是组成机器或部件的基本单位。零件与机器的关系，是个体与整体的关系。在机器或部件中，除标准件（如螺栓、螺母等）外，其余零件一般需画出零件图。

实际生产中，需要先根据零件图中所标注的材料、数量和尺寸进行备料，然后再按照零件图中的图形、尺寸及技术要求进行加工制造，最后还需要根据零件图上的各项技术要求检验所加工的零件是否达到规定的质量标准。由此可见，零件图是零件加工制造及质量检测中不可或缺的重要技术文件。

一张完整的零件图一般应包括一组图形、完整的尺寸标注、技术要求和标题栏四方面内容，如图 7-1 所示。

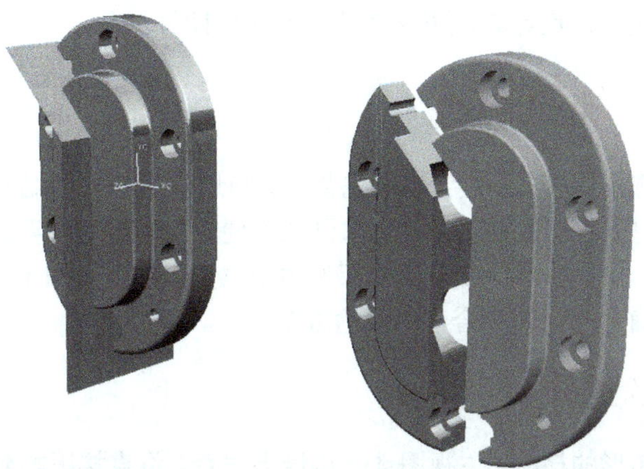

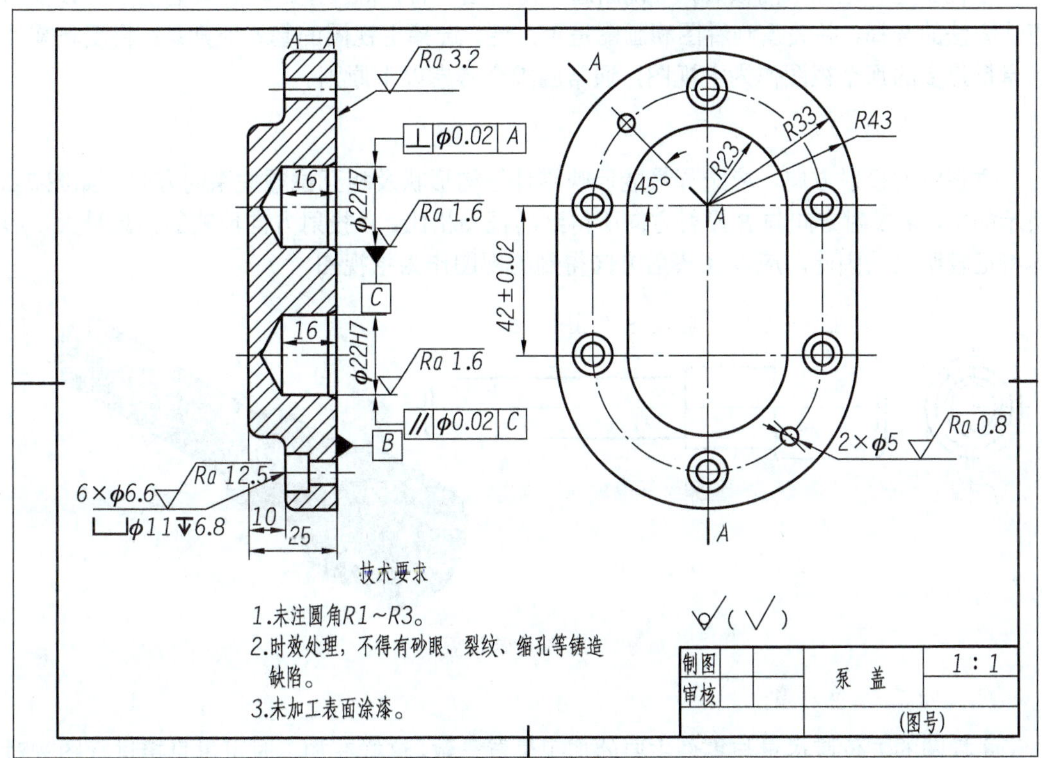

图 7-1 左端盖及其零件工作图

（1）一组图形。用一组恰当的图形（如局部视图、剖视图、断面图及其他规定画法等）将零件各组成部分的内外形状和位置关系正确、完整、清晰地表达出来。如图 7-1 所示，用一个基本视图表达泵盖的外形，用 *A*—*A* 全剖视图表达泵盖的内部形状。

（2）全部尺寸。在零件图上应正确、完整、清晰、合理地标注零件在制造和检验时所需要的全部尺寸，以确定其结构大小。

（3）技术要求。用规定的符号、代号、标记和文字说明等简明地给出零件在制造和检验时所应达到的各项技术指标与要求，如尺寸公差、几何公差、表面结构和热处理等。

（4）标题栏。标题栏应配置在图框的右下角，填写的内容主要有零件的名称、材料、数量、比例、图样代号，设计者、审核者的姓名和日期等。

7.2 零件图的视图选择

零件图的视图选择原则是：能正确、完整、清晰地表达零件的结构形状以及各结构之间的相对位置，在便于看图的前提下，力求画图简便。要满足这些要求，首先要对零件的形状特点进行分析，并了解零件在机器或部件中的位置、作用及加工方法，然后选择主视图和其他视图，以确定一个较为合理的表达方案。

7.2.1 主视图的选择

主视图是一组图形的核心，主视图选择得恰当与否，将直接影响到其他视图的数量和表达方法的选择，并关系到看图和画图是否方便。选择主视图的基本原则是：将反映零件信息量最多的那个视图作为主视图，通常应综合考虑以下原则。

1. 形体特征原则

主视图的投射方向，应选择最能反映零件结构形状及相互位置关系的方向。如图 7-2 所示的轴，*A* 投射方向与 *B* 投射方向所得到的视图相比，*A* 投射方向反映的信息量大，形体特征较明显。因此，应以 *A* 投射方向得到的视图作为主视图。

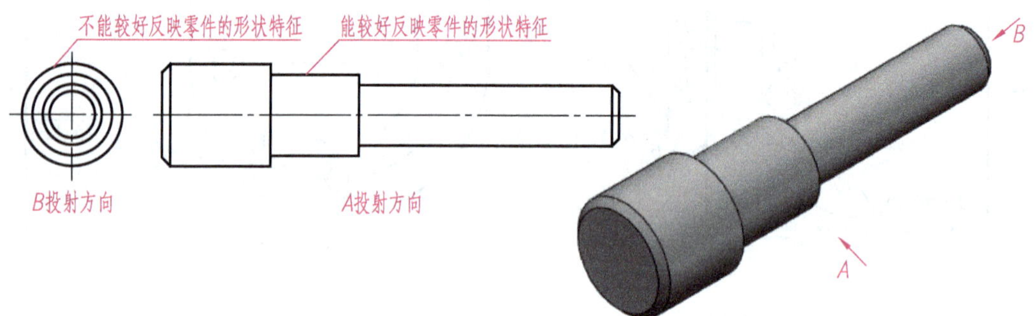

图 7-2　形体特征原则

2. 加工位置原则

主视图的方位应尽量与零件主要的加工位置一致，这样在加工时可以直接进行图物对照，既便于看图和测量尺寸，又可减少差错。图 7-3 所示为轴在加工时的位置，由此可知，图 7-2 中由 *A* 投射方向所得到的主视图既体现了形状特征，又表达了加工位置。

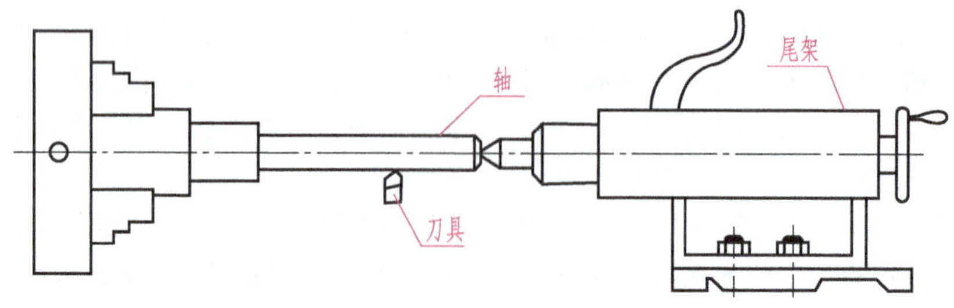

图 7-3　按加工位置原则

3. 工作位置原则

工作位置是指零件在机器或部件中所处的位置。选择的主视图，应尽量与零件的工作位置一致，以便了解零件在机器中的工作情况。图 7-4 所示为车床尾架的主视图。

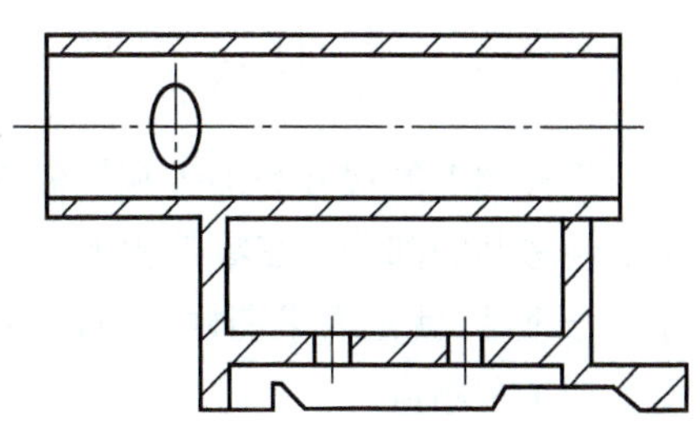

图 7-4　按工作位置原则

4. 自然摆放稳定原则

若工作位置不固定，或加工位置多变，则可按其自然摆放平稳的位置为画主视图的位置。

综上所述，零件主视图的选择，应根据具体情况进行分析，从有利于看图出发，在满足形体特征原则的前提下，充分考虑零件的工作位置和加工位置。

7.2.2　其他视图的选择

主视图确定后，应运用形体分析法对零件的各个组成部分逐一分析，对主视图未表达清楚的部分，再选择其他视图进行完善和补充。在选择其他视图时，一般应遵循以下两个原则。

（1）根据零件的复杂程度及其内、外结构特点，综合考虑所需要的其他视图，使每个所选视图都具有独立存在的意义和明确的表达重点，尽量避免不必要的细节重复。视图数量的多少与零件的复杂程度有关，选用时尽量采用较少的视图，使表达方案简洁、合理，以便绘图和看图。

（2）优先采用基本视图，当有需要表达的内部结构时，应尽量在基本视图上作剖视，并尽可能按投影关系配置各视图。

如图 7-5 所示，支座由圆筒、底板、连接板和支撑板四部分组成，主视图表达该支座的形体特征，同时又体现了它的工作位置；支撑板和连接板的形状及各组成部分间的相对位置采用左视图表达；底板的形状、支撑板和连接板的宽度采用全剖视图 *A—A* 表达。

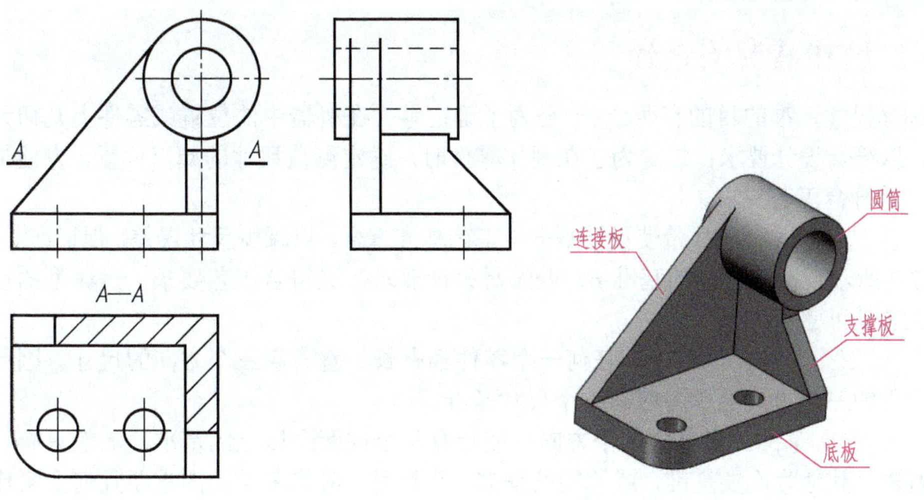

图 7-5　支座

7.3 零件图的尺寸标注

零件图上的尺寸是加工和检验零件的重要依据，是零件图的重要内容之一，是图样中指令性最强的部分。在零件图上标注尺寸，必须做到：正确、完整、清晰、合理。标注尺寸的合理性，就是要求图样上所标注的尺寸既要符合零件的设计要求，又要符合工艺要求，便于加工和测量。

7.3.1 尺寸基准的种类

要使零件图的尺寸标注合理，就必须根据零件的结构形状和工艺特点确定合适的尺寸基准。如图 7-6 所示，点、线、面均可作为基准。常见的尺寸基准有：① 零件上主要回转结构的轴线；② 零件的对称中心面；③ 零件的重要支撑面、装配面及重要结合面；④ 零件的主要加工面。

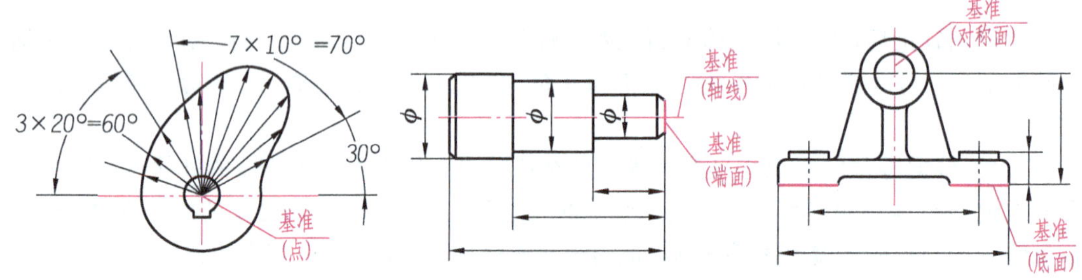

图 7-6 点、线、面均可作为基准

根据其作用不同，尺寸基准可分为设计基准和工艺基准。

- 设计基准：是指根据机器构造特点及对零件的设计要求而选择的基准，如图 7-7 所示，*C*，*D*，*B* 分别为轴承座长、宽、高三个方向的设计基准。
- 工艺基准：是指为便于零件的加工、测量而选定的一些基准。如图 7-8 所示，*F* 为工艺基准位置。

7.3.2 尺寸基准的选择

选择尺寸基准的目的有两个，一是为了确定零件在机器中的位置或零件上几何元素的位置，以符合设计要求；二是为了在制作零件时，确定测量尺寸的起点位置，方便加工和测量，以符合工艺要求。

（1）选择原则。应尽量使设计基准与工艺基准重合，以减少尺寸误差，保证产品质量。如图 7-7 所示，高度方向的基准 *B*，既满足设计要求，又符合工艺要求，是典型的设计基准与工艺基准重合的例子。

（2）三个方向尺寸基准。任何一个零件都有长、宽、高三个方向的尺寸。因此，每一个零件的三个方向至少各应有一个尺寸基准。

（3）主辅基准。零件的某个方向可能会有两个或两个以上的基准，一般只有一个是主要基准，其他为次要基准，或称辅助基准。选择时，应将零件上的重要几何要素作为主要基准。

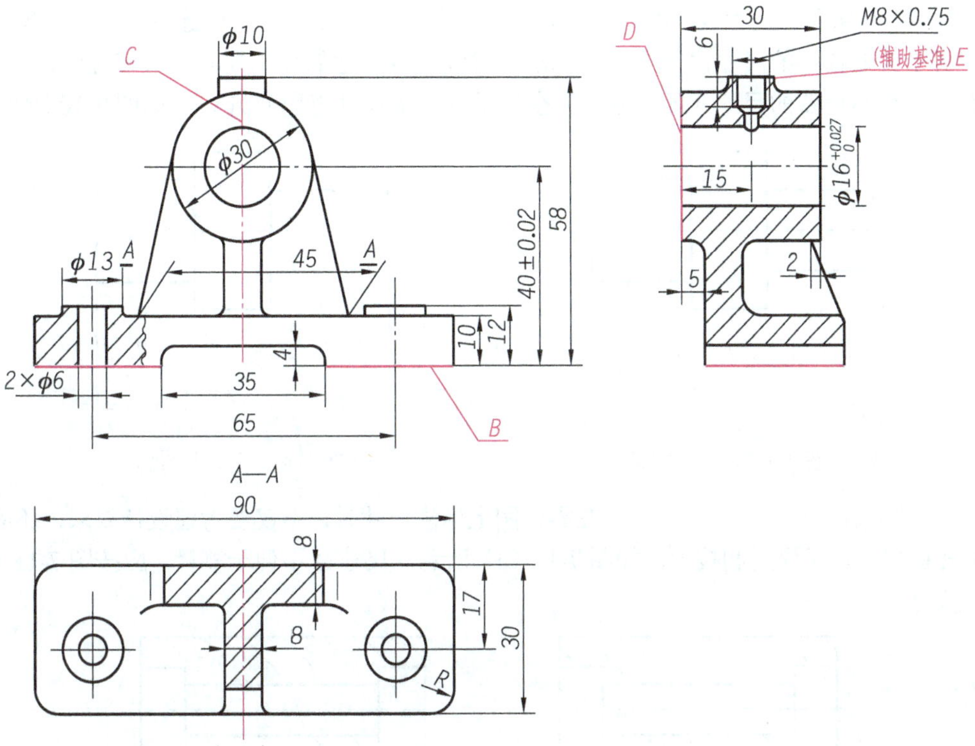

图 7-7　轴承座

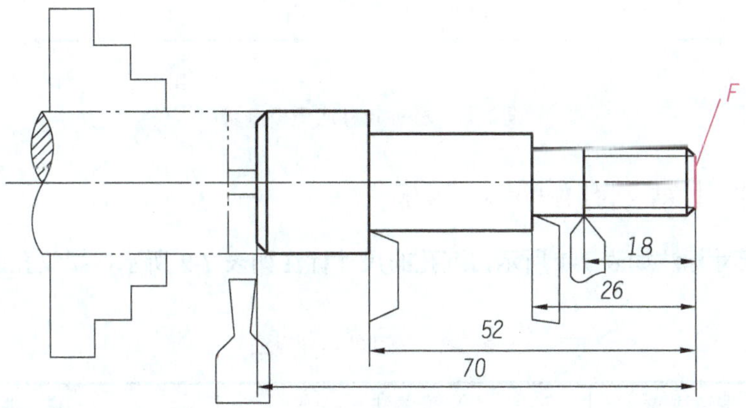

图 7-8　阶梯轴的加工

7.3.3　标注尺寸应注意的问题

在标注零件的尺寸之前，应先对零件各组成部分的形状、结构和作用等有所了解，分清哪些是影响零件质量的尺寸，哪些是对零件质量影响不大的尺寸，然后再选择尺寸基准，并标注必要的定形和定位尺寸。标注尺寸时，应注意以下问题。

（1）重要尺寸必须从设计基准直接注出。如图 7-7 所示的高度方向尺寸 40±0.02 。

（2）一般应避免注成封闭尺寸链。封闭尺寸链是指零件同一个方向上首尾相接的尺寸。如图 7-9 所示，尺寸 A，B，C，D 构成一个封闭的尺寸链，尺寸链中任一环的尺寸误差将等于其他各环的尺寸误差之和，无法同时满足各尺寸的加工要求，故在标注尺寸时，应选择一个不重要的尺寸（如尺寸 C）空出不标，使尺寸链留有开口，如图 7-10 所示。

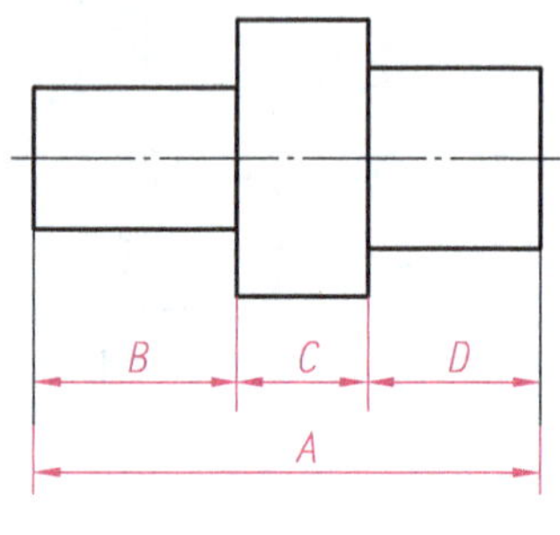

图 7-9　封闭尺寸链

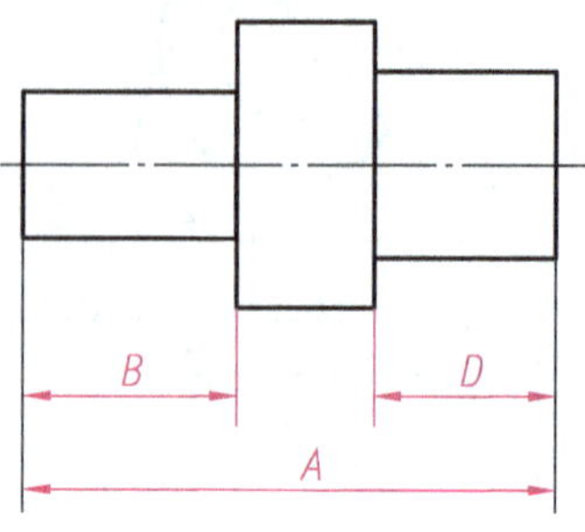

图 7-10　开口尺寸链

（3）考虑测量的方便与可能。在零件图上标注尺寸时，不仅要考虑设计要求，还应使标注出的尺寸便于测量和校验。如图 7-11（a）所示，尺寸 A 不便于测量，应按图 7-11（b）标注尺寸。

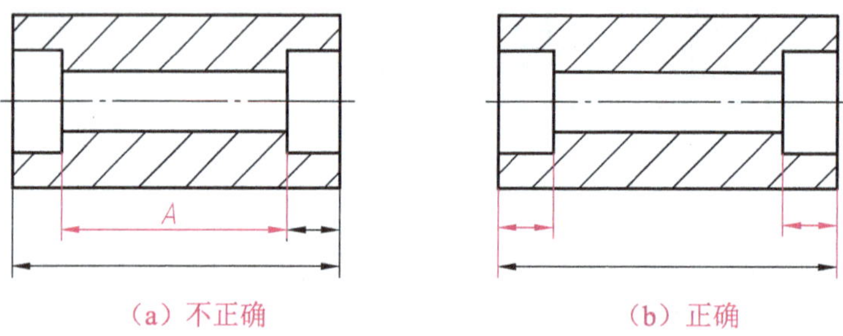

（a）不正确　　（b）正确

图 7-11　标注尺寸应便于测量

7.3.4　零件上常见孔的尺寸标法

光孔的尺寸标注如表 7-1 所示，沉孔的尺寸标注如表 7-2 所示，螺纹孔的尺寸标注如表 7-3 所示。

表 7-1　光孔的尺寸标注

类型		普通注法	旁注法		说　明
光孔	一般孔	4×ϕ12 14	4×ϕ12↧14	4×ϕ12↧14	“↧”深度符号（下同），表示 4 个ϕ12 mm 的孔，孔深为 14 mm
	锥销孔	无普通注法	锥销孔ϕ4 配作	锥销孔ϕ4 配作	“配作”是指和另一零件的同位锥销孔一起加工；4 是与孔相配的圆锥销的公称直径（小端直径）

表 7-2　沉孔的尺寸标注

类型		普通注法	旁注法		说　明
沉孔	锥形沉孔	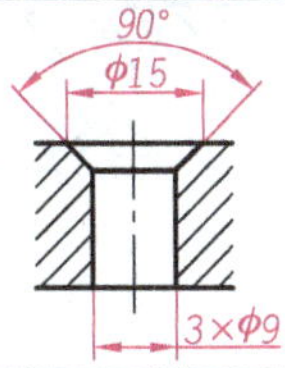 90° φ15 3×φ9	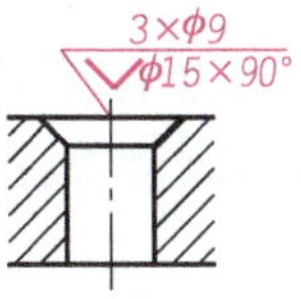 3×φ9 ⌵φ15×90°	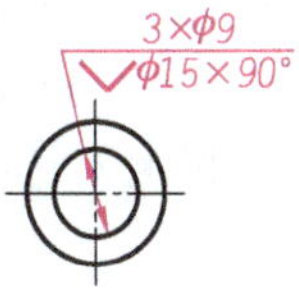 3×φ9 ⌵φ15×90°	“⌵”为锥形沉孔符号，表示 3 个φ9 mm 的孔，其 90°锥形沉孔的最大直径为φ15 mm
	柱形沉孔	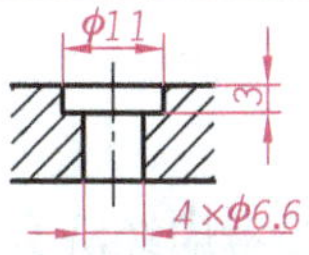 φ11 3 4×φ6.6	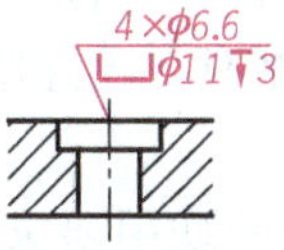 4×φ6.6 ⌴φ11↧3	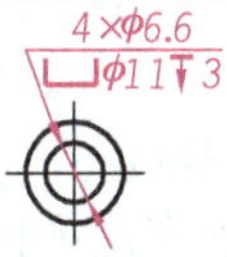 4×φ6.6 ⌴φ11↧3	“⌴”为柱形沉孔（或锪平孔）符号，表示 4 个直径为φ6.6 mm 的孔，柱形沉孔的直径为φ11 mm，深为 3 mm
	锪平孔	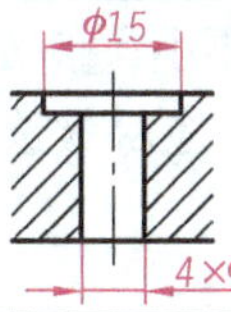 φ15 4×φ7	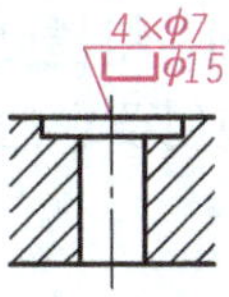 4×φ7 ⌴φ15	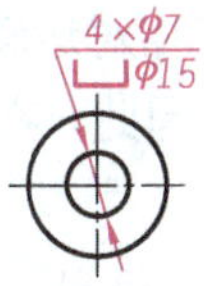 4×φ7 ⌴φ15	表示 4 个直径为φ7 mm 的孔，其锪平直径为 15 mm，深度不必标出（锪平通常只需锪出平面即可）

表 7-3　螺纹孔的尺寸标注

类型		普通注法	旁注法		说　明
螺孔	通孔	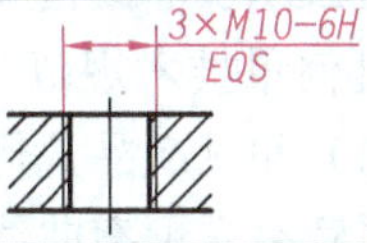 3×M10-6H EQS	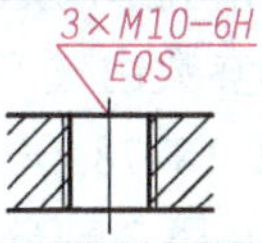 3×M10-6H EQS	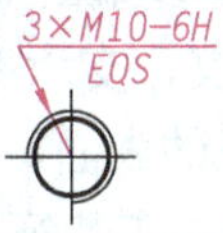 3×M10-6H EQS	表示 3 个公称直径为 10 mm 的螺纹孔，中径、顶径的公差带代号为 6H，均匀分布
	不通孔	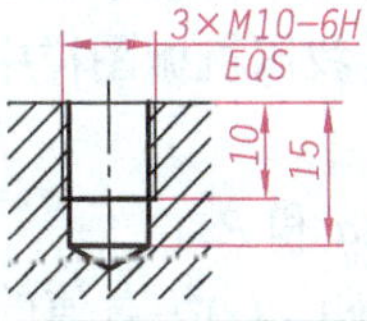 3×M10-6H EQS 10 15	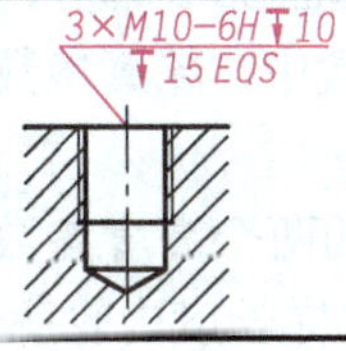 3×M10-6H↧10 ↧15 EQS	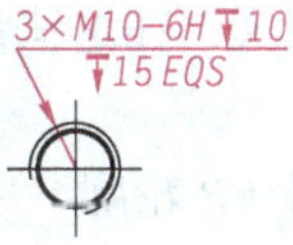 3×M10-6H↧10 ↧15 EQS	表示 3 个均匀分布的公称直径为 10 mm 的螺纹孔，钻孔深度为 15 mm，螺孔深度为 10 mm，中径、顶径的公差带代号为 6H，均匀分布

7.4　零件图上的技术要求

零件图中除了视图和尺寸标注外，还应具备加工和检验零件时应满足的一些技术要求。零件图中的技术要求主要包括表面结构、尺寸公差、几何公差和热处理等。技术要求通常用符号、代号或标记标注在图形上，或者用简明的文字注写在标题栏附近。

7.4.1　表面结构表示法

表面结构是表面粗糙度、表面波纹度、表面缺陷和表面纹理等的总称。表面结构的各项要求在图样上的表示法在《产品几何技术规范（GPS）技术产品文件中表面结构的表示法》（GB/T 131—2006）中均有规定。本节主要介绍常用的表面粗糙度表示法。

1．基本概念及术语

1）表面粗糙度

图 7-12 表面粗糙度

零件经过机械加工后的表面会留有许多高低不平的凸峰和凹谷，这种微观几何形状特性称为表面粗糙度，如图 7-12 所示。表面粗糙度与加工方法、刀刃形状和走刀量等各种因素都有密切关系。

表面粗糙度是评定零件表面质量的一项重要技术指标，对于零件的配合、耐磨性、抗腐蚀性以及密封性等都有显著影响，是零件图中必不可少的一项技术要求。

零件表面粗糙度的选用应该既满足零件表面的功用要求，又要考虑经济合理。一般情况下，凡是零件上有配合要求或有相对运动的表面，粗糙度参数值要小，参数值越小，表面质量越高，但加工成本也越高，因此，在满足使用要求的前提下，应尽量选用较大的参数值，以降低成本。

2）评定表面粗糙度的常用轮廓参数

零件表面结构的状况可由轮廓参数、图形参数、支承率曲线参数三大类参数加以评定。其中，轮廓参数由《产品几何技术规范（GPS）表面结构 轮廓法 术语、定义及表面结构参数》（GB/T 3505—2009）定义，图形参数由《产品几何技术规范（GPS）表面结构 轮廓法 图形参数》（GB/T 18618—2009）定义，支承率曲线参数由《产品几何量技术规范（GPS）表面结构 轮廓法 具有复合加工特征的表面》（GB/T 18778.2—2003）和《产品几何技术规范（GPS）表面结构轮廓法具有复合加工特征的表面 第 3 部分：用概率支承率曲线表征高度特性》（GB/T 18778.3—2006）定义。在这些参数中，轮廓参数是我国机械图样中最常用的评定参数。

本节仅介绍评定粗糙度轮廓（*R* 轮廓）中的两个高度参数 *Ra* 和 *Rz*。

- 轮廓算术平均偏差 *Ra*：是指在一个取样长度内轮廓偏距 $Z(x)$绝对值的算术平均值，如图 7-13 所示，其近似值为 $Ra=\frac{1}{n}\sum_{i=1}^{n}|Z(x_i)|$。
- 轮廓最大高度 *Rz*：是指在同一取样长度内，最大轮廓峰高和最大轮廓谷深之和的高度，如图 7-13 所示。

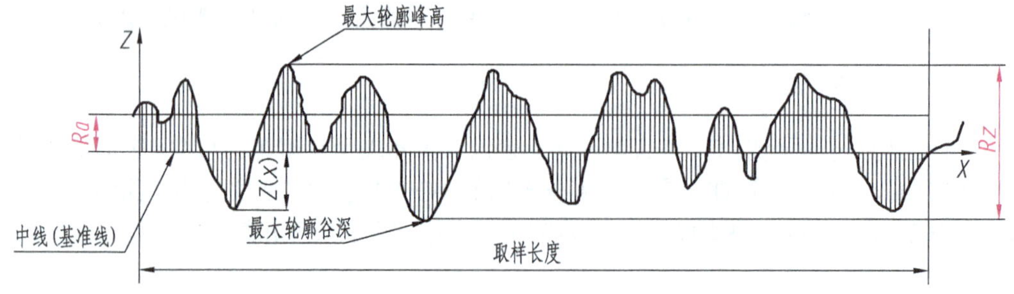

图 7-13 轮廓算术平均偏差 *Ra* 和轮廓最大高度 *Rz*

2. 标注表面结构的图形符号

标注表面结构要求时的图形符号种类、名称、尺寸及其含义如表 7-4 所示。

表 7-4 表面结构符号

符号名称	符 号	含 义
基本符号		基本符号是指未指定工艺方法的表面。当该符号作为注解时，可单独使用
扩展符号		用于表示用去除材料方法获得的表面，仅当含义是“被加工表面”时可单独使用
		用于表示用不去除材料方法获得的表面，也可用于表示保持原供应状况或上道工序形成的表面（不管是否已去除材料）
完整符号	允许任何工艺　去除材料　不去除材料	当需要标注表面结构特征的补充信息时，在上述三个符号的长边上可加一横线，用于标注有关参数或说明
		表示视图中封闭的轮廓线所表示的所有表面具有相同的表面粗糙度要求

3. 表面结构代号

为了明确表面结构要求，除了标注表面结构参数和数值外，必要时应标注补充要求，包括传输带、取样长度、加工工艺、表面纹理及方向、加工余量等。这些要求在图形符号中的注写位置如图 7-14 所示。表面结构符号中注写了具体参数代号及数值等要求后即称为表面结构代号。

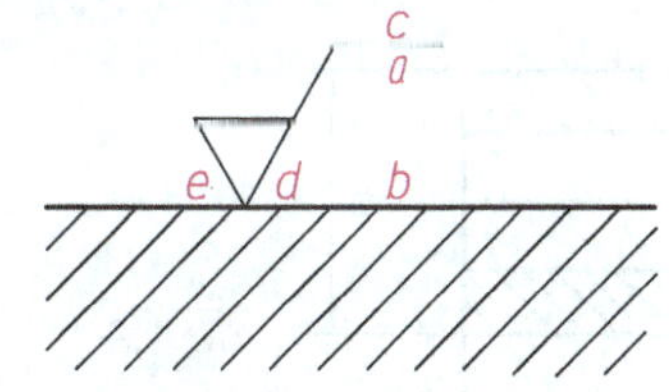

位置 a：注写第一个表面结构要求，如结构参数代号、极限值、取样长度或传输带等。参数代号和极限值间应插入空格

位置 b：注写第二个或多个表面结构要求

位置 c：注写加工方法、表面处理或涂层等，如“车”“磨”等

位置 d：注写所要求的表面纹理和纹理方向，如“=”“M”等

位置 e：注写所要求的加工余量

图 7-14 补充要求的注写

> 表面纹理是指完工零件表面上呈现的，与切削运动轨迹相应的图案，各种纹理方向的符号及其含义可参阅《产品几何技术规范（GPS）技术产品文件中表面结构的表示法》（GB/T 131—2006）。

4. 表面结构要求在图样中的注法

（1）表面结构要求对每一表面一般只注一次，并尽可能注在相应的尺寸及其公差的同一视图上。除非另有说明，所标注的表面结构要求是对完工零件表面的要求。

（2）表面结构的注写和读取方向与尺寸的注写和读取方向一致。表面结构要求可标注在轮廓线上，其符号应从材料外指向并接触表面，如图 7-15 所示。必要时，表面结构也可用带箭头或黑点的指引线引出标注，如图 7-16 所示。

（3）在不致引起误解时，表面结构要求可以标注在给定的尺寸线上，如图 7-17 所示。

（4）表面结构要求可标注在几何公差框格的上方，如图 7-18 所示。

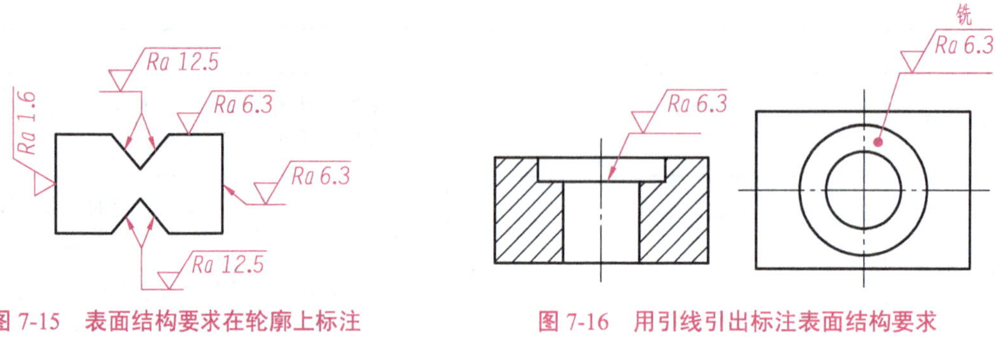

图 7-15　表面结构要求在轮廓上标注　　图 7-16　用引线引出标注表面结构要求

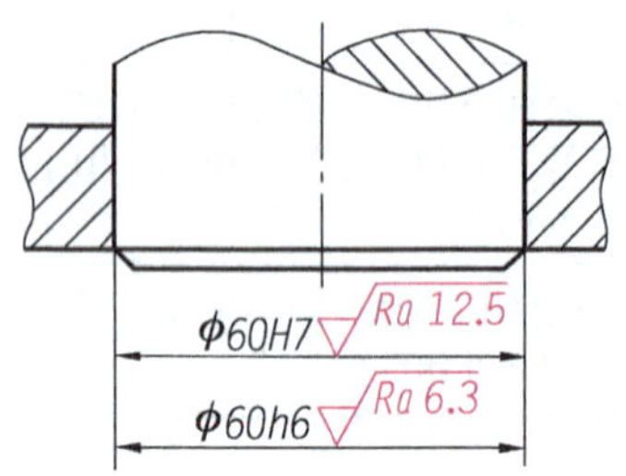

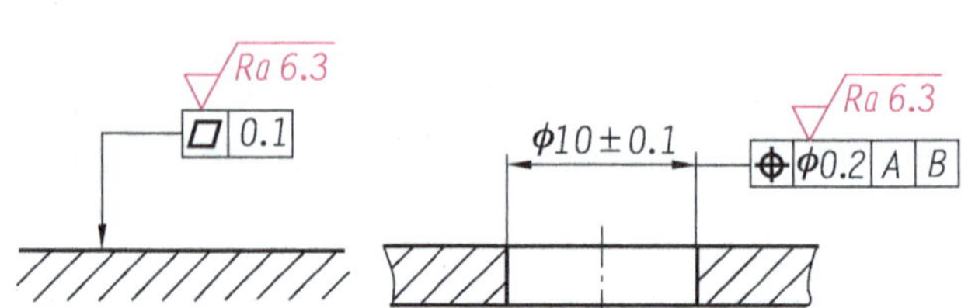

图 7-17　表面结构要求标注在尺寸线上　　图 7-18　表面结构要求标注在几何公差框格的上方

（5）圆柱和棱柱表面的表面结构要求只标注一次，如图 7-19 所示。如果每个棱柱表面有不同的表面要求，则应分别单独标注，如图 7-20 所示。

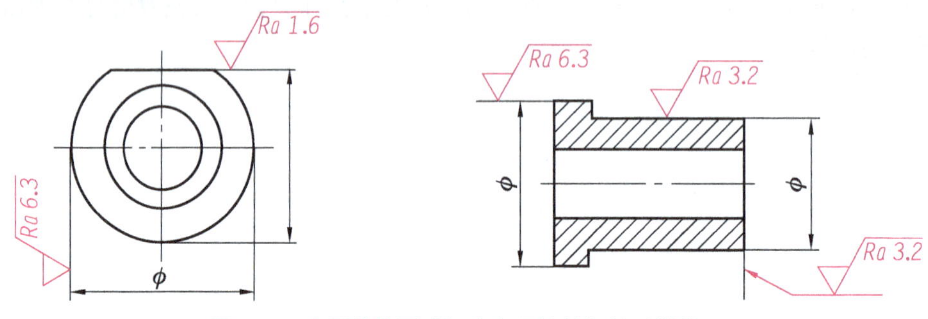

图 7-19　表面结构要求标注在圆柱特征的延长线上

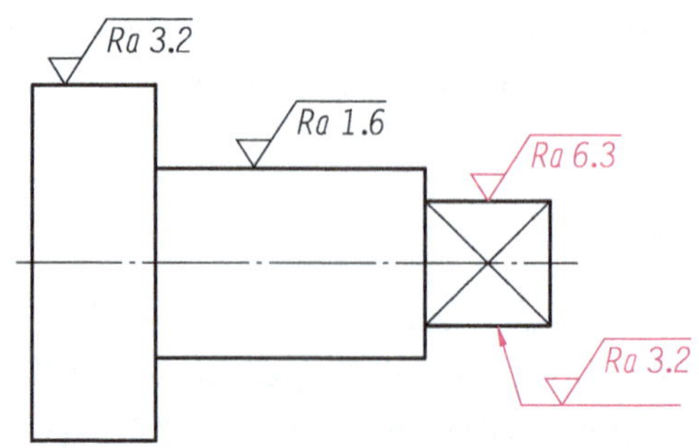

图 7-20　圆柱和棱柱的表面结构要求的注法

5. 表面结构要求在图样中的简化注法

1）有相同表面结构要求的简化注法

如果在工件的多数（包括全部）表面有相同的表面结构要求时，则其表面结构要求可统一标注在图样的标题栏附近。此时，除全部表面有相同要求的情况外，表面结构要求的符号后面应有：

（1）在圆括号内给出无任何其他标注的基本符号，如图 7-21（a）所示；

（2）在圆括号内给出不同的表面结构要求，如图 7-21（b）所示。

不同的表面结构要求应直接标注在图形中，如图 7-21 所示。

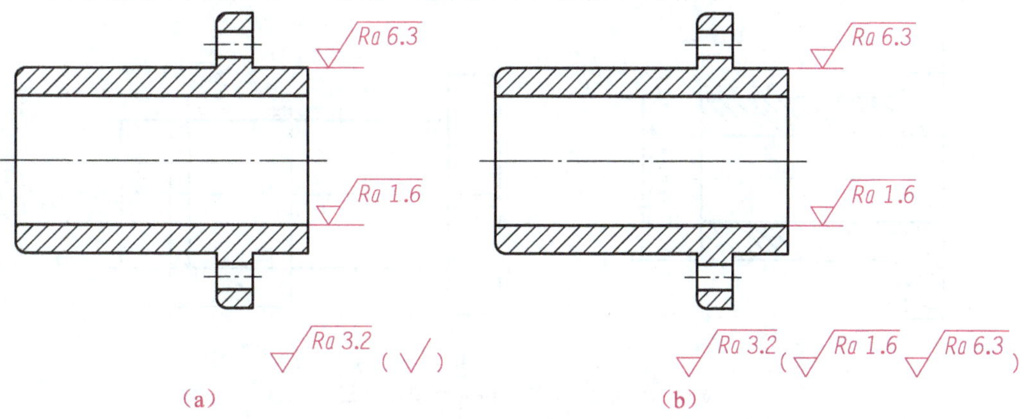

图 7-21 大多数表面有相同表面结构要求的简化注法

2）多个表面有共同表面结构要求的标注方法

当多个表面具有相同的表面结构要求或图纸的标注空间较小时，可采用图 7-22 所示的两种简化注法。无论采用哪一种简化注法，都必须在标题栏附近以等式的形式写出其具体表示的粗糙度值。

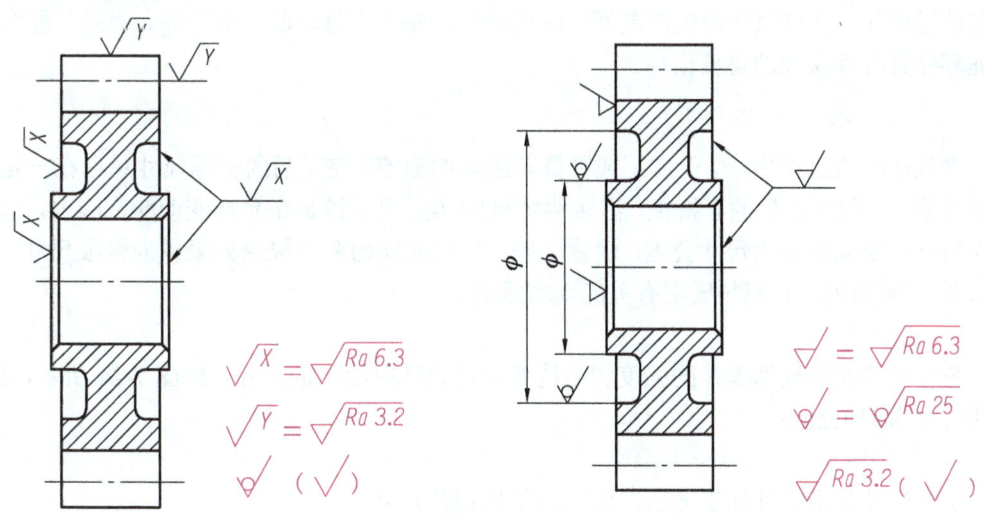

图 7-22 多个表面有共同表面结构要求的简化注法

3）两种或多种工艺获得的同一表面的注法

由几种不同的工艺方法获得的同一表面，当需要明确每种工艺方法的表面结构要求时可按图 7-23（a）所示进行标注（图中 Fe 表示基本材料为钢，Ep 表示加工工艺为电镀）。

如图 7-23（b）所示，三个连续的加工工序的表面结构、尺寸和表面处理的标注如下：

第一道工序：单向上限值，*Rz* 为 1.6 μm，表面纹理没有要求，去除材料的工艺。

第二道工序：镀铬，无其他表面结构要求。

第三道工序：一个单向上限值，仅对长为 50 mm 的圆柱表面有效，*Rz* 为 6.3 μm，表面纹理没有要求，磨削加工工艺。

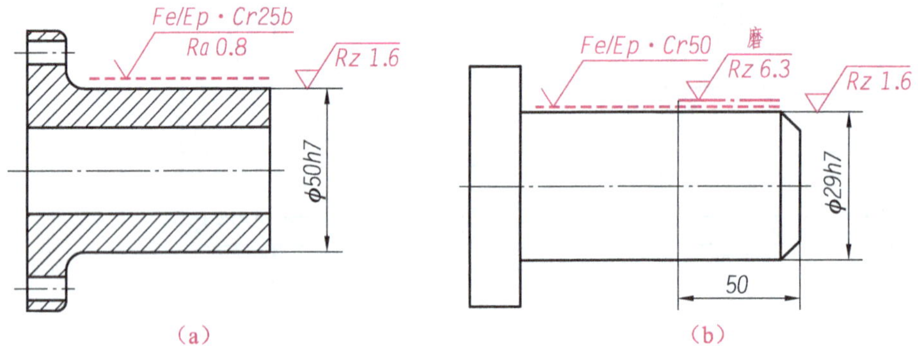

图 7-23　多种工艺获得同一表面的注法

7.4.2　极限与配合

在成批或大量生产中，同一批零件在装配前不经过挑选或修配，任取其中一件进行装配，其装配后就能满足设计和使用性能要求，零件的这种在尺寸与功能上可以互相替代的性质称为互换性。零件之间具有互换性，有利于实现产品质量标准化、品种规格系列化和零部件通用化，还可以缩短生产周期、降低成本、保证质量、便于维修等。极限与配合是保证零件具有互换性的重要指标。

1. 尺寸公差和极限

零件在制造过程中，由于加工或测量等因素的影响，完工后的实际尺寸总存在一定程度的误差。为保证零件的互换性，必须将零件的实际尺寸控制在允许变动的范围内，这个允许的尺寸变动量称为尺寸公差，简称公差；允许变动的两个极端界限称为极限尺寸。下面以图 7-24 为例，介绍与极限有关的基本术语。

1）公称尺寸

公称尺寸是指根据零件的强度和结构要求在设计时给定的尺寸，如图 7-24 所示，孔、轴的尺寸为ϕ50 mm。

2）实际尺寸

实际尺寸是指零件加工之后，实际测量所得的尺寸。

3）极限尺寸

极限尺寸是指允许零件实际尺寸变化的两个极限值，分最大极限尺寸和最小极限尺寸

两种，实际尺寸在这两个尺寸之间才算合格。

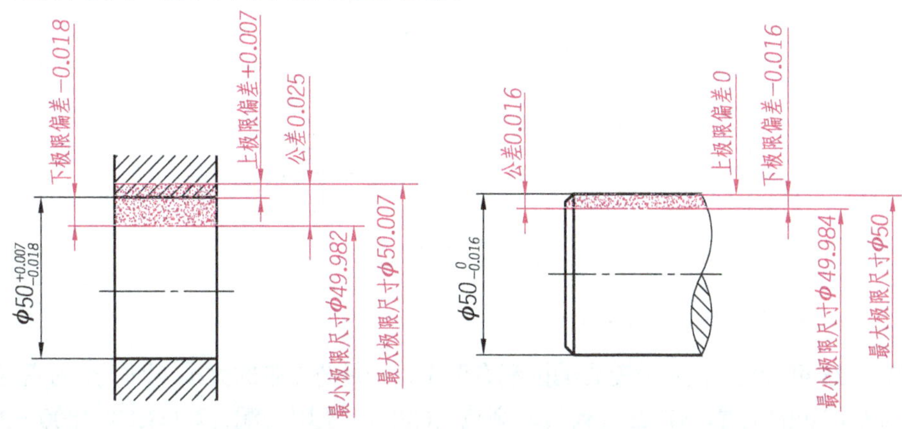

图 7-24　极限与公差的基本术语

4）极限偏差

极限偏差是指零件的极限尺寸减去其公称尺寸后所得的代数差。极限偏差分为上极限偏差和下极限偏差两种。

上极限偏差＝最大极限尺寸－公称尺寸

下极限偏差＝最小极限尺寸－公称尺寸

上极限偏差和下极限偏差可以是正值、负值或零。《产品几何技术规范（GPS）极限与配合》（GB/T 1800—2009）规定，孔的上、下极限偏差代号分别用大写字母 ES，EI 表示；轴的上、下极限偏差代号分别用小写字母 es，ei 表示。如图 7-24 所示，孔的上极限偏差 ES＝+0.007 mm，轴的上极限偏差 es＝0；孔的下极限偏差 EI＝−0.018 mm，轴的下极限偏差 ei＝−0.016 mm。

5）尺寸公差

尺寸公差简称公差，是指尺寸的允许变动量，即尺寸公差＝最大极限尺寸－最小极限尺寸＝上极限偏差－下极限偏差。如图 7-24 所示，孔公差＝ES－EI＝+0.007－(−0.018)＝0.025 (mm)；轴公差＝es－ei＝0－(−0.016)＝0.016 (mm)。

由此可知，公差仅表示尺寸允许变动的范围，为正值。孔和轴的公差分别用 T_h 和 T_s 表示。公差越小，零件的尺寸精度越高，实际尺寸允许的变动量也越小；反之，公差越大，尺寸精度越低。

6）公差带

公差带是代表上极限偏差和下极限偏差或上极限尺寸和下极限尺寸的两条直线所限定的一个区域。为了分析公差时方便，一般只画出放大的孔、轴公差带位置关系，这种表示公称尺寸、尺寸公差大小和位置关系的图形称为公差带图。在公差带图中，用零线表示公称尺寸；以该线为基准，上方为正，下方为负；用矩形的高表示尺寸的变化范围（即公差），矩形的上边代表上极限偏差，矩形的下边代表下极限偏差，矩形的长度无实际意义，如图 7-25 所示。

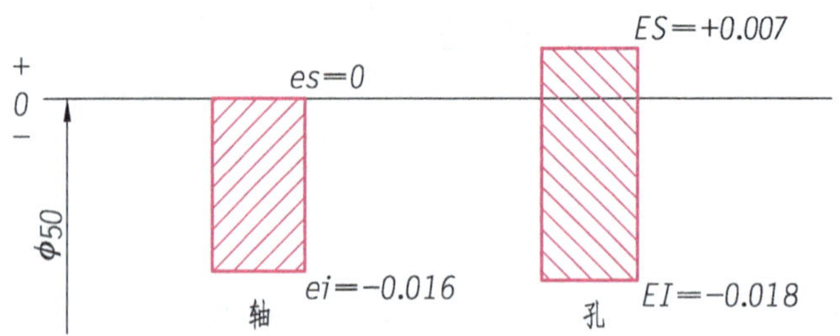

图 7-25　公差带图

2. 标准公差、基本偏差和公差带代号

由图 7-25 可看出，决定公差带的因素有两个，一是公差带的大小（即矩形的高度），二是公差带距零线的位置。《产品几何技术规范（GPS） 极限与配合》（GB/T 1800—2009）规定用标准公差和基本偏差来表达公差带。

1）标准公差

标准公差(IT)用于确定公差带的大小。标准公差分为 20 个等级，即 IT01，IT0，IT1，……，IT18。其中 IT01 级的精度最高，然后依次降低，IT18 级的精度最低。因标准公差等级 IT01，IT0 在工业上很少用到，所以在《产品几何技术规范（GPS） 极限与配合 第 2 部分：标准公差等级和孔、轴极限偏差表》（GB/T 1800.2—2009）中删除了此两项公差等级的标准公差数值。根据公称尺寸和标准公差等级，标准公差值可查表 7-5。

表 7-5　标准公差数值（摘自 GB/T 1800.2—2009）

公称尺寸/mm		标准公差等级																	
		IT1	IT2	IT3	IT4	IT5	IT6	IT7	IT8	IT9	IT10	IT11	IT12	IT13	IT14	IT15	IT16	IT17	IT18
大于	至	公差值/μm											公差值/mm						
—	3	0.8	1.2	2	3	4	6	10	14	25	40	60	0.1	0.14	0.25	0.4	0.6	1	1.4
3	6	1	1.5	2.5	4	5	8	12	18	30	48	75	0.12	0.18	0.3	0.48	0.75	1.2	1.8
6	10	1	1.5	2.5	4	6	9	15	22	36	58	90	0.15	0.22	0.36	0.58	0.9	1.5	2.2
10	18	1.2	2	3	5	8	11	18	27	43	70	110	0.18	0.27	0.43	0.7	1.1	1.8	2.7
18	30	1.5	2.5	4	6	9	13	21	33	52	84	130	0.21	0.33	0.52	0.84	1.3	2.1	3.3
30	50	1.5	2.5	4	7	11	16	25	39	62	100	160	0.25	0.39	0.62	1	1.6	2.5	3.9
50	80	2	3	5	8	13	19	30	46	74	120	190	0.3	0.46	0.74	1.2	1.9	3	4.6
80	120	2.5	4	6	10	15	22	35	54	87	140	220	0.35	0.54	0.87	1.4	2.2	3.5	5.4
120	180	3.5	5	8	12	18	25	40	63	100	160	250	0.4	0.63	1	1.6	2.5	4	6.3
180	250	4.5	7	10	14	20	29	46	72	115	185	290	0.46	0.72	1.15	1.85	2.9	4.6	7.2
250	315	6	8	12	16	23	32	52	81	130	210	320	0.52	0.81	1.3	2.1	3.2	5.2	8.1
315	400	7	9	13	18	25	36	57	89	140	230	360	0.57	0.89	1.4	2.3	3.6	5.7	8.9
400	500	8	10	15	20	27	40	63	97	155	250	400	0.63	0.97	1.55	2.5	4	6.3	9.7

注：公称尺寸小于或等于 1 mm 时，无 IT14～IT18。

2）基本偏差

基本偏差用于确定公差带相对零线位置的上极限偏差或下极限偏差，一般指靠近零线的那个极限偏差。国家标准对孔、轴各规定 28 个基本偏差，其基本偏差代号用拉丁字母表示，大写表示孔，小写表示轴，如图 7-26 所示。H 的基本偏差是下极限偏差，EI = 0；h 的基本偏差是上极限偏差，es = 0。

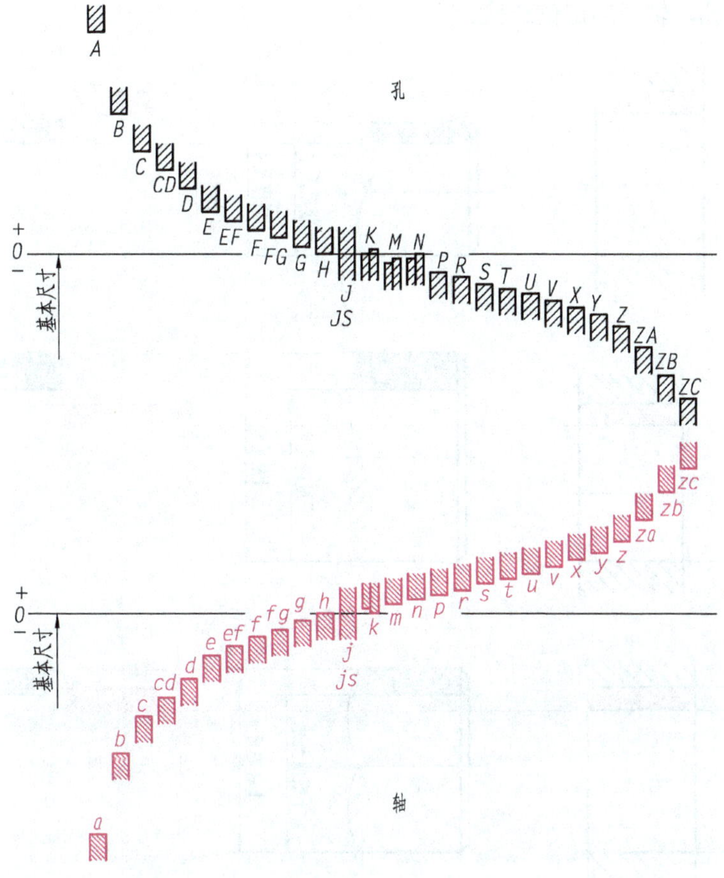

图 7-26　基本偏差系列

3）公差带代号

公差带代号由基本偏差代号和公差等级组成，孔、轴的具体上、下极限偏差值可查附表 22 和附表 23。例如，60H7 中，60 是公称尺寸，H 是基本偏差代号，大写表示孔，7 表示公差等级为 7 级，由附表 22 可知其上极限偏差为+0.030 mm，下极限偏差为 0。

3. 配合

公称尺寸相同的一批相互结合的孔和轴的公差带之间的关系称为配合。按照孔和轴公差带间的相对位置关系，配合可分为间隙配合、过盈配合和过渡配合三种，如图 7-27 所示。

- **间隙配合**：是指一批孔与轴装在一起时具有间隙（包括最小间隙等于零）的配合。此时，孔的公差带完全在轴的公差带上方，如图 7-27（a）所示。间隙配合主要用于孔、轴间需要产生相对运动的活动连接。

- **过盈配合：**是指一批孔与轴装在一起时具有过盈（包括最小过盈等于零）的配合。此时，孔的公差带完全在轴的公差带下方，如图 7-27（b）所示。过盈配合主要用于孔、轴间不允许产生相对运动的紧固连接。
- **过渡配合：**是指一批孔与轴装在一起时既可能存在间隙又可能存在过盈的配合。此时，孔的公差带与轴的公差带相互交叠，如图 7-27（c）所示。过渡配合主要用于孔、轴间的定位连接。

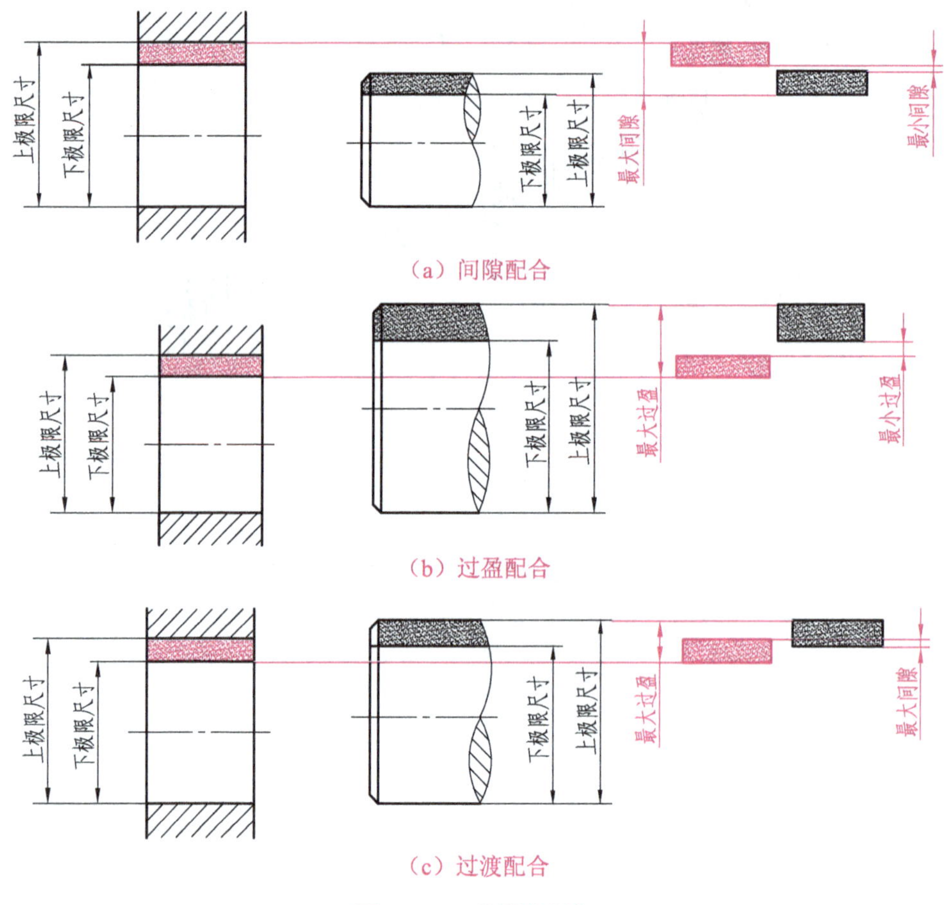

（a）间隙配合

（b）过盈配合

（c）过渡配合

图 7-27　三种配合制度

例如，已知ϕ60H7 的孔和ϕ60k6 的轴配合，查表可得出极限偏差，利用公差带图可判断其配合关系。

查附表 22，ϕ60 属于公称尺寸“>50～65”行，由该行向右看，再从基本偏差代号“H”列向下看，在等级栏中找到 7 级精度列向下看，汇交处的数值为$^{+30}_{\ 0}$μm，即上极限偏差 ES = +0.030 mm，下极限偏差 EI = 0；采用同样的方法，由附表 23 可查出轴ϕ60k6 的上极限偏差 es = +0.021 mm，下极限偏差 ei = +0.002 mm，如图 7-28 所示。公差带的宽度可取任意大小，因为孔的公差带和轴的公差带有部分相互交叠，故配合关系为过渡配合。

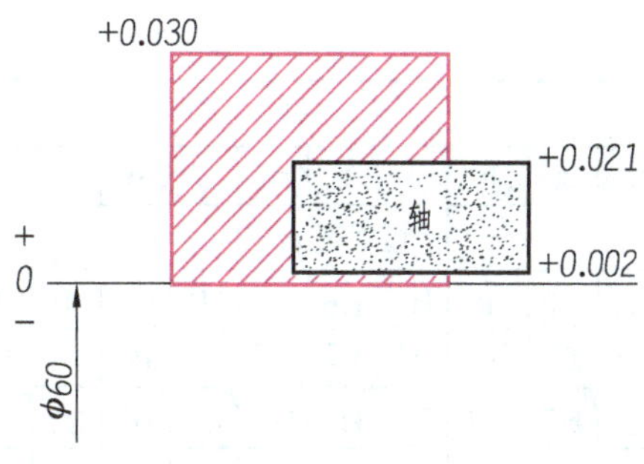

图 7-28　公差带示意图

4. 配合制度及其选择

配合制度是指孔和轴公差带形成配合的一种制度。根据生产实际需要，国家标准规定了两种配合制度。

- **基孔制配合**：是指基本偏差一定的孔的公差带，与不同基本偏差的轴的公差带形成不同松紧程度配合的一种制度。基孔制配合的孔称为基准孔，其基本偏差代号为"H"，下极限偏差为零，即它的最小极限尺寸等于公称尺寸，如图 7-29 所示。
- **基轴制配合**：是指基本偏差一定的轴的公差带与不同基本偏差的孔的公差带形成不同松紧程度配合的一种制度。基轴制配合的轴称为基准轴，其基本偏差代号为"h"，上极限偏差为零，即它的最大极限尺寸等于公称尺寸，如图 7-30 所示。

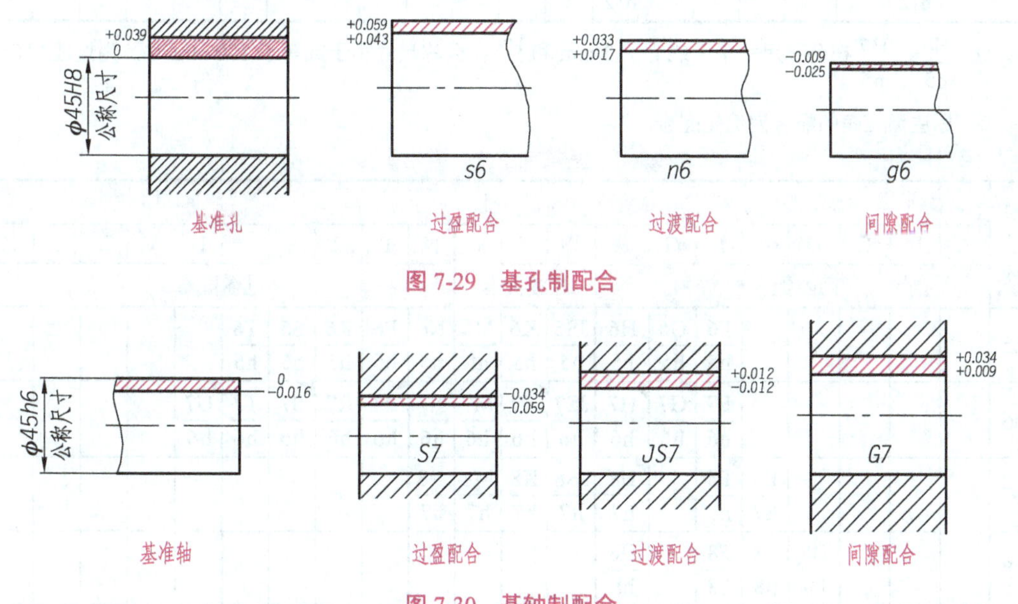

图 7-29　基孔制配合

图 7-30　基轴制配合

公称尺寸≤500 mm 时，规定了 59 种基孔制常用配合，其中，标注黑三角符号的 13 种为优先配合，如表 7-6 所示；规定了 47 种基轴制常用配合，其中，标注黑三角符号的 13 种为优先配合，如表 7-7 所示。

表 7-6 基孔制优先、常用配合

基准孔	轴																				
	a	b	c	d	e	f	g	h	js	k	m	n	p	r	s	t	u	v	x	y	z
	间隙配合								过渡配合			过盈配合									
H6						H6/f5	H6/g5	H6/h5	H6/js5	H6/k5	H6/m5	H6/n5	H6/p5	H6/r5	H6/s5	H6/t5					
H7						H7/f6	▲H7/g6	▲H7/h6	H7/js6	▲H7/k6	H7/m6	▲H7/n6	▲H7/p6	H7/r6	▲H7/s6	H7/t6	▲H7/u6	H7/v6	H7/x6	H7/y6	H7/z6
H8					H8/e7	▲H8/f7	H8/g7	▲H8/h7	H8/js7	H8/k7	H8/m7	H8/n7	H8/p7	H8/r7	H8/s7	H8/t7	H8/u7				
				H8/d8	H8/e8	H8/f8		H8/h8													
H9			H9/c9	▲H9/d9	H9/e9	H9/f9		▲H9/h9													
H10			H10/c10	H10/d10				H10/h10													
H11	H11/a11	H11/b11	▲H11/c11	H11/d11				▲H11/h11													
H12		H12/b12						H12/h12													

注：① H6/n5、H7/p6 在公称尺寸小于或等于 3 mm 和 H8/r7 在公称尺寸小于或等于 100 mm 时，为过渡配合。

② 标注黑三角的配合为优先配合。

表 7-7 基轴制优先、常用配合

基准轴	孔																				
	A	B	C	D	E	F	G	H	JS	K	M	N	P	R	S	T	U	V	X	Y	Z
	间隙配合								过渡配合			过盈配合									
h5						F6/h5	G6/h5	H6/h5	JS6/h5	K6/h5	M6/h5	N6/h5	P6/h5	R6/h5	S6/h5	T6/h5					
h6						F7/h6	▲G7/h6	▲H7/h6	JS7/h6	▲K7/h6	M7/h6	▲N7/h6	▲P7/h6	R7/h6	▲S7/h6	T7/h6	▲U7/h6				
h7					E8/h7	▲F8/h7		▲H8/h7	JS8/h7	K8/h7	M8/h7	N8/h7									
h8				D8/h8	E8/h8	F8/h8		H8/h8													
h9				▲D9/h9	E9/h9	F9/h9		▲H9/h9													
h10				D10/h10				H10/h10													
h11	A11/h11	B11/h11	▲C11/h11	D11/h11				▲H11/h11													

（续表）

基准轴	孔																				
	A	B	C	D	E	F	G	H	JS	K	M	N	P	R	S	T	U	V	X	Y	Z
	间隙配合								过渡配合			过盈配合									
h12		$\frac{B12}{h12}$						$\frac{H12}{h12}$													

注：标注黑三角的配合为优先配合。

在选择配合制度时，需要考虑以下几个原则：

① 一般情况下应优先选用基孔制，因为加工相同公差等级的孔和轴时，孔的加工难度比轴的加工难度大。

② 与标准件配合时，配合制度依据标准件而定。例如，滚动轴承的内圈与轴的配合应选用基孔制，而滚动轴承的外圈与轴承座孔的配合则应选用基轴制。

③ 基轴制主要用于结构设计要求不适合采用基孔制的场合。例如，同一轴与几个具有不同公差带的孔配合时，应选择基轴制。

5. 极限与配合的标注

1）在零件图中的标注

在零件图中，尺寸公差有以下三种标注形式：

- 用于大批量生产的零件，可只标注公差带代号，如图 7-31（a）所示。
- 用于中小批量生产的零件，一般可标注出极限偏差，如图 7-31（b）所示。标注极限偏差值时，极限偏差值的字号比公称尺寸的字号小一号。
- 需要同时标注出公差带代号和对应的极限偏差值时，应该在极限偏差值上加上圆括号，如图 7-31（c）所示。

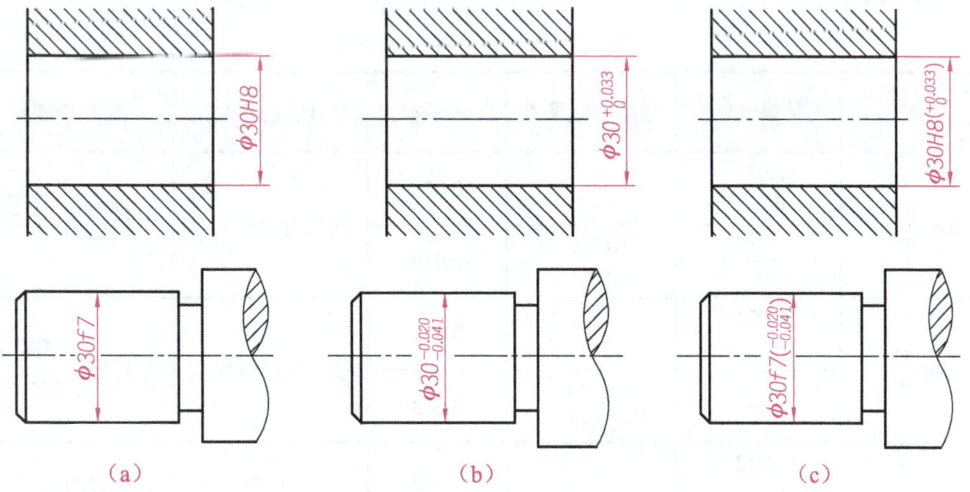

图 7-31　零件图中尺寸公差的三种标注形式

2）在装配图中的标注

在装配图上标注配合代号时，采用组合式注法，如图 7-32（a）和图 7-32（b）所示，在公称尺寸后面用分式表示，分子为孔的公差带代号，分母为轴的公差带代号。

对于与轴承、齿轮等标准件配合的零件，只需在装配图中标出该零件（非标准件）的公差带代号即可。如图 7-32（c）所示，轴承外圈是基准轴，内圈是基准孔，在装配图上只需要标出与轴承配合的轴、孔的公差带代号即可。

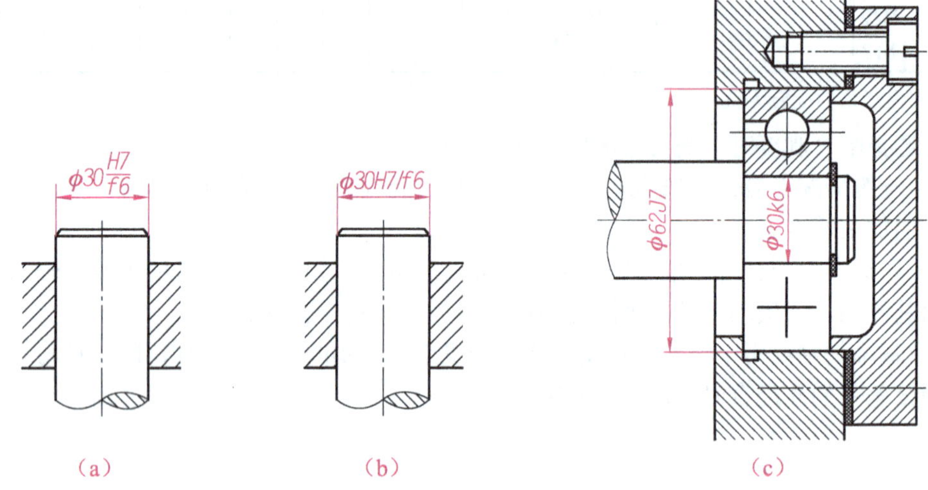

图 7-32 装配图上极限与配合的标注方法

6. 配合代号识读举例

表 7-8 列出了识读配合代号的几个例子，内容包括孔和轴的极限偏差、公差的计算、配合基准制的判别及其公差带图的画法等。阅读时，要注意横向内容的分析和比较，并根据给出的配合代号查表，与表中的数值进行核对，再根据孔、轴的极限偏差，查出它们的公差带代号。

表 7-8 配合代号的识读举例

项目 代号	孔的极限偏差	轴的极限偏差	公差	配合制度与类别	公差带图解
$\phi60\frac{H7}{n6}$	+0.03 0	—	0.030	基孔制过渡配合	+ 0 −
	—	+0.039 +0.020	0.019		
$\phi20\frac{H7}{s6}$	+0.021 0	—	0.021	基孔制过盈配合	+ 0 −
	—	+0.048 +0.035	0.013		
$\phi30\frac{H8}{f7}$	+0.033 0	—	0.033	基孔制间隙配合	+ 0 −
	—	−0.020 −0.041	0.021		

（续表）

项目 代号	孔的极限偏差	轴的极限偏差	公差	配合制度与类别	公差带图解
$\phi 24\frac{G7}{h6}$	+0.028 +0.007	—	0.021	基轴制间隙配合	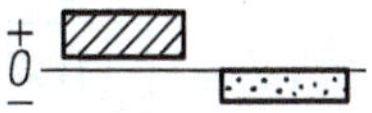
	—	0 −0.013	0.013		
$\phi 100\frac{K7}{h6}$	+0.010 −0.025	—	0.035	基轴制过渡配合	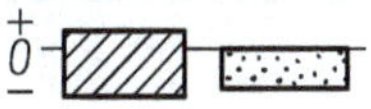
	—	0 −0.022	0.022		
$\phi 75\frac{R7}{h6}$	−0.032 −0.062	—	0.030	基轴制过盈配合	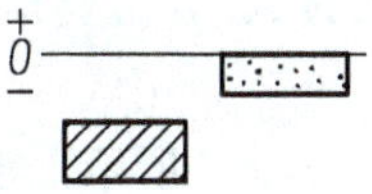
	—	0 −0.019	0.019		
$\phi 50\frac{H6}{h5}$	+0.016 0	—	0.016	基孔制，也可视为基轴制，是最小间隙为零的一种间隙配合	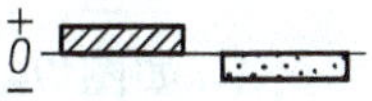
	—	0 −0.011	0.011		

7.4.3　几何公差

在实际生产中，经过加工的零件不仅会产生尺寸误差，还会出现形状和位置误差。如在加工轴时，其直径大小符合尺寸要求，但轴线弯曲，这样的零件仍然不是合格产品。所以，产品的质量不仅需要保证表面粗糙度、尺寸公差，还需要对零件宏观的几何形状和相对位置加以限制。

1. 几何公差符号

几何公差是用于限制实际要素的形状或位置误差的，是实际要素的允许变动量，包括形状、方向、位置和跳动公差。《产品几何技术规范（GPS）几何公差形状、方向、位置和跳动公差标注》（GB/T 1182—2008）规定的几何公差特征符号有 14 种，其名称和符号如表 7-9 所示。

表 7-9　几何公差的特征符号（摘自 GB/T 1182—2008）

类型	几何特征	符号	有无基准	类型	几何特征	符号	有无基准
形状公差	直线度	—	无	位置公差	位置度	⌖	有或无
	平面度	▱	无		同心度 （用于中心点）	◎	有
	圆度	○	无				
	圆柱度	⌭	无		同轴度 （用于轴线）	◎	有
	线轮廓度	⌒	无				
	面轮廓度	⌓	无		对称度	⌯	有

（续表）

类型	几何特征	符号	有无基准	类型	几何特征	符号	有无基准
方向公差	平行度	∥	有	跳动公差	线轮廓度	⌒	有
	垂直度	⊥	有		面轮廓度	⌓	有
	倾斜度	∠	有		圆跳动	↗	有
	线轮廓度	⌒	有		全跳动	⌰	有
	面轮廓度	⌓	有				

2. 要素的分类

几何要素（简称要素）是指构成零件几何特征的点、线、面，可分为组成要素（轮廓要素）、导出要素（中心要素）、被测要素、基准要素、单一要素和关联要素。

- **组成要素：** 构成零件外形，能被人们看得见、触摸到的点、线、面。如图 7-33 所示，零件上的锥顶点、回转体的轮廓线以及球面、圆锥面、端面、圆柱面均为组成要素。
- **导出要素：** 依附于组成要素而存在的点、线、面，这些要素看不见也触摸不到。如图 7-33 所示，圆球面的球心、圆锥和圆柱面的回转轴线以及对称结构的对称平面均为导出要素。
- **被测要素：** 图样上给出了几何公差要求的要素，是检测的对象。
- **基准要素：** 图样上规定用来确定被测要素几何位置关系的要素。
- **单一要素：** 按本身功能要求而给出形状公差的被测要素。
- **关联要素：** 与基准要素有功能关系要求的被测要素。

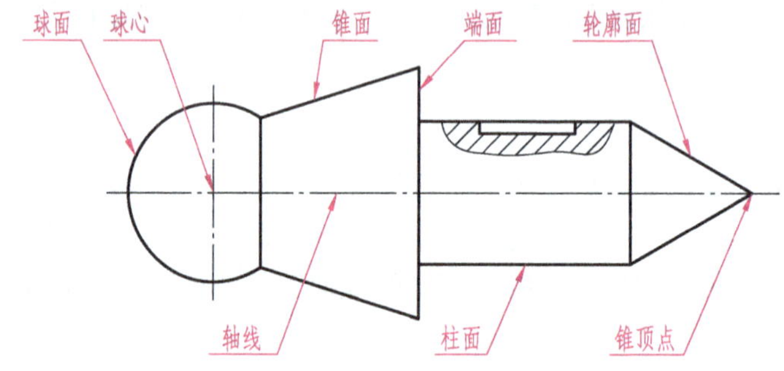

图 7-33　几何要素的概念

3. 几何公差代号与基准代号

几何公差代号一般是由带箭头的指引线、公差框格、几何特征符号、公差值及基准代号字母（只有有基准的几何特征才有基准代号字母）组成，如图 7-34（a）所示；基准代号由正方形线框、字母和带黑三角（或白三角）的引线组成，如图 7-34（b）所示，图中，h 表示字体高度。

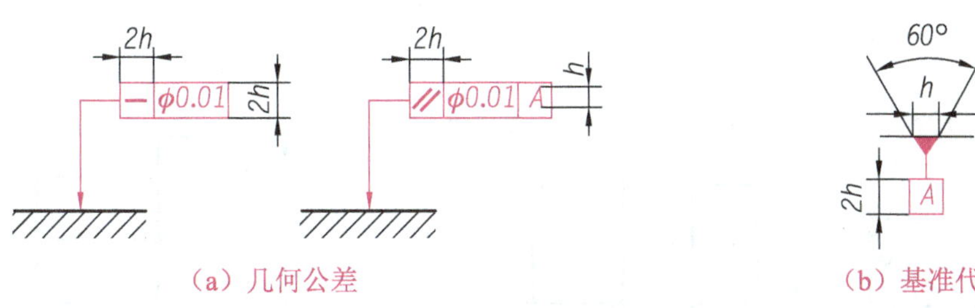

（a）几何公差　　（b）基准代号

图 7-34　几何公差和基准代号

几何公差代号和基准代号均可垂直或水平放置，水平放置时其内容由左向右填写，竖直放置时其内容由下向上填写。如果公差带为圆形或圆柱形时，公差值前应加注符号“φ”，如图 7-35 所示；如果公差带为圆球形，公差值前应加注符号“Sφ”。

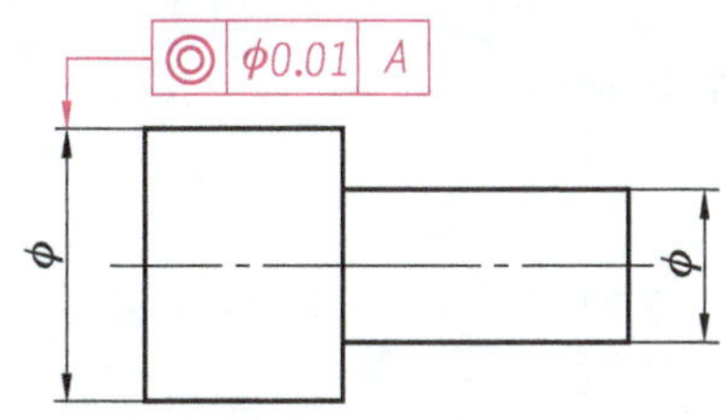

图 7-35　被测要素为导出要素时的注法

4. 几何公差的标注方法

（1）当被测要素或基准要素为轮廓线或轮廓表面时，带指引线的箭头和基准符号应置于被测要素的轮廓线或其延长线上，但必须与尺寸线明显错开，如图 7-36 所示。

（2）当被测要素和基准要素为轴线、中心平面或中心点时，带指引线的箭头和基准符号应与被测要素的尺寸线对齐，如图 7-37 所示。

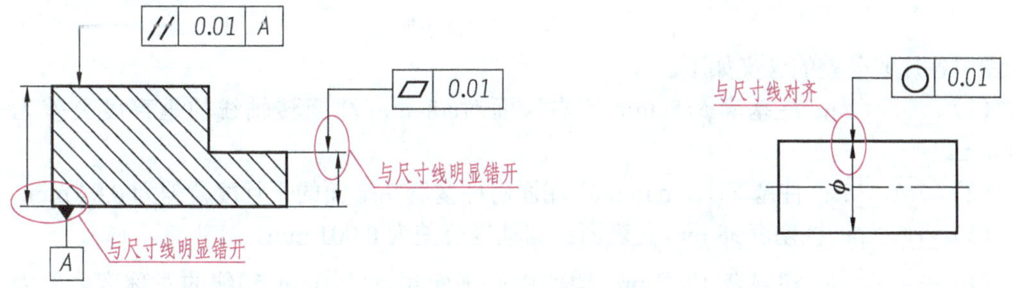

图 7-36　被测要素和基准要素为轮廓要素时的注法　　图 7-37　被测要素和基准要素为轴线时的注法

（3）当几个不同被测要素具有相同公差项目和数值时，可从框格一端画出公共指引线，然后将带箭头的指引线分别指向被测要素，如图 7-38 所示。

（4）当同一个被测要素具有不同的公差项目时，两个公差框格可上下并列，并共用一条带箭头的指引线，如图 7-39 所示。

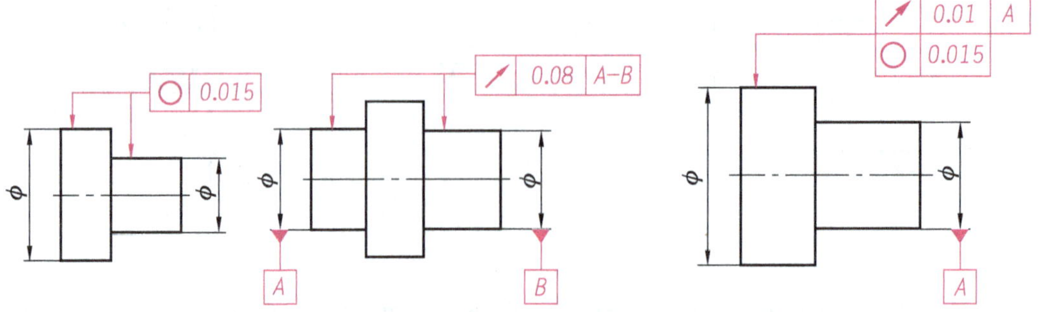

图 7-38 具有相同几何公差的标法　　　　图 7-39 具有多个不同公差项目时的标法

5. 几何公差识读示例

几何公差识读示例如图 7-40 所示。

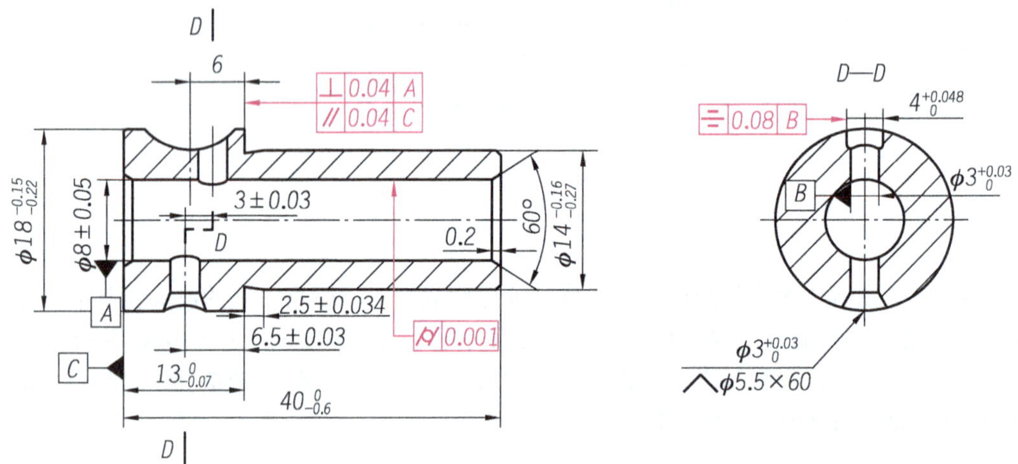

图 7-40 几何公差识读示例

图中各几何公差的含义如下。

（1）⊥ 0.04 A：柱塞套ϕ18 mm 的右端面对ϕ8 mm 孔回转轴线的垂直度公差为 0.04 mm。

（2）// 0.04 C：柱塞套ϕ18 mm 的右端面对柱塞套左端面的平行度公差为 0.04 mm。

（3）⌭ 0.001：柱塞套ϕ8 mm 孔表面的圆柱度公差为 0.001 mm。

（4）⌯ 0.08 B：柱塞套 $4^{+0.048}_{0}$ mm 槽的中心平面对 $\phi 3^{+0.03}_{0}$ mm 轴线的对称度公差为 0.08 mm。

7.5 零件上常见的工艺结构

零件的结构形状主要取决于零件在机器（或部件）中的作用，但在设计或零件测绘时，还需要考虑零件的制造工艺对零件结构的要求。例如，铸件在铸造过程中对铸造圆角、起模斜度、壁厚等的要求；机加工零件在机械加工过程中对倒角、倒圆、退刀槽和砂轮越程

槽等的要求。

7.5.1　铸造工艺结构

铸造是指将熔融的液态金属或合金浇入砂型型腔中，待其冷却凝固后获得的具有一定形状和性能的铸造零件的方法。铸造的工艺结构包括铸件壁厚、铸造圆角和起模斜度等。

1. 铸件壁厚

铸件壁厚应尽量均匀或采用逐渐过渡的结构。否则，在壁厚处极易形成缩孔或在壁厚突变处产生裂纹，如图 7-41 所示。

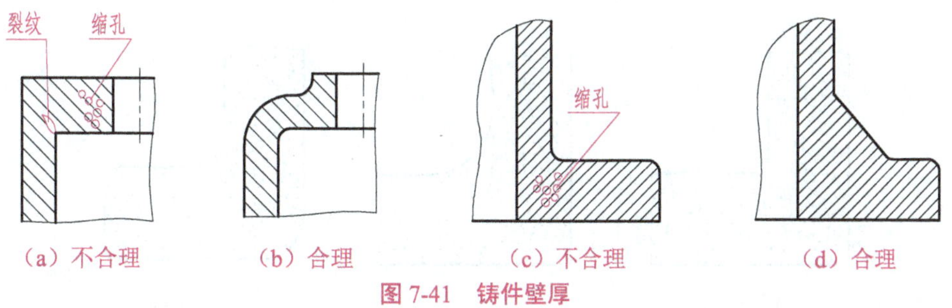

图 7-41　铸件壁厚

2. 起模斜度

起模斜度是指在制作砂型时，为了能够顺利地将模样从砂型中取出，在铸件的内、外壁上沿着起模方向作出的斜度，如图 7-42 和图 7-43 所示。起模斜度一般为 1∶20，也可根据铸件的材料在 3°～6°之间选择。图样上通常不画出起模斜度，也不标注，如果需要可在技术要求中说明。

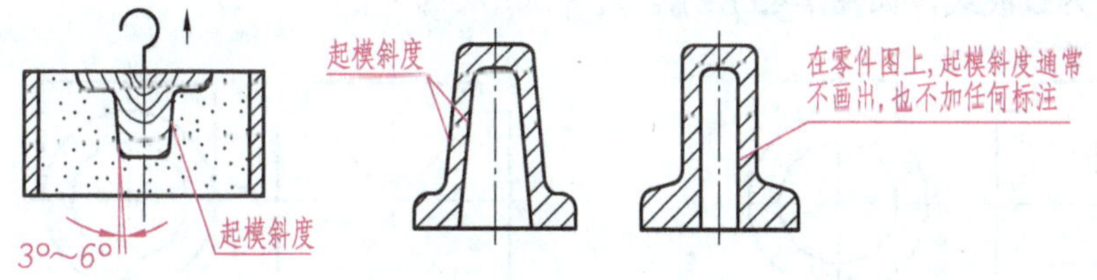

图 7-42　起模斜度

3. 铸造圆角

铸件上两表面相交处若设计成尖角，在进行浇铸时，砂型尖角会产生裂纹和发生落砂现象。因此，为了避免铸件冷却收缩时尖角处产生裂纹和防止砂型在尖角处脱落，铸件各表面相交处应做成圆角，如图 7-43 和图 7-44 所示。

若铸件的某端面处不需要圆角，可将该铸件进行机械加工，即将毛坯上的圆角切削掉，此时转角处呈尖角或加工出倒角，如图 7-43（c）所示。零件图中，铸造圆角一般应画出并标注圆角半径。但当圆角半径相同（或多数相同）时，也可将圆角尺寸在技术要求中统一说明。铸造圆角半径一般取 3～5 mm，或取壁厚的 0.2～0.4 倍，也可从有关手册中查得。

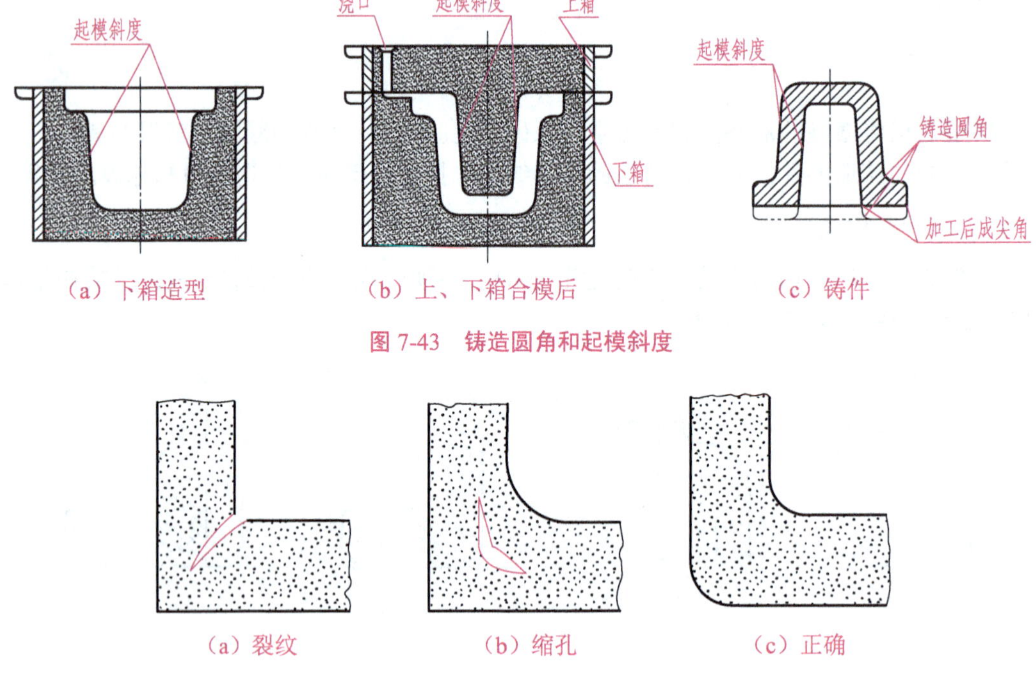

图 7-43　铸造圆角和起模斜度

图 7-44　铸件圆角和起模斜度

4. 过渡线

由于铸件上的铸造圆角，使得铸件表面的交线变得不够明显，图样中若不画出这些线，零件的结构就显得含糊不清。为此，图样中仍要画出理论交线，但两端不与轮廓线接触，这种交线称为过渡线，如图 7-45 所示。过渡线用细实线绘制。

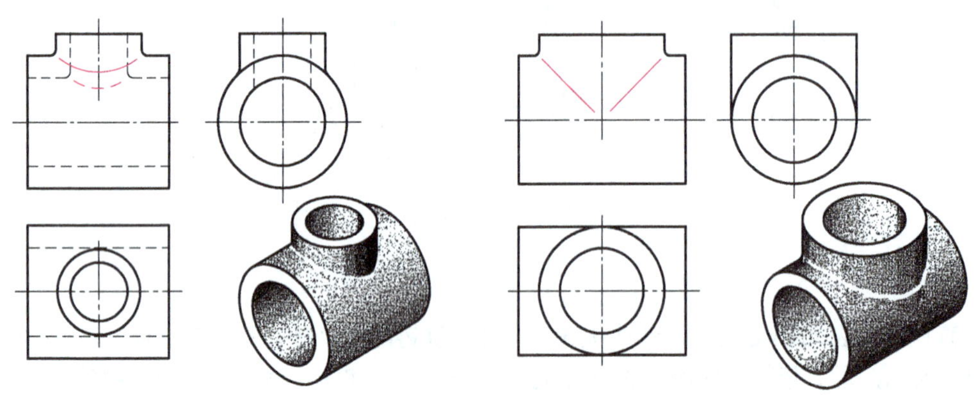

图 7-45　两圆柱面相交的过渡线

7.5.2　机械加工工艺结构

零件的结构和形状是由它在机器中的作用决定的，除了满足设计要求外，还应满足制造工艺的要求，即应具有合理的工艺结构。下面介绍一些常见的工艺结构。

1. 倒角和圆角

零件经机械加工后，为了便于对中装配和避免尖角、毛刺等，一般都在孔或轴的端部加工出 45°或非 45°的倒角。当倒角角度为 45°时用代号"*C*"表示，"*C*"后面的数字表示倒角的轴向长度，如图 7-46（a）所示；非 45°形式的倒角则需要注出角度，如图 7-46（b）所示。

为了避免因应力集中而产生裂纹，阶梯轴或阶梯孔的转角处，一般要倒圆，如图 7-46（c）所示。倒角和倒圆尺寸可由相应的国家标准查出。当倒角和倒圆尺寸较小时，在图样中可不画出，但必须注明尺寸或在技术要求中加以说明。

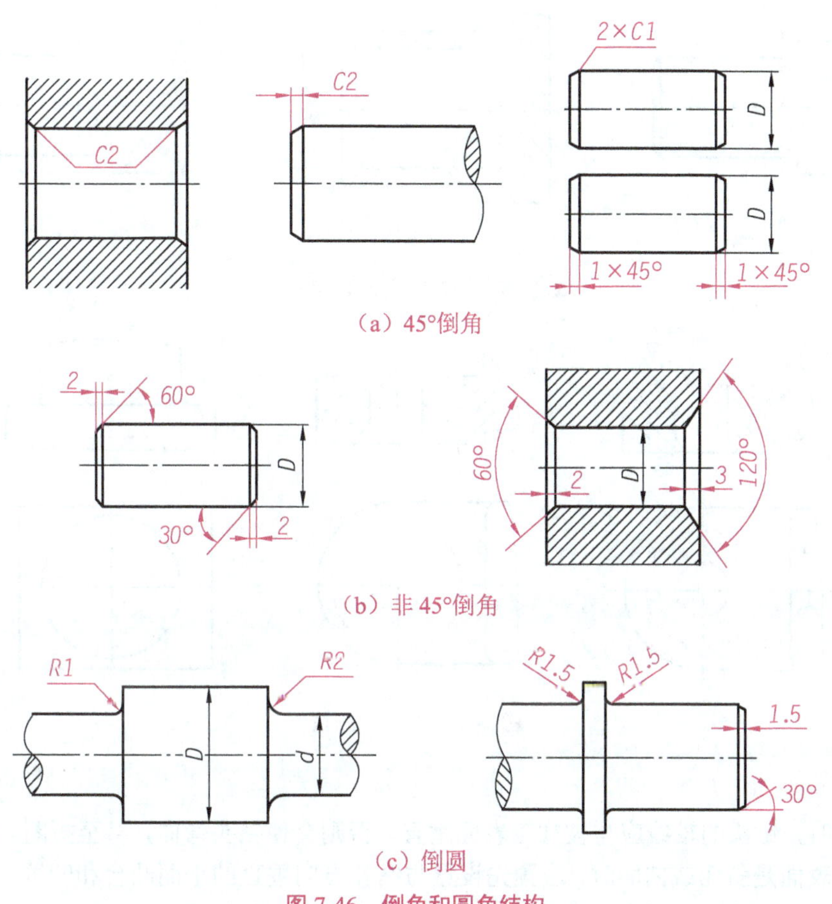

（a）45°倒角

（b）非 45°倒角

（c）倒圆

图 7-46 倒角和圆角结构

2. 退刀槽和砂轮越程槽

切削时（主要是车削和磨削），为了便于退出刀具或砂轮，常在待加工面的轴肩处预先车出退刀槽和砂轮越程槽。这样既能保证加工表面满足加工技术要求，又便于装配时相关零件间靠紧。常见退刀槽和砂轮越程槽的简化画法及尺寸标注如图 7-47 所示。

3. 凸台和凹坑

为使零件表面接触良好和减少加工面积，常在铸件的接触部位铸出凸台和凹坑，其常见的形式如图 7-48 所示。

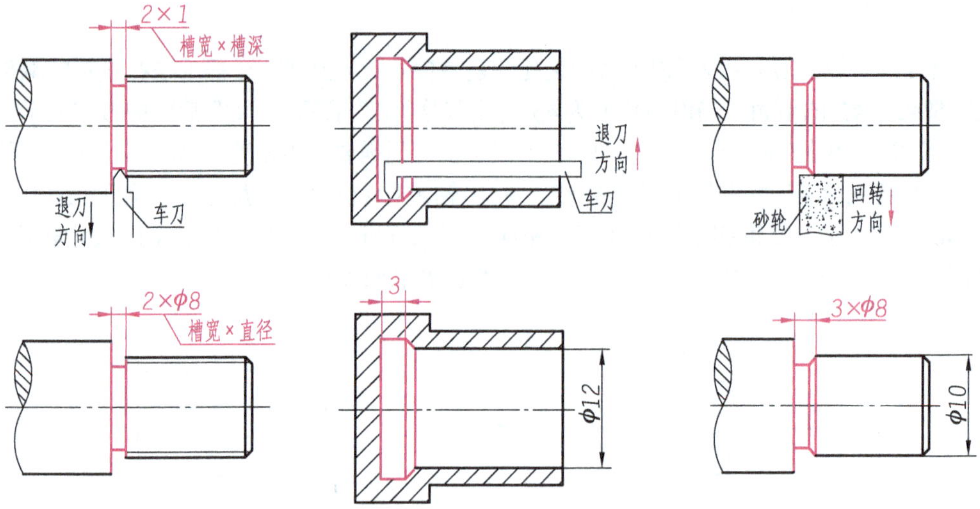

（a） （b） （c）

图 7-47 退刀槽和砂轮越程槽

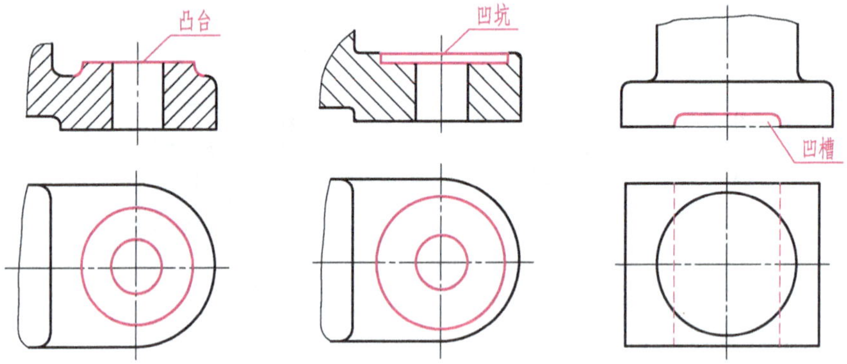

图 7-48 凸台和凹坑

4. 钻孔结构

钻孔时，钻头的轴线应与被加工表面垂直，否则会使钻头弯曲，甚至折断。因此，当钻孔处的表面是斜面或曲面时，应预先设置与钻孔方向垂直的平面凸台和凹坑，并且设置的位置应避免钻头单边受力产生偏斜或折断，如图 7-49 所示。

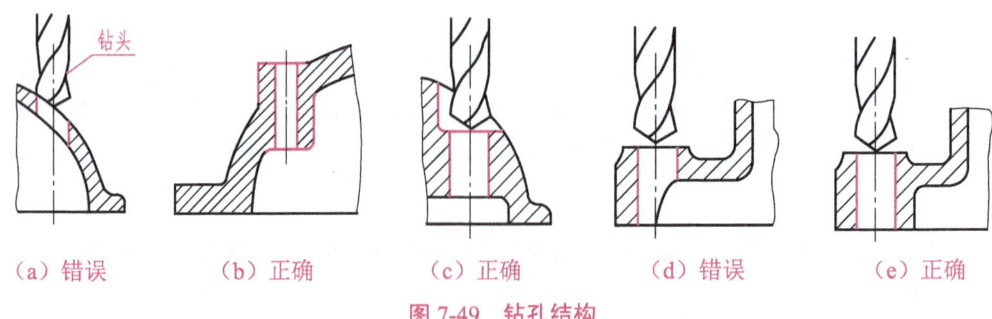

（a）错误 （b）正确 （c）正确 （d）错误 （e）正确

图 7-49 钻孔结构

7.6 零件图的画法

零件图的画法大致有两种，一种是设计机器时，先画出装配图，然后从装配图上拆画零件图；另一种是按照现有零件或轴测图，画出其零件图。无论属于哪一种情况，其画法和步骤大致相似。

下面以绘制图 7-50 所示的球阀装配图中阀盖的零件图为例，来讲解画零件图的具体方法。

画图 7-50 中阀盖的零件图的具体步骤如下。

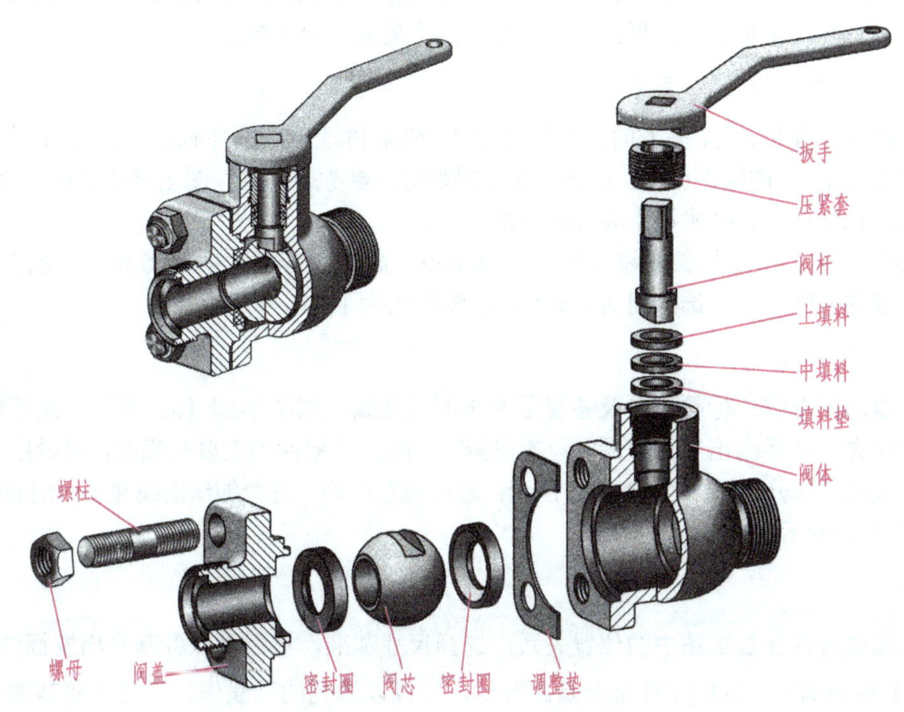

图 7-50 球阀装配图及分解图

1. 结构分析

球阀是管路系统中的一个开关，是通过旋转扳手带动阀杆和阀芯来控制启闭的一种装置。球阀中，阀杆和阀芯包容在阀体内，阀盖通过四个螺柱与阀体连接，由此可清楚了解球阀中主要零件的功能以及零件间的装配关系。

如图 7-51 所示为阀盖的立体图，该阀盖的主要结构是方形法兰盘，左侧有外管螺纹，四周有 4 个均匀分布的通孔，中间的通孔与阀芯的通孔对应，以形成流体通道。

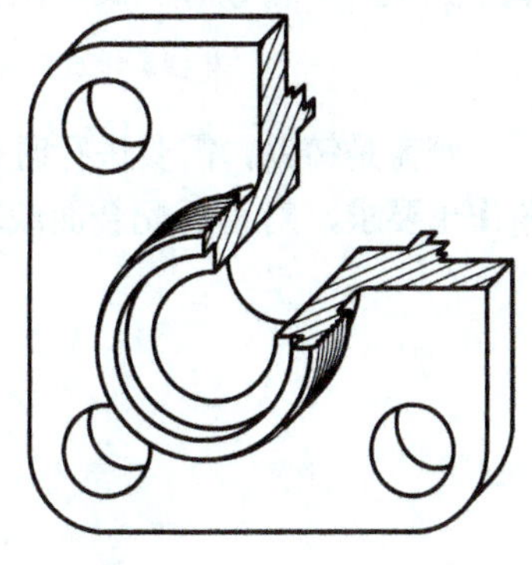

图 7-51 阀盖立体图

2. 确定表达方案

通过上述分析可知要画对象的名称、所属类型以及它在机器中的位置和作用等，然后结合其结构形状，确定合理的表达方案，如主视图的投射方向、视图数量和表达方法等。

由图 7-51 所示阀盖的立体图可知，该零件属于轮盘类零件。根据轮盘类零件的常见表达方案，可确定用主视图和左视图来表达该阀盖。其中，主视图为由两个相交平面形成的全剖视图，主要用来反映阀盖各部分的相对位置、内部阶梯孔及凸缘上孔的内形；左视图为基本视图，用来表达方形凸缘及凸缘上四个通孔的分布情况。

3. 选择图幅、确定比例

先测量零件长、宽、高方向上的最大尺寸，然后再选择图幅并确定绘图比例。绘图时，应尽量选择 1∶1 的绘图比例。此外，选择图幅时，要考虑到零件图上需要安排几个视图，还要留出标注尺寸、技术要求和标题栏的空间。

图 7-51 中，阀盖的长度最大尺寸为 48 mm，宽度和高度尺寸为 75 mm，留出标注尺寸所需要的空间后，可选择用 A4 图纸，绘图比例为 1∶1。

4. 画底稿

先画出图框线、标题栏以及各视图的作图基准线，如图 7-52（a）所示，然后由已确定的表达方案徒手画出各个视图。画各视图时，应先画零件的主要轮廓线，再画出次要轮廓线及其细节部分，如图 7-52（b）所示；最后检查图形，逐个加深图线并画出剖面线，如图 7-52（c）所示。

5. 标注尺寸

按照该零件在装配图中的位置关系，选择尺寸基准，然后再以各基准出发标注尺寸。图 7-51 所示阀盖零件的主体部分是回转体，所以以轴孔的轴线作为径向主要基准；阀盖的右端面与阀体配合，因此应以右侧凸缘端面作为轴向主要基准，由此注出尺寸 $4^{+0.18}_{0}$，$44^{0}_{-0.39}$，$5^{+0.18}_{0}$ 和 6 等。阀盖的其他尺寸标注如图 7-52（d）所示。

6. 标注技术要求

阀盖是铸铁，需要进行时效处理，以消除内应力。此外，还应对视图中未标注的小圆角作出要求，对重要配合面或功能孔等提出表面结构要求，具体如图 7-52（d）所示。

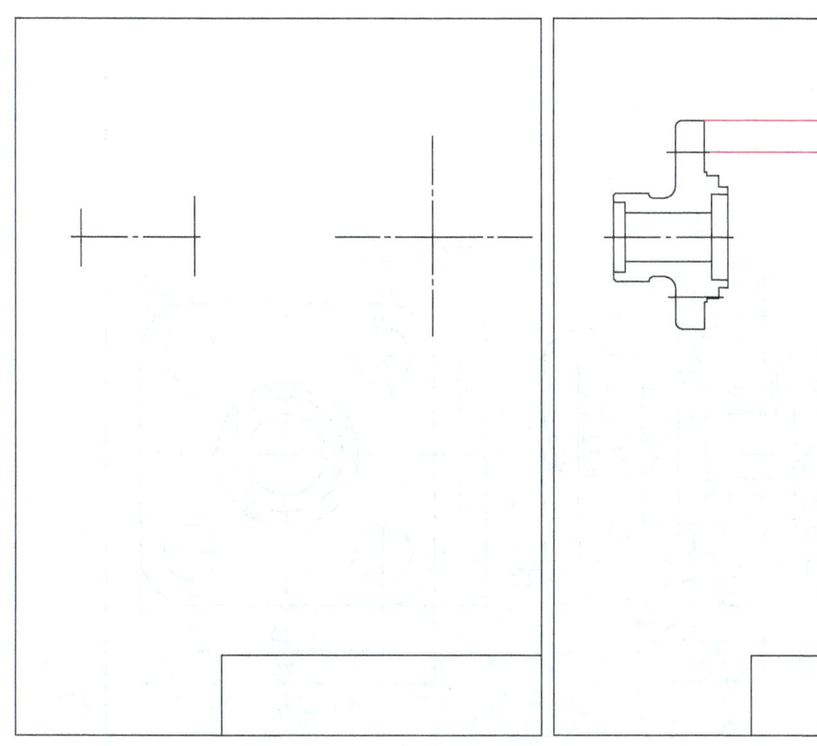

（a）画图框线、标题栏线及基准线　　　　（b）画零件的主要轮廓线

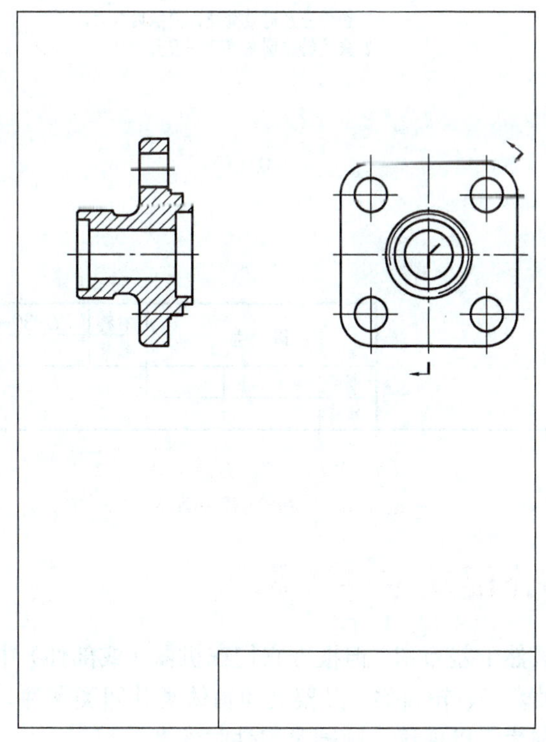

（c）检查图形并加深图线

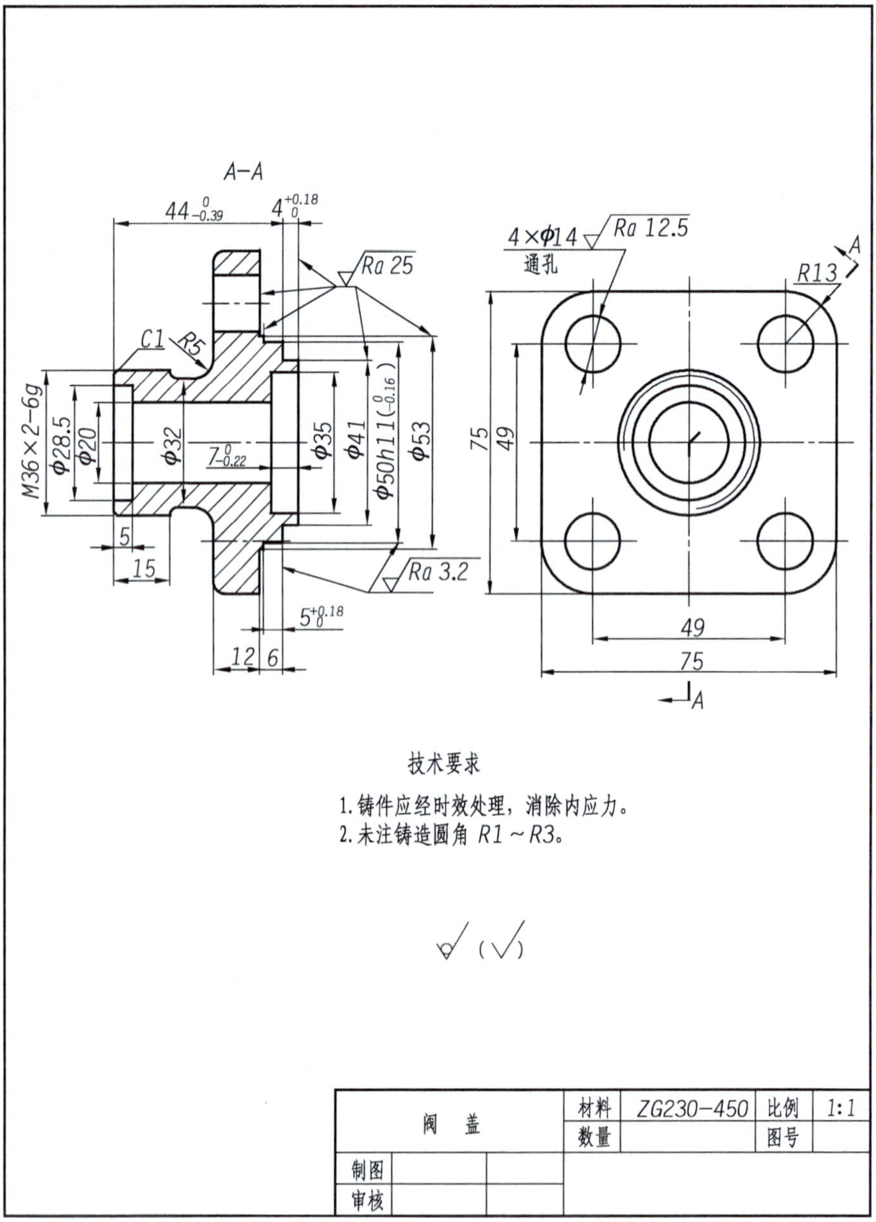

A—A

技术要求

1. 铸件应经时效处理，消除内应力。
2. 未注铸造圆角 $R1\sim R3$。

阀　盖		材料	ZG230—450	比例	1:1
		数量		图号	
制图					
审核					

（d）标注尺寸和技术要求

图 7-52　绘制阀盖零件图

7.7　典型零件分析及零件图识读

零件的结构形状虽然千差万别，但根据它们在机器（或部件）中的作用，通过比较归纳，可大体将其分为轴套类、轮盘类、叉架类和箱体类共四类零件。通过分析各类零件的表达方法，从中找出规律，以便读、画同类零件时参考。

7.7.1 轴（套）类零件

1. 结构特点分析

轴（套）类零件的主体大多数由位于同一轴线上数段直径不同的回转体组成，轴向尺寸一般比径向尺寸大，零件上常有轮齿、销孔、螺纹、退刀槽、越程槽、中心孔、油槽、倒角、圆角、锥度等结构，如图 7-53 所示。

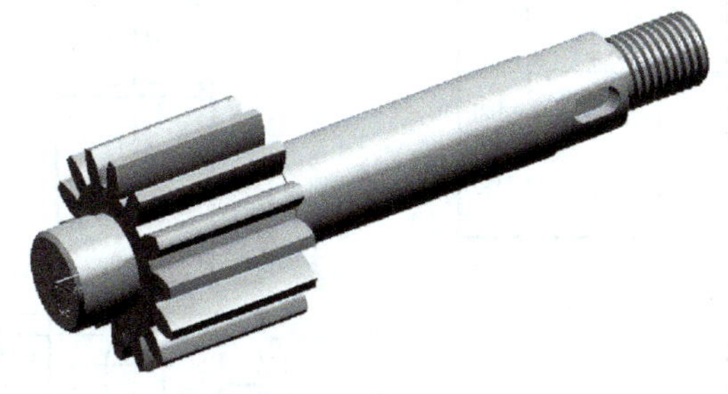

图 7-53 主动齿轮轴立体图

2. 表达方案分析

为了便于加工看图，轴类零件的主视图按加工位置选择，通常将轴线水平放置，非圆视图水平摆放作为主视图，符合车削和磨削的加工位置，用局部视图、局部剖视图、断面图、局部放大图等作为补充。对于形状简单而轴向尺寸较长的部分常断开后缩短绘制。空心套类零件中由于多存在内部结构，一般采用全剖、半剖或局部剖绘制。

如图 7-54 所示，主动齿轮轴零件图采用了 3 个图形来表达。主视图采用了局部剖，反映了阶梯轴的各段形状及相对位置，同时也反映了轴上的轮齿、越程槽、键槽、退刀槽、螺纹等各种局部结构的形状及轴向位置，采用断面图表达了键槽的深度，采用局部放大图表达了越程槽的结构。

7.7.2 轮盘类零件

1. 结构特点分析

轮盘类零件一般包括齿轮、手轮、带轮、法兰盘、端盖和压盖等。其中，轮类零件在机器中一般通过键、销与轴连接，主要传递扭矩，轮盘类零件上常见的结构有凸台、均匀分布的阶梯孔、螺孔、槽等，主要起支撑、连接、轴向定位及密封作用，如图 7-55 所示的轮盘。轮盘类零件的基本形状是扁平的盘状，大多是由回转体组成的，这类零件的毛坯多为铸件，主要加工方法有车削、刨削或铣削。

2. 表达方案分析

轮盘类零件的主要加工表面是以车削为主的，因此主视图一般按加工位置原则将轴线水平放置，并将垂直于轴线的方向作为投射方向，其表达方法多采用主视图和左视图（或右视图）。其中，主视图采用剖视图表达其内部结构；左视图（或右视图）常用来表达零件的外形及零件上孔、肋板、轮辐等的分布情况。对于零件上的一些细小结构，可采用局部剖视图、断面图和局部放大图等来表达。

如图 7-56 所示，此轮盘采用两个图形来表达，一个全剖主视图，反映了轮盘的结构；一个左视图，反映了沉孔的分布情况。

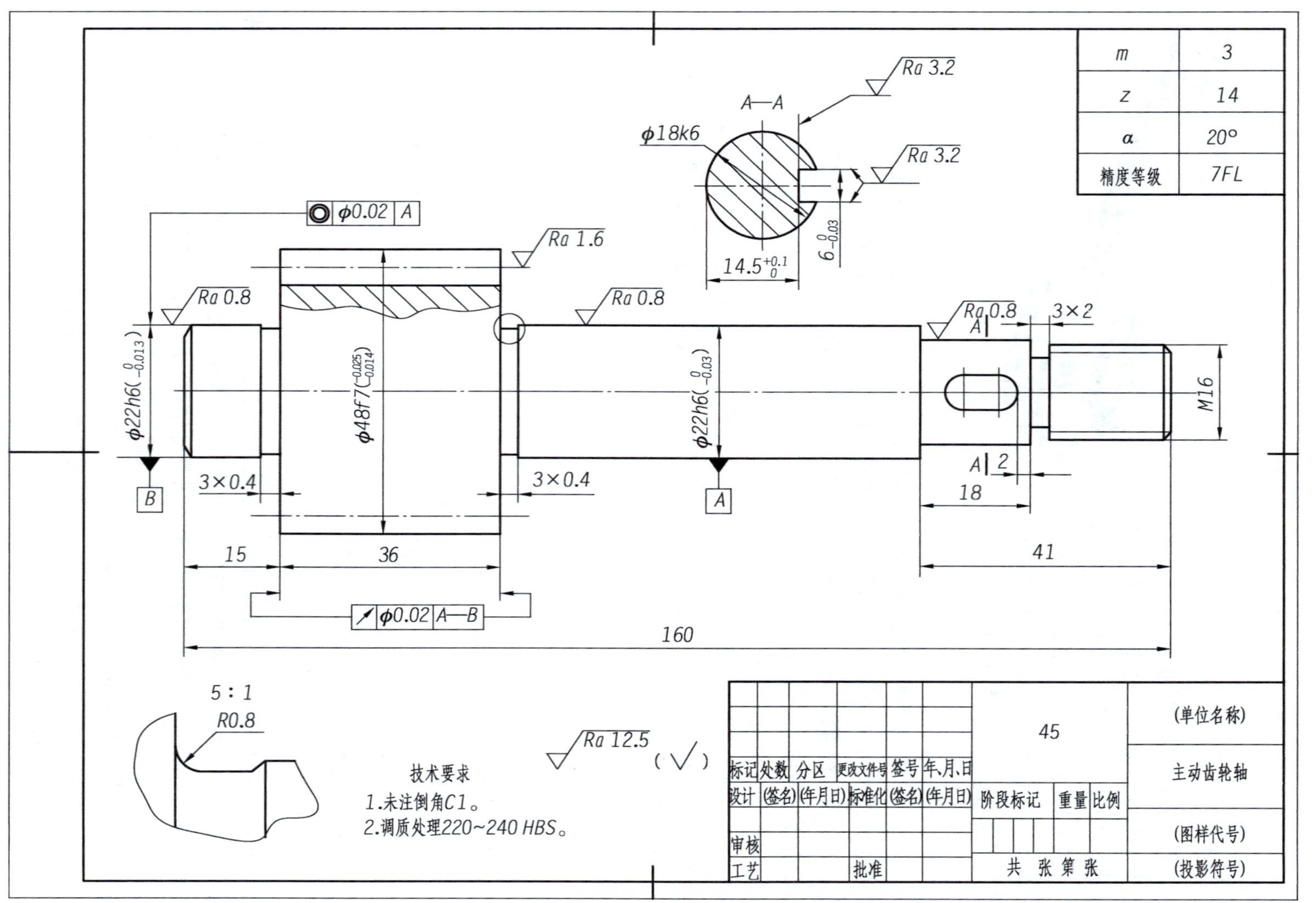

图 7-54 主动齿轮轴零件图

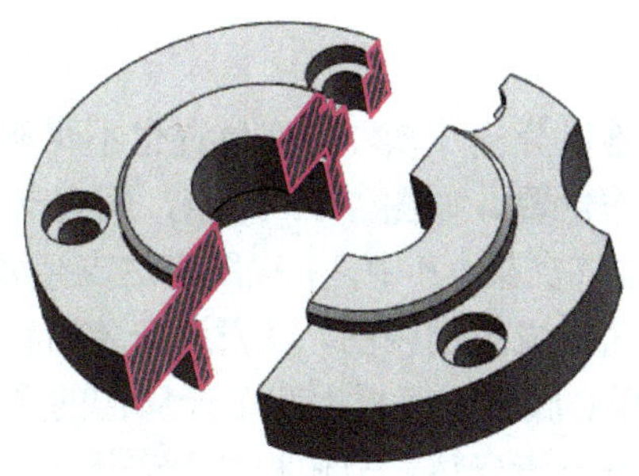

图 7-55　轮盘立体图

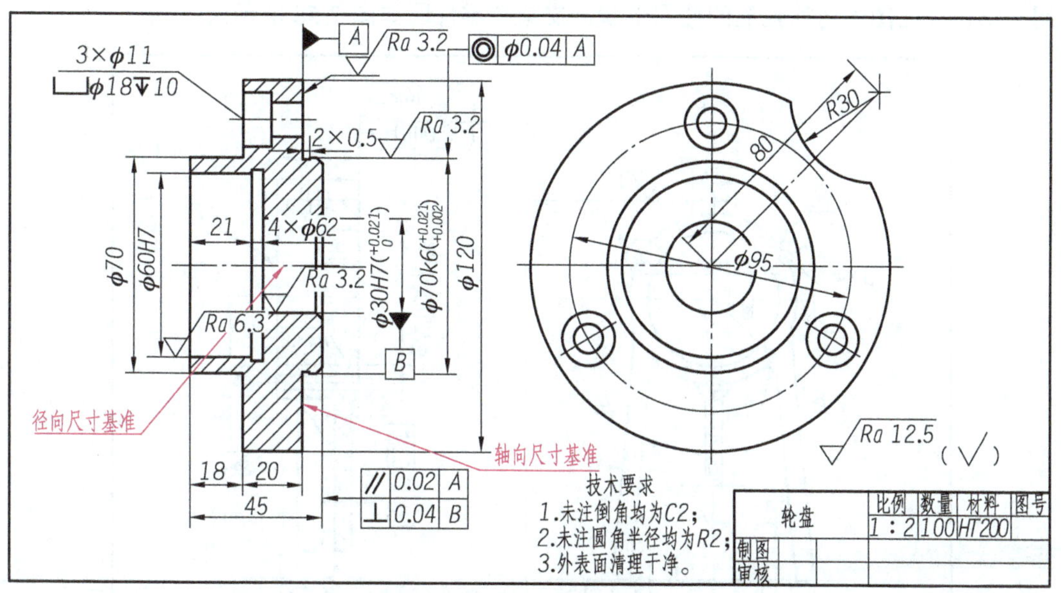

图 7-56　轮盘零件图

7.7.3　叉架类零件

1. 结构特点分析

叉架类零件多数由铸造或模锻制成毛坯，经机械加工而成，结构大都比较复杂，一般分为工作部分（与其他零配合或连接的套筒、叉口、支承板等）和联系部分（高度方向尺寸较小的棱柱体，其上常有凸台、凹坑、销孔、螺纹孔、螺栓过孔和成型孔等结构）。常见有各种拔叉、连杆、摇杆、支架、支座等，如图 7-57 所示。

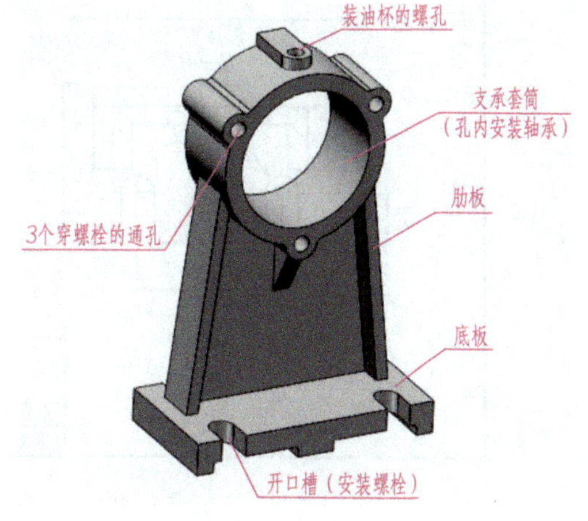

图 7-57　支架的立体图

2. 表达方案分析

叉架类零件的加工位置难以分出主次，工作位置也不尽相同，因此选择主视图时，主要考虑零件的形状特征和工作位置。如图 7-57 所示，观察支架的立体图，初步选用主、俯、左这三个基本视图来表达该支架。其中，主视图表达支架各组成部分的基本形状特征；左视图采用两个平行剖切平面形成全剖视图，以表达安装油杯的螺孔、加强筋及底板上开口槽的形状。此时，只有肋板、底板、底板上两个开口槽的形状及距离、加强筋的截面形状及安装油杯处的凸台需要进一步表达，故俯视图可采用单一剖切平面形成的全剖视图，表达肋板的横截面、底板及开口槽的形状，并用一个局部视图表达安装油杯处的凸台形状，用一移出断面图表达加强筋的截面形状。支架的零件图如图 7-58 所示。

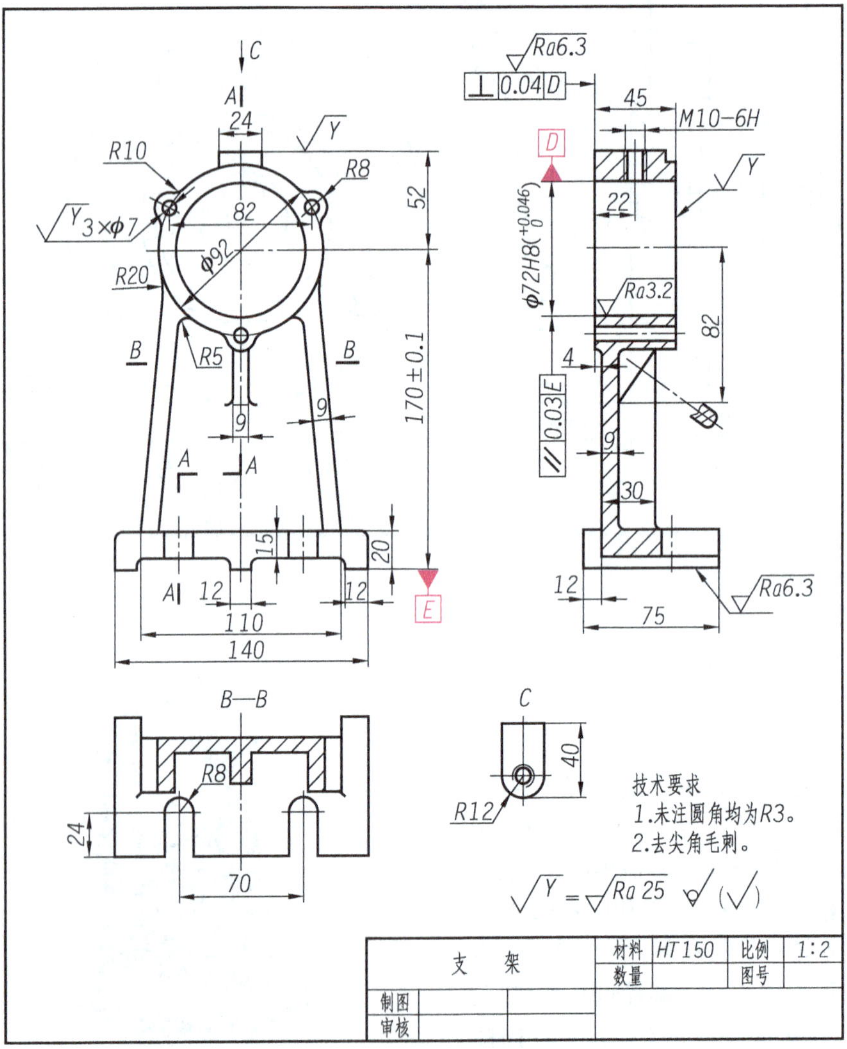

技术要求
1.未注圆角均为R3。
2.去尖角毛刺。

支　架		材料	HT150	比例	1:2
		数量		图号	
制图					
审核					

图 7-58　支架的零件图

7.7.4　箱体类零件

1. 结构特点分析

箱体类零件是机器或部件中的主要零件，常见的箱体类零件有减速器箱体、泵体、阀体、机座等，在传动机构中起容纳和支承传动件的作用，同时又是保护机器中其他零件的外壳，利于安全生产。

箱体类零件多为铸件，内、外结构比较复杂，通常有一个薄壁所围成的较大空腔和与其相连供安装用的底板；箱体壁上有多个向内或向外伸延的供安装轴承用的圆筒或半圆筒。此外，箱体上还有很多细小结构，如凸台、凹坑、拔模斜度、铸造圆角、螺孔、圆角等。

如图 7-59 所示的减速器箱体，其体积比较大，结构比较复杂，利用形体分析法可知，其基础形体由底板、箱壁、“T”字形肋板、水平方向的蜗杆轴孔和竖直方向的蜗轮轴孔组成。蜗轮轴孔在底板和箱壳之间，其轴线与蜗杆轴孔的轴线垂直异面，“T”字形肋板将底板、箱壳和蜗轮轴孔连接成一个整体。

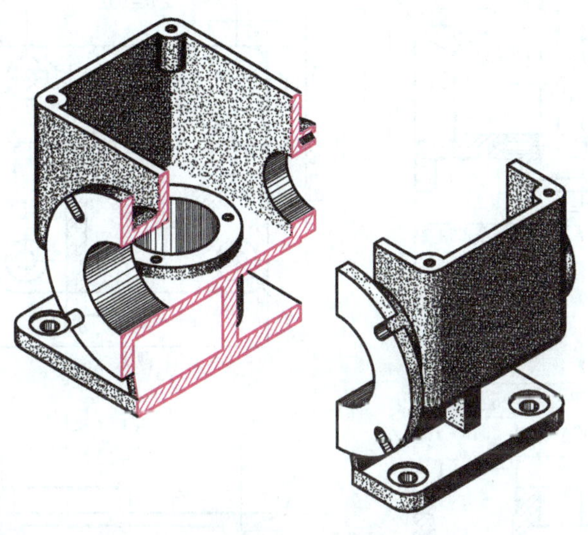

图 7-59　减速器箱体的立体图

2. 表达方案分析

箱体一般需要两个或两个以上的基本视图才能将其主要结构形状表示清楚，通常以最能反映其形状特征及结构间相对位置的一面作为主视图的投影方向，以自然安放位置原则或工作位置原则作为主视图的摆放位置。此外，常用局部视图、局部剖视图和局部放大图等来表达尚未表达清楚的局部结构。

图 7-59 所示减速器箱体比较复杂，共有六个视图，如图 7-60 所示。

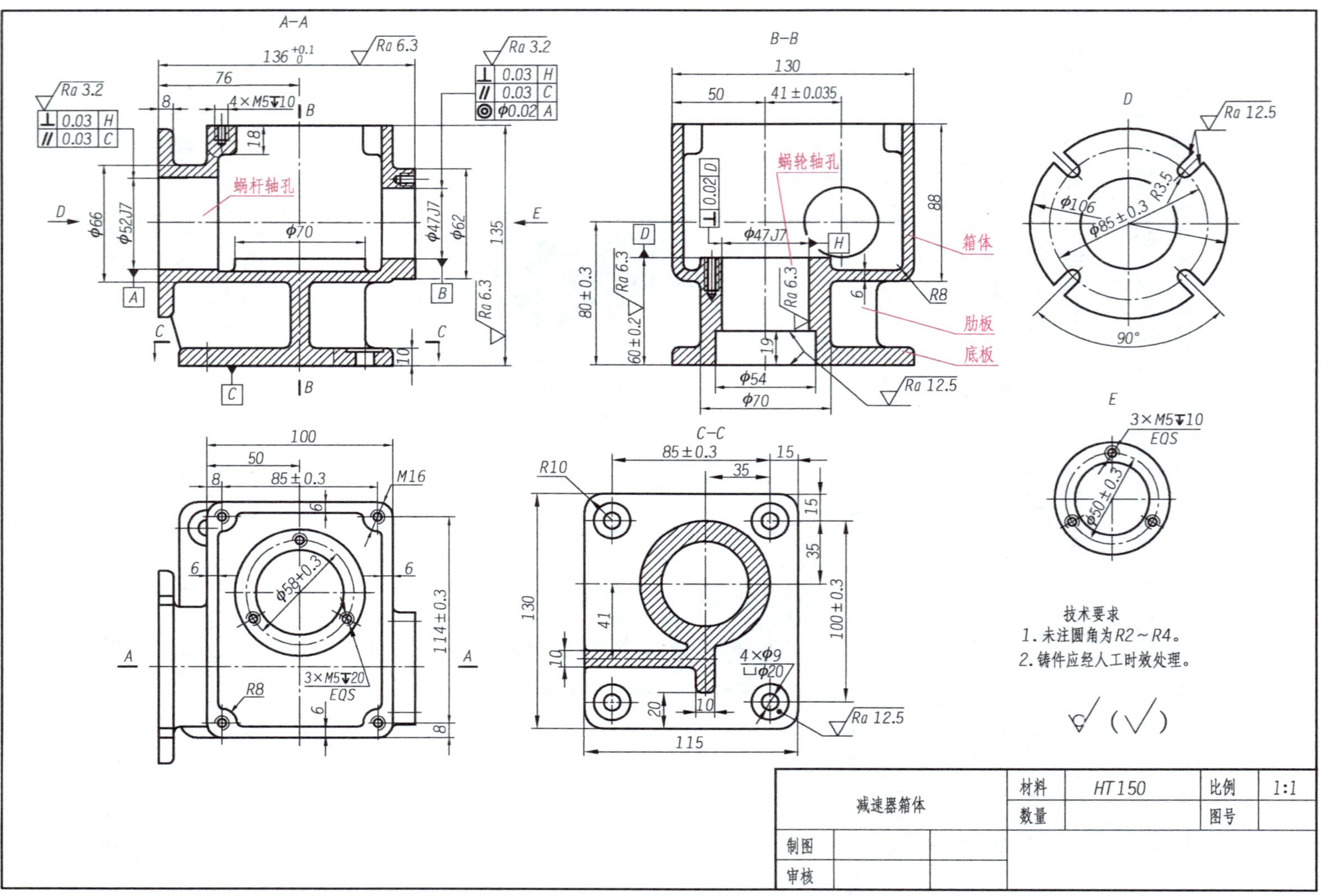

图 7-60 减速器箱体零件图

① 主视图选择了全剖视图，主要表达蜗杆轴孔、箱壁和肋板的形状和关系，且在左上方和右下方分别采用局部剖视图来表达螺纹孔和安装孔的形状及尺寸。

② $B-B$ 视图采用全剖视图，主要表达蜗轮轴孔、箱壳的形状和位置关系；俯视图绘制成视图，主要表达箱壁和底板、蜗轮轴孔和蜗杆轴孔的形状和位置关系；$C-C$ 剖视图表达了底板和肋板的断面形状。

③ D 向和 E 向两个局部视图表达了两个凸台的形状。

第 8 章　装配图

【本章导读】

任何复杂的机器都是由一些零、部件按照一定装配要求装配而成的，表示机器或部件中零件的相对位置、连接方式及装配关系的图样称为装配图。装配图是机器或部件装配、检验、调试和维修时的重要技术文件。本章着重介绍装配图的画法、标注以及读装配图和由装配图拆画零件图的方法。

【技能目标】

- 了解装配图的作用和内容。
- 掌握装配图的视图选择、基本画法、简化画法，以及装配尺寸的标注方法。
- 掌握装配图中零、部件序号的标注方法和明细栏的画法。
- 熟悉识读装配图的方法和步骤，并能识读简单的装配图。
- 能熟练地测量简单部件或装配体，并画出其零件图和装配图。

8.1　装配图的作用与内容

工业生产中，无论是开发新产品，还是对原产品进行仿造或改造，都要先画出装配图。开发新产品时，设计部门应先画出整台机器的总装配图或机器各组成部分的部件装配图，然后再根据装配图画出其零件图；制造部门则需要先根据零件图制造零件，然后再根据装配图将零件装配成机器或部件。此外，装配图又是调试、维修和保养机器或部件时不可缺少的重要资料。

由此可见，装配图是表达设计思想、指导生产和技术交流的技术文件，也是制定装配工艺，进行装配、检验、安装及维修的重要文件。

一张完整的装配图应该包括一组视图、必要的尺寸、技术要求、零部件序号、标题栏及明细栏等内容，如图 8-1 所示。

8.1.1　一组图形

装配图通过一组图形用适当的表达方法清楚地表达装配体的工作原理，主要零件的结构形状，零件之间的装配关系、连接方式、传动情况等。图 8-1 采用了全剖的主视图、半剖的左视图和局部剖的俯视图来表达装配体。

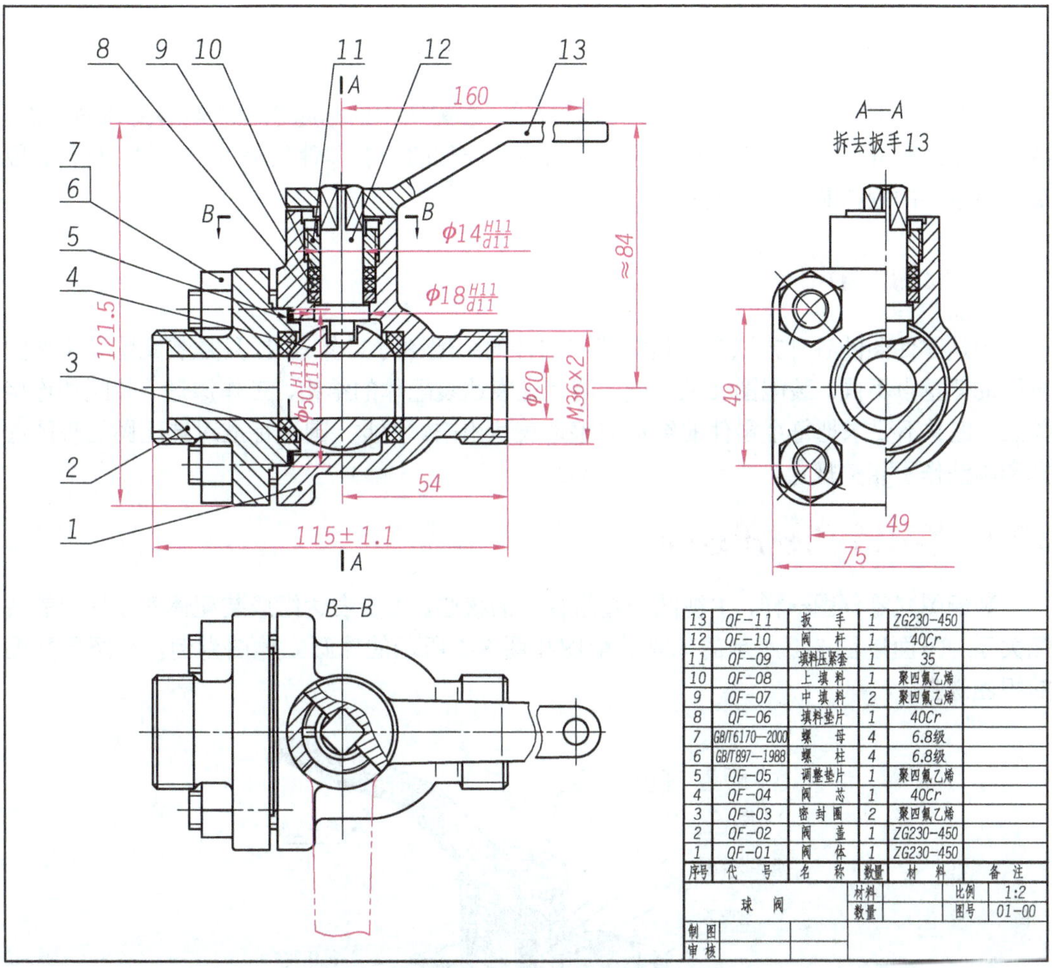

序号	代　号	名　称	数量	材　料	备　注
13	QF-11	扳　手	1	ZG230-450	
12	QF-10	阀　杆	1	40Cr	
11	QF-09	填料压紧套	1	35	
10	QF-08	上填料	1	聚四氟乙烯	
9	QF-07	中填料	2	聚四氟乙烯	
8	QF-06	填料垫片	1	40Cr	
7	GB/T6170—2000	螺　母	4	6.8级	
6	GB/T897—1988	螺　柱	4	6.8级	
5	QF-05	调整垫片	1	聚四氟乙烯	
4	QF-04	阀　芯	1	40Cr	
3	QF-03	密封圈	2	聚四氟乙烯	
2	QF-02	阀　盖	1	ZG230-450	
1	QF-01	阀　体	1	ZG230-450	

球　阀	材料		比例	1:2
	数量		图号	01-00
制图				
审核				

图 8-1　球阀装配图

8.1.2　必要的尺寸

零件是根据零件图制造的，因此，在装配图上不需要标出制造零件所需要的所有尺寸。装配图上一般只需标出装配体的规格（性能）尺寸、总体（外形）尺寸、各零件间的配合尺寸和安装尺寸以及其他重要尺寸。

8.1.3　技术要求

在装配图中，技术要求用来表达机器或部件在装配、调整、测试和使用等方面所必须满足的技术条件，一般标注在明细栏周围的空白处，或用规定的标记、代号在图中相应位置标出，如图 8-1 所示，装配尺寸ϕ14H11/d11，ϕ18H11/d11，ϕ50H11/d11 及 115±1.1等。

8.1.4 零件序号、标题栏和明细栏

装配图中的所有不同零、部件都必须编号。装配图中的标题栏应表明装配体的名称、图号、比例和责任者等；明细栏中应填写组成装配体的所有零件的编号、名称、材料、数量、标准件的规格和代号等要求。

8.2 装配图的表达方法

表达零件图的各种方法在表达机器或部件的装配图时完全适用，只是装配图和零件图表达的侧重点不同。装配图要求正确、清楚地表达装配体的结构、工作原理、装配和连接关系，但并不要求把每个零件的结构完整地表达出来。为此，国家标准对装配图的视图选择和画法作了相关规定。

8.2.1 装配图的视图选择

装配图同零件图一样，主视图是整组视图的核心，主要表达组成装配体各零件间的装配关系。下面以图 8-1 所示的球阀装配图和图 8-2 所示的球阀立体图为例，介绍装配图的视图选择。

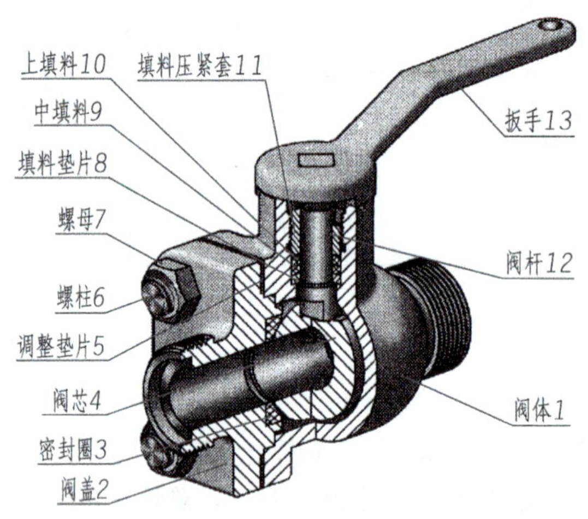

图 8-2 球阀立体图

1. 主视图的选择

如图 8-2 所示，要清楚表达各零件之间的位置关系，需要通过阀盖 2 和阀体 1 的中心轴线，且与 V 面平行的平面将该立体图剖开，然后结合球阀在实际应用中的安放状态，很容易得出主视图的表达方案。

如图 8-1 所示，主视图用全剖视图，清楚地表达了主要零件之间的装配关系和工作原理，即阀体 1 与阀盖 2 用螺柱 6 和螺母 7 连接，并用调整垫片 5 调节阀芯 4 与密封圈 3 之间的松紧；阀杆 12 下端与阀芯 4 连接，上端与扳手 13 连接；阀体 1 与阀杆 12 之间依

次安装有填料垫片 8、中填料 9、上填料 10 和填料压紧套 11。于是可知球阀的工作原理：通过转动扳手 13 控制阀芯 4 的转向，从而打开或关闭阀门。

由于组成装配体的零件往往都集中在一起，使用视图不可能将其内部结构及装配关系全部表达清楚。因此，装配图一般都采用剖视图或局部剖视图作为主要表达方法。

2. 其他视图

其他视图是对主视图上没有表达清楚而又必须表达的部件装配关系或结构形状进行的补充表达。图 8-1 所示的左视图是为了进一步将阀盖 2 的形状，阀杆 12、填料垫片 8、中填料 9、上填料 10 和填料压紧套 11 的安装情况表达清楚。

俯视图主要表达除扳手 13 以外的其他主要零件的外形和安装位置，用局部剖视图表示阀杆 12 的截面形状和方位。

8.2.2 装配图的规定画法

1. 零件间接触面、配合面的画法

凡是相接触、相配合的两表面，无论其间隙多大，都必须画成一条线；凡非接触、非配合的两表面，无论其间隙多小，都必须画成两条线，如图 8-3 所示。

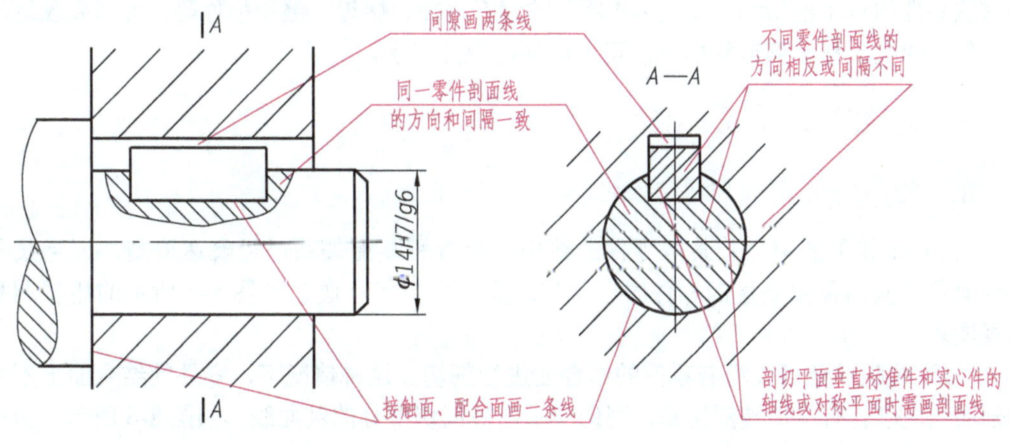

图 8-3 接触面和配合面的画法

2. 剖面线的画法

装配图中，相邻两零件剖面线的倾斜方向应相反，或方向一致而间隔不等；各视图中，同一零件的剖面线方向和间隔应相同，如图 8-3 所示。此外，断面厚度在 2 mm 以下的图形，允许以涂黑的方式来代替剖面线，如图 8-4 所示的垫片。

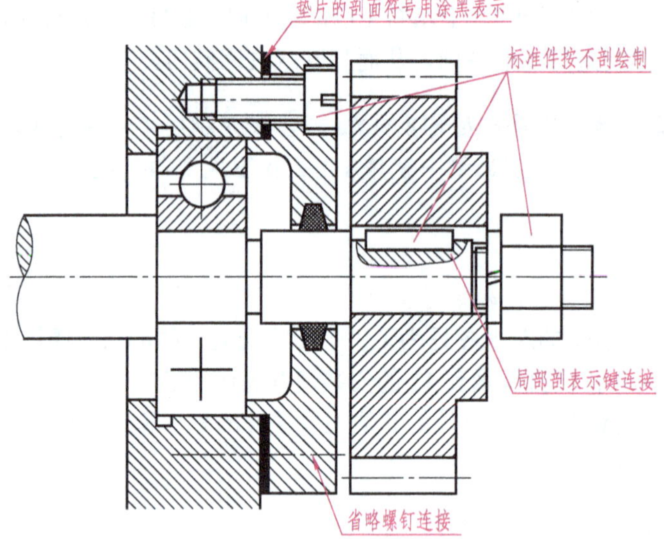

图 8-4 标准件、实心件的画法

3. 标准件、实心件的画法

装配图中，对于标准件、实心的球和轴等，若剖切平面通过其对称平面或基本轴线，则这些零件均按不剖绘制，如图 8-4 所示的螺钉、轴、螺母、键和垫片等；若需要表达这些零件上的孔、槽等细节结构时，可用局部剖视图表示。

8.2.3 装配图的特殊画法

1. 拆卸画法

（1）在装配图中，若某些零件的结构、位置和装配关系已经表达清楚，或当某些零件遮住了其后需要表达的零件时，可将这类零件拆卸不画，如图 8-5 所示的俯视图和左视图。

（2）装配图还可以沿着零件的结合面进行剖切。这种情况下，零件的结合面上不用画剖面线，但若有零件被剖切到，则仍应画出被剖切部分的剖面线。如图 8-6 所示，俯视图是沿轴承座和轴承盖的结合面剖切的，故不需要画剖面线，但被剖切到的螺栓需画出其剖面线。

> 上述两种画法，当需要说明时，需要在拆卸后的视图上方注明“拆去××”字样，如图 8-5 所示，左视图“拆去零件 1，2，3，4，5”；如图 8-6 所示，俯视图“拆去轴承盖、上衬套等”和左视图“拆去油杯”。

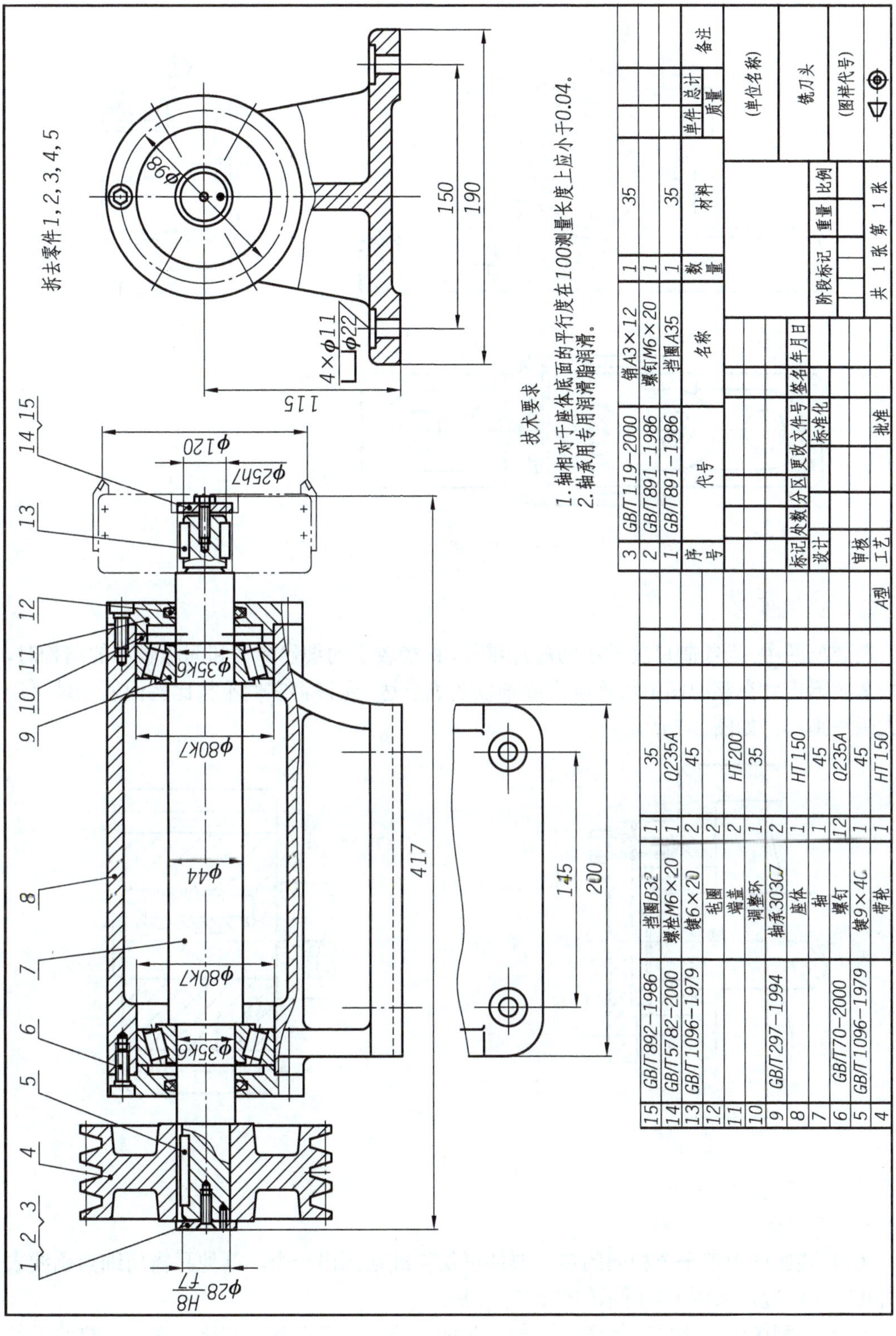

拆去零件1,2,3,4,5

技术要求

1. 轴相对于座体底面的平行度在100测量长度上应小于0.04。
2. 轴承用专用润滑脂润滑。

序号	代号	名称	数量	材料	单件质量	总计质量	备注
15	GB/T 892—1986	挡圈B32	1	35			
14	GB/T 5782—2000	螺栓M6×20	1	Q235A			
13	GB/T 1096—1979	键6×20	2	45			
12		毡圈	2				
11		端盖	2	HT200			
10		调整环	1	35			
9	GB/T 297—1994	轴承30307	2				
8		座体	1	HT150			
7		轴	1	45			
6	GB/T 70—2000	螺钉	12	Q235A			
5	GB/T 1096—1979	键9×40	1	45			
4		带轮	1	HT150			A型
3	GB/T 119—2000	销A3×12	1	35			
2	GB/T 891—1986	螺钉M6×20	1				
1	GB/T 891—1986	挡圈A35	1	35			

标记	处数	分区	更改文件号	签名	年月日				(单位名称)
设计			标准化			阶段标记	重量	比例	铣刀头
审核									(图样代号)
工艺			批准			共 1 张 第 1 张			

图 8-5　铣刀头装配图

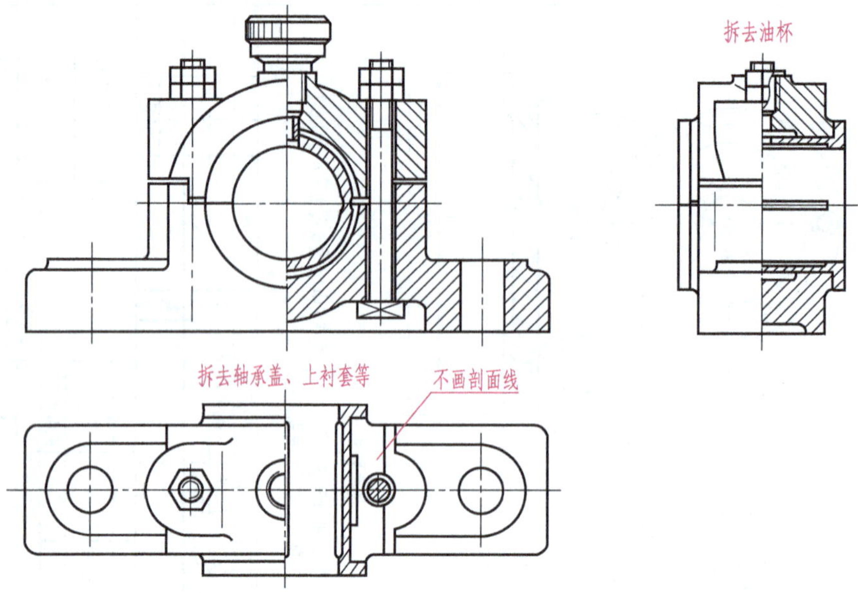

图 8-6 拆去零件，并沿零件的结合面进行剖切

2. 夸大画法

在装配图中，当绘制厚度较小的薄片零件、直径较小的细丝弹簧和间隙较小的结构时，若按其实际尺寸在装配图中很难画出或难以明确表达，允许将它们不按比例而适当地采用夸大画法画出，如图 8-7 所示。

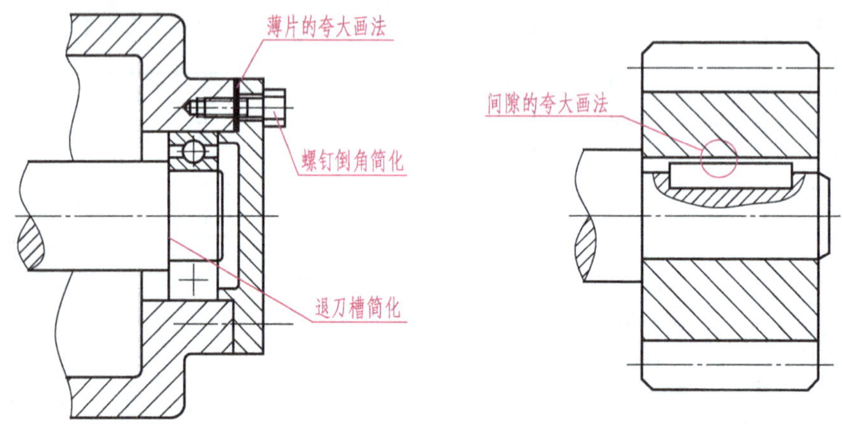

图 8-7 简化画法

3. 简化画法

（1）装配图中若干个相同的零、部件可仅详细地画出一个，其他只需用细点画线表示出其所在位置，如图 8-4 所示的螺钉简化画法。

（2）装配图中，零件的倒角、圆角、凹坑、凸台、退刀槽、沟槽、滚花、刻线及其他细节等可不画出，如图 8-7 所示的螺钉倒角、轴上退刀槽。

4. 展开画法

在传动机构中，为了表示传动关系及各轴的装配关系，可假想用剖切平面按传动顺序沿各轴的轴线剖开，将其展开、摊平后画在同一个平面上（平行于某一投影面），如图 8-8 所示。

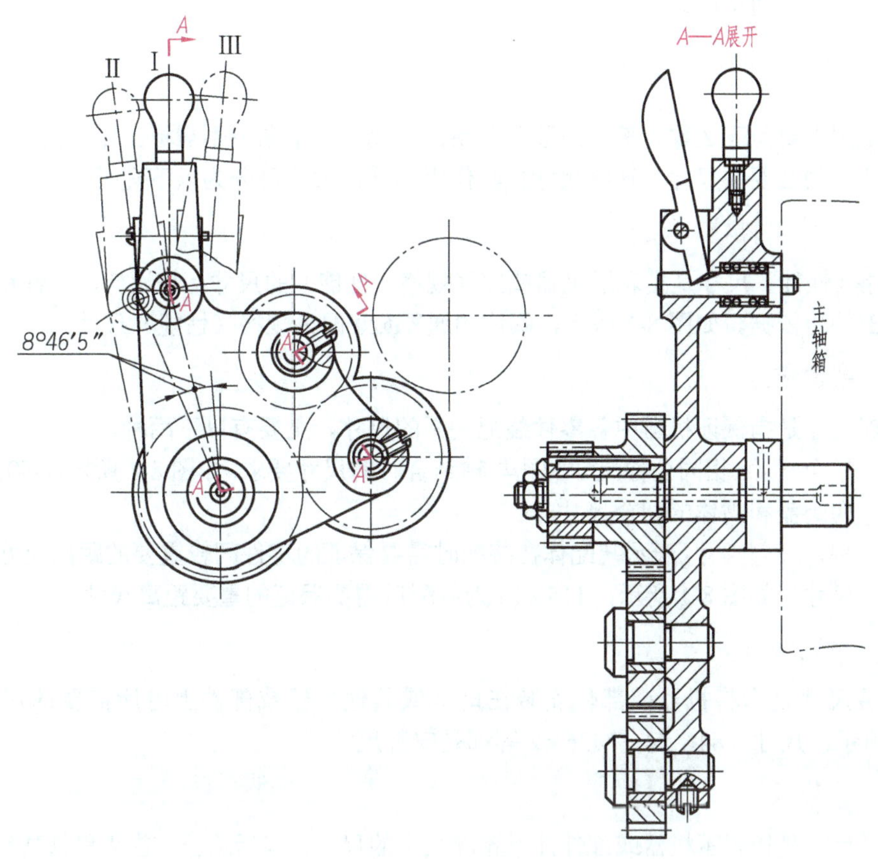

图 8-8　展开画法

5. 假想画法

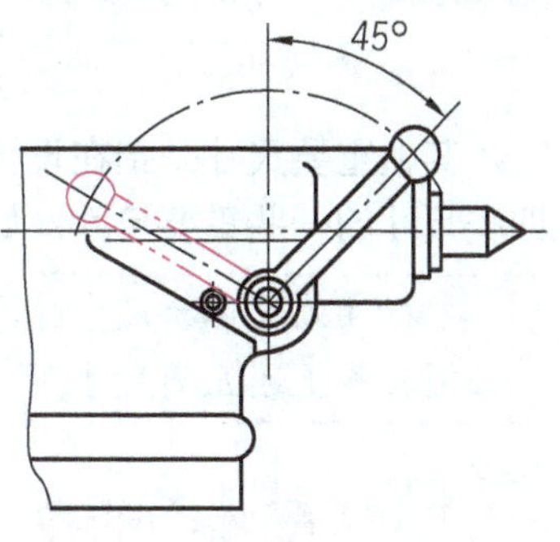

图 8-9　运动极限位置表示法

部件上某个零件运动的极限位置可用双点画线画出其轮廓，如图 8-9 所示，用双点画线画出了扳手的另一个极限位置。

与本部件有关但不属于本部件的相邻零、部件，可用双点画线表示其与本部件的连接关系，如图 8-5 主视图所示的铣刀盘和铣刀以及图 8-8 所示的主轴箱。

6. 单独表示某个零件的画法

在装配图中可以单独画出某一零件的视图，但必须在所画视图的上方注出该零件的视图名称，在相应视图附近用箭头指明投射方向，并注上同样的字母。

8.3 装配图的尺寸标注和技术要求

由于装配图的用途与零件图的用途不同，因此装配图中的尺寸标注和技术要求也与零件图中的标注有所不同。

8.3.1 装配图上的尺寸

装配图主要是表达零、部件的装配关系，因此，装配图中不需标出零件的全部尺寸，只需标注一些必要的尺寸。这些尺寸按其作用不同，大致可分为以下几类。

1. 规格（性能）尺寸

规格（性能）尺寸是指表示机器或部件规格（性能）的尺寸，是设计、了解和选用该机器或部件的依据。如图 8-1 所示，阀体的通径ϕ20 即为规格（性能）尺寸。

2. 装配尺寸

装配尺寸是指保证机器中各零件装配关系的尺寸，主要有以下两种。

- 配合尺寸：相同公称尺寸的孔与轴结合时的尺寸要求。如图 8-1 所示，ϕ50H11/d11 为阀盖和阀体的配合尺寸。
- 相对位置尺寸：表示装配体在装配时需要保证的零件间较重要的距离尺寸和间隙尺寸。如图 8-1 所示，115±1.1 为装配后需要保证的重要距离尺寸。

3. 安装尺寸

安装尺寸是指将机器或部件安装在地基或其他机器或部件上时所需要的尺寸，如图 8-1 所示，尺寸≈84，54，M36×2 等都是安装尺寸。

4. 外形尺寸

外形尺寸是指表示机器或部件外形轮廓大小的尺寸，包括总长、总宽和总高尺寸，它为包装、运输和安装过程中所占的空间大小提供了数据。如图 8-1 所示，球阀的总长、总宽和总高尺寸分别为115±1.1，75 和 121.5。

5. 其他重要尺寸

其他重要尺寸是指在设计部件时，经过计算或根据某种需要确定的、但又不属于上述四类尺寸的一些重要尺寸，如运动件的极限尺寸、主要零件的重要尺寸等。

> 标注装配体的尺寸时，需根据装配体的构造情况进行标注，并不是所有装配体都必须具备上述五类尺寸。

8.3.2 装配图中的技术要求

装配图中的技术要求是指机器或部件在安装、检测和调试等过程中用到的有关数据和性能指标，以及使用、维护和保养等方面的技术要求，一般用文字标注在明细栏附近。拟定装配图的技术要求时，一般应从以下几方面考虑。

- **装配要求**：是指机器或部件在装配过程中应注意的事项和装配后应达到的技术要求，如精度、装配间隙和润滑要求等。
- **检验要求**：是指对装配后机器或部件的基本性能的检验、调试，以及操作技术指标等方面提出的要求。
- **使用要求**：是指对机器或部件的维护、保养及使用时的注意事项等方面提出的要求。

上述各项技术要求不是每张装配图中都必须全部注写，应根据具体情况而定。

8.4　装配图的零、部件序号和明细栏

为了便于看图和管理图样，对装配图中的所有零、部件均需编号。同时，在标题栏上方的明细栏中需逐个列出图中所有零件的序号及其所对应的名称、材料、数量等。

8.4.1　零、部件序号的编排及标注

按 GB/T 4458.2—2003 规定，装配图中零、部件序号的编排及标注要求如下。

1. 序号编排的基本要求

（1）装配图中的所有零、部件必须编写序号，且形状、规格和大小均相同的零件一般用同一个序号仅标记一处。必要时，也可用同一个序号在各处重复标注。

（2）装配图中一个部件可以只编写一个序号；同一张装配图中相同的零、部件应编写相同的序号，但一般只标注一次，必要时可重复标注。如图 8-1 所示，螺母和螺柱就只标注了一次。

2. 序号的标注方法

装配图中零、部件的序号由指引线、小圆点（或箭头）及序号数字组成，如图 8-10 所示。装配图中零、部件序号的编写方法如下：

（1）一般在被编号零件的可见轮廓线内画一小圆点，然后用直线画出指引线，并在指引线的端部画一水平线或圆圈，在水平线上方或圆圈内注写零件序号，指引线、水平线和圆圈均为细实线，如图 8-10 所示。同一张装配图中的序号编写形式应一致。

（2）当在所指零件的轮廓内不便画圆点时，例如，要标注的部分是很薄的零件或涂黑的剖面时，可用箭头代替小圆点指向该部分的轮廓，如图 8-11 所示的零件 4。

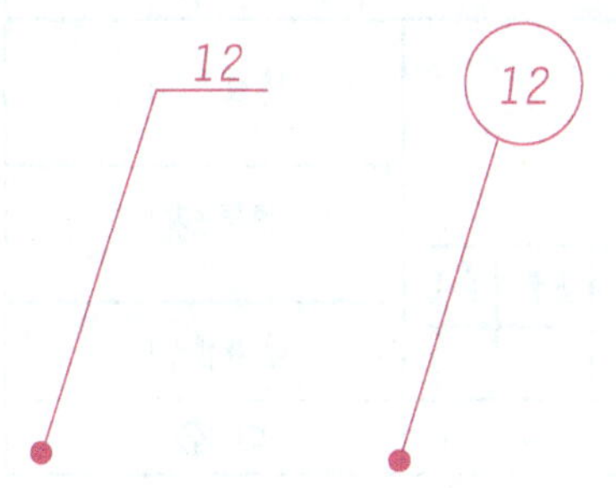

图 8-10　零、部件序号的标注形式

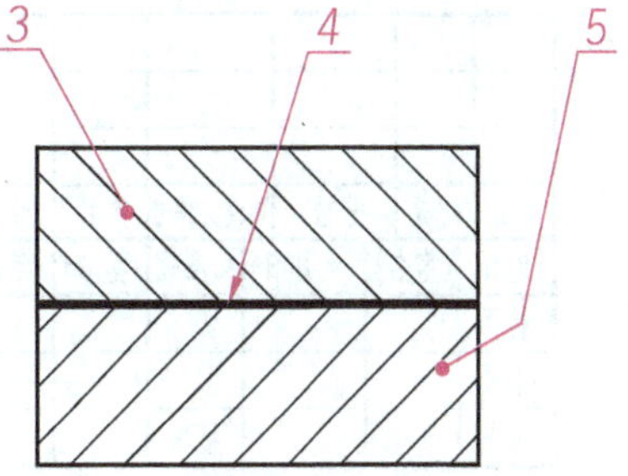

图 8-11　用箭头代替小圆点

（3）装配图中的指引线不能相交，且当其通过剖面线的区域时，指引线不应与剖面线平行；指引线可以画成折线，但只可折一次，如图 8-11 所示的零件 5。

（4）对于一组紧固件或装配关系清楚的零件组，可使用公共指引线标注，如图 8-12 所示。

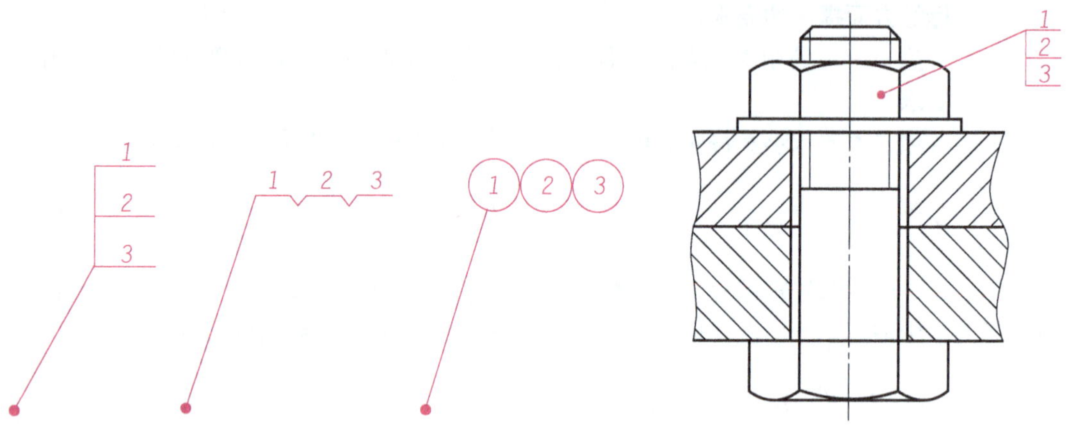

图 8-12　公共指引线的画法

（5）装配图中的序号，应按顺时针或逆时针方向顺次排列整齐，如图 8-1 所示。若在整个装配图上无法连续排列时，应尽量在每个水平或竖直方向上顺序排列。

8.4.2　明细栏

按《技术制图 明细栏》（GB/T 10609.2—2009）的规定，明细栏是装配图中全部零件的详细目录，画在标题栏的上方，其基本信息、尺寸及线宽如图 8-13 所示。明细栏中序号的书写顺序应由下向上排列，这样便于补充编排序号时遗漏的零件。在绘制明细栏时，如果位置不够，可将剩余的部分画在标题栏的左边。

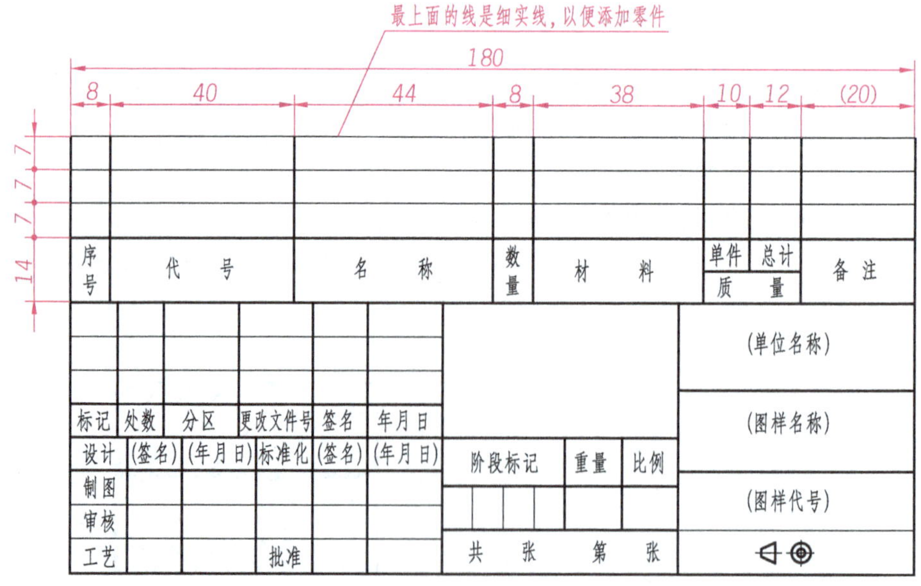

图 8-13　明细栏的格式及尺寸

明细栏和标题栏（国家标准规定的标题栏见图 1-4）的分界线是粗实线，明细栏表头上的线为粗实线，内部竖线均为粗实线，其余横线均为细实线。

8.5　常见的装配工艺结构

装配结构是否合理将直接影响部件（或机器）的工作性能及检修时拆、装是否方便等。下面就设计绘图时应考虑的几个装配结构举例说明，以供绘图时参考。

8.5.1　接触面与配合面

（1）当两个零件接触时，同一方向上只能有一对接触面或配合面，这样既可以保证两个零件配合性质和接触良好，又能降低加工要求，如图 8-14 所示。

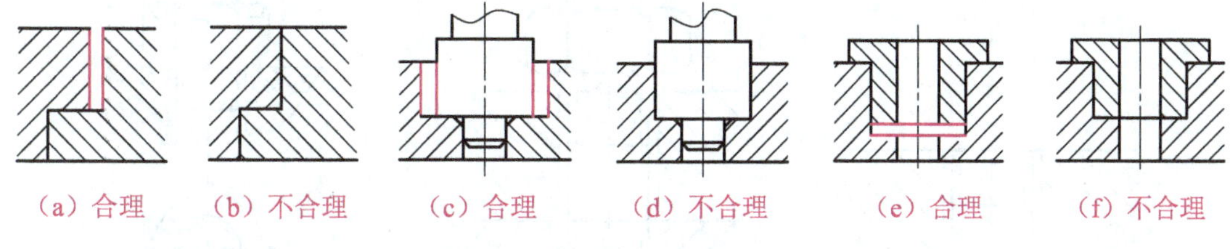

图 8-14　两零件接触面的画法

（2）为了保证孔端面和轴肩端面接触良好，应在孔边处加工出倒角，或在轴肩处加工出退刀槽，如图 8-15 所示。

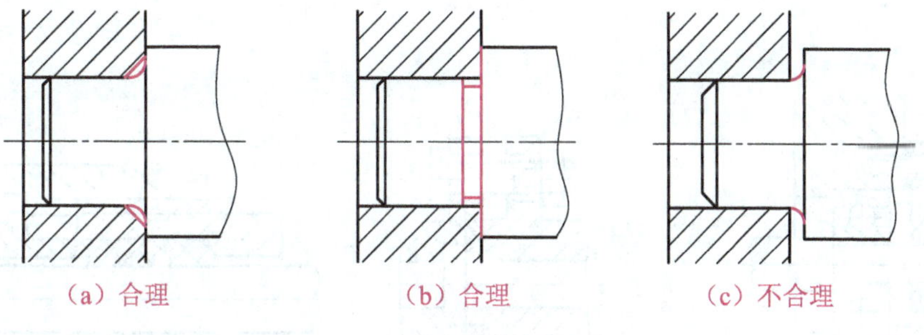

图 8-15　孔的端面和轴肩端面的画法

8.5.2　螺纹紧固件连接结构

（1）在螺纹紧固件的连接中，与紧固件接触的平面应制成沉孔或凸台，这样既可以减少加工面积，又能够保证接触良好，如图 8-16 所示。

（2）为了防止机器工作时振动而使螺纹紧固件松脱，常在螺纹紧固件结构中采用双螺母、弹簧垫圈、止动垫圈和开口销等防松装置，如图 8-17 所示。

8.5.3　密封结构

在机器或部件中，为了防止内部液体或气体外漏，同时防止外部灰尘和杂质侵入，常采用密封结构。常见的密封装置有毡圈密封、橡胶圈密封、填料密封、垫片密封、挡片密封和油沟密封等，如图 8-18 所示。

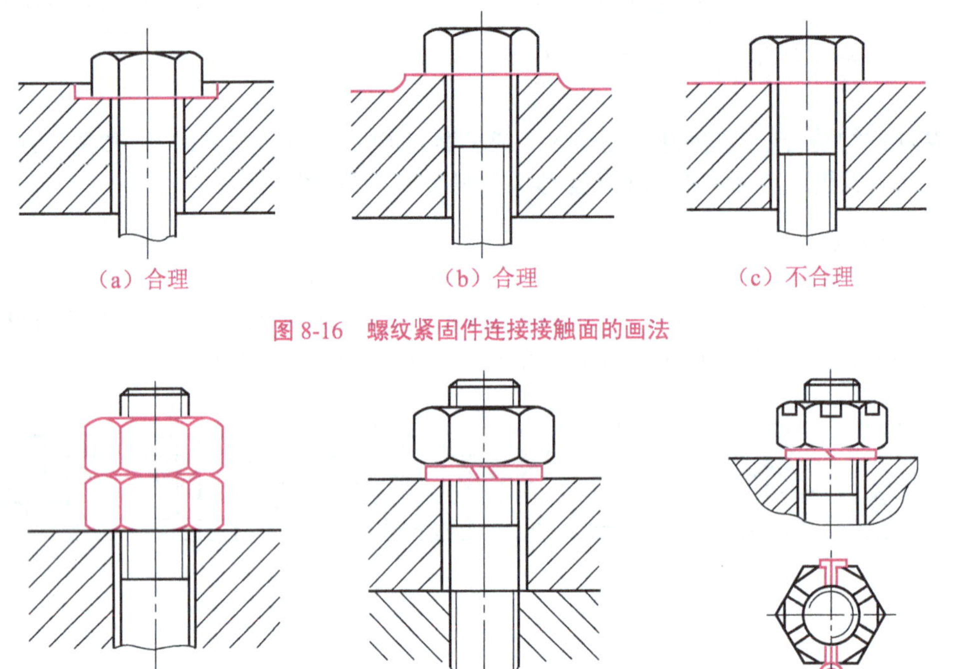

图 8-16　螺纹紧固件连接接触面的画法

图 8-17　螺纹紧固件的防松结构

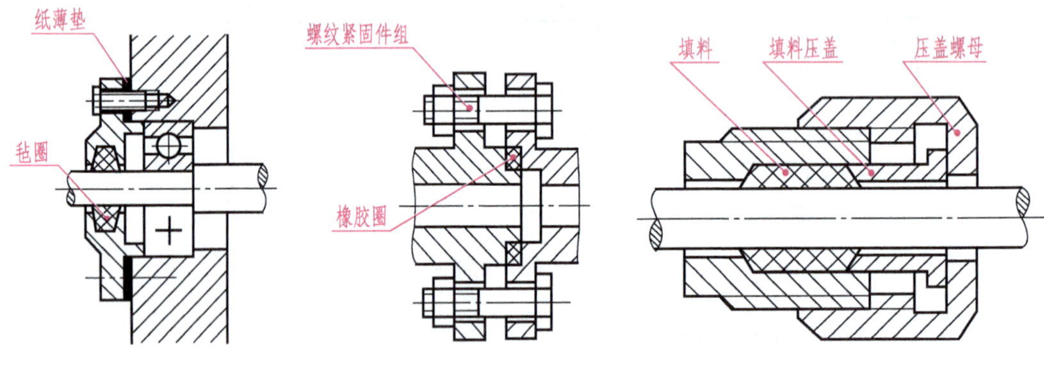

图 8-18　常见的密封结构

8.5.4　装拆方便与可能的结构

（1）用螺纹紧固件连接零件时，应留出能够将螺纹紧固件顺利放入螺纹孔中、并使用扳手拧紧该螺纹紧固件的足够空间，否则，零件加工后将无法装配，如图 8-19 所示。

（2）为了加工销孔和拆卸销子方便，在可能的条件下，销孔应钻成通孔，尽可能不要做成盲孔，如图 8-20 所示。

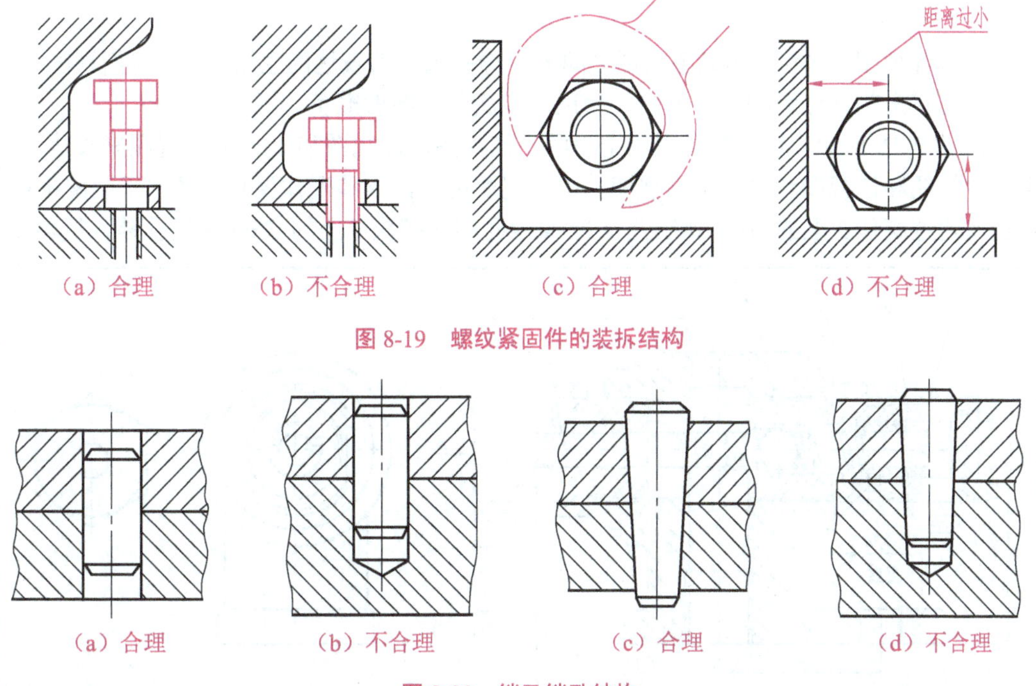

图 8-19 螺纹紧固件的装拆结构

图 8-20 销及销孔结构

8.6 读装配图和由装配图拆画零件图

在机器的设计、装配、检验、使用、维修及技术交流时，都需要读装配图，有时还需要根据装配图拆画零件图。因此，工程技术人员应具备读装配图和根据装配图拆画零件图的能力。

8.6.1 读装配图的方法和步骤

读装配图时，一般可按照“概括了解→分析视图→分析工作原理和装配顺序→分析零件的结构形状→分析尺寸和技术要求”的步骤进行。通过读装配图，应达到以下三方面要求。

（1）了解装配体的名称、用途、性能、结构及工作原理。

（2）明确各零件之间的装配关系、连接方式，相互位置及装拆的先后顺序。

（3）清楚各组成零件的主要结构形状及其在装配图中的作用。

下面以阀装配图为例来讲解识读装配图的方法和步骤。

1. 概括了解

如图 8-21 所示，首先看标题栏，由机器或部件的名称可大致了解其用途，然后对照明细栏中零件的序号，在装配图上找到各零、部件的大致位置，以了解机器或部件上零件的数量、名称、材料及标准件的规格等，初步判断机器或部件的复杂程度。

该装配体为阀。从明细栏可知，该装配体由七种零件组成，结构比较简单。其中，除弹簧可根据其参数直接购买外，其余零件均需绘制其零件图。

2. 分析视图

了解各视图的类型，明确各视图之间的投影关系及其表达的主要内容。对剖视图和断面图则应找出剖切位置和投射方向，为进一步深入读图做准备。

由图 8-21 可知，该装配图采用主视图、俯视图、左视图和 *B* 向局部视图来表达。其中，主视图和俯视图均采用全剖视图。由主视图可知，该装配体仅有一条水平装配干线。装配体通过阀体 3 上的 G1/2 螺纹孔、ϕ12 螺栓孔和管接头 6 上的 G3/4 螺纹孔装入机器中。

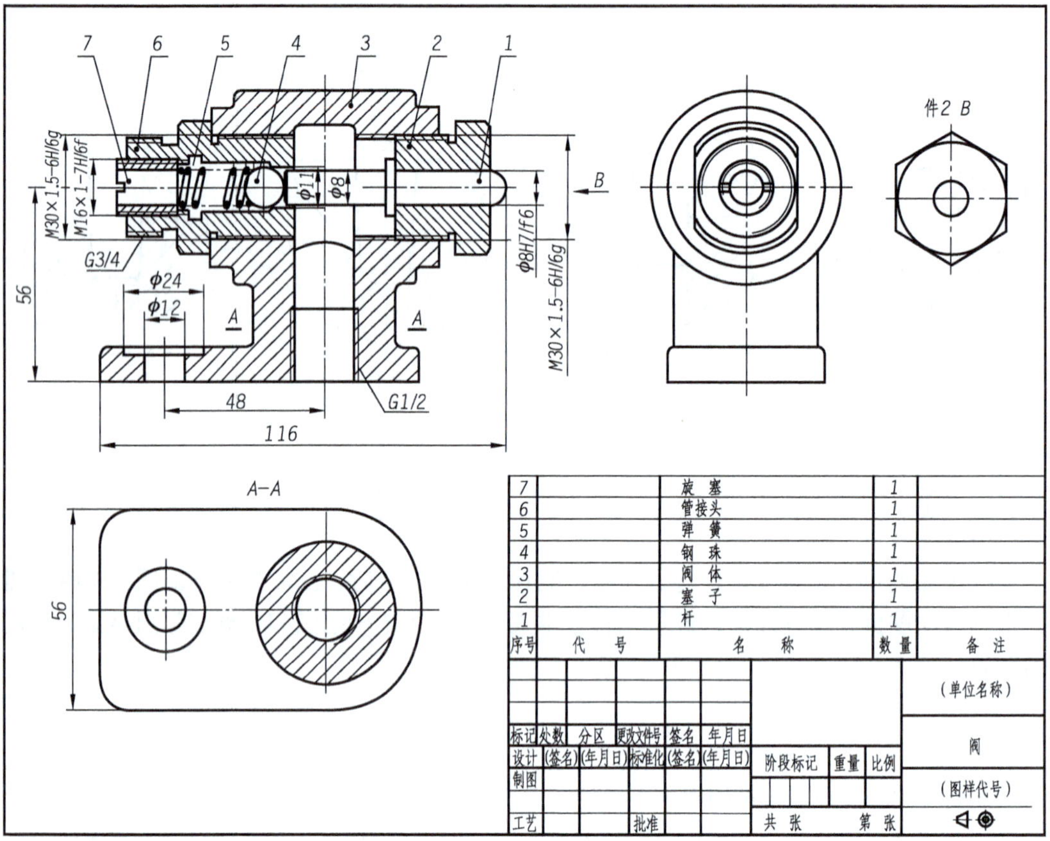

序号	代号	名称	数量	备注
7		旋塞	1	
6		管接头	1	
5		弹簧	1	
4		钢珠	1	
3		阀体	1	
2		塞子	1	
1		杆	1	

图 8-21 阀装配图

3. 分析工作原理和装配顺序

在分析装配关系和工作原理时，首先应通过零件编号，剖面线的方向、间隔，以及装配图的规定画法和特殊画法等来区分装配图上的不同零件，然后从最能反映各零件连接方式和装配关系的视图入手，分析机器或部件的装配干线、零件间的配合要求、各零件间的定位和连接方式等。经过这样分析，可对机器或部件的工作原理和装配关系有一定了解。

如图 8-21 所示，各零件的装配关系从主视图上看最清楚，其工作原理是：旋转塞子 2 向右移动，将杆 1 从管接头 6 的孔中退出，此时管路的通与不通由从阀体 3 下端孔中流入的液体压力决定。当作用在钢珠 4 右端的压力大于弹簧的压力时，弹簧被压缩，管路接通。当作用在钢珠右端的压力小于弹簧压力时，钢珠堵住管路，管路闭合。当依靠管路右端液体的压力不能将管路接通时，还可以手动将塞子 2 和杆 1 向左移动，从而接通管路。

此外，从装配图还可以看出各零、部件的装配过程。例如，装配阀时，先将钢球和弹簧装入管接头 6 中，然后旋入旋塞 7，通过旋塞调整弹簧的压力。调整好压力后，再将管接头旋入阀体左侧 M30×1.5 的螺孔中，右侧将杆 1 装入塞子 2 中，再将塞子旋入阀体右侧 M30×1.5 的螺孔中。

4. 分析零件的结构形状，综合想象装配体的形状

分析零件的结构形状时，应先从主视图中的主要零件着手，然后是其他零件。当零件在装配图中表达不完整时，可结合该零件的零件图来识读该装配图，从而确定该零件合理的内外形状。对于一般标准件，如螺栓、螺钉、滚动轴承等可查阅相关手册。

想象出主要零件的结构形状后，应结合装配体的工作原理、结构特点、装配关系及连接关系等，综合想象出整个装配体的结构形状。

> 由于同一零件的剖面线在各视图上的方向一致、间距相等，因此，在分析零件的结构形状时，应依据剖面线的这一特点，依次找出同一零件的所有视图，然后综合想象其形状。

5. 分析尺寸和技术要求

装配图中通常注有规格（性能）尺寸、装配尺寸、安装尺寸、总体尺寸和其他重要尺寸，以及对装配体的安装、检验和使用等方面提出的技术要求等，可使读图人员全面、准确地了解和使用该装配体。

如图 8-21 所示，除俯视图中阀体的宽度尺寸 56 外，其余尺寸均分布在主视图中。为了保证阀的工作性能，杆 1 和塞子 2 之间注有装配尺寸ϕ8H7/f6；该装配体中各零件在横向上主要靠螺纹连接，因此注有螺纹尺寸 M30×1.5－6H/6g，M16×1－7H/6f 等。

8.6.2 由装配图拆画零件图

在设计新机器时，通常是根据使用要求先画出装配图，确定实现其工作性能的主要结构后，再根据装配图来画零件图。拆画零件图实际上是继续设计零件的过程。从装配图中拆画零件图的方法和步骤如下。

1. 分离零件，想象其形状

看懂装配图后，将要拆画的零件从装配图中分离出来。例如，要拆画阀装配图中的阀体 3，首先将阀体从装配图中分离出来，然后想象其形状。对于阀体的内腔形状，虽然左视图和俯视图上没有表达，但可以通过主视图中 G1/2 螺纹孔上方的相贯线形状得知阀体内腔为圆柱面，且轴线竖直放置，圆柱面的直径等于 G1/2 螺纹孔的直径，如图 8-22 所示。

2. 确定视图的表达方案

装配图中视图的表达方案是从整个装配体来考虑的，往往无法符合每一个零件的表达需要。因此，拆画零件图时，视图方案应根据零件自身的结构特点重新选择，不能机械地

照抄装配图上的视图方案。

本例中，阀体的主视图投射方向与装配图相同，主视图和俯视图采用全剖视图，左视图采用半剖视图。

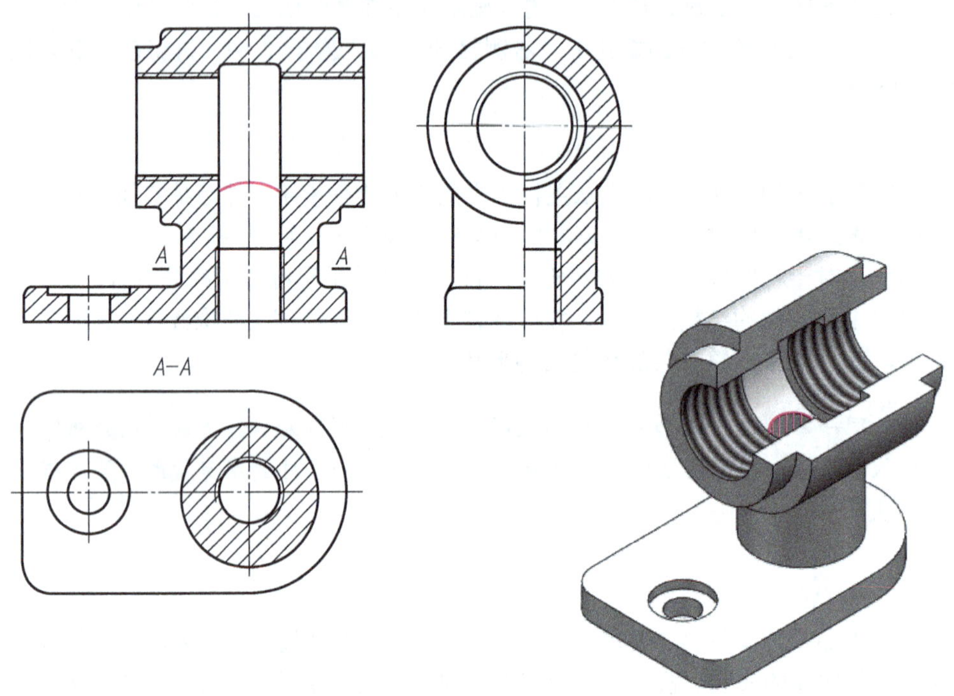

图 8-22　分离阀体零件

3. 补全零件次要结构或工艺结构

装配图主要表达各零部件的装配关系，对零件的次要结构或工艺结构并不一定都表示完全。因此，拆画零件图时，对装配图中省略的工艺结构，如倒角、退刀槽等，应在零件图中补充画出。本例中，阀体上的倒角在装配图中已经详细地画出，故无需补画。

4. 标注尺寸

由于装配图中一般只标注性能（规格）尺寸、配合尺寸、安装尺寸、外形尺寸及其他重要尺寸等，因此在拆画的零件图上要补全其他尺寸。标注拆画的零件图时，应注意以下几点。

（1）凡是装配图上已经给出的尺寸，在零件图上可以直接注出。

（2）某些设计时通过计算得到的尺寸（如齿轮啮合中心距）以及通过查阅标准手册而确定的尺寸（如键槽的尺寸），应按计算所得数据或查表得到的值标注，不得圆整。

（3）零件上的一般结构尺寸可按比例从装配图中量取，并作适当圆整。

5. 标注尺寸偏差、表面粗糙度、几何公差和技术要求等

根据零件表面的作用及与其他零件的关系，应用类比法参考同类产品图样和相关资料来确定技术要求。阀体的零件图如图 8-23 所示。

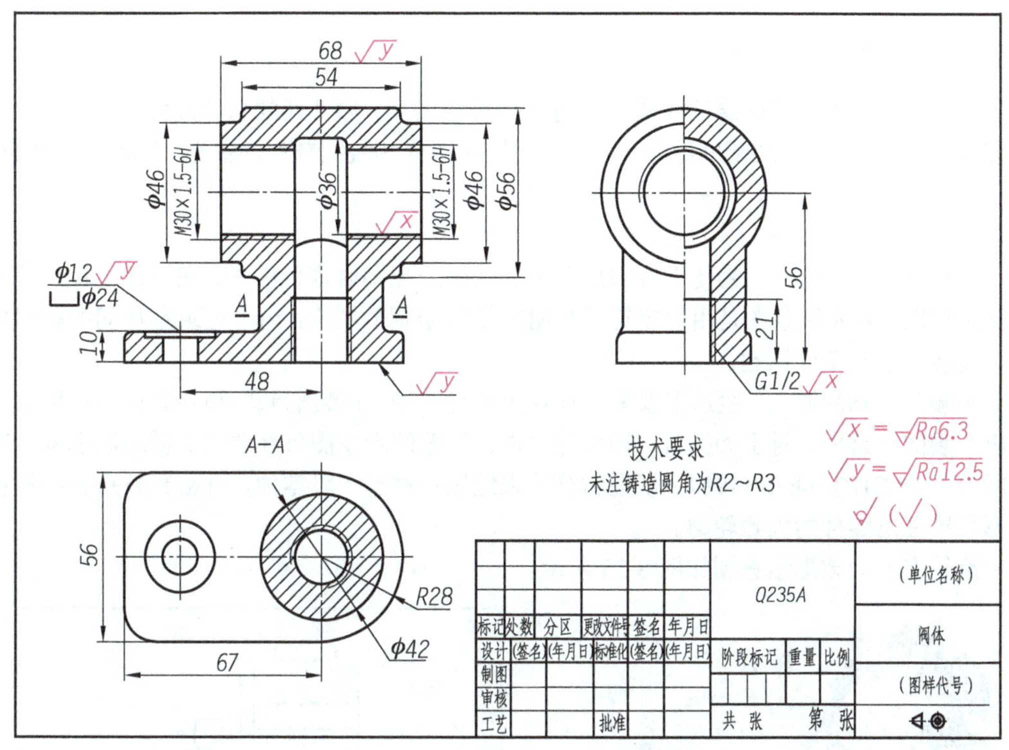

图 8-23　阀体零件图

8.7　部件测绘及绘制装配图

根据现有部件（或机器）画出其装配图和零件图的过程称为部件测绘。在设计新产品、引进先进设备以及对原有设备进行技术改造和维修时，有时需要对现有的机器或零、部件进行测量，并画出其装配图和零件图。

一般来说，部件测绘时应先对测绘对象进行了解、分析，然后拆卸零件，并在拆卸之前和拆卸过程中绘制装配示意图和零件草图，最后再根据装配示意图和零件草图绘制装配图。

下面以图 8-24 所示滑轮支架装配体为例，来讲解部件测绘及绘制装配图的方法和步骤。

8.7.1　了解和分析测绘对象

测绘部件前，应先对部件进行观察和分析，了解其用途、性能、工作原理、结构特点以及零件间的装配关系、相对位置和拆卸方法等。

该滑轮支架是生产、生活中常用的简单机构，其基础零件是支架，滑轮由轴和轴套支承，并用垫片和螺母紧固。安装顺序是：在轴套上安装滑轮（间隙配合）后，一起安装在小轴上（过盈配合），接着将轴穿过支架上的孔，并用螺母、垫片将它们固定在支架上。

8.7.2 拆卸零件、画装配示意图

拆卸前，应先测量该装配体或部件的一些重要尺寸，如部件的总体尺寸、零件的相对位置尺寸、极限尺寸、装配间隙等，以便作为校对图样和装配部件的依据。拆卸时要注意：为防止丢失和混淆零件，应将零件进行编号，并且应分区、分组地放在适当的地方；对不便拆卸的连接（如焊接）和过盈配合的零件尽量不拆，以免损坏或影响精度。

对零件较多的部件，为便于拆卸后重装和为画装配图时提供参考，在拆卸过程中应画装配示意图。装配示意图是用规定符号和简单线条绘制的图样，用于记录零件间的相对位置、连接关系和工作原理。

画装配示意图时，一般从主要零件和较大零件入手，按装配顺序和各零件的位置逐个画出其装配示意图。对于如弹簧、轴承等零件，其零件示意图可参照《机械制图机构运动简图符号》（GB/T 4460—1984）规定的符号来绘制；对于一般零件，可按其外形和结构特点形象地画出零件的大致轮廓。

滑轮支架的装配示意图如图 8-25 所示。

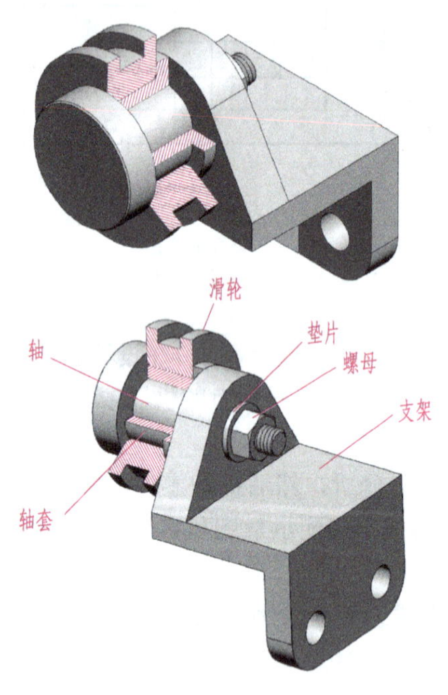

图 8-24 滑轮支架立体图

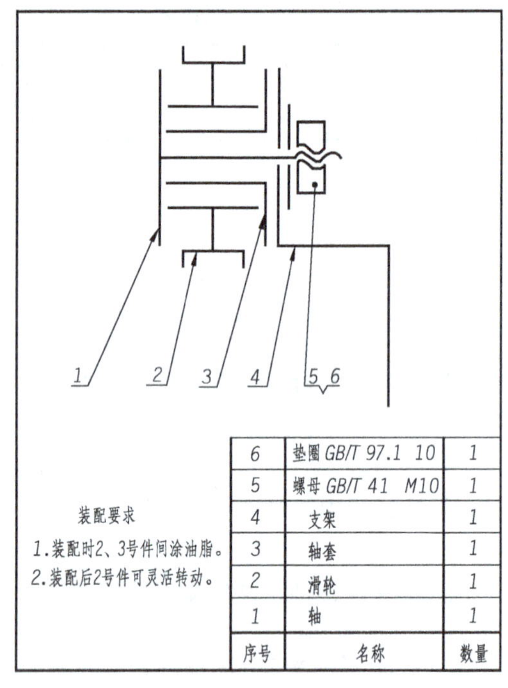

图 8-25 滑轮支架的装配示意图

8.7.3 测绘零件，绘制零件草图

拆卸工作结束后，要对零件进行测绘，并画出零件草图。画零件草图时，应注意以下两点。

（1）标准件可不画草图，但要测出其规格尺寸，然后查阅相关标准，按规定标记填写在明细栏内（如螺母 GB/T 41 M10）。

（2）除标准件外，其余零件均需画出其零件草图。画零件草图的一般顺序为：先绘

制视图，然后测量尺寸，并把尺寸标注在草图上，接着确定零件的精度、材料、毛坯制造方法等，最后绘制标题栏。此外，画零件草图时应注意，零件间有配合、连接关系的尺寸要协调一致。

本例中，螺母和垫圈是标准件，不需要绘制零件草图，其余零件，如支架、滑轮、轴和轴套等需要绘制零件草图。测绘完成的零件草图如图 8-26 所示。

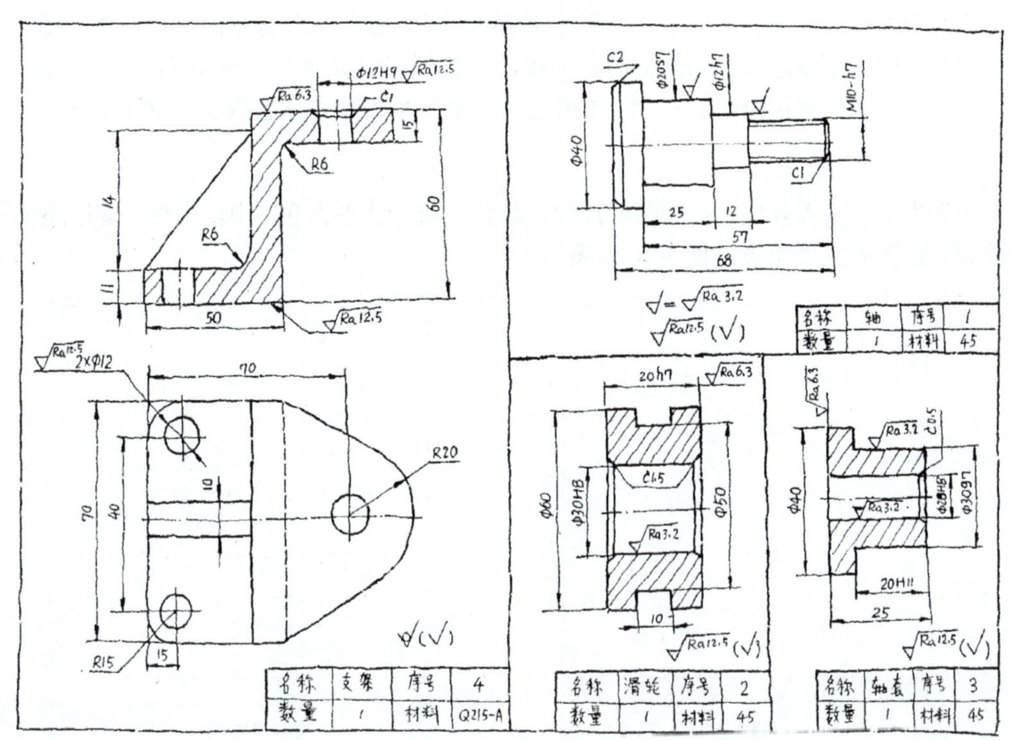

图 8-26 零件草图

8.7.4 根据装配示意图和零件图绘制装配图

绘制装配图的过程就是模拟部件的装配过程。通过绘制装配图，可以检验零件的结构是否合理、尺寸是否正确，若发现问题应及时修改。由于装配图比较复杂，一般需要借助绘图工具绘制，其绘制步骤如下。

1. 确定视图及表达方案

确定主视图时，应以主要装配干线为核心，将最能反映装配体结构特征、工作原理、传动路线和主要装配关系的方向作为主视图的投射方向，并尽量使主视图的位置符合机器或部件的工作位置和习惯放置位置。主视图一般需采用剖视图的画法，以便清晰地表达出各零件的装配关系。若装配图中还存在主视图中未表达清楚的装配干线，则需配置其他视图来表达。

其他视图的选择应能补充主视图尚未表达或表达不够清楚的部分。一般情况下，部件中的每个零件至少应在视图出现一次。

由图 8-24 所示的立体图可知，该滑轮支架只有一条装配干线，可按其工作位置摆放，且主视图是采用单一剖切平面的全剖视图。由于支架上有螺栓孔，且该孔对整个支架起着非常重要的支承作用，因此需要表达该螺栓孔的位置和大小，故可采用局部视图及局部剖视图来表达。

2. 确定绘图比例，合理布置图幅

根据拟定的视图表达方案及装配体的复杂程度和大小，选择适合的绘图比例和图幅，并依次画出图幅边框线、图框线、标题栏和明细栏的位置，然后合理地布置各个视图，并画出各视图的主要基准线。与此同时，各视图间要预留出标注尺寸和零件序号的位置。

本例中，我们采用留装订边的 A4 图纸，各视图的布置情况如图 8-27 所示。

3. 绘制装配体的主要结构

一般先从主视图开始，根据装配过程和装配干线，从主到次，由内向外，逐层逐个零件绘制各视图的主要轮廓，如图 8-28 所示。

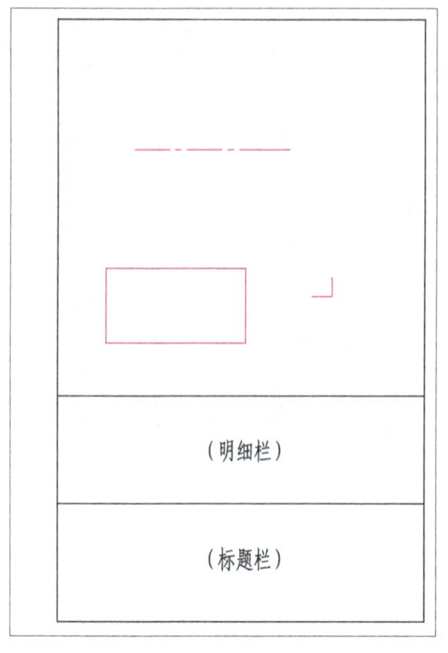

图 8-27 合理布置图幅

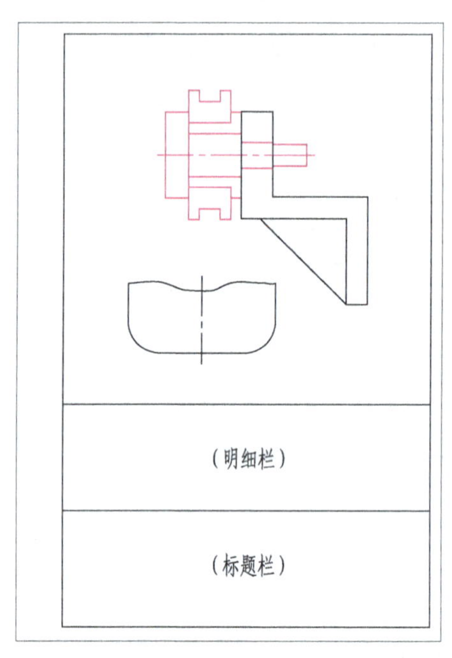

图 8-28 绘制各零件的主要结构

4. 绘制次要结构和细节

在支架、轴、轴套和滑轮的主要结构绘制完成后，接着绘制垫圈、螺母以及部分零件上的螺纹、倒角、圆角等次要结构，如图 8-29 所示。

5. 加深图线，标注尺寸

装配图底稿完成后要仔细检查，确认无误后加深图线，然后画出剖面线（注意：剖面线要一次性画好，无需打底稿）。

最后，标注尺寸，编写零件序号，画标题栏和明细栏，注写技术要求。所绘制的滑轮支架装配图如图 8-30 所示。

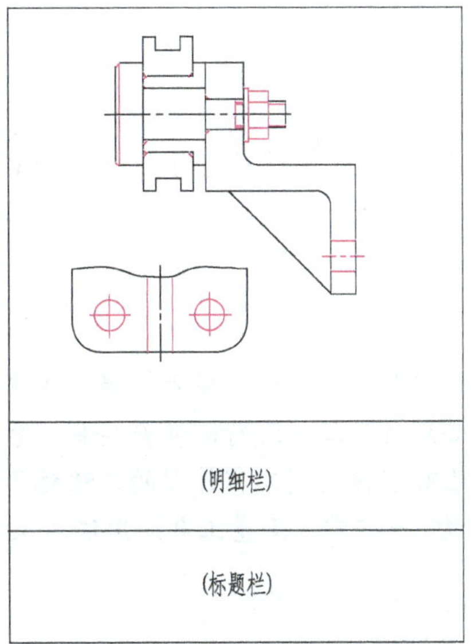

图 8-29　绘制零件上的次要结构和细节

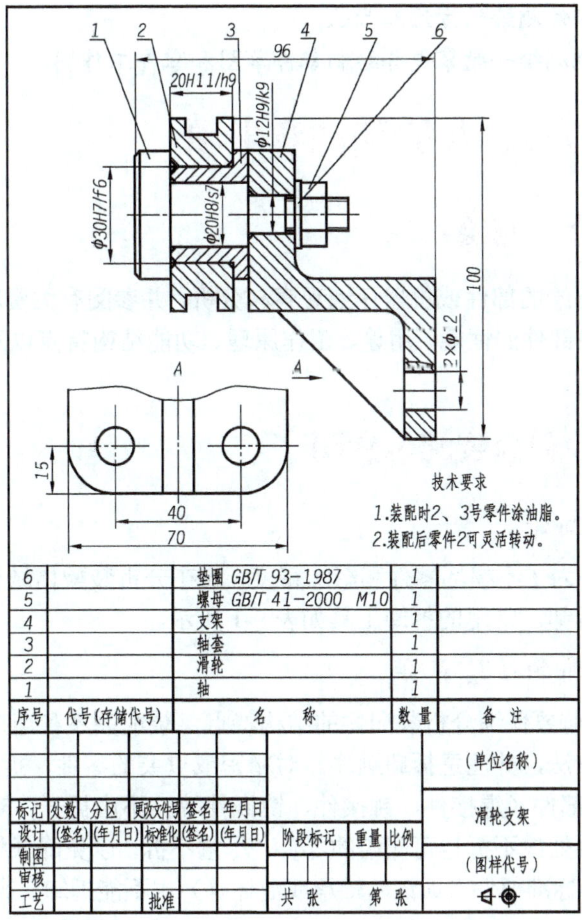

序号	代号(存储代号)	名　称	数量	备　注
6		垫圈 GB/T 93-1987	1	
5		螺母 GB/T 41-2000 M10	1	
4		支架	1	
3		轴套	1	
2		滑轮	1	
1		轴	1	

图 8-30　滑轮支架装配图

第 9 章　典型零部件的测绘

【本章导读】

在改进或维修机器、部件时，有时会碰到机器、部件中某一零件损坏，而又无配件或图纸，这时就必须对该零件进行测量并绘制其零件图，以便作为制造该零件的依据。这种根据已有零件绘制其零件图的过程称为零件测绘。本章主要讲解零件上常见的工艺结构、一些常见测量工具的用法以及测绘零件的一般方法和步骤。

【技能目标】

◈ 掌握常见测量工具的用法及使用场合。
◈ 掌握典型零件测绘的方法和步骤。
◈ 能够熟练地测绘一般零件并绘制零件草图和零件工作图。

9.1　测绘的方法、步骤和注意事项

9.1.1　了解和分析测绘对象

测绘前要对被测绘的部件或机器仔细观察和分析，并参阅有关资料、说明书和同类产品的图样，以便对该部件的性能、用途、工作原理、功能结构特点以及部件中各零件的装配关系等有概括了解。

9.1.2　拆卸部件和画装配示意图

1. 拆卸工具简介

在拆卸部件时，为了不损坏零件和影响精度，应在分析装配体结构特点的基础上，选用合适的工具逐步拆卸。常用的拆卸工具如表 9-1 所示。

2. 拆卸部件时的注意事项

（1）拆卸部件前要仔细分析装配体的结构特点、装配关系和连接方式，根据连接情况采用合理的拆卸方法，并注意拆卸顺序。对精密或重要的零件，拆卸时应避免重击。

（2）对不可拆部件（焊接件、铆接件、镶嵌件等）不应拆开；对于精度要求较高的过渡配合或过盈配合处或不拆也可测绘的零件，尽量不拆，以免降低机器的精度或损坏零件而无法复原；对于标准部件（如滚动轴承或油杯等）也不能拆卸，查有关标准即可。

表 9-1　常用拆卸工具

名称	实例图	说　明
扳手	活扳手　呆扳手　梅花扳手　内六角扳手	活扳手可扳动一定范围内的六角头或方头螺栓、螺母 呆扳手用于紧固、拆卸一种或两种规格的螺栓、螺母 梅花扳手用于工作空间狭小、不能容纳活、呆扳手的场合 内六角扳手用于紧固或拆卸内六角螺钉
钳子	钢丝钳　尖嘴钳　挡圈钳	钢丝钳用于夹持小零件、剪断或弯曲金属丝 尖嘴钳在狭小的工作空间操作 挡圈钳供装、拆弹性挡圈用
旋具	一字形旋具　十字形旋具	—
钳工锤和冲子	钳工锤　冲子	钳工锤有钢制和木制两种 冲子用于拆卸圆柱销或圆锥销

（3）对于部件中的一些重要尺寸，如零件间的相对位置尺寸、装配间隙和运动零件的极限位置尺寸等，应先进行测量，以便重新装配部件时，保持原来的装配要求。

（4）对于较复杂的装配体，拆卸零件时，应边拆边登记编号，并按顺序排列零件，套上用细铁丝和硬纸片制成的号签，注写编号和零件名称，妥善保管，避免零件损坏、生锈或丢失。对螺钉、键、销等容易散失的细小零件，拆卸后仍装在原来的孔、槽中，以免丢失和装错位置。标准件应列出细目。

3. 画装配示意图

为了便于部件拆卸后装配复原，在拆卸零件的同时，需画出部件装配示意图，并编上序号，记录零件的名称、数量、装配关系和拆卸顺序。画装配示意图时需注意以下几点。

（1）画装配示意图时，仅用简单的符号和线条表达部件中各零件的大致形状和装配关系，如轴类零件用特粗线（$2d$）表示等。通常仅画出相当于一个投射方向的图形，其上尽可能集中反映全部零件；若表达不清楚，可增加图形，但图形间仍应符合投影规律。

（2）将被测绘的部件假想成透明体，既画出外形轮廓，又画出外部及内部零件间的装配关系。

（3）相邻两零件的接触面之间最好留出空隙，以便区分零件。零件中的通孔可画成开口，以便清楚表达装配关系。

（4）装配示意图中的零件按拆卸次序编号，并注明零件名称、数量、材料等。不同位置的同一种零件只编一个号。由于标准件不必画出零件草图，因此，只要测得几个主要尺寸，从相应的标准中查出规定标记，将这些标准件的名称、数量和规定标记注写在装配示意图上或列表说明。

（5）有些零件（如轴、轴承、齿轮、弹簧等）应参照《机械制图机构运动简图符号》（GB/T 4460—1984）的规定符号表示；若无规定符号，则该零件用单线条画出其大致轮廓，以显示其形体的基本特征。

9.1.3 画零件草图和测量标注尺寸

1. 画零件草图的准备工作

零件草图通常是在测绘现场以徒手、目测实物按大致比例画出的零件图。零件草图是绘制部件装配图和零件工作图的重要依据，必须认真、仔细，绝非“潦草”之图。画草图的要求是：图形正确、表达清晰、尺寸齐全，并注写包括技术要求的有关内容。

画零件草图之前，应对所测绘的零件进行详细分析：

（1）了解该零件的名称和用途，鉴别该零件是用什么材料制成的。

（2）对该零件的结构形状进行分析。因为零件的形状和每个局部结构都有一定的功能，所以必须看清他们在部件中的功用以及与其他零件间的装配连接关系。

（3）对该零件进行必要的工艺分析。因为同一零件可用不同的加工顺序或加工方法制造，所以其结构形状的表达、基准的选择和尺寸的标注也不完全相同。

（4）拟定该零件的表达方案。通过上述分析，考虑确定零件的安放位置、主视图投射方向以及视图数量等。总的原则是以最少的图形数量清楚表达零件的内外结构形状。

2. 画零件草图的步骤

（1）在图纸（建议用网格纸）上定出各视图的位置。画出各视图的基准线、中心线，如图 9-1（a）所示。布图时要考虑在各视图之间预留标注尺寸的位置，并在右下角留出标题栏的位置。

（2）画出零件外部和内部的结构形状，如图 9-1（b）所示。

（3）选择基准和画出尺寸界线、尺寸线和箭头（注意尺寸齐全、不遗漏、不重复），经仔细校核后描深轮廓线和画剖面线，如图 9-1（c）所示。

（4）测量尺寸，并注写尺寸数字和技术要求，填写标题栏，如图 9-1（d）所示。

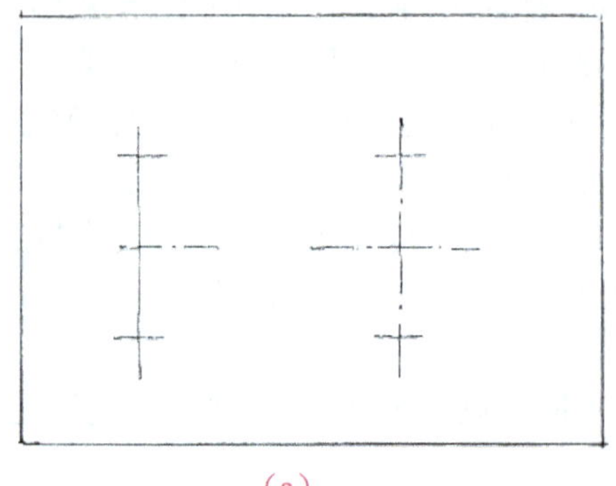

（a）

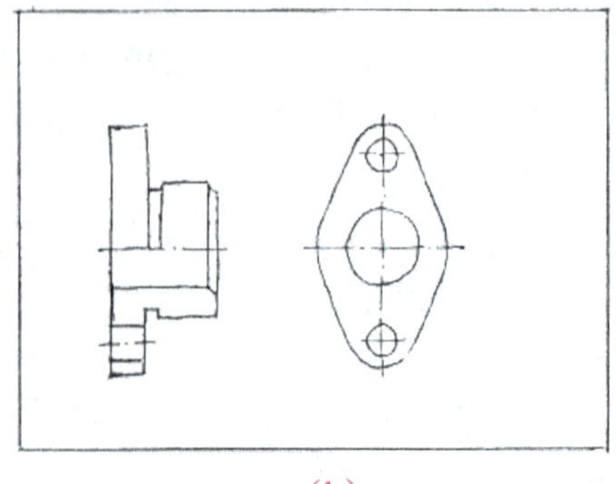

（b）

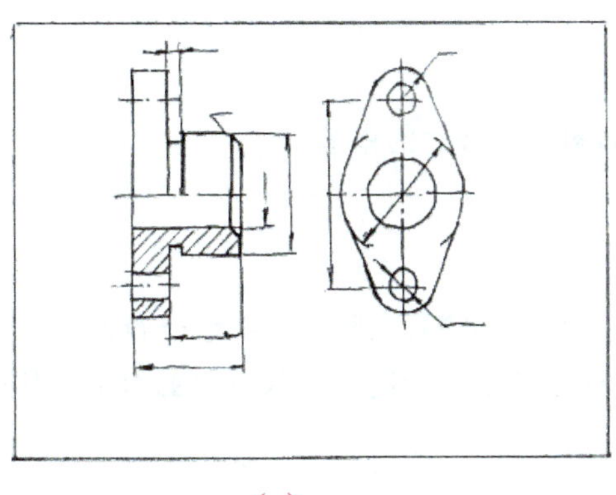

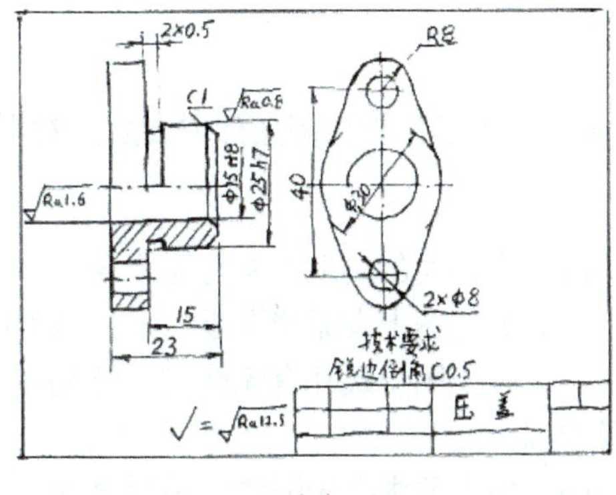

（c）　　　　　　　　　　（d）

图 9-1　零件草图画图步骤

3. 测绘注意事项

（1）零件的制造缺陷如砂眼、气孔、刀痕以及长期使用所产生的磨损等，测绘时不应画出，应予以修正。

（2）零件上的工艺结构如铸造圆角、倒角、倒圆角、凸台、凹坑、退刀槽、越程槽以及中心孔等都必须画出，不得省略。

（3）测量尺寸时应在画好视图、注全尺寸界线和尺寸线后集中进行，切忌画一个尺寸线，测量一个尺寸，填写一个尺寸数字。

（4）零件上的标准结构要素，如螺纹、键槽、齿形、中心孔等，应将测得的数值与相应标准核对，使尺寸符合标准系列。

（5）对相邻零件有配合功能要求的尺寸，公称尺寸只需测量一个。当测得的非配合尺寸为小数时，应尽量圆整为整数。

9.1.4　绘制零件工作图

由于零件草图是现场（车间）测绘的，测绘时间不允许太长，所画零件草图的视图表达、尺寸标注、技术要求等方面的考虑一定不是最完善的，所以从零件草图到零件工作图不是简单地重复照抄，应再次检查，及时更正以后再画零件工作图。

绘零件工作图的方法和步骤如下。

1. 对零件草图进一步复核审查

（1）表达方案是否完整、清晰和简便。

（2）尺寸标注是否齐全、清晰和合理。

（3）技术要求是否满足零件的装配和使用要求。

2. 画零件工作图的步骤

（1）选择比例：根据零件的复杂程度及大小选择合适的比例。

（2）选择幅面：根据表达方案、比例，尽量选择基本幅面。

（3）画底稿：画各视图的基准线、画出图形、标注尺寸、注写技术要求。

（4）校核、描深、填写标题栏。

9.1.5 完成部件测绘

装配图和零件工作图全部完成后，对全部图纸做最后的审核。

1. 装配图的核对内容

（1）零件间的装配关系有无错误。

（2）装配图上有无遗漏零件，按装配图上的零件序号在明细栏中逐一查对。

（3）装配图中尺寸有无注错，特别是多种零件装在一起的总尺寸，必须对照零件图重新校对。

（4）技术要求有无漏注，是否合理。

（5）按图示装配关系，可否依次拆卸，如无法拆卸，则应检查画法中的错误。

2. 零件图的校核内容

（1）零件结构形状表达是否完整、清晰，尺寸有无遗漏，标注是否合理。

（2）有配合功能要求的尺寸是否与相关零件上的公称尺寸一致，公差带是否符合装配图中的配合代号。

（3）检查有关技术要求有无漏注，如尺寸公差、几何公差和表面粗糙度等。

完成上述各步骤任务后，将零件装配复原，整理测绘工具。至此，部件测绘工作全部完成。

9.1.6 草图及其绘图技法

不借助绘图仪器和工具，用目测的比例徒手画出的图样称为“草图”。草图是测绘机器、技术交流或创意构思时常用的绘图方法，也是工程技术人员必须掌握的基本技能。徒手绘制的草图虽不能保持图样和实物之间各部分的比例完全一致，但应尽量使两者相差不大，并且要求图形正确、线型粗细分明、字体工整、图面整洁，如图 9-2 所示。在零件测绘之前，对于徒手绘制直线或圆弧的基本技法，必须通过练习逐步掌握。

开始练习画草图时，由于手法不熟练，画出的线条往往不规矩，在同一图上的比例也常常不一致。因此，可先在方格纸上练习，如图 9-2 所示，直线可沿着格线来画，圆心尽可能在格线的交点上。

图线练习时应注意：

（1）画直线时执笔要稳，小手指轻抵纸面，视线略超前一些，不宜盯着笔尖，而要用余光目视运笔的前方和运行的终点。画水平线宜自左向右、画垂直线宜自上而下运笔。画斜线的运笔方向以顺手为原则，若与水平线相近，则自左向右运笔；若与垂直线相近，则自上而下运笔。

如果将图纸沿运笔方向略为倾斜，则画线更顺手。描深时，宜转动图纸，使要画的直线符合顺手方向。

（2）画圆时，先画对称中心线，定出圆心。按目测的直径大小在中心线上截取四点（画较大圆时，可加画一对斜线，然后截八点），逐段徒手画圆弧连成圆。对于椭圆、圆弧或圆角，也可以用类似方法画出。

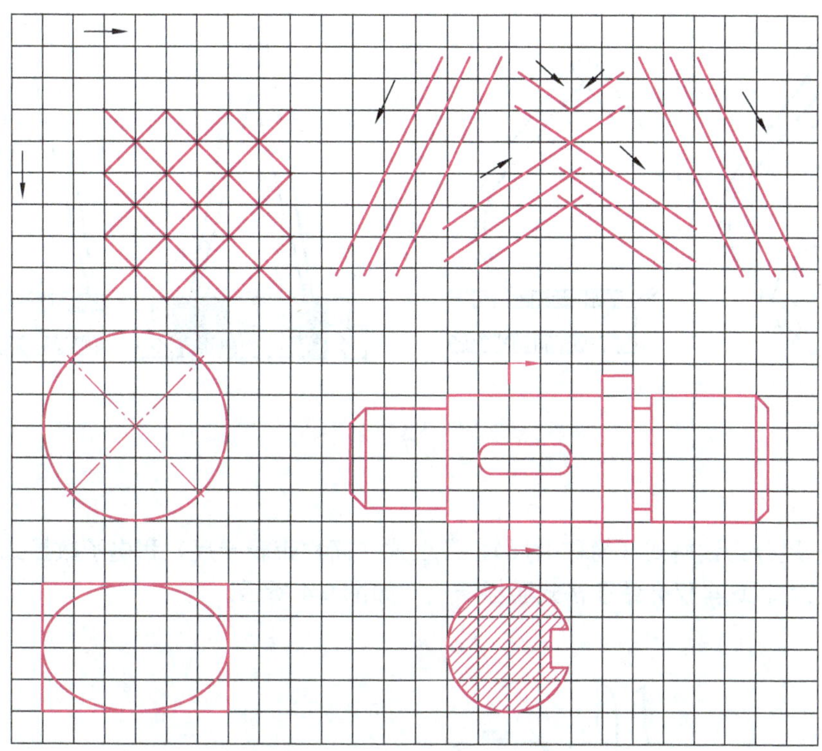

图 9-2　图线练习

9.2　尺寸的测量与确定

9.2.1　常用测量工具

1. 钢直尺与卡钳

钢直尺用来测量长度尺寸，如图 9-3（a）所示，量出的尺寸可直接在钢直尺的刻度上读出。最常用的卡钳分外卡钳和内卡钳，如图 9-3（b）和（c）所示。外卡钳通常用来测量轴径等外尺寸，内卡钳用来测量孔径等内尺寸。测量值由卡钳量得的量距移到钢直尺上读出。

由于卡钳在操作中会产生较大测量误差，实际测量中，当手头没有合适的专用量具时可以采用内、外卡钳测量。卡钳开口大小可以调整，调整时用力要适当，防止猛磕猛敲，并且不宜用卡钳测量旋转中的工件。

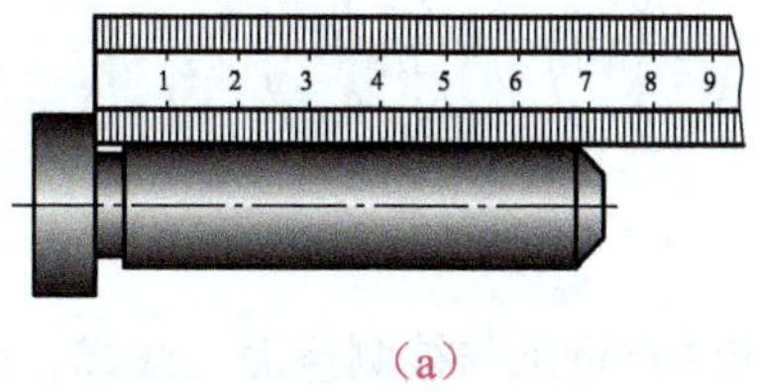

(a)

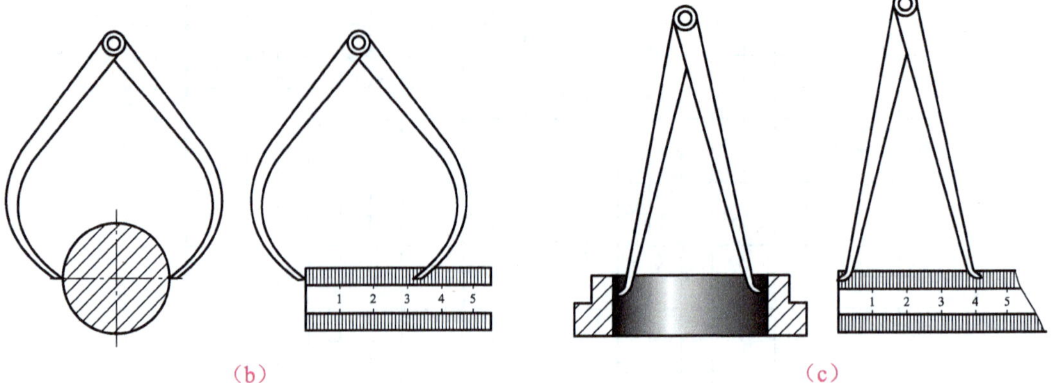

图 9-3　钢直尺与卡钳

2. 游标卡尺

游标卡尺分为读格式（简称卡尺）、带表式（简称带表卡尺）和电子数显式（简称数显卡尺）三类。这里仅介绍读格式游标卡尺，如图 9-4 所示。

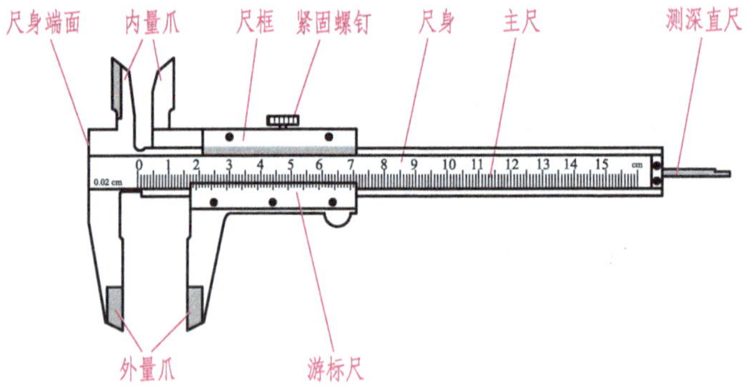

图 9-4　游标卡尺的外形结构

在使用卡尺之前，要仔细检查卡尺的刻度线和数字是否清晰，卡尺的“0”位是否准确。如图 9-5 所示，游标尺左边第一条刻线与主尺的“0”刻线应对齐，游标尺的最末一根刻线与主尺相应刻线也要对齐。

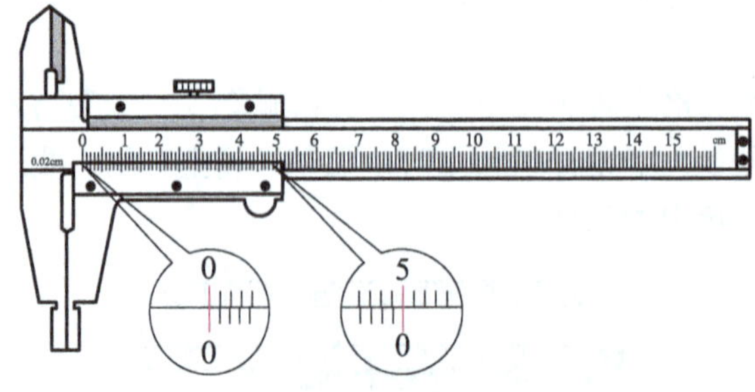
图 9-5　游标卡尺校对“0”位

使用游标卡尺测量时，应注意量爪与被测量面（或线、点）之间的接触，既要紧密，

又不会由于施加压力过大而产生测量误差，并在卡尺处于测量的状态下读出测量值，然后轻推（测量外尺寸时）或轻拉（测量内尺寸时）尺框，使量爪离开被测面，再小心地将卡尺退出，如图 9-6 所示。

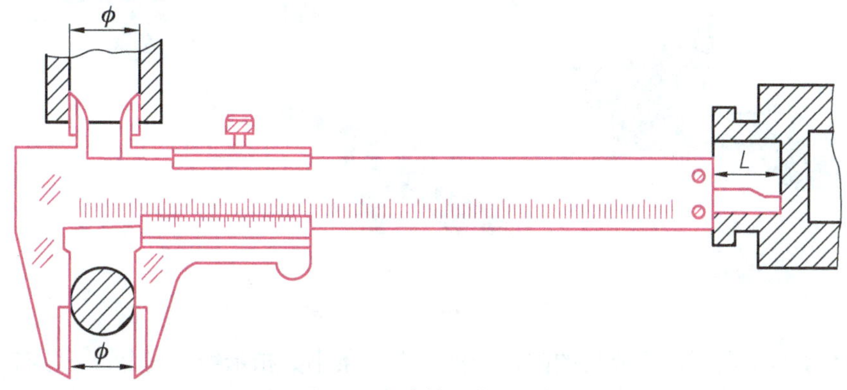

图 9-6　正确使用卡尺示例

游标卡尺测量的读数方法如下。

（1）读整数。读出主尺上靠近游标“0”线左边最近的刻线数值，该数值即为被测量的整数值。

（2）读小数。找出与主尺刻线相对准的游标刻线，将其顺序号乘以游标卡尺的测量精度所得的积，即为被测量的小数值。

（3）求和。将整数值和小数值相加，所得的数值即为测量结果。

3. 外径千分尺

外径千分尺（简称千分尺）主要用途是测量工件的外径和外尺寸。常用的千分尺有普通式、带表式和数显式三类。本节仅介绍普通式千分尺。

普通式千分尺如图 9-7 所示，使用前首先校对调整“0”位。操作方法如图 9-8 所示，旋转微分筒，将两测量面之间的距离（外尺寸）调整到略大于被测尺寸后，将千分尺的两个测量面送入到要测量的位置；再次旋转微分筒，当两测量面将要接触被测量点时，旋转棘轮（测力装置），使两测量面密切接触被测量点（此时棘轮发出“咔、咔”声），读取测量值。测量读数完毕后退尺时，应旋转微分筒，而不要旋转棘轮，以防拧松测力装置，影响“0”位。

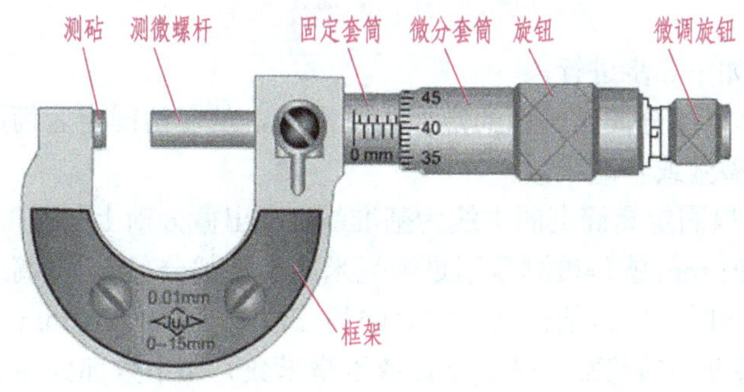

图 9-7　千分尺外形结构

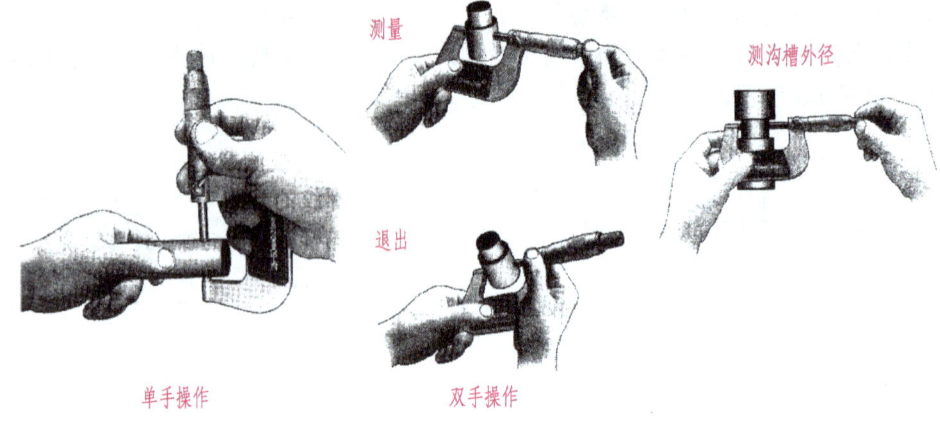

图 9-8　千分尺操作方法

如图 9-9（a）所示，千分尺的固定套筒上有一条小数指示线，其上、下各有一排间距为 1 mm 的刻线，互相错开 0.5 mm，微分筒旋转一周将在固定套筒上沿轴向前进或后退 0.5 mm。微分筒一周的刻度为 50 格，所以微分筒每转过一格，将在固定套筒上沿轴向移动 0.5 mm/50，即千分尺的分度值为 0.01 mm，比游标卡尺精确 2～10 倍。

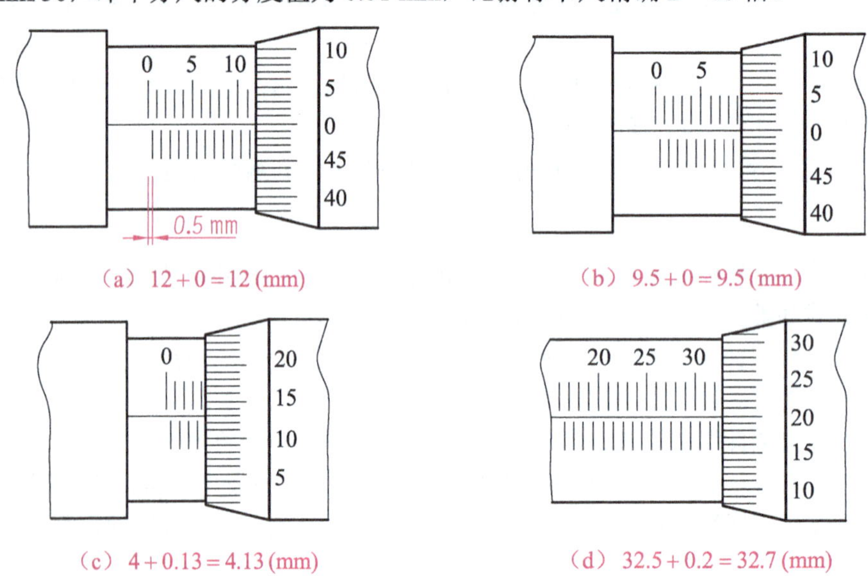

（a）12＋0＝12 (mm)　（b）9.5＋0＝9.5 (mm)

（c）4＋0.13＝4.13 (mm)　（d）32.5＋0.2＝32.7 (mm)

图 9-9　千分尺读数示例

千分尺读数分如下三步进行。

（1）读整数。以微分筒圆锥面的端面为基准线，从左边固定套筒露出来的刻线上，读出被测量的毫米整数或半毫米数。

（2）读小数。以固定套筒上的中线为基准线，读出微分筒上与基准线对齐的刻线数，将此刻线数乘以 0.01 mm 就是被测量不足半毫米的小数部分。当微分筒上没有任何一条刻线与基准线恰好重合时，应该估读到小数点的第三位数，即 0.001 mm。

（3）求和。将读出的整数（毫米整数或半毫米数）与小数部分相加即为测量结果。

千分尺的具体读数示例如图 9-9 所示。

4. 螺纹样板

检查低精度螺纹工件的螺距与牙型角时，可采用螺纹样板（又称螺纹规）。如图 9-10 所示，检测螺距时，先选一片螺距数值与被测螺距相同的螺纹样板在被测螺纹上进行试卡，若吻合，则说明被测螺纹的螺距合格；若样板牙形与被测螺纹的牙形表面不密合，可换一个相近的螺纹样板试卡，直到密合为止，此时所用样板上标出的螺距即为被测螺纹的实际螺距。

> 若没有螺纹规，可将该轴的螺纹部分在薄纸上滚动压痕，如图 9-11 所示。一般测量 n 个螺距的长度 L，然后按 $P=L/n$ 算出其平均螺距，最后查表取标准值。

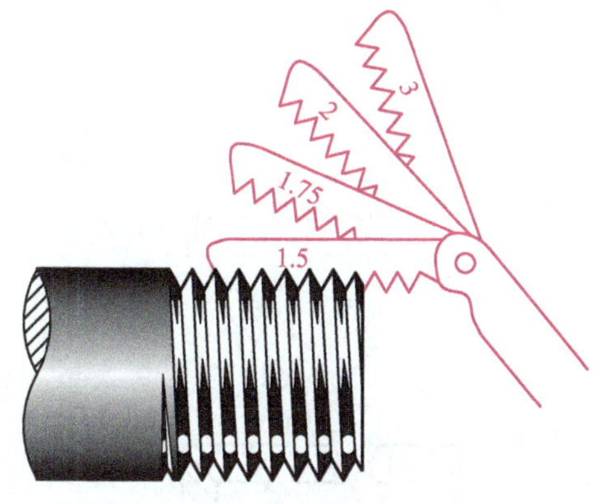

图 9-10　螺纹样板

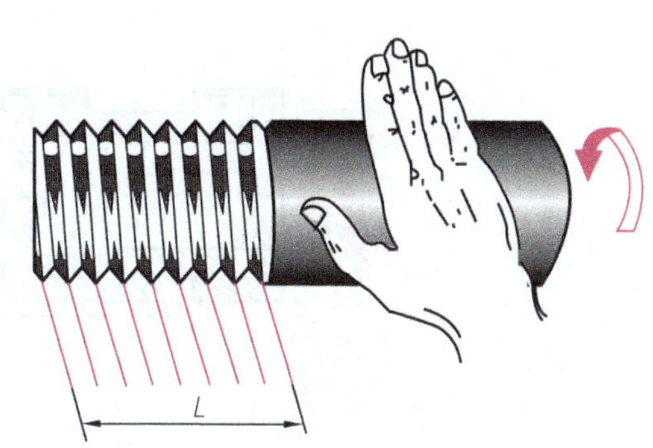

图 9-11　压痕法测量螺距

9.2.2　常用测量方法

测量尺寸是零件测绘过程中的一个重要环节。尺寸测量得准确与否，将直接影响机器的装配和工作性能。因此，测量尺寸时，应根据不同的尺寸类型、尺寸精度要求，以及被测对象所处的位置等选用不同的测量工具。

1. 测量线性尺寸

1）测量直线尺寸

对于非功能线性尺寸，可直接用钢直尺测量，若用钢直尺不能直接测出，必要时也可以用三角板配合测量，如图 9-12（a）所示。对于功能线性尺寸，要用精密一些的量具测量，如图 9-12（b）所示的游标卡尺。

2）测量内、外径

当测量精度要求不高时，内、外径可分别用内、外卡钳测量，然后在钢尺上读出数值，如图 9-3（b）和（c）所示；当测量精度要求较高时，可用游标卡尺或螺旋千分尺测量内、外径，并直接读出数值，如图 9-13 所示。当手头没有游标卡尺时，也可用内、外卡钳同时测量，如图 9-14 所示。

3）测量深度和壁厚

零件上孔和槽的深度可用游标卡尺上的深度尺来测量，如图 9-15 所示。测量零件的壁厚时，若直接使用钢直尺测量不方便，则可用外卡钳和钢板尺配合测量。如图 9-16 所示，此时壁厚 $X = B - A$。

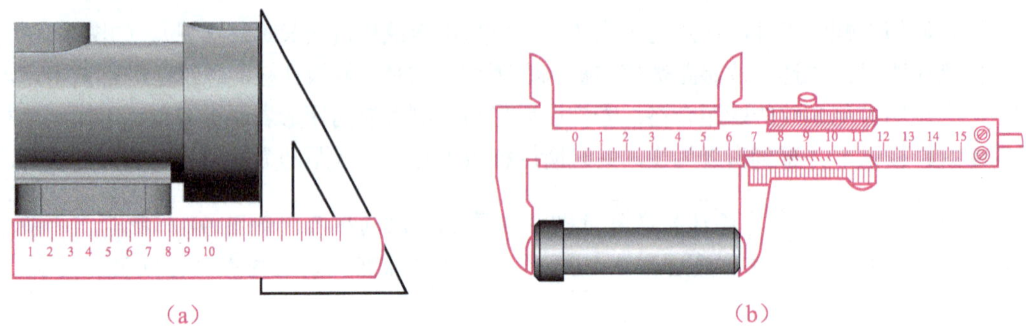

（a）　　（b）

图 9-12　测量直线尺寸

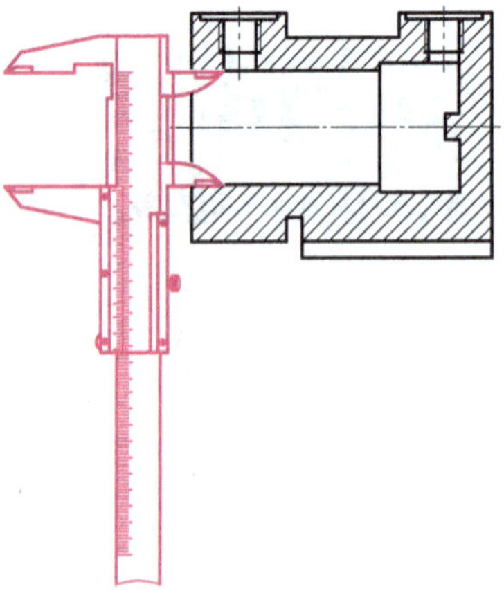

图 9-13　测量内径

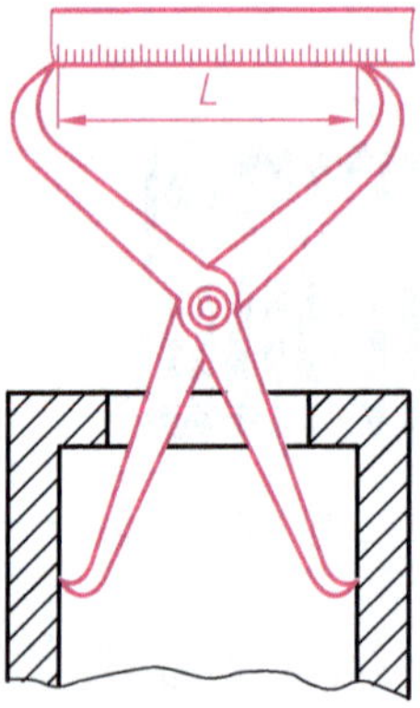

图 9-14　内外同值卡钳测量内径

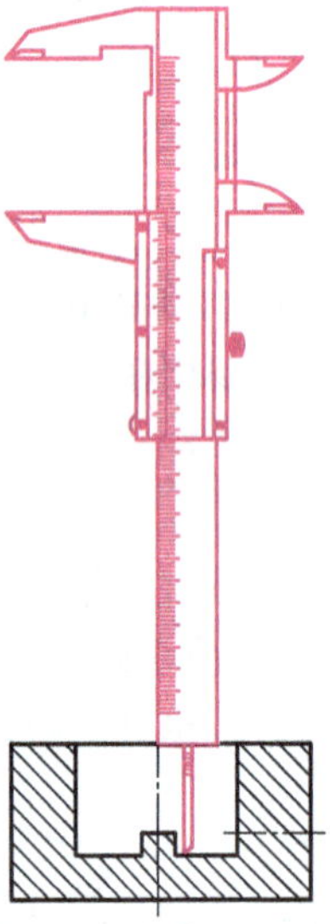

图 9-15　测量孔或槽的深度

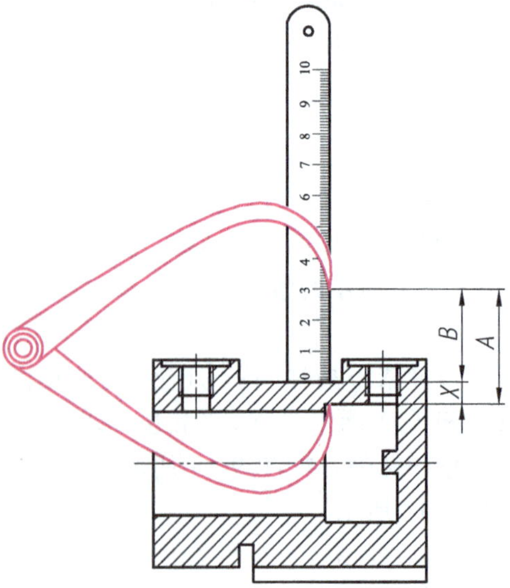

图 9-16　测量壁厚

4）测量孔的中心距

如图9-17（a）所示，用钢直尺直接测量出相邻孔边的尺寸K及直径D_1，D_2后，中心孔的间距A为

$$A = K + \frac{D_1 + D_2}{2}$$

此外，也可先用游标卡尺（或卡钳和钢直尺配合）测量出孔的直径d，然后再用卡钳测出孔间距K，当两孔的直径相等时，中心距$L = K + d$，如图 9-17（b）所示。

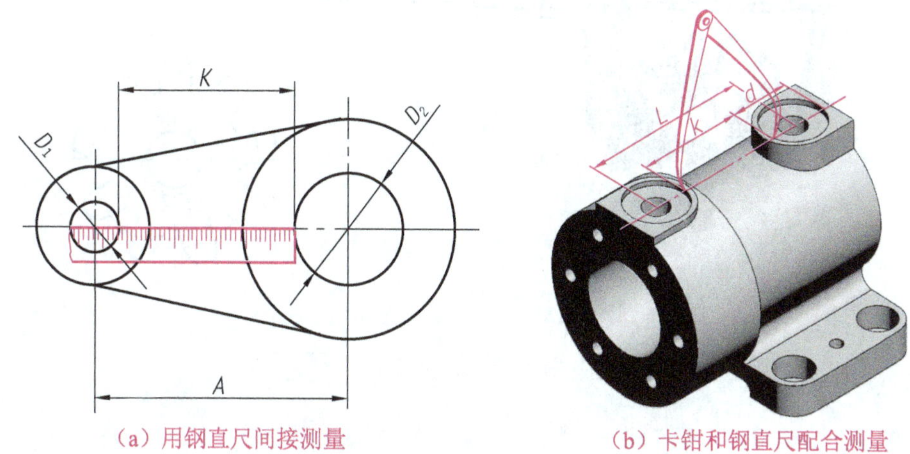

（a）用钢直尺间接测量　（b）卡钳和钢直尺配合测量

图 9-17　测量中心距

2. 测绘螺纹

（1）螺距可用螺纹样板测量，如图 9-10 所示。如果没有螺纹样板，可采用压痕法，如图 9-11 所示。

（2）螺纹大径用游标卡尺测量。内螺纹的大径可通过与之旋合的外螺纹大径确定，没有外螺纹时，可测出其小径，再根据其类型和螺距查表得出标准大径值；也可采用计算法，大径＝小径+1.082 5×螺距。

（3）目测螺纹的线数和旋向。

（4）将测绘得到的牙型、大径、螺距与有关手册中的螺纹标准核对，选取相近的标准数值。

3. 测绘齿轮（直齿圆柱齿轮）

测绘齿轮时，除轮齿部分外，其他部分的测量方法与一般零件相同。对于轮齿，主要是确定模数m和齿数z，其余尺寸可通过计算得出。标准直齿圆柱齿轮轮齿部分的测量方法和步骤如下。

（1）数出齿数z。

（2）量出齿顶圆直径d_a。当齿轮的齿数为偶数时，d_a可直接量出，如图 9-18（a）所示；当齿轮的齿数为奇数时$d_a = 2e + d$，如图 9-18（b）所示。

（3）初算被测齿轮的模数为

$$m=\frac{d_{\mathrm{a}}}{z+2}$$

（4）修正模数。当初算的模数 m 与表 9-2 所列标准模数不符合时，应选取相近的标准数值（可略大于初算模数）作为所测的齿轮模数 m。

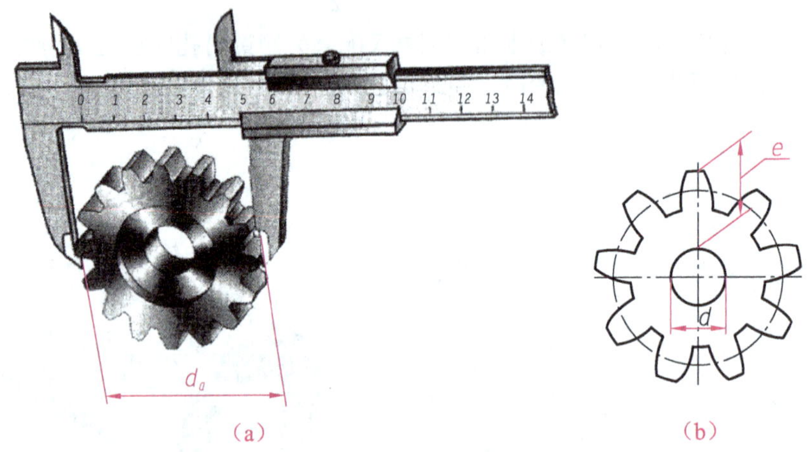

（a）　　（b）

图 9-18　测绘齿轮

表 9-2　标准模数（GB/T 1357—2008）

第一系列	1　1.25　1.5　2　2.5　3　4　5　6　8　10　12　16　20　25　32　40　50
第二系列	1.125　1.375　1.75　2.25　2.75　3.5　4.5　5.5　（6.5）　7　9　11　14　18　22　28　35　45

注：优先采用第一系列，括号内的模数尽量不用。

（5）根据模数 m、齿数 z 按表 9-3 所示的公式，重新计算出齿顶圆、齿根圆和分度圆的直径以及其他尺寸。

表 9-3　渐开线圆柱齿轮几何要素的尺寸计算

名称及代号	计算公式	名称及代号	计算公式
齿距 p	$p=\pi m$	分度圆直径 d	$d=mz$
齿顶高 h_{a}	$h_{\mathrm{a}}=m$	齿顶圆直径 d_{a}	$d_{\mathrm{a}}=m(z+2)$
齿根高 h_{f}	$h_{\mathrm{f}}=1.25m$	齿根圆直径 d_{f}	$d_{\mathrm{f}}=m(z-2.5)$
齿高 h	$h=2.25m$	中心距 a	$a=m(z_1+z_2)/2$

例如，标准直齿圆柱齿轮的齿数 $z=30$，量出的齿顶圆直径 $d_{\mathrm{a}}=79.8\ \mathrm{mm}$，计算确定齿顶圆、分度圆和齿根圆直径。

初算模数　$$m=\frac{d_{\mathrm{a}}}{z+2}=\frac{79.8}{30+2}\ \mathrm{mm}=2.49\ \mathrm{mm}$$

从表 9-2 中选用最相近的模数 $m=2.5\ \mathrm{mm}$，然后重新计算。

分度圆直径　　$d = mz = 2.5 \times 30\ \text{mm} = 75\ \text{mm}$

齿顶圆直径　　$d_a = m(z+2) = 2.5 \times (30+2)\text{mm} = 80\ \text{mm}$

齿根圆直径　　$d_f = m(z-2.5) = 2.5 \times (30-2.5)\text{mm} = 68.75\ \text{mm}$

9.3　零件测绘案例

由于零件草图是徒手绘制的，线型不如零件工作图平直、光滑，大小也不可能绝对准确，但其他内容都应完全符合图样的加工要求。零件草图虽名为草图，但绝不可潦草马虎。零件草图的基本要求是视图正确、表达完整、尺寸齐全、线型分明、图面整齐、技术要求完全，并要有图框和标题栏。

画零件草图时，必须做到认真细致，不能有错误或遗漏，否则会给画零件图带来很大困难。下面以图 9-19 所示端盖实物为例，来讲解测量并绘制零件草图的方法和步骤。

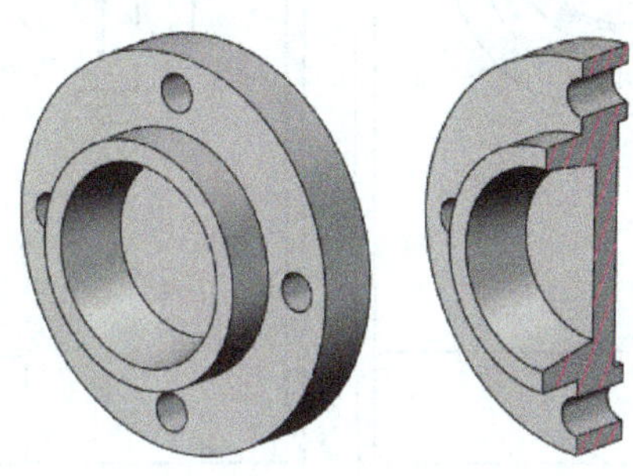

图 9-19　端盖零件

端盖的测绘方法及步骤如下。

1. 分析零件，确定零件的表达方案

分析零件主要是了解被测零件的名称、材料、制造方法以及它在机器或部件中的位置、作用和与相邻零件的连接关系，在此基础上对零件的内外结构进行分析。如图6-19所示，端盖属于轮盘类零件，主要在车床上加工，材料为铸铁。观察该零件，并结合轮盘类零件的特点和视图的表达方案可知，该端盖的主视图应按加工位置放置，并选取垂直于轴线的方向作为主视图的投射方向。主视图作全剖视，以表达端盖的内部结构；左视图表达外部结构及孔的分布情况。

2. 确定绘图比例和图纸幅面

首先测量零件上长、宽、高三个方向上的最大尺寸，然后根据该尺寸选择合适的图纸和绘图比例。机械图一般采用 1∶1 的比例，小而复杂的零件可采用放大的比例。本例中的端盖零件不大，结构比较简单，宜采用 1∶1 的比例，按其最大尺寸计算可选用 A4 图纸。

3. 布置图幅

先绘制图框和标题栏的外框，然后在图纸上定出各视图的位置，即画出各视图的基准线（轴线和对称中心线），如图9-20（a）所示。布置视图时，各视图间应留有足够的空间，以便标注尺寸。

4. 画零件草图

按形体把零件分成几部分，先画主要部分，后画次要部分；先画主要轮廓，后画细节；先画反映形体特征最明显的投影，后画其他投影。本例中，先画端盖的主要结构，再画次要结构，如图 9-20（a）和（b）所示。

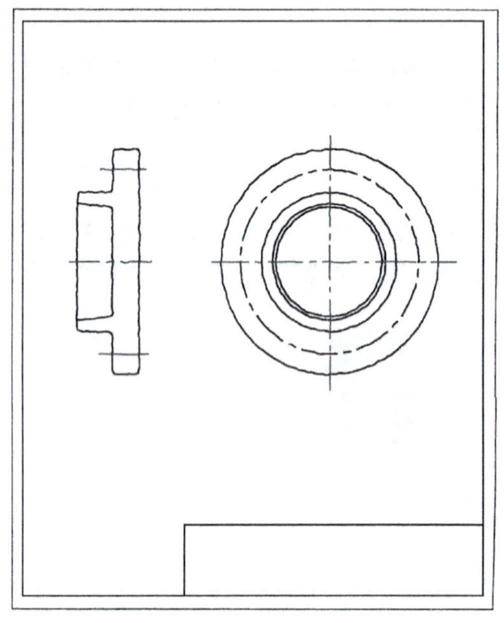

（a）布置图幅，画基准线和主要结构

（b）画次要结构

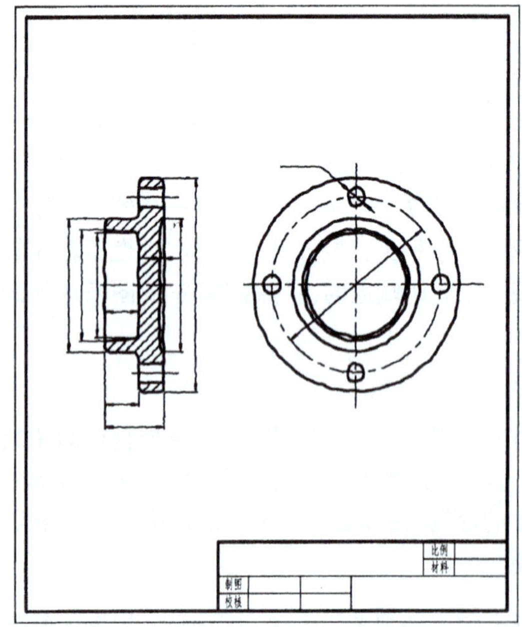

（c）画剖面线，描深图线后画尺寸标注线

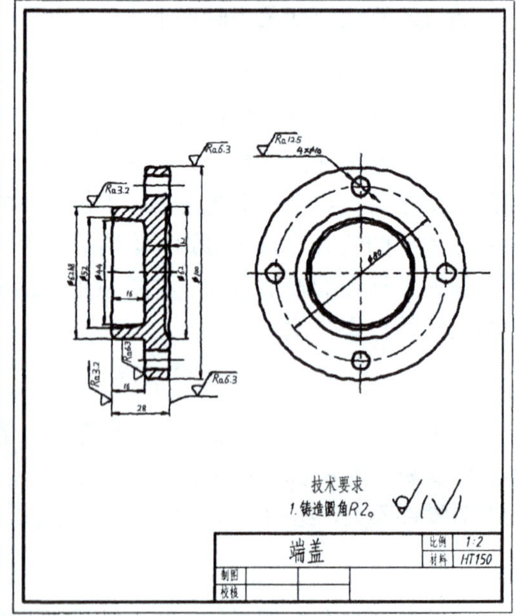

（d）标注尺寸、写技术要求并填写标题栏

图 9-20　绘制端盖草图

无论是画草图还是画零件工作图，一定要按该零件的形成过程逐个绘制其三视图，即将组成该零件的一个形体的三个视图画完后，再开始绘制下一个形体。切记不要将一个视图的所有轮廓线全都画出来后再绘制其他视图，这样不仅容易乱，而且会减慢绘图速度。

5. 描深图线，画剖面线和尺寸标注线

按零件的形成过程或画图的先后顺序检查图形，确认无误后描深图线，即先描深细中心线、细虚线等，然后画出剖面线、尺寸界线、尺寸线和箭头等，最后描深粗实线。在画尺寸界线、尺寸线和箭头时，应先确定零件长、宽、高三方向上的尺寸基准。本例中，由于端盖是回转体，因此以回转轴作为高度和宽度方向上的尺寸基准，以左端面作为长度方向上的尺寸基准，如图 9-20（c）所示。

6. 测量并注写尺寸数字

绘制好图形和尺寸标注线后，集中测量尺寸，并测量一个尺寸就将测量结果标注在已绘制好的尺寸线上。标注尺寸时应注意以下两点。

（1）有配合关系的尺寸，一般只测出其公称尺寸，然后通过分析确定配合性质、配合种类及公差值。

（2）对标准结构的尺寸，如键槽、退刀槽、销孔、螺纹等，其测量结果作为参考，然后从标准中查得标准值，或根据测量结构要素的公称尺寸直接查标准，以得到标准值。

7. 制定技术要求，填写标题栏并绘制成工作图样

根据实践经验和已有的样板文件，查阅相关国家标准，并采用类比法确定零件的表面粗糙度、公差与配合、几何公差等技术要求，如图 9-20（d）所示。全面检查草图，确认无误后在标题栏中签上制者姓名和绘图日期等，最后根据绘制好的草图画出其工作图样，结果如图 9-21 所示。

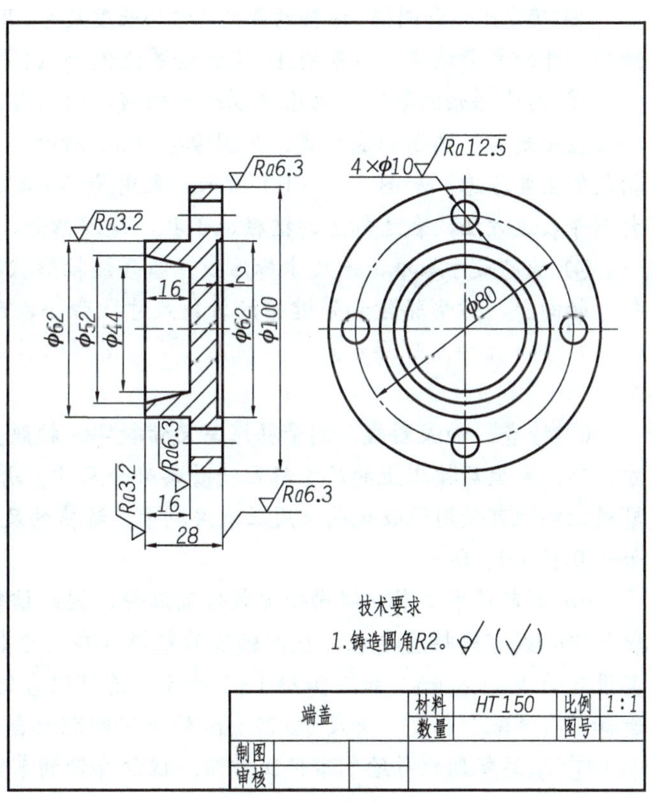

图 9-21　端盖零件图

【例 9-1】测绘如图 9-22 所示阶梯轴。

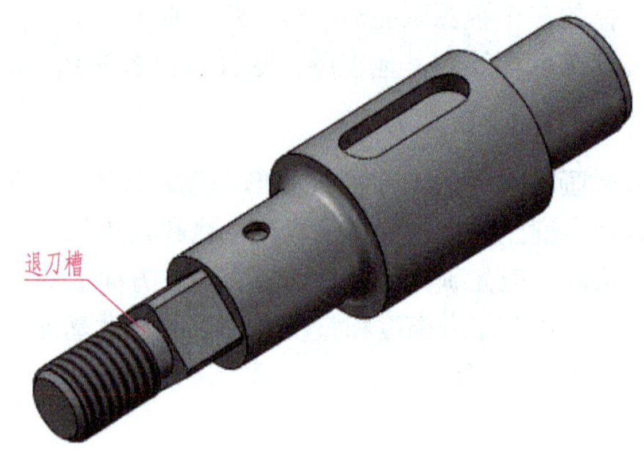

图 9-22 阶梯轴

测绘方法及步骤：

① 分析零件，确定表达方案。轴类零件以主视图为主，该阶梯轴上小孔深度，以及键槽的宽度和深度可用局部剖视图表达，退刀槽用局部放大图表达。

② 确定比例和图幅。该轴的最大尺寸为长度尺寸，用钢直尺测量其长度尺寸为 137 mm，结合零件的复杂程度，可采用 1∶1 的绘图比例和 A4 图幅。

③ 画阶梯轴的草图。画出阶梯轴的轴线，然后目测各轴段的大概尺寸，依次画出各轴段左（或右）端面的基准线，如图 9-23（a）所示；从左向右或从右向左，依次画出各轴段的主要轮廓，如图 9-23（b）所示；采用局部剖视图、移出断面图、剖视图或局部放大图等表达方法，表达轴上的键槽、小孔、退刀槽等，如图 9-23（c）所示。

④ 确定尺寸基准，画尺寸标注线。结合该轴形状及其上的键槽、螺纹和孔等结构可知，轴向上，方形轴段和带键槽的轴段尺寸比带小孔的轴段的尺寸精度要求高，因此，长度尺寸以轴的左端面作为主要基准，右端面作为辅助基准；径向尺寸以轴的中心线为基准。

⑤ 检查、加深图线，测量并填写尺寸数字。按照上步所画出的尺寸线分析零件的尺寸，确认无误后按图上的尺寸标注测量各部分尺寸，并将测量结果注写在草图上。其中，螺纹的螺距可使用螺纹规或采用压痕法测量，键槽的尺寸可按轴径查附表，尺寸标注结果如图 9-23（d）所示。

⑥ 制定技术要求。键槽处安装传动零件，因此该轴段的中心线与两端ϕ22 mm 处的轴颈中心线有同轴度要求，且该轴段的粗糙度在整个轴上要求最高，参照同类零件可将其设定为 *Ra* 1.6 μm，如图 9-23（d）所示。连接配合处应根据轴上零件和轴的松紧程度，选择不同的配合制度，如尺寸ϕ22 mm 处采用间隙配合、ϕ35 mm 处采用过渡配合。

⑦ 填写标题栏并绘制零件工作图。该阶梯轴的零件工作图如图 9-24 所示。

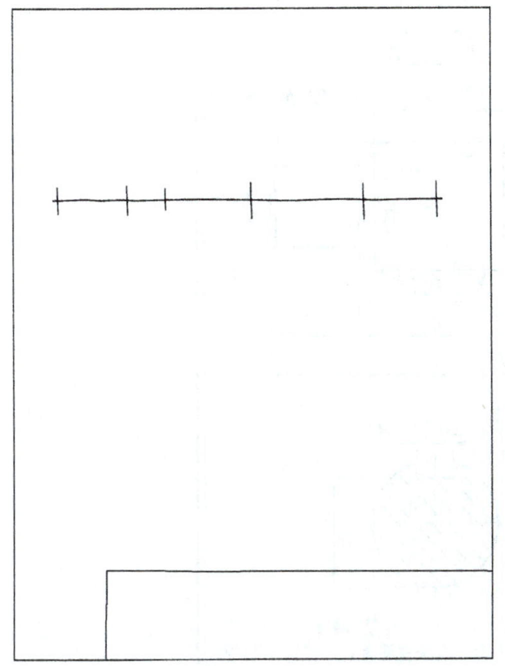

（a）画基准线

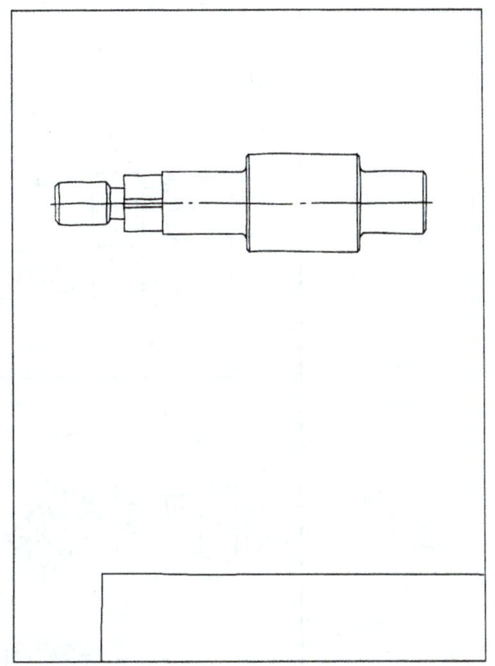

（b）画主要轮廓线

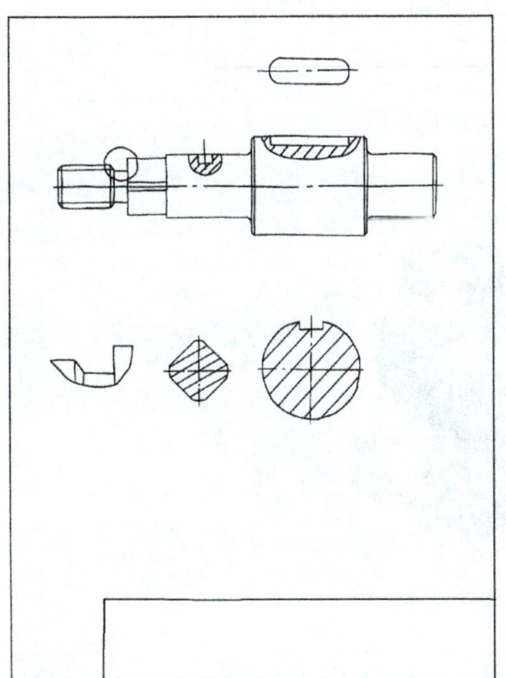

（c）画局部结构

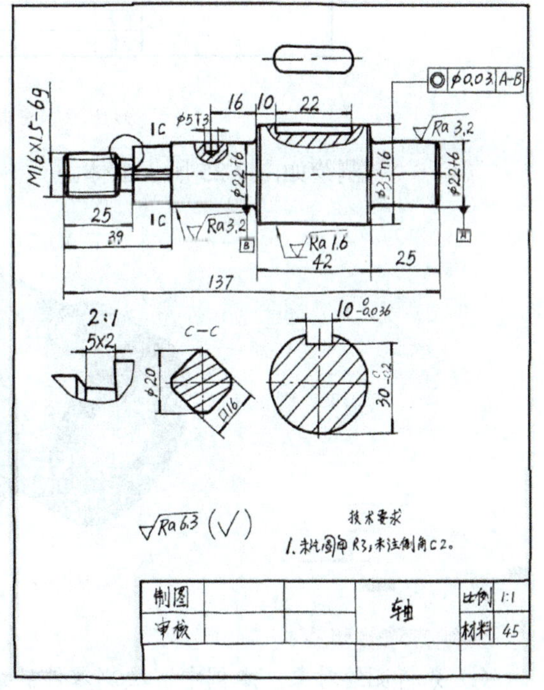

（d）描深、标注尺寸和技术要求等

图 9-23　绘制阶梯轴的草图

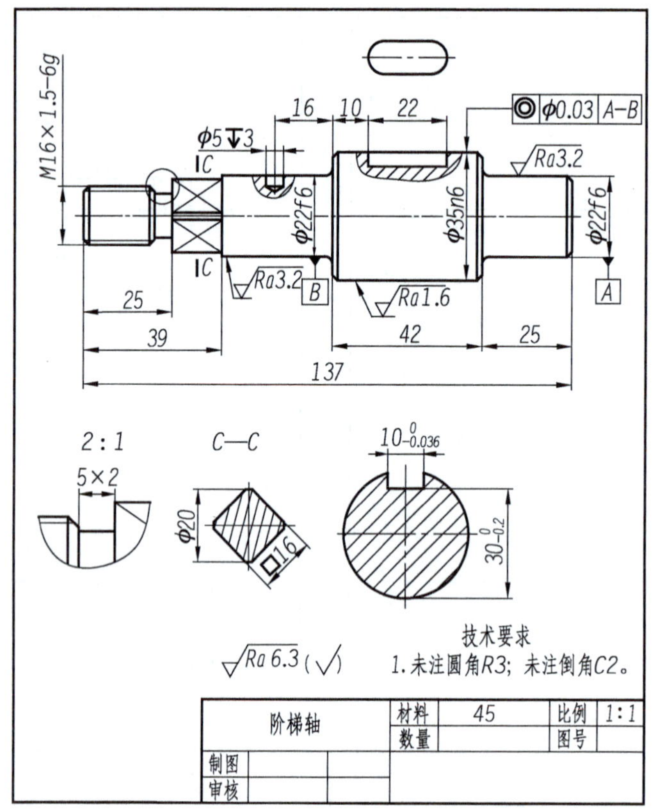

图 9-24 阶梯轴零件图

【例 9-2】测绘如图 9-25 所示缸体。

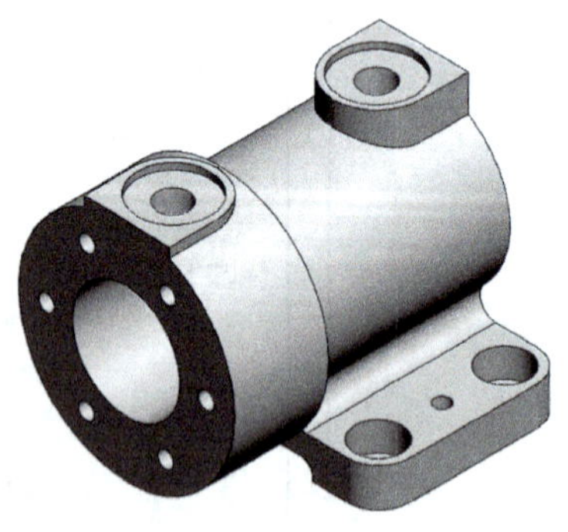

图 9-25 缸体

测绘方法及步骤：

① 分析测绘对象。本例中，被测零件的名称为“缸体”，属于箱体类零件，主要起支撑作用。观察该零件可知，其支承部分为带有圆角的长方体底板，底面有凹槽以减小接触面积，上表面有两个圆锥销孔和四个用于安装螺钉的柱形沉孔；底板的正上方为阶梯圆柱体，其圆柱体的内部为阶梯孔，左端有六个螺孔，上端有两个凸台。

② 确定表达方案。根据箱体类零件的“中空”特点，主视图选择全剖视图，以表达阶梯圆柱体的内部结构、两个凸台处的螺纹孔及左端面螺孔的形状，如图 9-26 所示。根据箱体结构的复杂性，还需绘制左视图和俯视图。左视图可根据缸体的对称性选择半剖视图，即不剖部分表达螺纹孔的位置，剖开部分表达阶梯圆柱孔的壁厚和底板上圆锥销孔的形状，如图 9-27 所示。此外，底板上安装螺钉的柱形沉孔的形状，可在不剖部分采用局部剖视图表达。

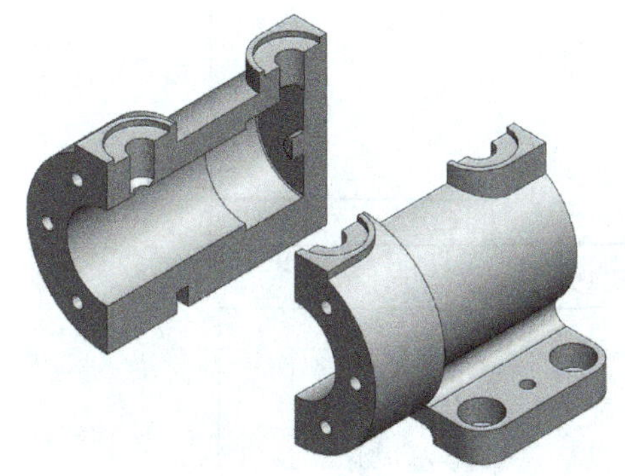

图 9-26　主视图采用全剖视图

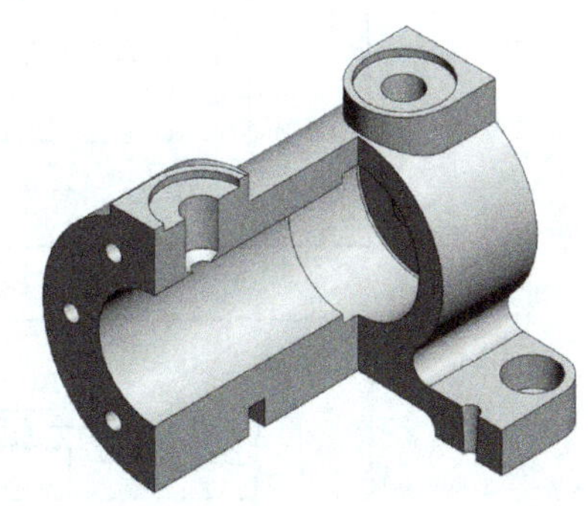

图 9-27　左视图采用半剖视图

由于阶梯圆柱体的内外形状已经在主视图和左视图中表达清楚了，因此俯视图可采用基本视图，这样既可以表达凸台的形状，又可以表达底板的形状。综合上述分析，该缸体草图的画图步骤如图 9-28（a）～（c）所示。

③ 测量尺寸，制定技术要求。本例中，由于缸体的轴孔用于支承旋转轴，其尺寸精度要求较高，因此取 H7，表面粗糙度取 Ra 1.6 μm。为使缸体传动平稳，ϕ35 mm 轴孔的中心线必须与底面平行，左端面与轴孔的中心线垂直，尺寸和技术要求如图 9-28（d）所示。

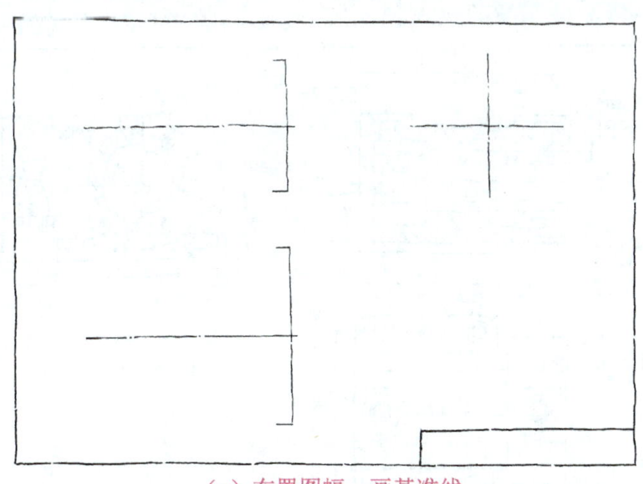

（a）布置图幅，画基准线

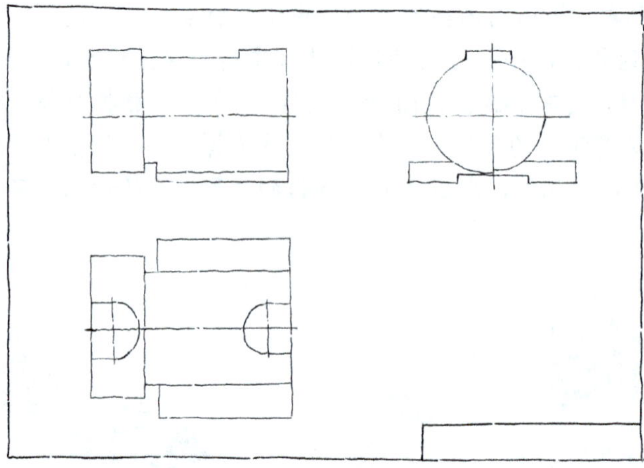

（b）按形体分析法画各形体的外形

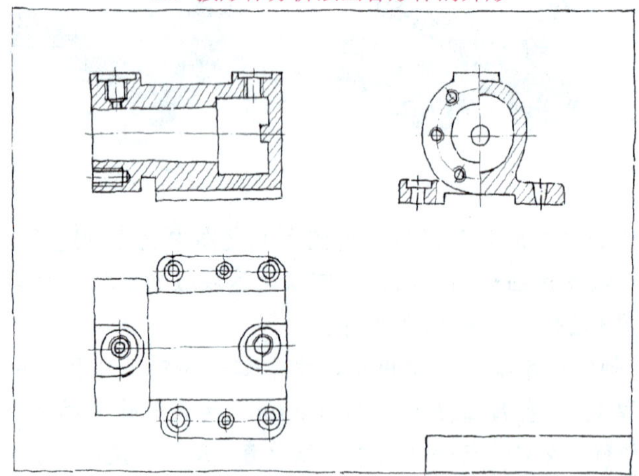

（c）绘制各形体的细节并加深图线

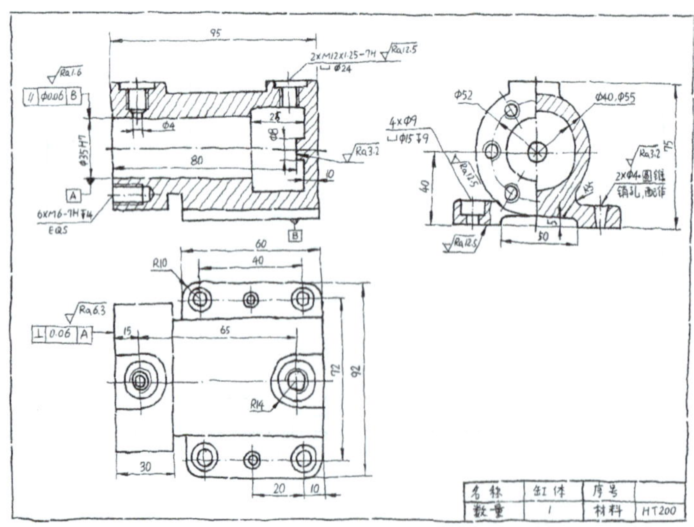

（d）标注尺寸和技术要求

图 9-28　绘制缸体草图

④ 绘制工作图样。读者可根据上述分析及草图，绘制其工作图样，如图 9-29 所示。

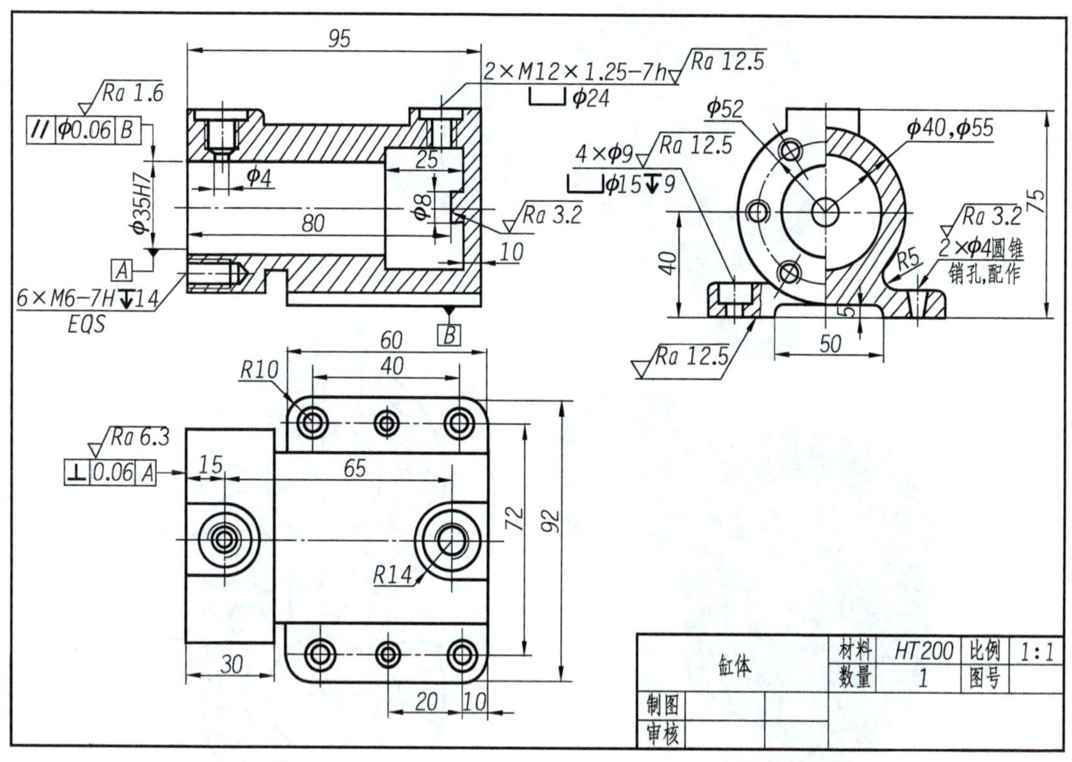

图 9-29　缸体零件工作图

9.4　测绘齿轮油泵

齿轮油泵是机器润滑系统中的一个部件，主要作用是将润滑油压入机器，使其内部做相对运动的零件接触面之间产生油膜，从而降低零件间的摩擦和减少磨损，确保各运动零件如轴承、齿轮等的正常工作。

9.4.1　齿轮油泵的工作原理

如图 9-30 所示，齿轮油泵泵体内可容纳一对齿数相等的齿轮，其中一个是传（主）动齿轮轴，该轴一端外伸，伸出部分称为“轴伸”，轴伸处装一圆锥齿轮，以承受和传递外来的动力；另一个是从动齿轮轴，与传动齿轮轴啮合做旋转运动。泵体的左右有端盖，端盖与泵体用螺钉连接，它们之间装有垫片，既可调整齿轮与泵体间的轴向间隙，又可防止漏油。传动齿轮轴右端与右端盖轴孔相配处有填料，用压紧螺母通过压盖将其压紧，以防漏油。

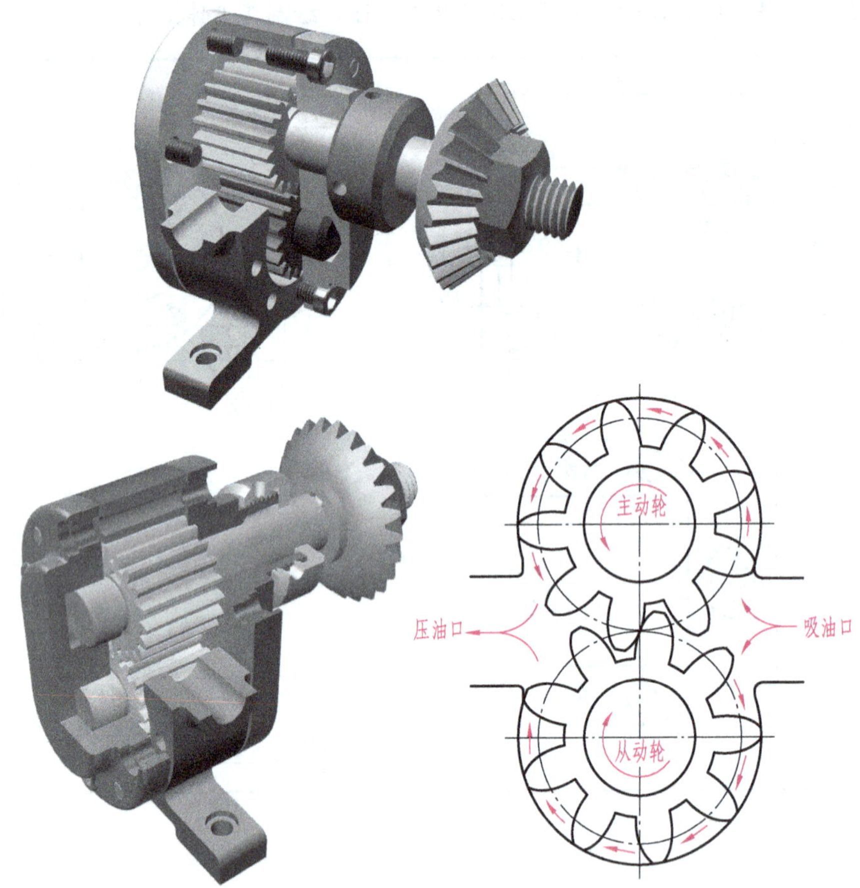

图 9-30　齿轮油泵轴测装配图和工作原理

9.4.2　拆卸齿轮油泵和画装配示意图

1. 拆卸齿轮油泵分析

齿轮油泵的拆卸以及各零件之间的连接配合关系如图 9-31 所示。

由图 9-31 可知，齿轮油泵有两条装配线：一条是传动齿轮轴装配线，传动齿轮轴装在泵体和左、右端盖的支承孔内，在传动齿轮轴右边的伸出端装有密封圈、轴套、压紧螺母、圆锥齿轮、键、弹簧垫圈和螺母；另一条是从动齿轮轴装配线，从动齿轮轴装在泵体和左、右端盖的支承孔内，与主动齿轮相啮合。

齿轮油泵的拆卸顺序如下：

（1）螺母→弹簧垫圈→圆锥齿轮→压紧螺母（连轴套）→密封圈；

（2）销→螺钉→左、右端盖→垫片→传动齿轮轴→从动齿轮轴→泵体。

在拆卸过程中，要注意了解和分析齿轮油泵中零件间的连接方式、装配关系以及密封结构等。

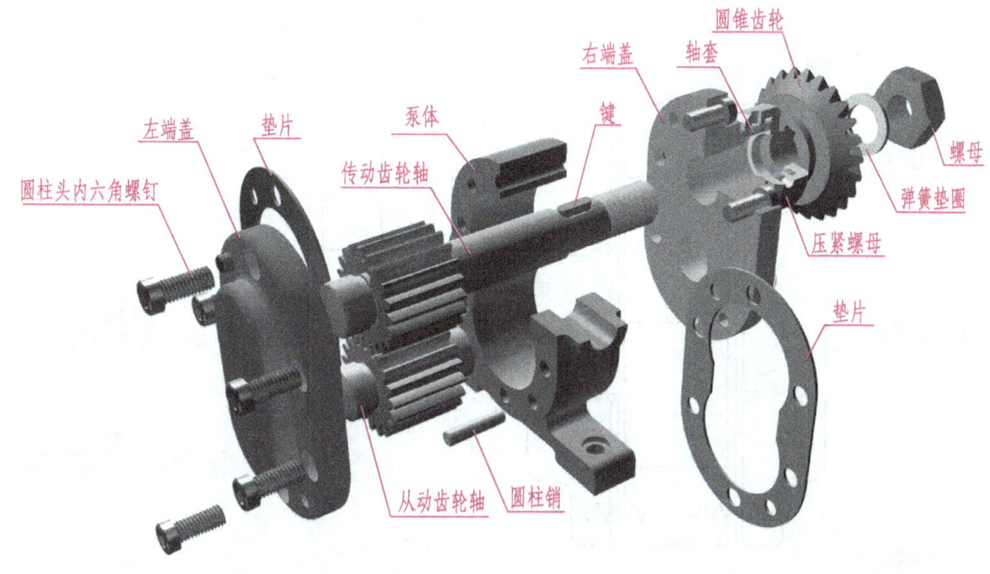

图 9-31　齿轮油泵轴测分解图

1）连接与固定方式

泵体与泵盖通过销和螺钉定位连接，传动齿轮轴与从动齿轮轴通过两齿轮端面与左右端盖内侧面接触而定位，传动齿轮轴伸出端上的圆锥齿轮通过键与轴连接，并通过弹簧垫片和螺母固定。

2）配合关系

两齿轮轴在左、右端盖的轴孔中有相对运动（轴颈在轴孔中旋转），所以应该选用间隙配合；一对啮合齿轮在泵体内快速旋转，两齿顶圆与泵体内腔也是间隙配合；轴套的外圆柱面与右端盖轴孔虽然没有相对运动，但考虑到拆卸方便，选用间隙配合；圆锥齿轮的内孔与传动齿轮轴之间没有相对运动，右端有螺母轴向锁紧，所以应选择较松的过渡配合（或较紧的间隙配合）。

3）密封结构

传动齿轮轴的伸出端有密封圈，通过轴套压紧，并用压紧螺母压紧而密封；泵体与左、右端盖连接时，垫片被压紧，也起密封作用。

2. 画装配示意图

为了便于部件拆卸后装配复原和指导绘制装配图，在拆卸零件的同时，画出部件的装配示意图，如图 9-32 所示。装配示意图是用简单的线条和机构运动常用的简图符号所画成的各零件的相互关系和大致轮廓。它的作用是指明有哪些零件以及它们装在什么地方，以便将拆散的零件按原样重新装配起来，同时也可供画装配图时参考。因此，在装配示意图上应按拆卸顺序编写序号并注写零件名称、代号、数量、材料等。不同位置的同一种零件只编一个序号。

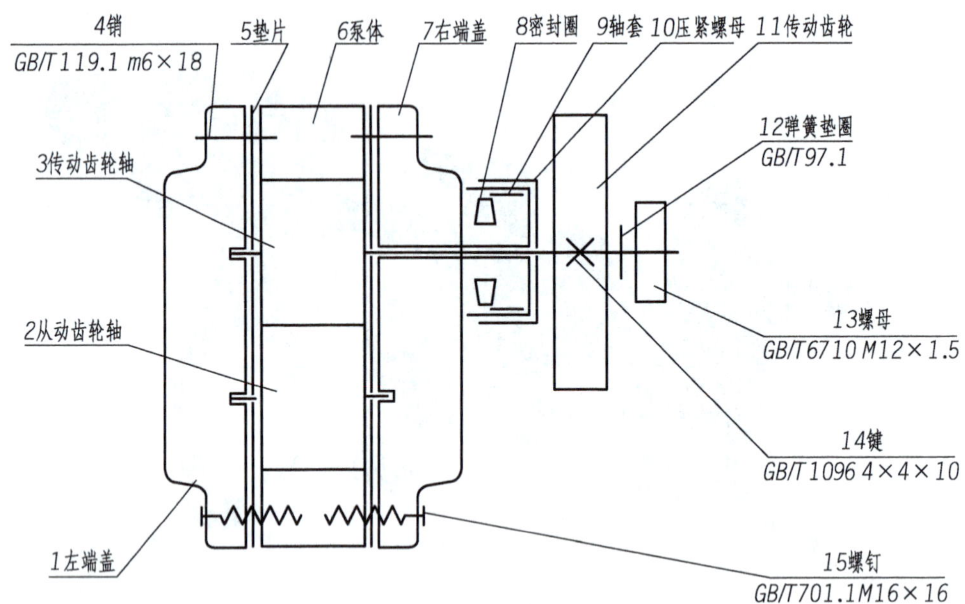

图 9-32 齿轮油泵装配示意图

9.4.3 画零件草图

零件草图是绘制部件装配图和零件工作图的重要依据，必须认真、仔细。部件中的标准件不必画零件草图，只要测得几个主要尺寸，从相应的标准中查出规定标记即可。除标准件以外的全部专用件都必须画出草图。下面以齿轮油泵的传动齿轮轴及右端盖为例，说明绘制草图和标注尺寸的过程。

1. 画零件的视图

1）传动齿轮轴

传动齿轮轴草图如图 9-33 所示。

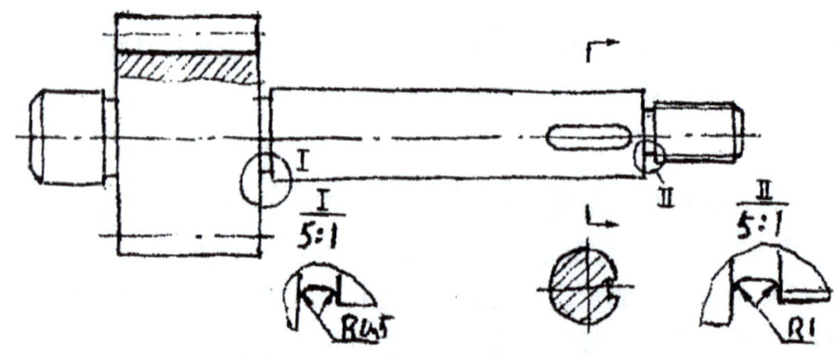

图 9-33 传动齿轮轴零件草图

（1）结构分析。传动齿轮轴的结构比较简单，各部分均为同轴线的回转体。齿轮轴的左端与左端盖的支承孔装配在一起，右端有键槽，通过键与圆锥齿轮连接，再由垫圈和螺母紧固。齿轮部分的两端有砂轮越程槽，螺纹端有退刀槽。

（2）表达分析。主视图取轴线水平放置，键槽朝前，以表示键槽的形状；键槽的深度用移出断面图表示；两个局部放大图分别表示越程槽和退刀槽的形状和大小。

2）右端盖

右端盖草图如图 9-34 所示。

（1）结构分析。右端盖上部有传动齿轮轴穿过，下部有从动齿轮轴轴颈的支承孔，在右部凸缘的外圆柱面上有外螺纹，用压紧螺母通过轴套将密封圈压紧在轴的四周。右端盖的外形为长圆形，沿周围分布有六个具有沉孔的螺钉孔和两个圆柱销孔。

（2）表达分析。右端盖主视图的投射方向按其工作位置确定，并用一组相交的剖切平面对主视图作全剖视。主视图上未能表达右端盖的端面形状和连接板上孔的分布情况，可选择左视图或右视图来表达。若选右视图，可避免虚线；若选左视图，长圆形凸缘的投影轮廓虽为虚线，却可省略许多没有必要画出的圆，从而使绘图简便。此处，我们给出了右视图，在后面尺寸标注中给出了左视图，读者可自行对比两者的优缺点。

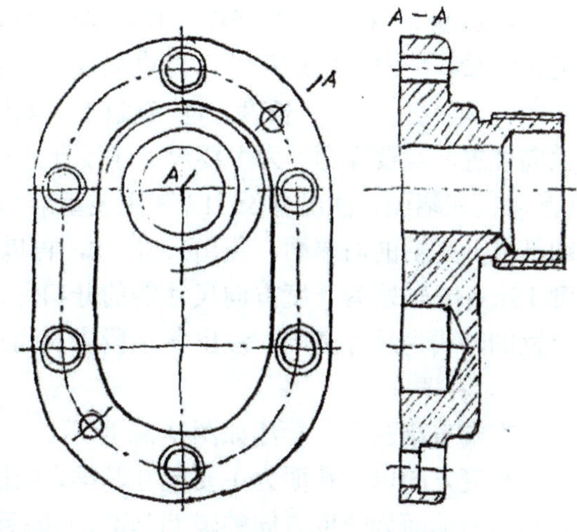

图 9-34 右端盖零件草图

2. 标注尺寸

零件草图画好以后，按零件形状并考虑加工程序，确定尺寸基准，画出全部尺寸的尺寸界线、尺寸线和箭头；然后按尺寸线在零件上量取所需的尺寸，填写尺寸数值。必须注意：标注尺寸时，应在零件草图上用形体分析法或线面分析法将尺寸线全部画出，并检查有无遗漏或是否合理，之后再用测量工具一次把所需尺寸量好填写数值，切记不可边画尺寸线，边量尺寸。下面仍以传动齿轮轴及右端盖为例分析尺寸注法。为便于叙述，已将部分尺寸数值填入。

1）传动齿轮轴

传动齿轮轴草图尺寸标注如图 9-35 所示。

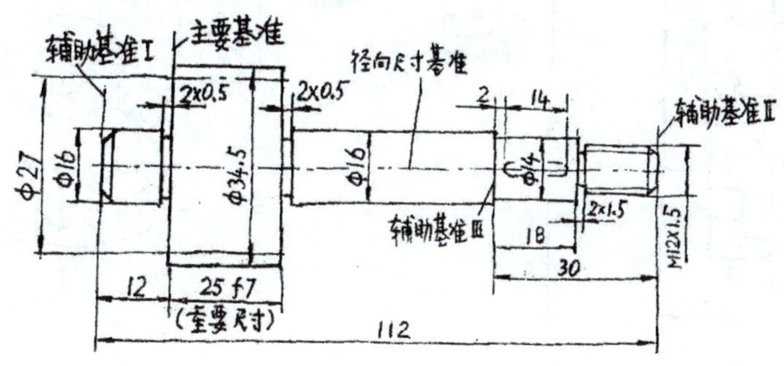

图 9-35 传动齿轮轴的尺寸标注

（1）选择基准。合理地选择尺寸基准是标注尺寸时首先要考虑的重要问题。标注尺寸时，应尽可能使设计基准与工艺基准统一，做到既符合设计要求，又满足工艺要求。但实际上往往不能兼顾设计和工艺要求，此时必须对零件各部分结构的尺寸进行分析，明确哪些是重要尺寸，哪些是非重要尺寸。重要尺寸应从设计基准出发标注，直接反映设计要求，如图 9-35 中的尺寸 25f7。非重要尺寸应考虑加工测量方便，以加工顺序为依据，由工艺测量基准出发标注尺寸，以直接反映工艺要求，如图 9-35 中的尺寸 12，30，18 等。

（2）标注尺寸。长度方向（轴向）以齿轮的左端面（此端面是确定齿轮轴在油泵中轴向位置的重要端面）为主要尺寸（设计）基准，注出重要尺寸 25f7；长度方向辅助基准 I 是轴的左端面，注出总长 112 和主要基准与辅助基准之间的联系尺寸 12；长度方向的辅助基准 II 是轴的右端面，注出尺寸 30，再以辅助基准III注出键槽的定位尺寸 2 和轴段长度 18；$\phi16$ 轴段为长度方向尺寸链的开口环，空出不注尺寸。径向（高度和宽度）以水平位置的轴线为尺寸基准，注出各轴段以及齿顶圆和分度圆直径。

2）右端盖

右端盖草图尺寸标注如图 9-36 所示。

长度方向以左端面为主要尺寸基准，注出右端盖厚度 10、凸缘厚度 18 及盲孔深度 13；右端盖右端面为长度方向的辅助基准（其联系尺寸为总长尺寸 34），注出沉孔深度尺寸 14、外螺纹长度尺寸 15（含退刀槽长度尺寸 3）。

宽度方向以铅垂的对称中心线为主要尺寸基准，注出外形尺寸 $R30$，螺钉孔、销孔的定位尺寸 $R23$（与泵体尺寸一致）以及凸缘宽度尺寸 34。

高度方向以右端盖上部通孔的轴线为主要尺寸基准，由此注出盲孔$\phi16$ 的定位尺寸 28.76 ± 0.02，此尺寸属于经计算所得的重要尺寸，不应圆整为整数。

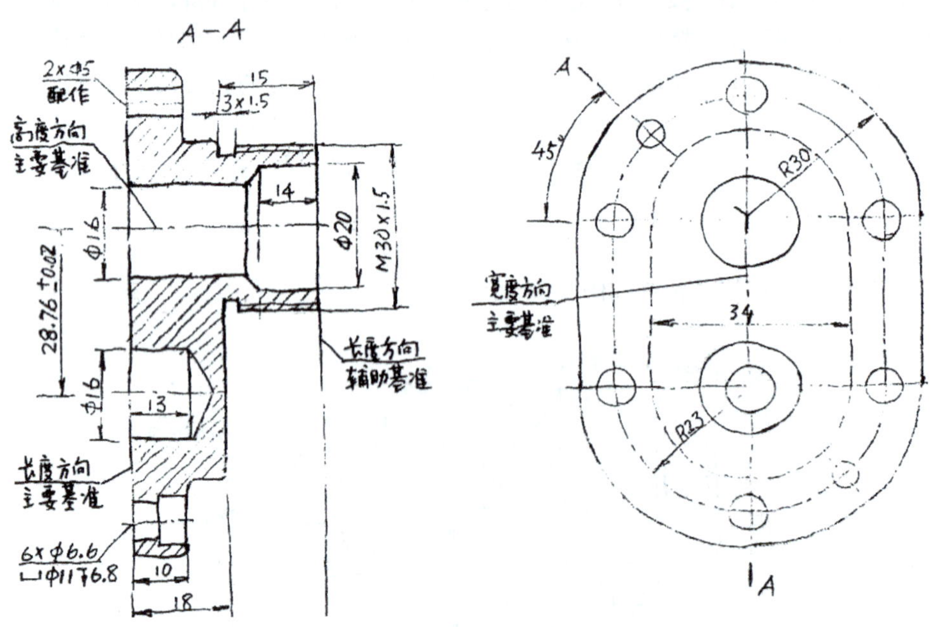

图 9-36 右端盖的尺寸标注

3. 尺寸测量

尺寸测量的工具和方法见 9.2 节。

4. 初定材料和技术要求

1）初定材料

齿轮油泵中的泵体和左、右端盖都是铸件，一般选用中等强度的灰铸铁（人工时效处理），如 HT200；齿轮轴选用碳素结构钢（整体调质后，齿面高频淬火处理），如 45 钢；承受摩擦的轴套可选用铸造铜合金，如 ZCuSn5Pb5Zn5（铸造锡青铜）。

2）表面粗糙度的确定

齿轮油泵中的一对啮合齿轮在泵体中高速旋转，齿轮齿顶圆的表面和泵体齿轮孔的内表面都有较高的表面粗糙度要求，可选用 *Rz* 6.3 μm。螺孔表面粗糙度可选用 *Ra* 6.3 μm，泵体与左、右端盖的结合面（中间有垫片）则选用 *Ra* 3.2 μm。

3）配合要求

齿轮油泵各零件间有配合要求的共有七处。一对啮合齿轮与泵体齿轮孔采用基孔制间隙配合（ϕ345H8/f7）；齿轮轴与左、右端盖支承孔采用基孔制间隙配合（ϕ16H7/h6）；传动齿轮轴与传动齿轮孔（用键连接）采用基孔制过渡配合（ϕ14H7/k6）。

9.4.4 绘制齿轮油泵装配图

根据装配示意图和零件草图绘制装配图。

1. 齿轮油泵装配图的表达方案

假想通过泵轴轴线的正平面将齿轮油泵剖开，选择由前向后的主视图投射方向，画出全剖视图，反映油泵的主要装配关系，也符合油泵的正常工作位置；再通过半剖的左视图，既反映了油泵的工作原理，又表达了端盖和泵体的外形，连接螺钉、定位销以及泵体下部安装孔的位置。

2. 画装配图步骤

画装配图的步骤如图 9-37 所示。

（1）画各视图的主要轴线、中心线和图形定位基线，如图 9-37（a）所示。

（2）由主视图入手配合其他视图，按装配干线，从传动齿轮轴开始，由里向外逐个画出齿轮轴、泵体、泵盖、垫片、密封圈、轴套、压紧螺母、键、传动齿轮等，如图 9-37（b）、（c）、（d）所示；或从泵体开始由外向里逐个画出主动齿轮轴、从动齿轮轴等，完成装配图的底稿。

（3）校核底稿，擦去多余作图线，描深，画剖面线、尺寸界线、尺寸线和箭头。

（4）编注零件序号，注写尺寸数字，填写标题栏、明细栏和技术要求，最后完成装配图，如图 9-38 所示。

9.4.5 绘制零件工作图

零件草图是测绘过程中短时间内完成的图样，画装配图时可对零件草图做必要的调整，但还可能存在问题。因此，在画零件工作图之前要对草图进一步复核校对。下面分析泵体零件图的内容。

1. 结构分析

如图 9-39 所示，泵体的结构形状可分为主体和底座两部分。主体部分为长圆形内腔以容纳一对齿轮。前后两个凸起为进、出油孔与泵体内腔相通。泵体的两端面有与左、右端盖连接用的螺孔和定位销孔。底板部分是用来固定油泵的，底座为长方形，底座的凹槽是为了减少加工面，底座两边各有一个固定油泵用的安装孔。

2. 表达分析

主视图反映了泵体的形状特征，表达了泵体空腔形状以及与空腔相通的进、出油孔，同时也反映了销钉孔、螺钉孔的分布以及底座上沉孔的形状。左视图表达了泵体宽度及进、出油孔位置。*B* 向局部视图表示底部形状与安装孔的位置。

3. 尺寸分析

以泵体的左右对称平面作为长度方向的尺寸主要基准，注出左右对称的各部分尺寸；以底座底面（安装面）为高度方向的尺寸主要基准，直接注出底面到进出油孔轴线的定位尺寸 50 底面到齿轮孔轴线的定位尺寸 65，再以此为辅助基准标注两齿轮孔轴线的距离尺寸 28.76 ± 0.02 。

标注泵体尺寸时必须注意，相关联的零件之间的相关尺寸要一致，如泵体上螺纹孔的定位尺寸 *R*23 与端盖上螺纹孔的定位尺寸 *R*23 注法应完全一致，以保证装配精度。两个销孔是装配调试后同时加工，应在零件图中加以注明，如泵体和泵盖零件图上标注的 $2\times\phi5$ 配作。

4. 标注尺寸公差

如图 9-38 所示，按装配图上标注的尺寸ϕ34.5H8/h7。传动齿轮轴、右端盖以及左端盖、从动齿轮轴、轴套、压紧螺母等零件工作图由读者自己完成。

最后再次对齿轮油泵装配图和零件工作图复核。至此，齿轮油泵测绘工作全部完成。

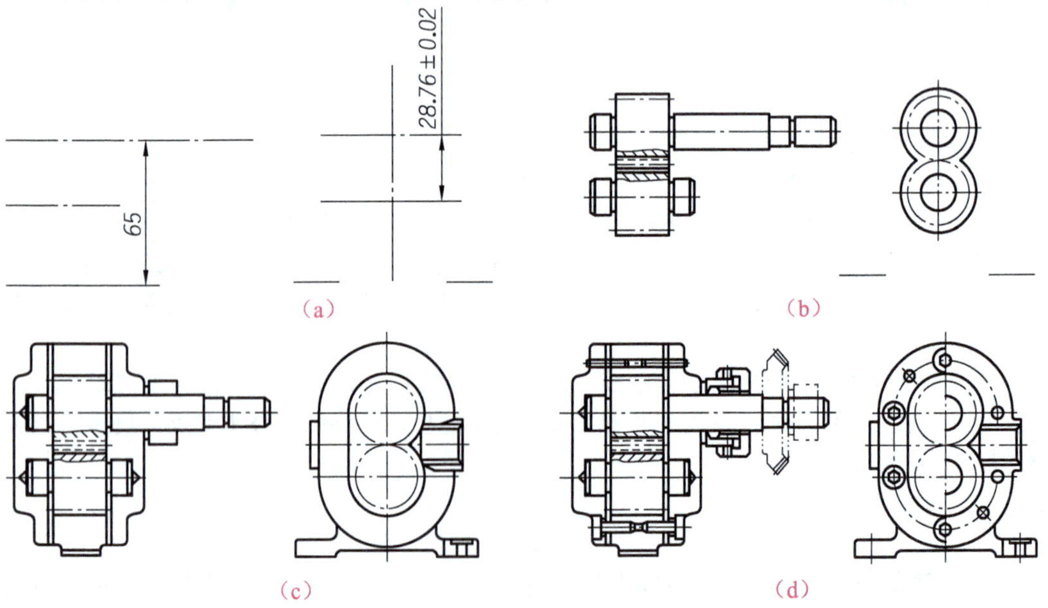

图 9-37　齿轮油泵装配图画图步骤

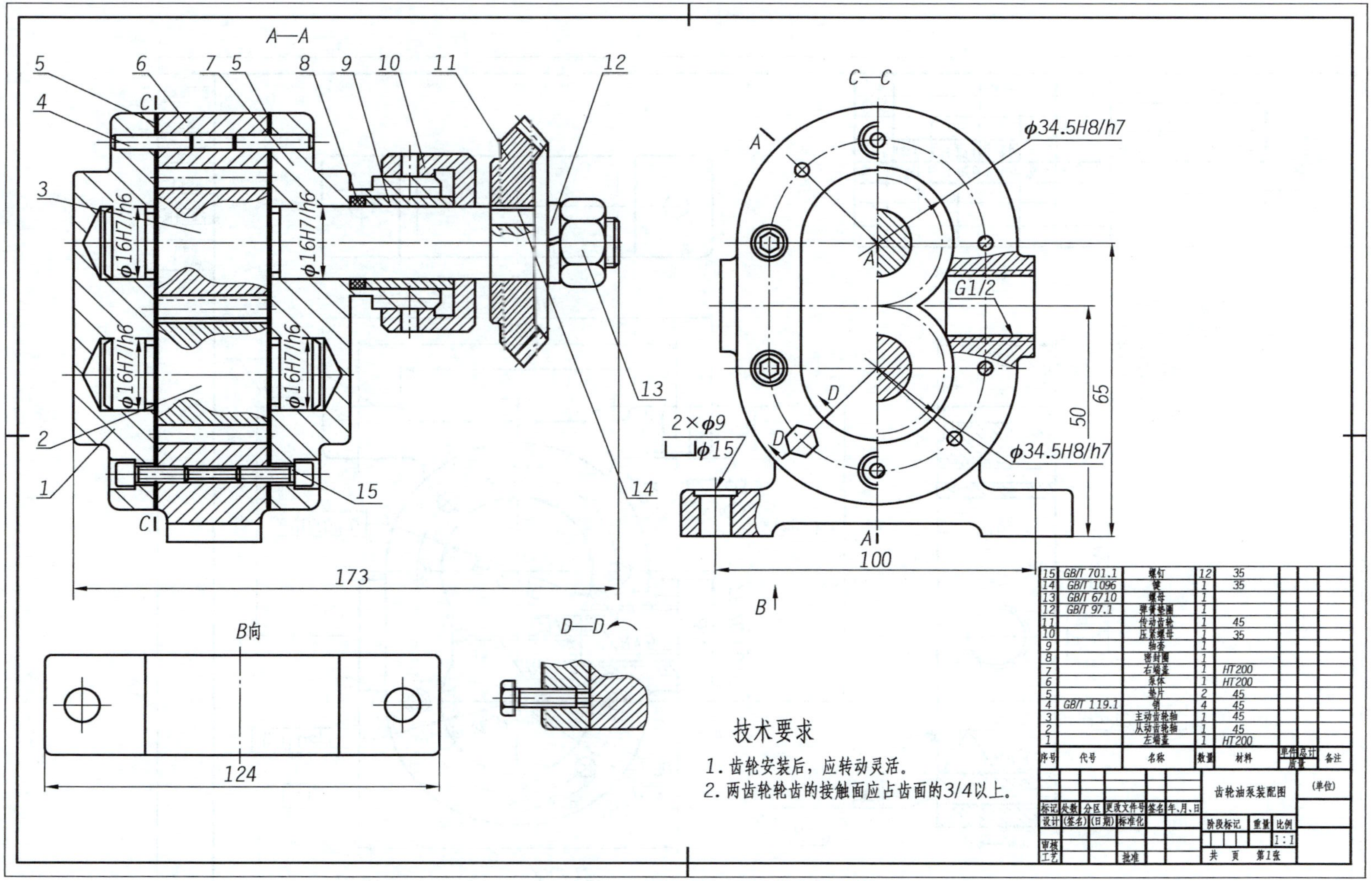

A—A

C—C

B向

D—D

173

124

100

65

50

ϕ34.5H8/h7

ϕ16H7/h6

G1/2

2×ϕ9

ϕ15

C1

技术要求

1. 齿轮安装后，应转动灵活。
2. 两齿轮轮齿的接触面应占齿面的3/4以上。

序号	代号	名称	数量	材料	单件 质量	总计 质量	备注
15	GB/T 701.1	螺钉	12	35			
14	GB/T 1096	键	1	35			
13	GB/T 6710	螺母	1				
12	GB/T 97.1	弹簧垫圈	1				
11		传动齿轮	1	45			
10		压紧螺母	1	35			
9		轴套	1				
8		密封圈	1				
7		右端盖	1	HT200			
6		泵体	1	HT200			
5		垫片	2	45			
4	GB/T 119.1	销	4	45			
3		主动齿轮轴	1	45			
2		从动齿轮轴	1	45			
1		左端盖	1	HT200			

标记	处数	分区	更改文件号	签名	年、月、日	齿轮油泵装配图	(单位)
设计	(签名)	(日期)	标准化			阶段标记　重量　比例 1:1	
审核							
工艺			批准			共　页　第1张	

图 9-38　齿轮油泵装配图

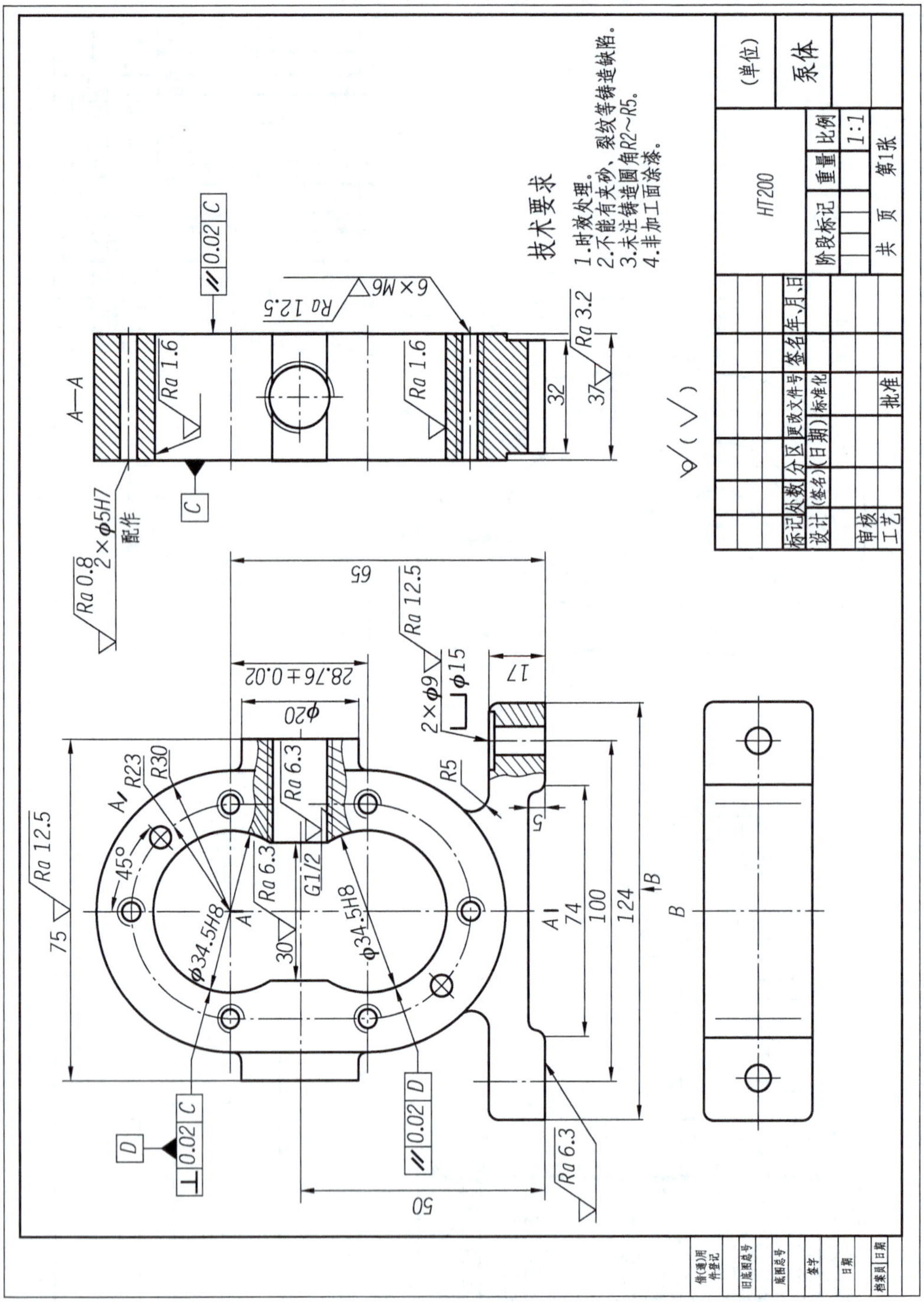

技术要求

1.时效处理。
2.不能有夹砂、裂纹等铸造缺陷。
3.未注铸造圆角R2~R5。
4.非加工面涂漆。

图 9-39 泵体零件工作图

第 10 章　钣金展开图

【本章导读】

在机械、化工、电力、冶金、造船等工业部门中，常常遇到各种各样的金属板制件，如图 10-1（a）所示饲料粉碎机上的集粉筒、图 10-1（b）所示螺旋输送机的推进器等。这类制件在制造过程中大都按以下步骤加工而成：

① 画出制件的视图（称为施工图）；

② 根据视图按 1∶1 比例画出立体的展开图（称为放样图）；

③ 下料；

④ 加工成形；

⑤ 焊接、咬接或铆接而成。

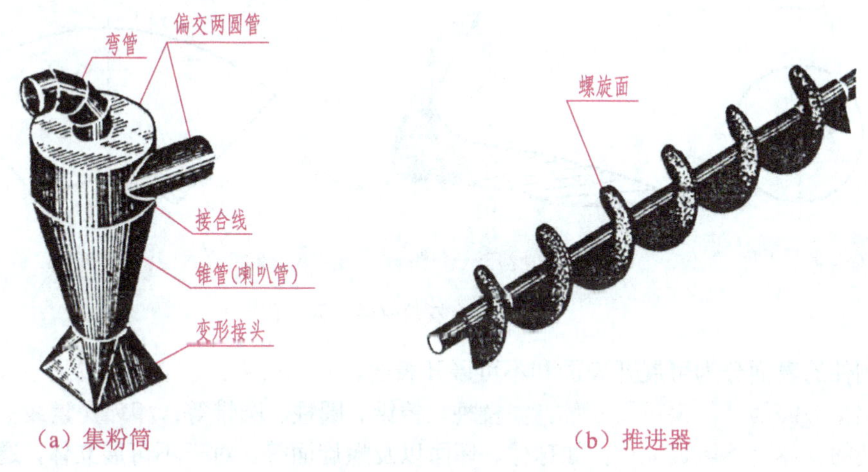

（a）集粉筒　　（b）推进器

图 10-1　金属板制件实例

【技能目标】

◈ 了解展开图的概念与应用，掌握展开图中空间直线求实长的作图方法。

◈ 掌握平面立体展开图的作图方法。

◈ 掌握曲面立体展开图的作图方法。

◈ 掌握不可展开立体展开图的作图方法。

10.1 展开图概述

10.1.1 概述

将立体表面的实际形状依次摊平在一个平面内称为立体表面的展开，展开后画出的图形即是立体的表面展开图。

制件的视图（施工图）表达的是成品的形状，是画展开图的依据，而展开图反映的是制件各表面的真实形状，绘制精确的展开图是加工出高质量制件的基本保证。因此机械专业工程技术人员应具备绘制各种形体展开图的基本技能。图 10-1 所示集粉筒上喇叭管的展开图如图 10-2 所示。

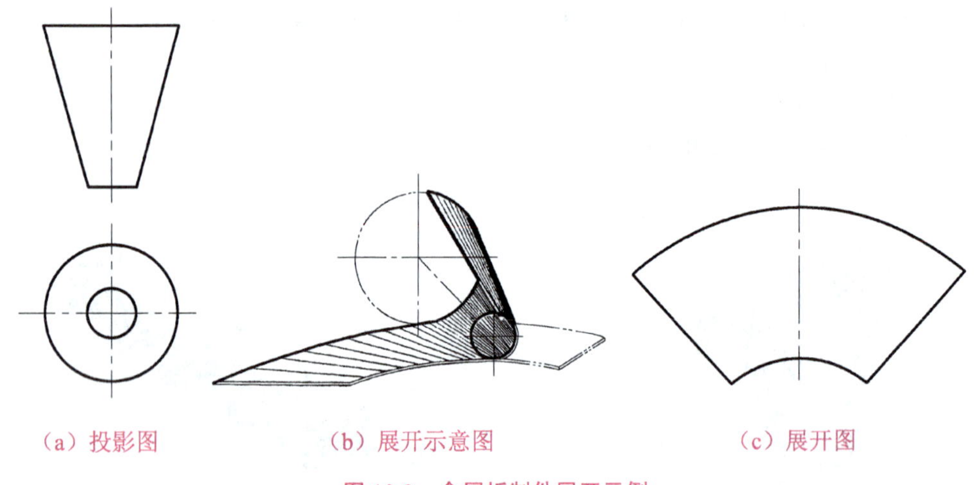

（a）投影图　（b）展开示意图　（c）展开图

图 10-2　金属板制件展开示例

制件的表面分为可展开表面和不可展开表面。平面立体、母线为直线且相邻两素线平行或相交的曲面立体为可展立体，如棱柱、棱锥、圆柱、圆锥等；相邻两素线交叉或母线为曲线的立体为不可展立体，如球体、环面以及螺旋面等。对于不可展立体，通常采用近似方法展开。

10.1.2 绘制展开图的方法

绘制立体表面展开图的方法有以下两种。

1. 计算法

计算法是指运用数学工具计算出展开图上各点的坐标后绘制展开图的方法。随着计算机应用技术的普及，更多的是编制出绘图程序后由计算机完成各种运算并绘制出展开图。此法作图精确，工作效率高；但是需要相应的硬件和软件支持，故在应用上受到一定的局限。

2. 图解法

图解法为加工制件的传统方法，即按投影理论绘出制件的展开图。虽然此方法有作图不够精确、效率低等不足，但简便灵活，易于掌握，是目前我国制造业中普遍采用的方法。

用图解法绘制展开图需要掌握以下知识。

（1）求空间一般位置直线的实长。由于需要按制件的真实大小绘制展开图，所以在画展开图时应首先求出画展开图所需要用到的、在投影图中不能反映实长线段的实际长度。

（2）两相交立体的表面交线（相贯线）的画法。相贯线为相交立体表面的分界线，在视图中应准确作出相贯线的投影，为画立体的展开图做好准备。

10.2　平面立体制件的展开

表面规整的平面立体如棱柱、棱锥的展开较为简单。在展开不规则平面立体的表面时，应先求出视图中一般位置直线的实长，再按三角形法依次展开各表面。

【例 10-1】如图 10-3（a）、（b）所示为斜口四棱柱管的轴测图、主视图和俯视图，画出其表面展开图。

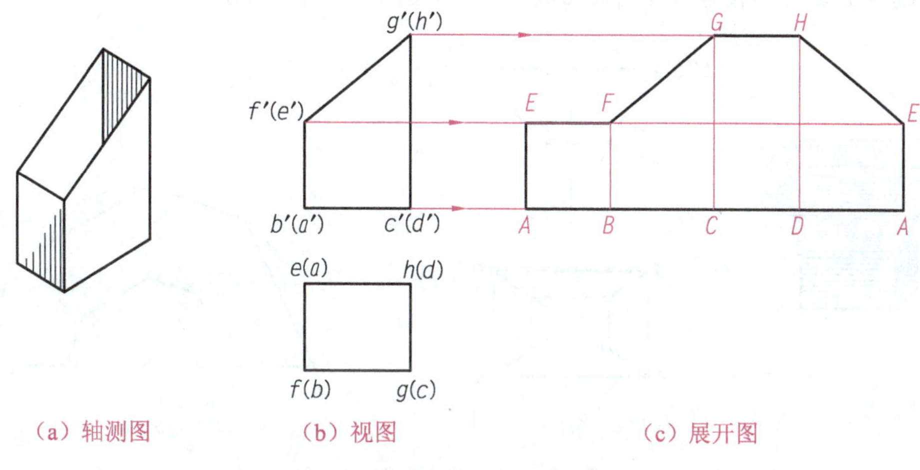

（a）轴测图　（b）视图　（c）展开图

图 10-3　斜口四棱柱管的表面展开图

线面分析：

斜口四棱柱管的前后表面为梯形，左右表面为矩形；底面与水平面平行，水平投影反映各底边实长；棱线之间相互平行且垂直于底面，其正面投影反映各棱线实长。各侧面实形根据投影可直接画出，依次画出各侧面实形，即得表面展开图。

作图步骤（见图 10-3）：

① 四棱柱管的底边展开为一条水平线，在该水平线上依次量取 $AB=ab$，$BC=bc$，$CD=cd$，$DA=da$。

② 由 A，B，C，D，A 各点分别向上作垂线，并在各垂线上依次量取 $AE=a'e'$，$BF=b'f'$，$CG=c'g'$，$DH=d'h'$，$AE=a'e'$。

③ 用直线依次连接端点 E，F，G，H，E，即可得斜口四棱柱管的展开图。

【例 10-2】如图 10-4（a）所示，求作漏斗中间部分的空心四棱台的表面展开图。

线面分析：

因四棱台是四棱锥截去上部小棱锥后形成的，故可先分析做出四棱锥的展开图。四棱锥前后两侧面和左右两侧面分别为两对全等的等腰三角形。四棱锥的底面棱边是水平线，水平投影反映实长。四条侧棱是一般位置直线，且长度相等，可利用直角三角形法或旋转法求出其实长，然后根据等腰三角形的底边和腰的实长，依次画出四棱锥的 4 个侧面（即 4 个等腰三角形）的实形，最后去掉被截部分即可。

作图步骤：

① 如图 10-4（b）所示，作出线段 SA 的实长 $SA=a'\mathrm{II}_0$。如图 10-4（c）所示，以 S 为圆心，$SA=a'\mathrm{II}_0$ 为半径作圆弧。

② 因矩形 $acde$ 反映实形，所以其各边反映实长。在圆弧上截取弦长 $CA=ca$，$AE=ae$，$DE=de$，$DC=dc$，得交点 C，A，E，D，C，再与 S 相连，即为完整的四棱锥展开图。

③ 求四棱台一棱线 AB 的实长，可由 b' 作水平线与 $a'\mathrm{II}_0$ 相交于 I_0，$a'\mathrm{I}_0$ 便是 AB 的实长，在 SA 上取 $AB=a'\mathrm{I}_0$。过点 B 作与 CA，AE 底边平行的线段，其余两边作法类同，截出的部分即是漏斗四棱台部分的表面展开图，如图 10-4（c）所示。

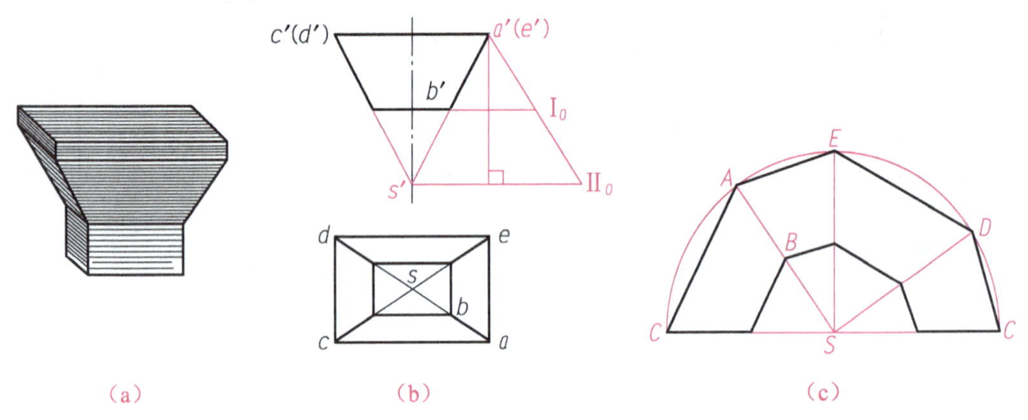

图 10-4　漏斗的表面展开图

10.3　圆柱管制件的展开

圆柱展开采用的是平行线法，凡圆柱类制件均可按此方法绘制展开图。

【例 10-3】求作图 10-5（a）所示圆柱表面的展开图。

线面分析：

将圆柱面按底圆的周长 $L=\pi d$（d 为圆柱的直径）展开，底圆上任意点对应的素线长度可从与圆柱轴线平行的视图中量取。

作图步骤：

① 如图 10-5（b）所示，在俯视图上将底圆分成 n 等份（如 12 等份）。

② 根据“长对正”在主视图上求出各等分点对应的素线高。

③ 在主视图右侧作一条水平线段，使该水平线段的长度等于底圆的周长 L，然后将该线段 n 等分（如 12 等分），得到等分点Ⅰ，Ⅱ，Ⅲ，……。

④ 依次过各等分点作垂线，然后从主视图上量取对应素线的实长，最后将得到的这些交点用光滑曲线连接即可。

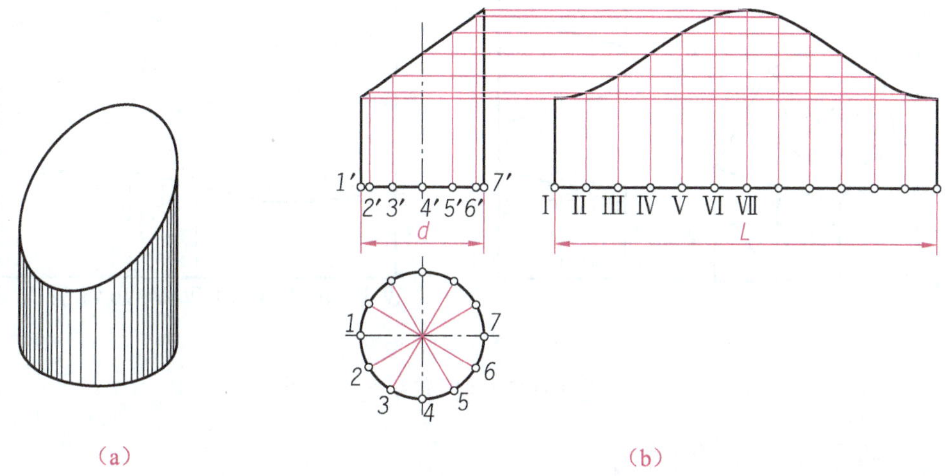

图 10-5 计算法绘制斜口圆柱管的展开图

【例 10-4】如图 10-6（a）所示为已知多节等径圆管直角弯头主视图，绘制其展开图。

形体分析：

等径圆管直角弯头常用于连接两个垂直相交的大口径圆管，这种圆管直角弯头在工程中常采用多节斜口圆管拼接而成。图 10-6（a）所示为 4 节等径圆管直角弯头，由 A，B 两种形状的斜口圆管组成。

由于各段圆管斜口与其圆柱轴线的夹角相等，为了简化作图和省料，可将这 4 节斜口圆管拼成一个直圆管来展开，即将 A_1 和 B_1 段绕其轴线旋转，使其与 A，B 段拼成一段直圆柱管，如图 10-6（b）所示，然后按斜口圆柱管的展开方法画出其展开图即可。

作图步骤：

① 如图 10-6（b）所示，将四段斜口圆管拼成直圆柱管，然后画出该直圆柱管 A_1 段的底圆（画出半圆即可），接着将该半圆 6 等分，并在直圆柱管上求出底圆等分点对应的素线实长，如图 10-6（b）所示。

② 在直圆柱管右侧作一条水平线，在此水平线上从Ⅳ点开始，依次量取各线段等于一个等分弦长（用弦长代替弧长），得到各等分点。

③ 依次过各等分点作垂线，然后从直圆柱管上量取 A 段斜口各点对应素线的实长，最后将得到的各点光滑连接，即得 A 段斜口圆柱管的展开图。

④ 用同样的方法依次画出 B_1，B，A_1 段斜口的展开曲线，最后按“高平齐”画出四周的边界即可得到完整的展开图，如图 10-6（c）所示。

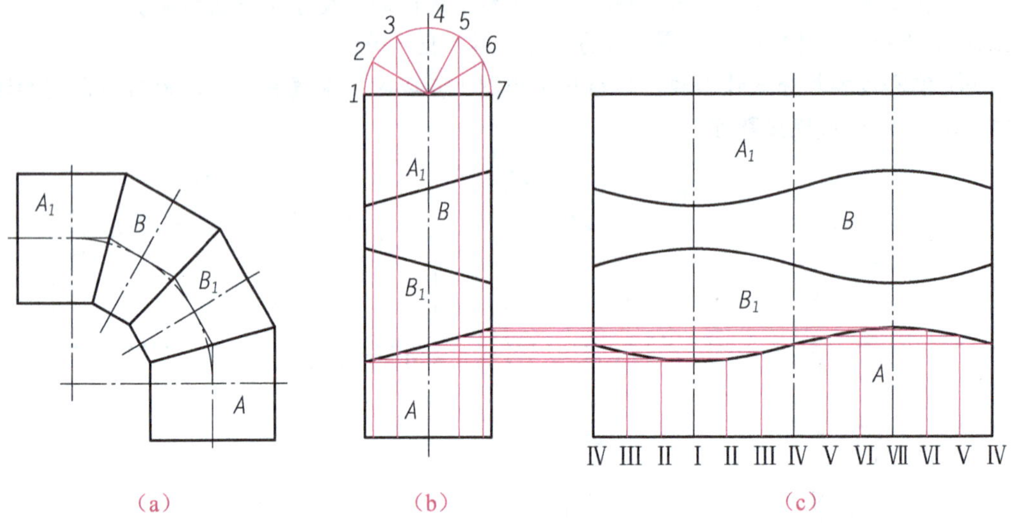

图 10-6 多节等径圆管直角弯头的展开图

10.4 锥管制件的展开

圆锥面展开后是一个扇形，如图 10-7（a）所示。扇形的圆心是锥顶 S，扇形的半径等于圆锥母线的实长 L，扇形的圆心角 $\alpha = 180° \times D/L$（其中 D 为圆锥的底圆直径）。根据计算得到的圆心角 α 及圆锥的主视图和俯视图，即可画出圆锥面的展开图。

如图 10-7（b）所示，已知正圆锥台的主视图和俯视图，圆锥台表面展开图按其下底圆和上底圆对应的两个圆锥展开，下底圆锥面的扇形减去上底圆锥面的扇形即为正圆锥台表面的展开图，如图 10-7（c）所示。

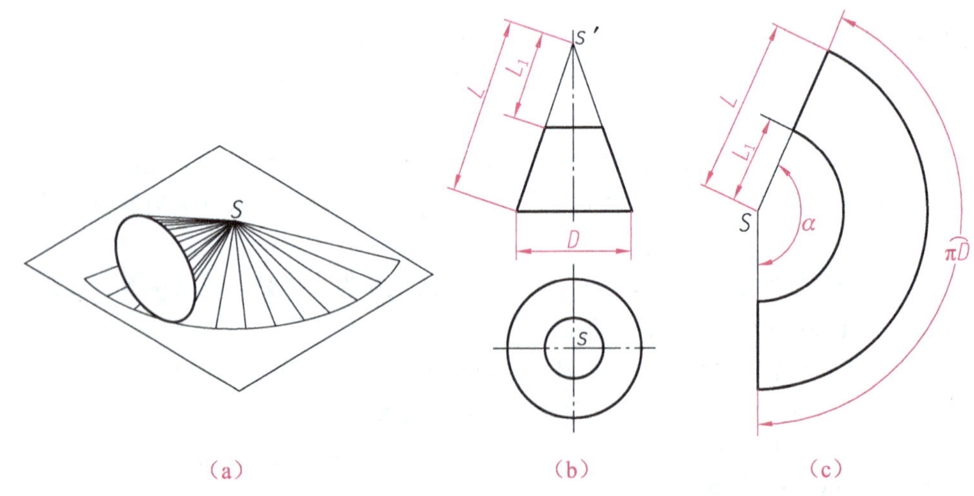

图 10-7 正圆锥及圆锥台面的展开图（计算法）

【例 10-5】如图 10-8（a）所示的斜截口正圆锥管的立体图，图 10-8（b）为其主视图和俯视图，试绘制其展开图。

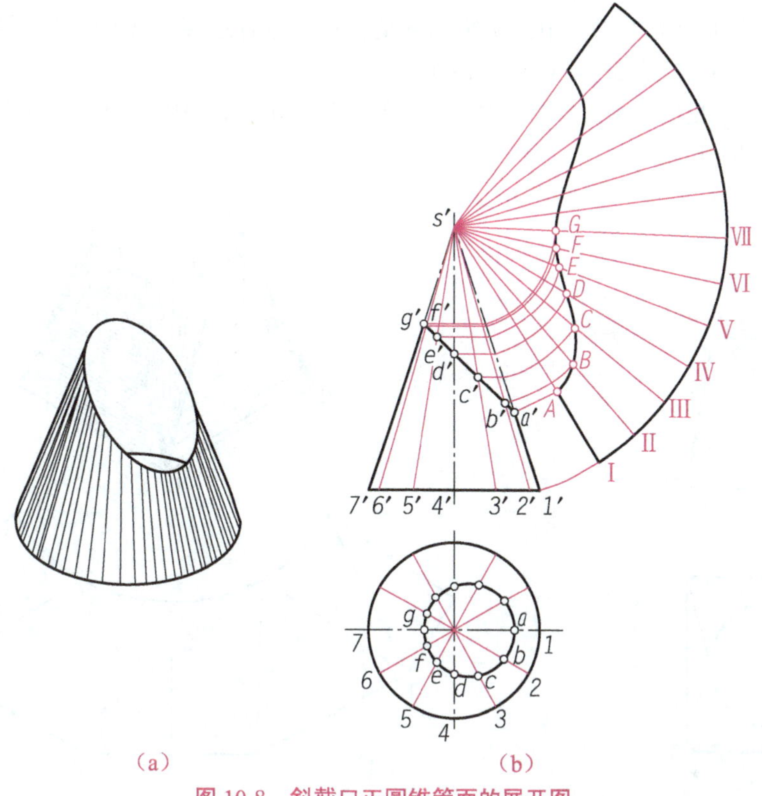

图 10-8　斜截口正圆锥管面的展开图

线面分析：

斜截口正圆锥管的展开方法和正圆锥面的展开方法相同，只是斜截口正圆锥管表面上相邻等分点处两素线长度不再相等，而且除转向轮廓线上的素线外，其余素线在主视图上不再反映实长。

绘制展开图时，先画出完整圆锥面的展开图，然后再求出斜截口的展开曲线，二者之间的部分就是斜截口正圆锥管的展开图。求斜截口展开曲线上的等分点时，可先采用旋转法求出一般位置素线的实长。

作图步骤：

① 画出圆锥表面的展开图，然后等分俯视图中的圆周，在主视图上作出各等分点处的素线，并在展开图上确定各等分点，如图 10-8（b）所示。

② 利用旋转法求出斜截口正圆锥管各等分点处素线的实长。过图 10-8（b）主视图上各截点的 V 面投影 a'，b'，c'，……，g'作水平线，并使其与圆锥右侧的转向轮廓线相交，所得各交点到 1′点的距离就是斜截口正圆锥管各等分点处素线的实长。

③ 将各素线实长用画圆弧的方法分别与圆锥展开图中相应素线 s'Ⅰ，s'Ⅱ，s'Ⅲ，……，s'Ⅶ相交，得到的交点 A，B，C，……，G 即为斜截口展开曲线上的点。利用对称性可求出斜截口展开曲线上的其余点，最后用光滑曲线依次连接各点，即可得斜截口正圆锥管面的展开图，如图 10-8（b）所示。

10.5 不可展制件的表面展开图

若管道的断面形状发生变化，则需用异型管接头进行连接。应用较多的是方圆变形接头，要特别注意在展开图中准确做出四个过渡圆角。

【例 10-6】变形接头的立体图如图 10-9（a）所示，图 10-9（b）为其主视图和俯视图，试绘制其展开图。

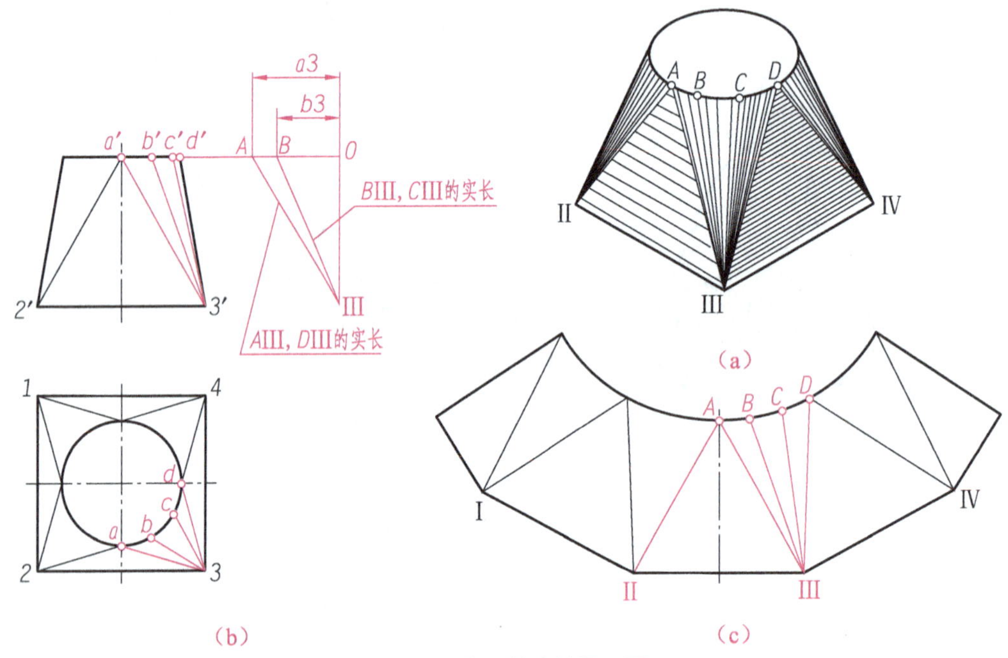

图 10-9 变形接头的展开图

线面分析：

变形接头的一端是圆口，用来连接圆管；另一端是方口，用来连接方管，俗称“天圆地方”变形接头。变形接头由 4 个全等的等腰三角形（围成方口）和 4 个全等的椭圆锥面（围成圆口）组成，如图 10-9（a）所示。椭圆锥面可以等分为若干个三角形，用三角形代替椭圆锥面，即求出其中一个三角形的实形，然后依次将所有三角形的实形拼接起来，即为变形接头椭圆锥面的近似展开图。

作图步骤：

① 在俯视图上将 1/4 圆弧等分为 3 等份，即可得等分点 a，b，c，d，然后在主视图上求出各等分点的 V 面投影 a'，b'，c'，d'。

② 利用直角三角形法求出椭圆锥面上素线 AIII，BIII，CIII，DIII的实长。作直角IIIOA，使 $OA=a3$（$a3$ 是素线 AIII的水平投影），OIII为 A 点与 3 点的 Z 坐标差，则直角三角形 AOIII的斜边就是素线 AIII的实长，如图 10-9（b）所示。同理可求出素线 BIII的实长。根据对称性可知，素线 CIII和 BIII的实长相等，DIII和 AIII的实长相等。

③ 画出等腰三角形 A II III，使等腰三角形的底边 II III等于俯视图中的线段 23，等腰三角形的腰等于素线 AIII的实长，如图 10-9（c）所示。

④ 作椭圆锥面的近似展开图。以Ⅲ点为圆心，素线 *B*Ⅲ的实长为半径画弧；以 *A* 点为圆心，俯视图中弦 *AB* 为半径画弧，两弧的交点为 *B* 点。同理求出 *C*，*D* 点，如图 10-9（c）所示。

⑤ 根据对称性依次画出其余的等腰三角形和圆口展开曲线上的各点，然后用光滑曲线依次连接圆口展开曲线上的 *A*，*B*，*C*，*D* 等各点，即可得到变形接头的展开图，如图 10-9（c）所示。

【例 10-7】作球面的表面展开图。

因球面为不可展曲面，故工程上采用近似画法画出球面的近似展开图。常用的展开方法有近似柱面法和近似锥面法两种。

（1）近似柱面展开法。这种方法是过轴线将圆球分为若干等份（如图 10-10 所示，球面分为 12 等份），则相邻两平面间所夹柳叶状的球面，可近似地看成柱面，然后用展开柱面的方法把这部分球面近似地展开。

作图步骤：

① 如图 10-10（a）所示，将球面的水平投影通过轴线作铅垂面，将球分为 12 等份。

② 在球面的正面投影上将每部分半圆周也分为六等份，过各等分点作纬圆的水平投影，并与铅垂线交于点 *a*，*b*，*c*，*d*，*e*，*f*。

③ 如图 10-10（b）所示，作对称中心线，在其上取点 3_0，由 3_0 向上取点 4_0，5_0，6_0，使 $3_04_0=3'4'$，$4_05_0=4'5'$，$5_06_0=5'6'$。

④ 分别过点 3_0，4_0，5_0 作水平线，在这些水平线上，以中心线为对称中心，分别量取 $a_0b_0=ab$，$c_0d_0=cd$，$e_0f_0=ef$，得 a_0，b_0，c_0，d_0，e_0，f_0 各点。

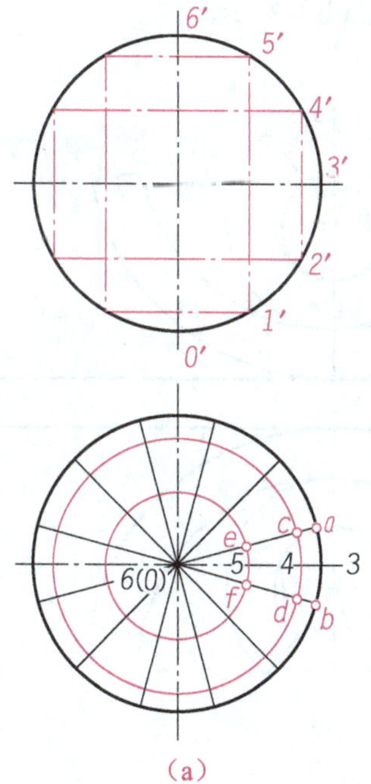

（a）

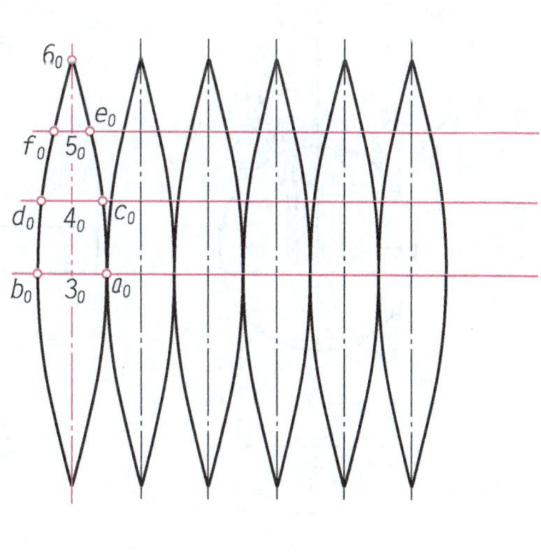

（b）

图 10-10　球面的近似展开

⑤ 将 b_0，d_0，f_0，6_0，e_0，c_0，a_0 用光滑曲线连接起来，再对称地画出下半部分，即得 1/12 球面的近似展开图（柳叶状）。

⑥ 用同样的方法画出 12 片柳叶形，即得整个球面的展开图。

（2）近似锥面展开法。如图 10-11（a）所示，用水平面将球面分为 7 个部分，中间部分Ⅰ按柱面展开，顶端Ⅳ和对称的底端部分按锥面展开，其余部分按圆台面展开。

作图步骤：

① 中间部分Ⅰ的展开。中间部分Ⅰ按柱面展开后是一个矩形，矩形的高等于弦长 1′2′，矩形的长度等于 πD_2，如图 10-11（b）所示。

② 第Ⅱ部分的展开。第Ⅱ部分按圆台面展开，圆台面所在圆锥面的锥顶是 2′3′的延长线与球的竖直轴线的交点 S_2，圆台面的底圆直径是 D_2，底圆圆锥母线长 R_2，圆台上顶圆圆锥母线长 r_2，如图 10-11（a）所示。展开后的扇形圆心为 S_2，半径分别为 R_2 和 r_2，扇形的圆心角为 $180\times D_2/R_2$，如图 10-11（b）所示。

③ 第Ⅲ部分的展开。第Ⅲ部分按圆台展开，圆台面所在圆锥面的锥顶是 3′4′的延长线与球的竖直轴线的交点 S_3，圆台面的底圆直径是 D_3，底圆圆锥母线长 R_3，圆台上顶圆圆锥母线长 r_3，如图 10-11（a）所示。展开后的扇形圆心为 S_3，半径分别为 R_3 和 r_3，扇形的圆心角为 $180\times D_3/R_3$，如图 10-11（b）所示。

④ 第Ⅳ部分的展开。第Ⅳ部分按圆锥面展开，圆锥面的锥顶是过 4′点作球的切线，切线与球的轴线的交点 S_4 就是圆锥面的锥顶，圆锥的底圆直径是 D_4，圆锥母线长 R_4，如图 10-11（a）所示。展开后的扇形圆心为 S_4，半径为 R_4，扇形的圆心角为 $180\times D_4/R_4$，如图 10-11（b）所示。

⑤ 利用对称性可求出下半个球面的展开图，如图 10-11（b）所示。

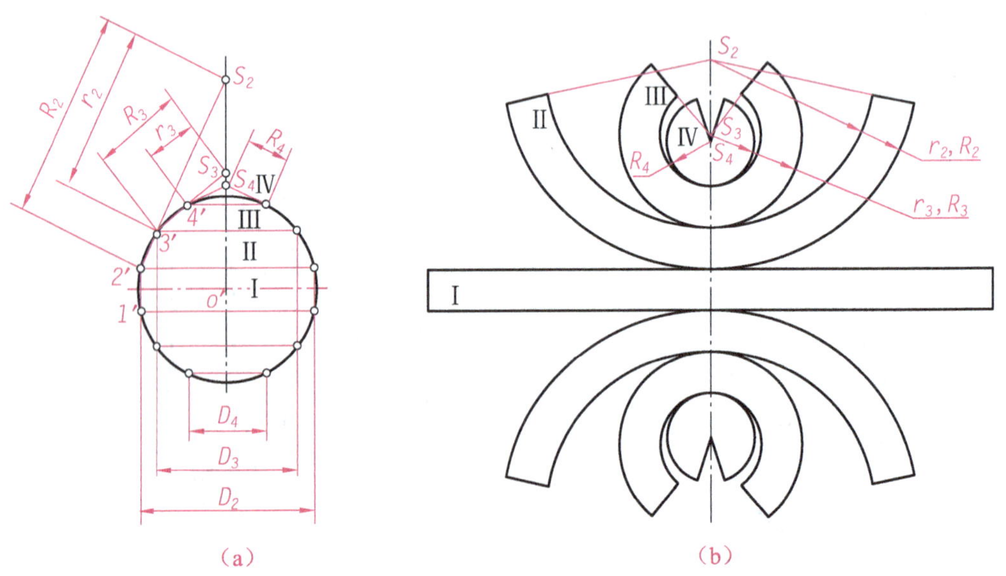

图 10-11　近似锥面法绘制球面的展开图

第 11 章 焊接图

【本章导读】

焊接是一种不可拆卸的连接方法，是金属热加工方法之一。焊接与铸造、锻压、热处理、金属切削等加工方法一样，是机器制造、石油化工、矿山、冶金、航空、航天、造船、电子、核能等工业部门中的一种基本生产手段。没有现代焊接技术的发展，就没有现代的工业和科学技术的发展，因此机械专业工程技术人员应具备熟读焊接图的能力。

【技能目标】

◈ 了解焊接的应用范围，掌握焊接和焊接图的概念。
◈ 掌握焊接的接头形式。
◈ 掌握焊缝符号的表示方法。
◈ 能识读中等复杂难度的焊接图。

11.1 焊接图概述

将两个被连接的金属件用电弧或火焰在连接处局部加热，并采用填充融化金属或加压等方法使其熔合在一起的过程称为焊接。常见的焊接方法有电弧焊、电阻焊、气焊和钎焊等，其中电弧焊应用较多。焊接连接结合牢固，且焊接工艺设备及加工过程都比较简单，因而，焊接在工程中应用广泛。

焊接图是供焊接加工所用的一种图样，它除了把焊接件的结构表达清楚以外，还必须把焊接的有关内容表示清楚。为此，国家标准规定了焊缝的画法、符号、尺寸标注方法和焊接方法的表示代号。本章主要介绍焊缝符号和标注方法。

11.2 焊缝的表达方法

11.2.1 焊缝的画法

常见焊接接头形式有对接、T 形接、角接、搭接等，如图 11-1 所示。焊缝是焊接后形成的接缝。

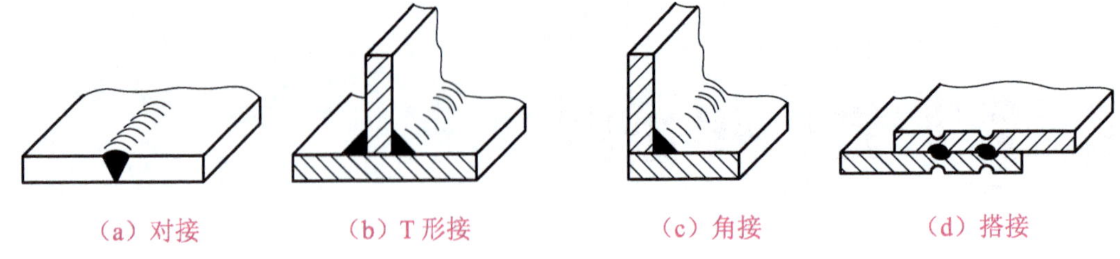

（a）对接　（b）T 形接　（c）角接　（d）搭接

图 11-1　常见接头形式

焊缝的表达方法如下。

（1）在视图中，焊缝用一系列细实线段表达，允许徒手绘制，也可以采用特粗实线表示（2*d*～3*d*）。但在同一张图样中，只能采用一种表示方法。

（2）在剖视图上，金属熔焊区一般用涂黑画出，规定画法如图 11-1 所示。

（3）必要时也可将焊缝部位按比例放大画出，并标注相关尺寸。

11.2.2　焊缝的图示法

为了简化画图，对于焊缝分布简单明显的图样，可以不画出焊缝，只在焊缝处标注焊缝符号。

国家标准《焊缝符号表示法》（GB/T 324—2008）规定，完整的焊缝符号包括基本符号、指引线、补充符号、尺寸符号及数据等。为了简化，在图样上标注焊缝时通常只采用基本符号和指引线，其他内容一般在有关文件（如焊接工艺规程等）中明确。

1. 基本符号

基本符号是表示焊接横截面形状的符号，如表 11-1 所示。

表 11-1　基本符号

名称	I 型焊缝	V 型焊缝	单边 V 型焊缝	带钝边 V 型焊缝	带钝边单边 V 型焊缝	角焊缝	带钝边 J 型焊缝
符号	‖	V	V	Y	Y	◺	Y

2. 补充符号

补充符号用来补充说明有关焊缝或接头的某些特征，如表面形状、衬垫、焊缝分布、施焊地点等，如表 11-2 所示。

表 11-2　补充符号

序　号	名　称	符　号	说　明
1	平面	—	焊缝表面通常经过加工后平整
2	凹面	⌣	焊缝表面凹陷
3	凸面	⌢	焊缝表面凸起
4	圆滑过渡	⌣	焊趾处过渡圆滑

（续表）

序　号	名　称	符　号	说　明
5	永久衬垫	M	衬垫永久保留
6	临时衬垫	MR	衬垫在焊接完成后拆除
7	三面焊缝		三面带有焊缝
8	周围焊缝		沿着工件周边施焊的焊缝 标注位置为基准线与箭头线交点处
9	现场焊缝		在现场焊接的焊缝
10	尾部		可以表示所需的信息，如焊接方法等

3. 指引线

指引线一般由带有箭头的箭头线（用细实线画出）和两条相互平行的基准线（一条为细实线，另一条虚线）两部分构成。基准线一般与图样底边平行，特殊情况下可以垂直，并且箭头指向焊缝处，如图 11-2 所示。

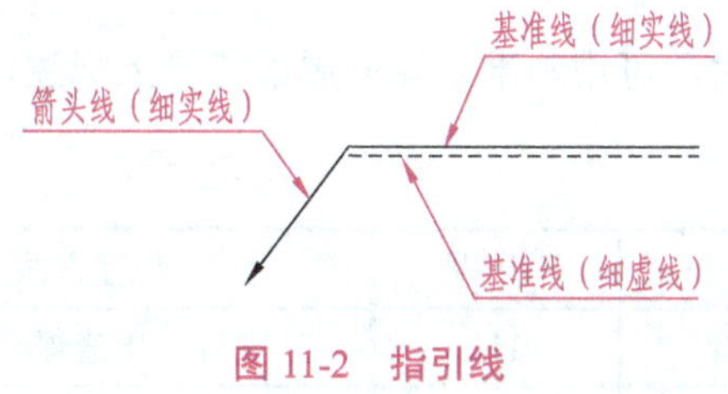

图 11-2　指引线

4. 焊缝尺寸符号

焊缝尺寸一般不标注。如需要标注，则用字母代表焊缝尺寸要求，如表 11-3 所示。

表 11-3　焊缝尺寸符号及示意图

符号	名称	示意图	符号	名称	示意图
δ	工件厚度	δ	c	焊缝宽度	c
α	坡口角度	α	K	焊脚尺寸	K
β	坡口面角度	β	d	点焊：熔核直径 塞焊：孔径	d

（续表）

符号	名称	示意图	符号	名称	示意图
b	根部间隙	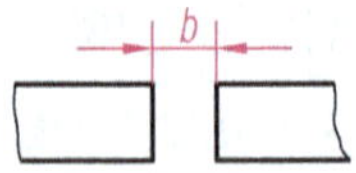 b	*n*	焊缝段数	 n=2
p	钝边	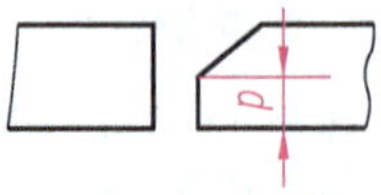 p	*l*	焊缝长度	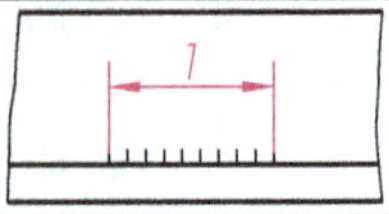 l
R	根部半径	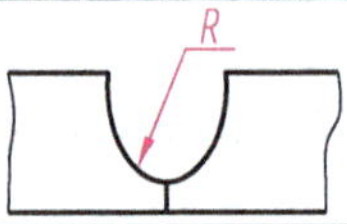 R	*e*	焊缝间隙	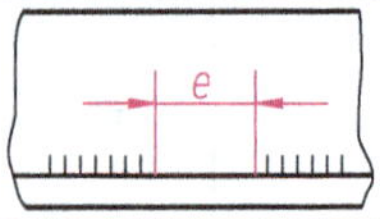 e
H	坡口深度	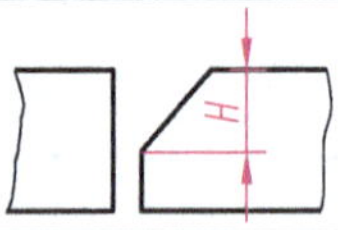 H	*N*	相同焊缝数量	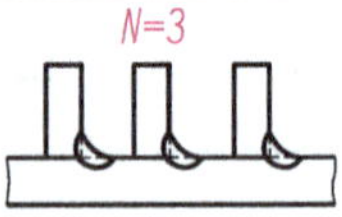 N=3
S	焊缝有效厚度	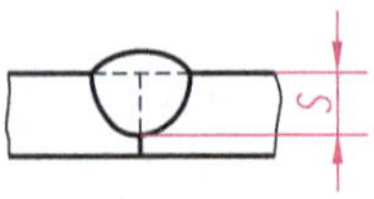 S	*h*	余高	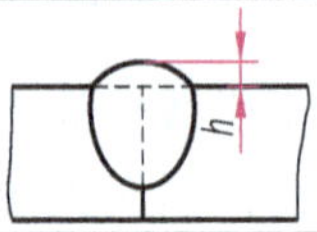 h

5. 焊接方法代号

当需要标明焊接方法时，可用基准末端的尾部符号上标注，如表 11-4 所示。

表 11-4　常见焊接方法代号

焊接方法	代　号	焊接方法	代　号
涂料焊条电弧焊（手工电弧焊）	111	电渣焊	72
埋弧焊	12	熔化极气保焊（MIG）	131
气焊	3	冷压焊	48
硬钎焊	91	电阻对焊	25
摩擦焊	42	非熔化极气保焊	14

焊接方法可用文字在技术要求中注明，也可用数字代号直接注写在指引线的尾部。

11.3　焊缝的标注方法

11.3.1　箭头线与焊缝位置关系

箭头相对焊缝的位置一般没有特殊的要求，箭头线可以标在有焊缝的一侧，也可以标在没有焊缝的一侧。

11.3.2　基本符号在指引线上的位置

（1）基本符号在细实线一侧时，表示焊缝在箭头侧（即箭头指向施焊面），如图 11-3（a）所示。

（2）基本符号在细虚线一侧时，表示焊缝在非箭头侧，如图 11-3（b）所示。

（3）对称焊缝允许省略虚线，如图 11-3（c）所示。

（4）在明确焊缝分布位置的情况下，有些双面焊缝也可省略虚线，如图 11-3（d）所示。

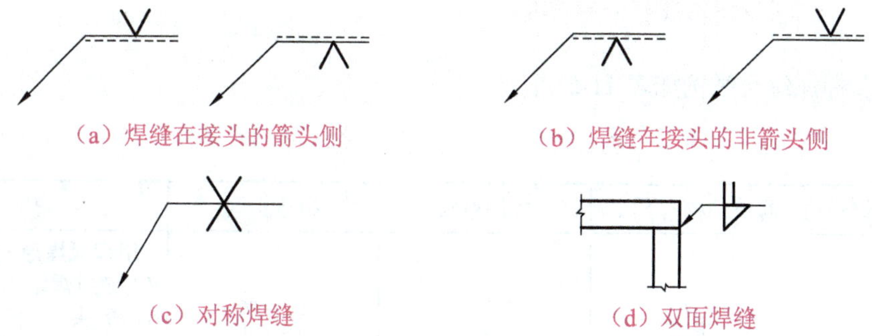

图 11-3　基本符号与基准线的相对位置

11.3.3　焊缝尺寸符号及数据标注规则

焊缝尺寸符号及数据标注规则如图 11-4 所示。

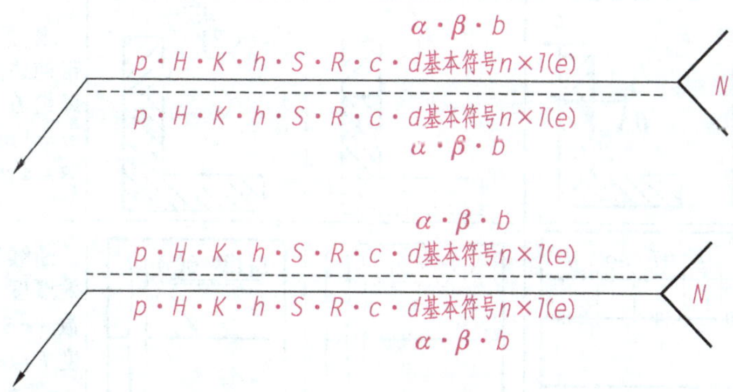

图 11-4　焊缝尺寸标注原则

（1）焊缝横向尺寸标注在基本符号的左侧。

（2）焊缝长度方向尺寸标注在基本符号的右侧。

（3）坡口角度、坡口面角度、根部间隙标注在基本符号的上侧或下侧。

（4）相同焊缝数量标注在尾部，用字母 N 表示。

（5）当需要标注的尺寸数据较多不易分辨时，可在尺寸数据前面增加相应的尺寸符号。

当箭头方向变化时，上述原则不变。

关于尺寸的其他规定如下。

① 确定焊缝位置的尺寸不在焊缝符号中给出，而是将其标注在图样上。

② 在基本符号的右侧无任何标注且又无其他说明时，意味着焊缝在工件的整个长度方向上是连续的。

③ 在基本符号的左侧无任何标注且又无其他说明时，意味着对接焊缝要完全焊透。

11.4 焊接图看图举例

焊缝及标注综合举例如表 11-5 所示。

表 11-5 焊缝画法及标注综合举例

焊缝画法及焊缝结构	标注格式	标注实例	说明
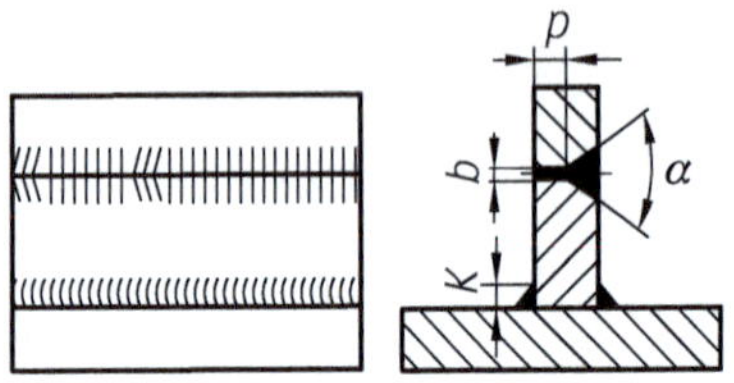	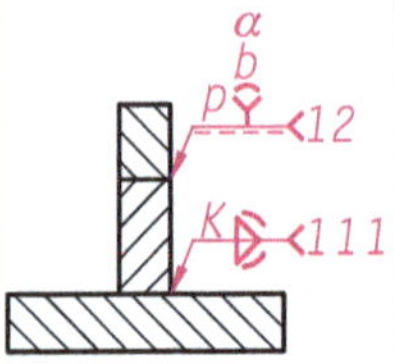	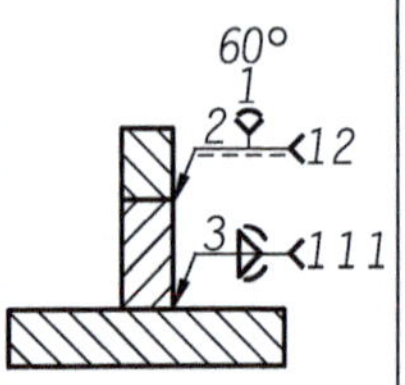	用埋弧焊形成的带钝边 V 形连续焊缝（表面凸起）在箭头一侧，钝边 $p=2$ mm，根部间隙 $b=2$ mm，坡口角度 $\alpha=60°$ 用手工电弧焊形成的连续、对称角焊缝（表面凸起）。焊脚尺寸 $K=3$ mm
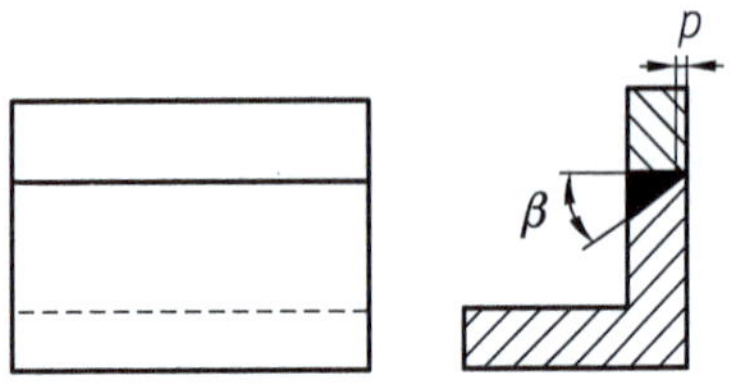	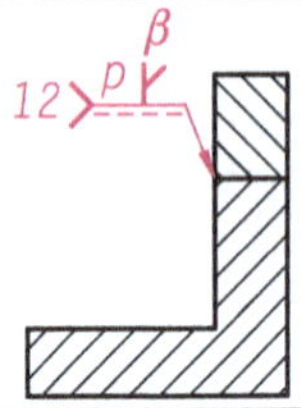	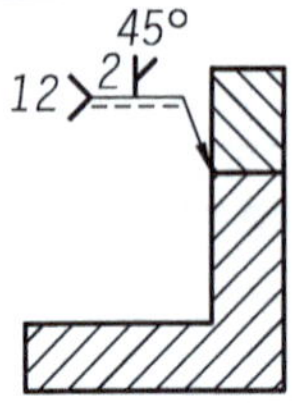	表面用埋弧焊形成的带钝边的单边 V 形连续焊缝在箭头一侧，钝边 $p=2$ mm，坡口面角度 $\beta=45°$
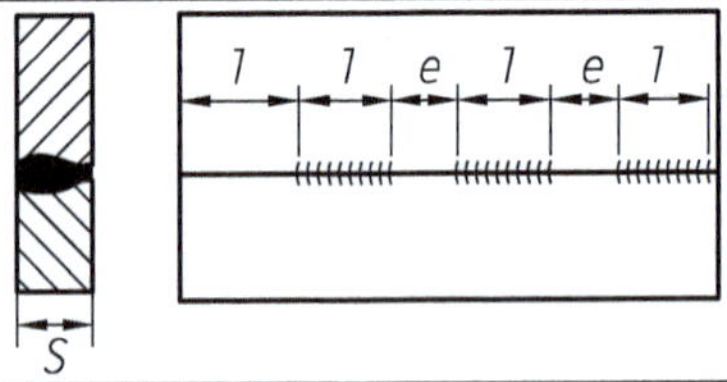	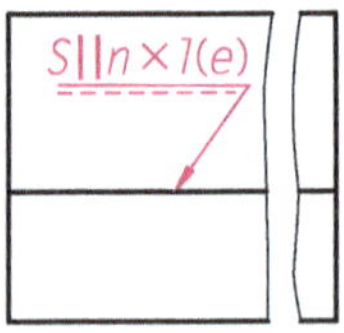	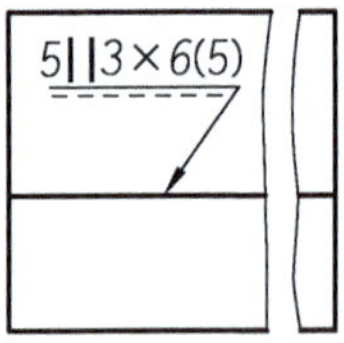	断续 I 形焊缝，焊缝有效厚度 $S=5$ mm，焊缝段数 $n=3$ mm，每段焊缝长度 $l=6$ mm，焊缝间距 $e=5$ mm
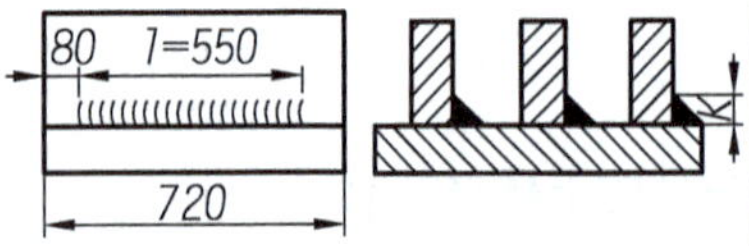	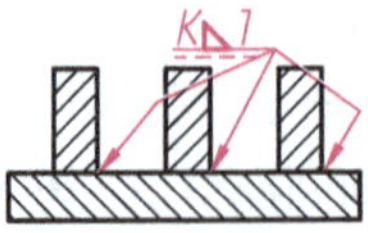	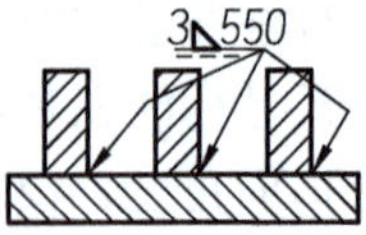	表示 3 条相同的角焊缝在箭头一侧，焊缝长度小于整个工件长度。焊脚尺寸 $K=3$ mm，焊缝长度 $l=550$ mm，箭头线允许弯折一次

【例 11-1】识图如图 11-5 所示支臂焊接图。

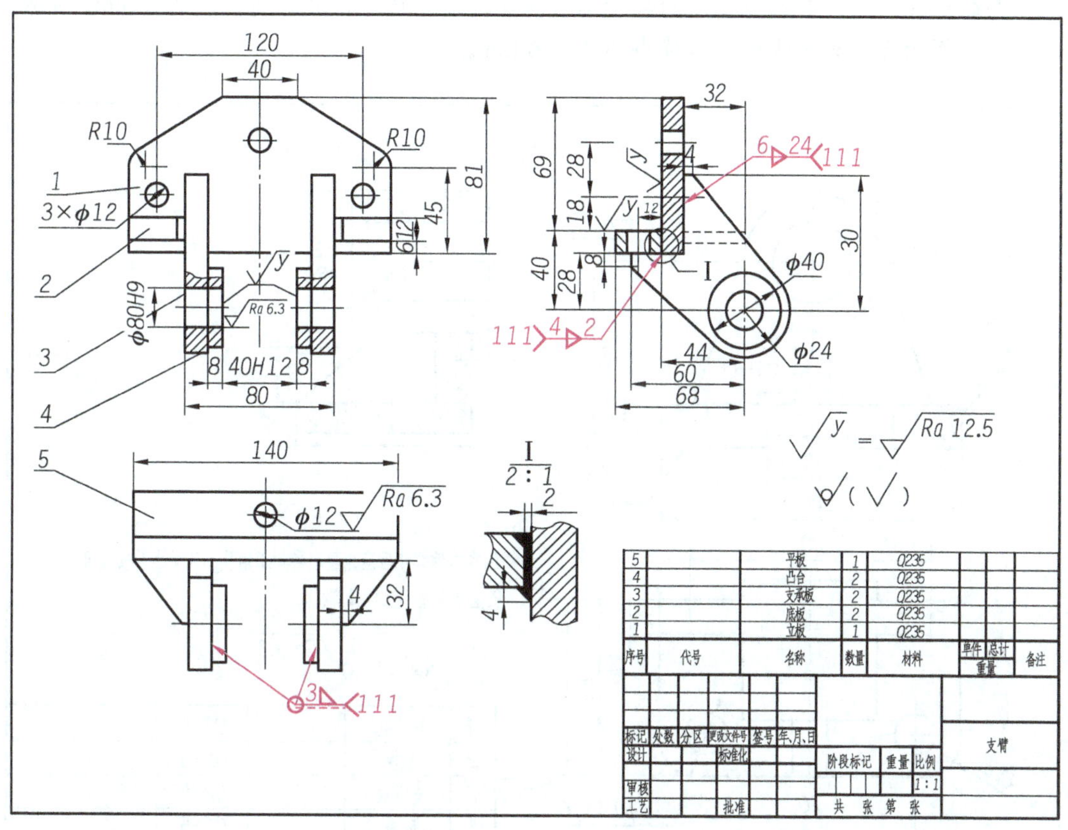

图 11-5　支臂焊接图

解： 支臂焊接图中除具有完整的零件图、部件图内容之外，还表示出了所有与焊接有关的内容，具体如下。

（1）左视图上立板 1 与支撑板 3 间采用双面连接角焊缝、焊脚高为 6 mm。

（2）平板 5 与立板 1 之间的焊缝，上面是带钝边单边 V 形焊缝，坡口为 45°，根部间隙为 2 mm；下面是焊脚高为 4 mm 的角焊缝。

（3）俯视图凸台 4 与支撑板 3 间采用双面连续角焊缝，焊脚高为 3 mm。

（4）由各焊接符号可知，所有焊缝均采用手工电弧焊焊接。

【例 11-2】如图 11-6 所示，读轴承座的焊接装配图。

解： 轴承座为简单的箱体类零件，进行单件或小批量生产时，可以采用焊接的方法制造毛坯。

轴承座由底板 1、支撑板 2、肋板 3 和轴承孔 4 组成，各零件间相互焊接而成。

主视图上用焊缝符号表示支撑板与轴承孔、肋板与支撑板之间的焊接关系。支撑板与轴承孔之间的焊缝是一条围绕圆筒周围焊接的环形角焊缝，其焊脚高度为 4 mm。肋板与支撑板之间的焊缝是两条相同的角焊缝，其焊脚高度为 4 mm。

左视图上用焊缝符号表示肋板与轴承孔、肋板与底板、支撑板与底板之间的焊接关系。肋板与轴承孔、肋板与底板之间的焊缝均为双面连续角焊缝，其焊脚高度为 4 mm。肋板与底板之间的焊缝为角焊缝，其焊脚高度为 4 mm。

技术要求

1.本构件焊接后应先整形再加工轴孔、底平面及安装孔。

2.全部采用手工电弧焊。

4	轴承孔	1	Q275	
3	肋板	1	Q275	
2	支撑板	1	Q235	
1	底板	1	Q235	
序号	名称	数量	材料	备注
设计		轴承座	比例	1∶2
描图		重量	件数	
审核		共 张 第 张		

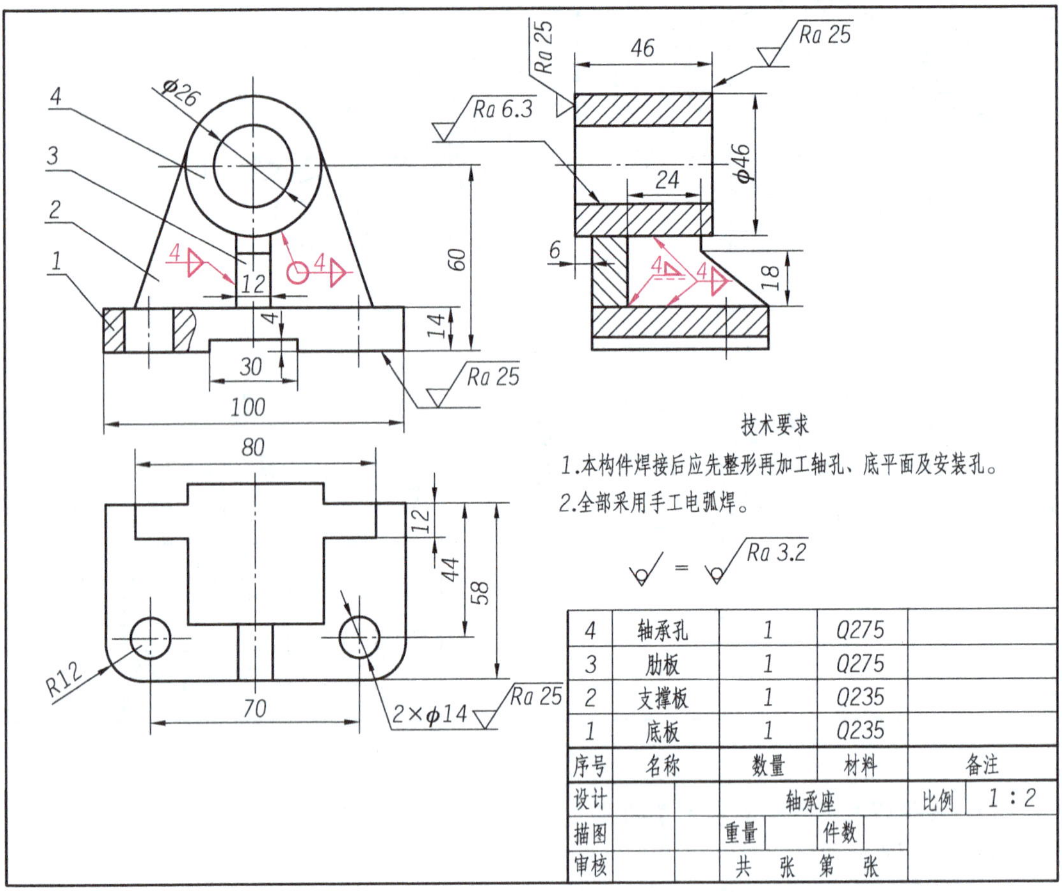

图 11-6　轴承座焊接图

【例 11-3】如图 11-7 所示，读转向管柱焊接总成图。

解：如图 11-7 所示，转向管柱焊接总成图主要反映了上调整支架 1、下调整支架 3、法兰 4、固定支架 5、螺母 6 与转向管柱 2 之间的相对位置关系及其焊接性质。主要焊接符号的意义如下。

(1)上调整支架 1 与转向管柱 2 之间为采用埋弧焊形成的角焊缝，焊脚高度为 2 mm。

(2) 法兰 4 与转向管柱 2 之间为采用埋弧焊形成的角焊缝，焊脚高度为 4 mm，焊缝段数为 6 段，每段焊缝的长度为 13 mm，并均匀分布。

(3)下调整支架 3 与转向管柱 2 之间为采用埋弧焊形成的角焊缝，焊脚高度为 4 mm。

(4)固定支架 5 和转向管柱 2 之间为采用手工电弧焊形成角焊缝，焊脚高度为 4 mm。

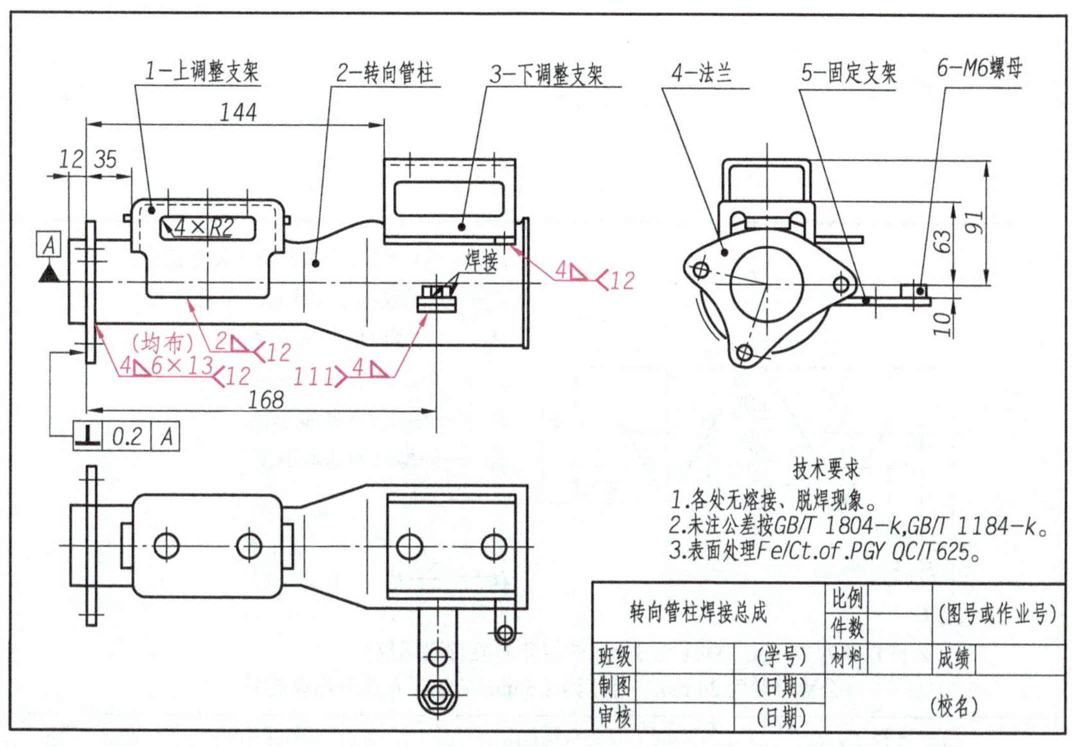

图 11-7 转向管柱焊接总成图

附 表

附表 1　普通螺纹牙型、直径与螺距（摘自 GB/T 193，196—2003）　　单位：mm

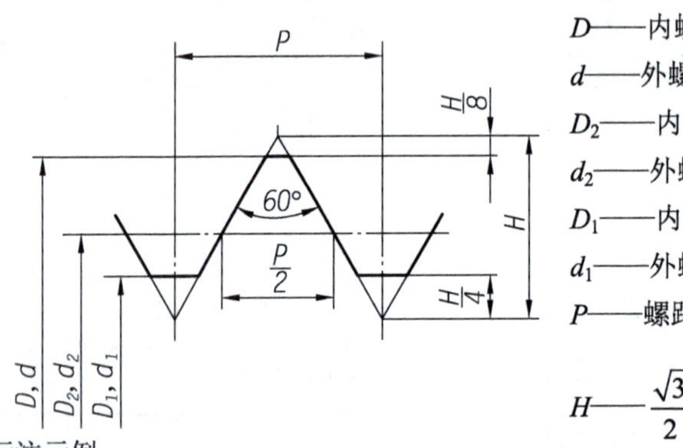

D——内螺纹的基本大径（公称直径）

d——外螺纹的基本大径（公称直径）

D_2——内螺纹的基本中径

d_2——外螺纹的基本中径

D_1——内螺纹的基本小径

d_1——外螺纹的基本小径

P——螺距

H——$\frac{\sqrt{3}}{2}P$

标注示例

M24（公称直径为 24 mm、螺距为 3 mm 的粗牙右旋普通螺纹）

M24×1.5-LH（公称直径为 24 mm、螺距为 1.5 mm 的细牙左旋普通螺旋）

公称直径 *D*，*d*		螺距 *P*		粗牙中径	粗牙小径
第一系列	第二系列	粗牙	细牙	D_2，d_2	D_1，d_1
3		0.5	0.35	2.675	2.459
	3.5	0.6		3.110	2.850
4		0.7	0.5	3.545	3.242
	4.5	0.75		4.013	3.688
5		0.8		4.480	4.134
6		1	0.75	5.350	4.917
	7			6.350	5.917
8		1.25	1，0.75	7.188	6.647
10		1.5	1.25，1，0.75	9.026	8.376
12		1.75	1.25，1	10.863	10.106
	14	2	1.5，1.25，1	12.701	11.835
16			1.5，1	14.701	13.835
	18	2.5	2，1.5，1	16.376	15.294
20				18.376	17.294
	22			20.376	19.294
24		3		22.051	20.752
	27			25.051	23.752
30		3.5	（3），2，1.5，1	27.727	26.211

注：① 优先选用第一系列，括号内尺寸尽可能不用，第三系列未列入。

② M14×1.25 仅用于火花塞。

附表 2 55°非密封管螺纹（摘自 GB/T 7307—2001）

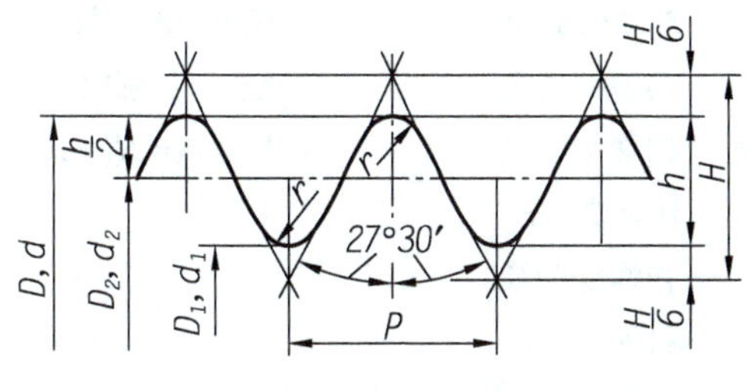

螺纹的设计牙型

标注示例：

G 2（尺寸代号 2，右旋，圆柱内螺纹）

G 3 A（尺寸代号 3，右旋，A 级圆柱外螺纹）

G 2 LH（尺寸代号 2，左旋，圆柱内螺纹）

G 4 B—LH（尺寸代号 4，左旋，B 级圆柱外螺纹）

注：

$r = 0.137\,329P$

$P = 25.4/n$

$H = 0.960\,491P$

尺寸代号	每 25.4 mm 内包含的牙数 n	螺距 P/mm	牙高 h/mm	基本直径		
				大径 $d = D$/mm	中径 $d_2 = D_2$/mm	小径 $d_1 = D_1$/mm
1/16	28	0.907	0.581	7.723	7.142	6.561
1/8	28	0.907	0.581	9.728	9.147	8.566
1/4	19	1.337	0.856	13.157	12.301	11.445
3/8	19	1.337	0.856	16.662	15.806	14.950
1/2	14	1.814	1.162	20.955	19.793	18.631
3/4	14	1.814	1.162	26.441	25.279	24.117
1	11	2.309	1.479	33.249	31.770	30.291
$1\frac{1}{4}$	11	2.309	1.479	41.910	40.431	38.952
$1\frac{1}{2}$	11	2.309	1.479	47.803	46.324	44.845
2	11	2.309	1.479	59.614	58.135	56.656
$2\frac{1}{2}$	11	2.309	1.479	75.184	73.705	72.226
3	11	2.309	1.479	87.884	86.405	84.926
4	11	2.309	1.479	113.030	111.551	110.072
5	11	2.309	1.479	138.430	136.951	135.472
6	11	2.309	1.479	163.830	162.351	160.872

附表 3　梯形螺纹（摘自 GB/T 5796.1～5796.4—2005）

单位：mm

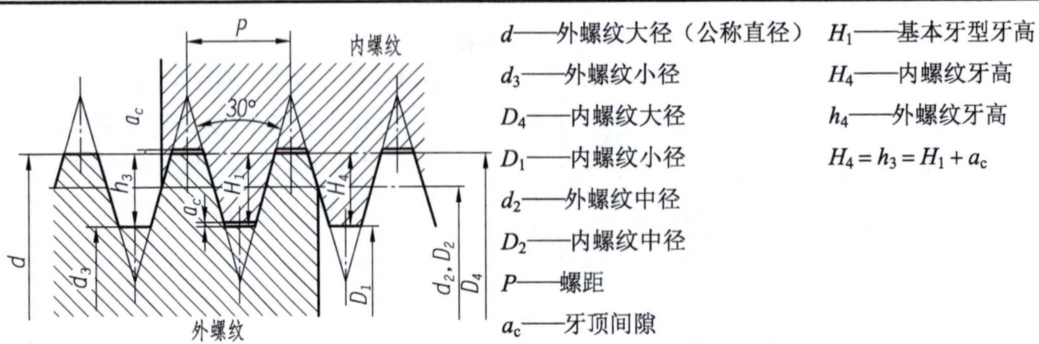

d——外螺纹大径（公称直径）

d_3——外螺纹小径

D_4——内螺纹大径

D_1——内螺纹小径

d_2——外螺纹中径

D_2——内螺纹中径

P——螺距

a_c——牙顶间隙

H_1——基本牙型牙高

H_4——内螺纹牙高

h_4——外螺纹牙高

$H_4 = h_3 = H_1 + a_c$

标记示例

Tr40 × 7–7H（单线梯形内螺纹、公称直径 $d = 40$ mm、螺距 $P = 7$ mm、右旋、中径公差带为 7H、中等旋合长度）

Tr60 × 18（P9）LH-8c–L（双线梯形外螺纹、公称直径 $d = 60$ mm、导程 $P_h = 18$ mm、螺距 $P = 9$ mm、左旋、中径公差带为 8c、长旋合长度）

梯形螺纹的基本尺寸

公称直径 d		螺距 P	中径 $d_2 = D_2$	大径 D_4	小径		公称直径 d		螺距 P	中径 $d_2 = D_2$	大径 D_4	小径	
第一系列	第二系列				d_3	D_1	第一系列	第二系列				d_3	D_1
8		1.5	7.25	8.3	6.2	6.5	32			29.0	33.0	25.0	26.0
	9		8.0	9.5	6.5	7.0		34	6	31.0	35.0	27.0	28.0
10		2	9.0	10.5	7.5	8.0	36			33.0	37.0	29.0	30.0
	11		10.0	11.5	8.5	9.0		38		34.5	39.0	30.0	31.0
12		3	10.5	12.5	8.5	9.0	40		7	36.5	41.0	32.0	33.0
	14		12.5	14.5	10.5	11.0		42		38.5	43.0	34.0	35.0
16			14.0	16.5	11.5	12.0	44			40.5	45.0	36.0	37.0
	18	4	16.0	18.5	13.5	14.0		46		42.0	47.0	37.0	38.0
20			18.0	20.5	15.5	16.0	48		8	44.0	49.0	39.0	40.0
	22		19.5	22.5	16.5	17.0		50		46.0	51.0	41.0	42.0
24		5	21.5	24.5	18.5	19.0	52			48.0	53.0	43.0	44.0
	26		23.5	26.5	20.5	21.0		55	9	50.5	56.0	45.0	46.0
28			25.5	28.5	22.5	23.0	60			55.5	61.0	50.0	51.0
	30	6	27.0	31.0	23.0	24.0		65	10	60.0	66.0	54.0	55.0

注：① 优先选用第一系列的直径。

② 表中所列的螺距和直径，是优先选择的螺距及与之对应的直径。

附表 4　六角头螺栓

单位：mm

六角头螺栓—A 级和 B 级（摘自 GB/T 5782—2016）

六角头螺栓—细牙—A 级和 B 级（摘自 GB/T 5785—2016）

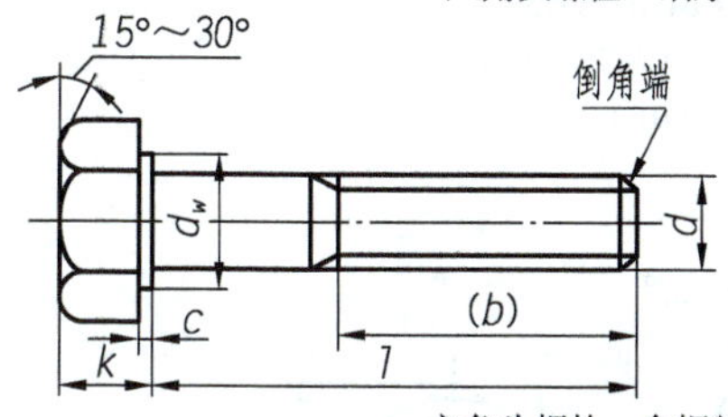

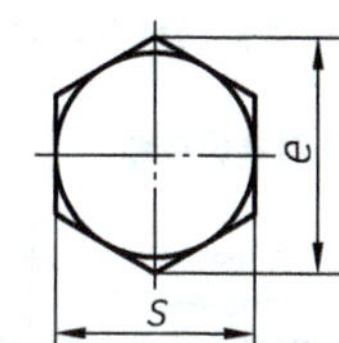

标记示例：

螺栓 GB/T 5782　M12×100

（螺纹规格 d = M12、公称长度 l = 100 mm、性能等级为 8.8 级、表面氧化、杆身半螺纹、A 级的六角头螺栓）

六角头螺栓—全螺纹—A 级和 B 级（摘自 GB/T 5783—2016）

六角头螺栓—细牙—全螺纹—A 级和 B 级（摘自 GB/T 5786—2016）

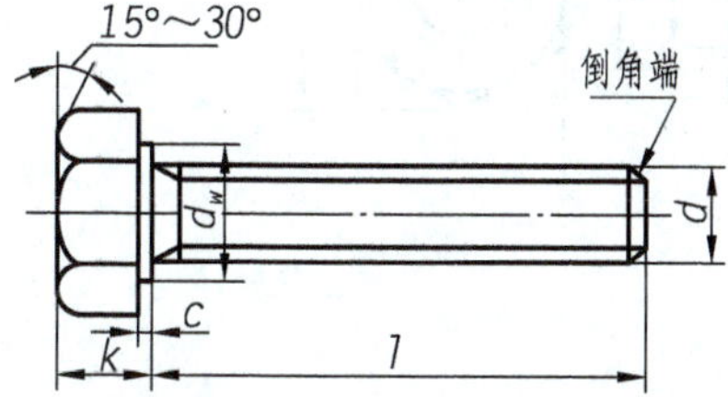

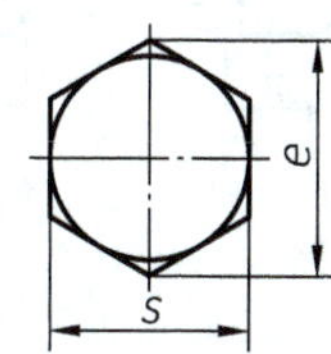

标记示例：

螺栓 GB/T 5786　M30×2×80

（螺纹规格 d = M30×2、公称长度 l = 80 mm、性能等级为 8.8 级、表面氧化、全螺纹、A 级的六角头螺栓）

<table>
<tr><th colspan="2">d</th><th>M4</th><th>M5</th><th>M6</th><th>M8</th><th>M10</th><th>M12</th><th>M16</th><th>M20</th><th>M24</th><th>M30</th><th>M36</th><th>M42</th><th>M48</th></tr>
<tr><td rowspan="2">P</td><td>GB/T 5782
GB/T 5783</td><td>0.7</td><td>0.8</td><td>1</td><td>1.25</td><td>1.5</td><td>1.75</td><td>2</td><td>2.5</td><td>3</td><td>3.5</td><td>4</td><td>4.5</td><td>5</td></tr>
<tr><td>GB/T 5785
GB/T 5786</td><td>—</td><td>—</td><td>—</td><td>1</td><td>1</td><td>1.5</td><td>1.5</td><td>1.5</td><td>2</td><td>2</td><td>3</td><td>3</td><td>3</td></tr>
<tr><td rowspan="3">b 参考</td><td>l≤125</td><td>14</td><td>16</td><td>18</td><td>22</td><td>26</td><td>30</td><td>38</td><td>46</td><td>54</td><td>66</td><td>—</td><td>—</td><td>—</td></tr>
<tr><td>125<l≤200</td><td>20</td><td>22</td><td>24</td><td>28</td><td>32</td><td>36</td><td>44</td><td>52</td><td>60</td><td>72</td><td>84</td><td>96</td><td>108</td></tr>
<tr><td>l>200</td><td>33</td><td>35</td><td>37</td><td>41</td><td>45</td><td>49</td><td>57</td><td>65</td><td>73</td><td>85</td><td>97</td><td>109</td><td>121</td></tr>
<tr><td colspan="2">c_{max}</td><td>0.4</td><td colspan="2">0.5</td><td colspan="3">0.6</td><td colspan="5">0.8</td><td colspan="2">1.0</td></tr>
<tr><td colspan="2">k 公称</td><td>2.8</td><td>3.5</td><td>4</td><td>5.3</td><td>6.4</td><td>7.5</td><td>10</td><td>12.5</td><td>15</td><td>18.7</td><td>22.5</td><td>26</td><td>30</td></tr>
<tr><td colspan="2">s_{max}=公称</td><td>7</td><td>8</td><td>10</td><td>13</td><td>16</td><td>18</td><td>24</td><td>30</td><td>36</td><td>46</td><td>55</td><td>65</td><td>75</td></tr>
<tr><td rowspan="2">e_{min}</td><td>A</td><td>7.66</td><td>8.79</td><td>11.05</td><td>14.38</td><td>17.77</td><td>20.03</td><td>26.75</td><td>33.53</td><td>39.98</td><td>—</td><td>—</td><td>—</td><td>—</td></tr>
<tr><td>B</td><td>7.50</td><td>8.63</td><td>10.89</td><td>14.20</td><td>17.59</td><td>19.85</td><td>26.17</td><td>32.95</td><td>39.55</td><td>50.85</td><td>60.79</td><td>71.3</td><td>82.6</td></tr>
<tr><td rowspan="2">$d_{w\,min}$</td><td>A</td><td>5.88</td><td>6.88</td><td>8.88</td><td>11.63</td><td>14.63</td><td>16.63</td><td>22.49</td><td>28.19</td><td>33.61</td><td>—</td><td>—</td><td>—</td><td>—</td></tr>
<tr><td>B</td><td>5.74</td><td>6.74</td><td>8.74</td><td>11.47</td><td>14.47</td><td>16.47</td><td>22</td><td>27.7</td><td>33.25</td><td>42.75</td><td>51.11</td><td>59.95</td><td>69.45</td></tr>
<tr><td rowspan="4">l 范围</td><td>GB/T 5782</td><td>25～40</td><td>25～50</td><td>30～60</td><td rowspan="2">40～80</td><td rowspan="2">45～100</td><td rowspan="2">50～120</td><td rowspan="2">65～160</td><td rowspan="2">80～200</td><td>90～240</td><td>110～300</td><td rowspan="2">140～360</td><td rowspan="2">160～440</td><td>180～480</td></tr>
<tr><td>GB/T 5785</td><td>—</td><td>—</td><td>—</td><td>100～240</td><td>120～300</td><td>200～480</td></tr>
<tr><td>GB/T 5783</td><td>8～40</td><td>10～50</td><td>12～60</td><td rowspan="2">16～80</td><td rowspan="2">20～100</td><td rowspan="2">25～120</td><td>30～200</td><td>40～200</td><td>50～200</td><td>60～200</td><td>70～200</td><td>80～200</td><td>100～200</td></tr>
<tr><td>GB/T 5786</td><td>—</td><td>—</td><td>—</td><td>35～160</td><td colspan="4">40～200</td><td>90～420</td><td>100～480</td></tr>
<tr><td rowspan="2">l 系列</td><td>GB/T 5782
GB/T 5785</td><td colspan="13">20～65（5 进位），70～160（10 进位），180～500（20 进位）</td></tr>
<tr><td>GB/T 5783
GB/T 5786</td><td colspan="13">6，8，10，12，16，18，20～65（5 进位），70～160（10 进位），180～500（20 进位）</td></tr>
</table>

注：① P——螺距。末端按 GB/T 2—2001 规定。

② 螺纹公差：6g；机械性能等级：8.8。

③ 产品等级：A 级用于 d ≤ 24 mm 和 l ≤ 10 d 或 ≤ 150 mm（按较小值）；

B 级用于 d > 24 mm 和 l > 10 d 或 > 150 mm（按较小值）。

附表 5　六角螺母

单位：mm

1 型六角螺母—A 级和 B 级（摘自 GB/T 6170—2015）

1 型六角螺母—细牙—A 级和 B 级（摘自 GB/T 6171—2016）

六角螺母—C 级（摘自 GB/T 41—2016）

允许制造的形式

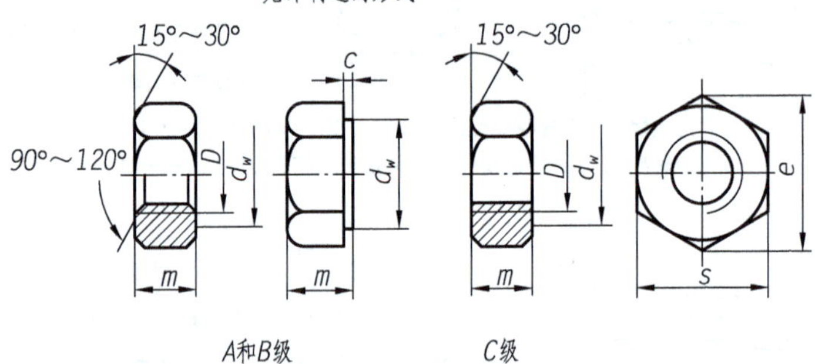

A和B级　　C级

标记示例：

螺母 GB/T 41　M12

（螺纹规格 D = M12、性能等级为 5 级、不经表面处理、C 级的六角螺母）

螺母 GB/T 6171　M24 × 2

（螺纹规格 D = M24、螺距 P = 2 mm、性能等级为 10 级、不经表面处理、B 级的 1 型细牙六角螺母）

<table>
<tr><th colspan="2">D</th><th>M5</th><th>M6</th><th>M8</th><th>M10</th><th>M12</th><th>M16</th><th>M20</th><th>M24</th><th>M30</th><th>M36</th><th>M42</th><th>M48</th></tr>
<tr><td rowspan="2">P</td><td>GB/T 6170
GB/T 41</td><td>0.8</td><td>1</td><td>1.25</td><td>1.5</td><td>1.75</td><td>2</td><td>2.5</td><td>3</td><td>3.5</td><td>4</td><td>4.5</td><td>5</td></tr>
<tr><td>GB/T 6171</td><td>—</td><td>—</td><td>1</td><td>1</td><td>1.5</td><td>1.5</td><td>1.5</td><td>2</td><td>2</td><td>3</td><td>3</td><td>3</td></tr>
<tr><td colspan="2">c_{max}</td><td colspan="2">0.5</td><td colspan="3">0.6</td><td colspan="5">0.8</td><td colspan="2">1.0</td></tr>
<tr><td rowspan="2">s_{min}</td><td>A，B 级</td><td>7.78</td><td>9.78</td><td>12.73</td><td>15.73</td><td>17.73</td><td>23.67</td><td rowspan="2">29.16</td><td rowspan="2">35</td><td rowspan="2">45</td><td rowspan="2">53.8</td><td rowspan="2">63.1</td><td rowspan="2">73.1</td></tr>
<tr><td>C 级</td><td>7.64</td><td>9.64</td><td>12.57</td><td>15.57</td><td>17.57</td><td>23.16</td></tr>
<tr><td rowspan="2">e_{min}</td><td>A，B 级</td><td>8.79</td><td>11.05</td><td>14.38</td><td>17.77</td><td>20.03</td><td>26.75</td><td rowspan="2">32.95</td><td rowspan="2">39.55</td><td rowspan="2">50.85</td><td rowspan="2">60.79</td><td rowspan="2">71.3</td><td rowspan="2">82.6</td></tr>
<tr><td>C 级</td><td>8.63</td><td>10.89</td><td>14.2</td><td>17.59</td><td>19.85</td><td>26.17</td></tr>
<tr><td rowspan="2">m_{max}</td><td>A，B 级</td><td>4.7</td><td>5.2</td><td>6.8</td><td>8.4</td><td>10.8</td><td>14.8</td><td>18</td><td>21.5</td><td>25.6</td><td>31</td><td>34</td><td>38</td></tr>
<tr><td>C 级</td><td>5.6</td><td>6.4</td><td>7.9</td><td>9.5</td><td>12.2</td><td>15.9</td><td>19</td><td>22.3</td><td>26.4</td><td>31.9</td><td>34.9</td><td>38.9</td></tr>
<tr><td rowspan="2">$d_{w\,min}$</td><td>A，B 级</td><td>6.9</td><td>8.9</td><td>11.6</td><td>14.6</td><td>16.6</td><td>22.5</td><td rowspan="2">27.7</td><td rowspan="2">33.3</td><td rowspan="2">42.8</td><td rowspan="2">51.1</td><td rowspan="2">60</td><td rowspan="2">69.5</td></tr>
<tr><td>C 级</td><td>6.7</td><td>8.7</td><td>11.5</td><td>14.5</td><td>16.5</td><td>22</td></tr>
</table>

注：① P——螺距。

② A 级用于 $D \leqslant 16$ mm 的螺母；B 级用于 $D > 16$ mm 的螺母；C 级用于 M5～M64 的螺母。

③ 螺纹公差：A，B 级为 6H，C 级为 7H；机械性能等级：A，B 级为 6，8，10 级，C 级为 4，5 级。

④ A 级、B 级细牙六角螺母无 M4～M6。

附表 6　双头螺柱（摘自 GB/T 897～900—1988）

单位：mm

$b_m = 1\,d$（GB/T 897—1988）；$b_m = 1.25\,d$（GB/T 898—1988）；
$b_m = 1.5\,d$（GB/T 899—1988）；$b_m = 2\,d$（GB/T 900—1988）

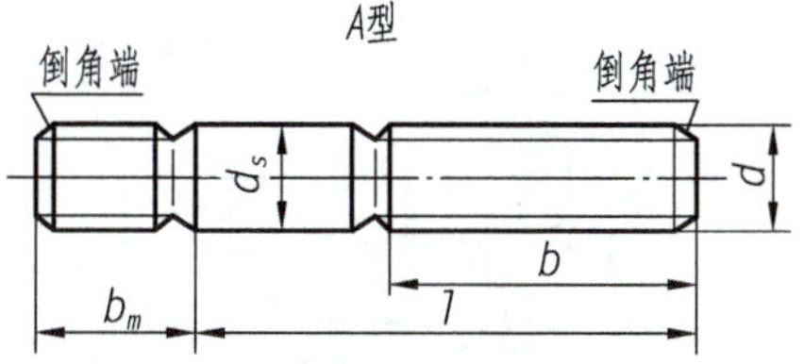

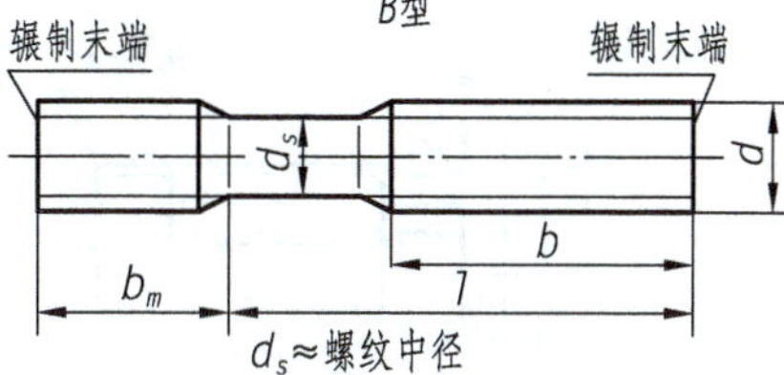

标记示例：

螺柱 GB/T 900　M10 × 50

（两端均为粗牙普通螺纹、螺纹规格 $d = 10$ mm、公称长度 $l = 50$ mm、性能等级为 4.8 级、不经表面处理、B 型、$b_m = 2\,d$ 的双头螺柱）

螺柱 GB/T 900　AM10-10 × 1 × 50

（旋入机体一端为粗牙普通螺纹、旋螺母端为 $P = 1$ mm 的细牙普通螺纹、螺纹规格 $d = 10$ mm、公称长度 $l = 50$ mm、性能等级为 4.8、不表面处理、A 型、$b_m = 2\,d$ 的双头螺柱）

螺纹规格 d	b_m（旋入机体端长度）				l/b（螺柱长度/旋螺母端长度）*
	GB/T 897	GB/T 898	GB/T 899	GB/T 900	
M4	—	—	6	8	16～22/8　25～40/14
M5	5	6	8	10	16～22/10　25～50/16
M6	6	8	10	12	20～22/10　25～30/14　32～75/18
M8	8	10	12	16	20～22/12　25～30/16　32～90/22
M10	10	12	15	20	25～28/14　30～38/16　40～120/26　130/32
M12	12	15	18	24	25～30/16　32～40/20　45～120/30　130～180/36
M16	16	20	24	32	30～38/20　40～55/30　60～120/38　130～200/44
M20	20	25	30	40	35～40/25　45～65/35　70～120/46　130～200/52
(M24)	24	30	36	48	45～50/30　55～75/45　80～120/54　130～200/60
M30	30	38	45	60	60～65/40　70～90/50　95～120/66　130～200/72　210～250/85
M36	36	45	54	72	65～75/45　80～110/60　120/78　130～200/84　210～300/97
M42	42	52	63	84	70～80/50　85～110/70　120/90　130～200/96　210～300/109
M48	48	60	72	96	80～90/60　95～110/80　120/102　130～200/108　210～300/121
$l_{系列}$	12，(14)，16，(18)，20，(22)，25，(28)，30，(32)，35，(38)，40，45，50，(55)，60，(65)，70，(75)，80，(85)，90，(95)，100～260（10 进位），280，300				

注：① 尽可能不采用括号内的规格。末端按 GB/T 2—2001 规定。

② $b_m = 1\,d$，一般用于钢对钢；$b_m = (1.25～1.5)d$，一般用于钢对铸铁；$b_m = 2\,d$，一般用于钢对铝合金。

③ *表示 l/b 数据摘自 GB/T 899—1988，其他 l/b 数据请参考 GB/T 897—1988，GB/T 898—1988，GB/T 900—1988。

附表 7　螺钉（一）

单位：mm

开槽圆柱头螺钉（GB/T 65—2016）

开槽盘头螺钉（GB/T 67—2016）

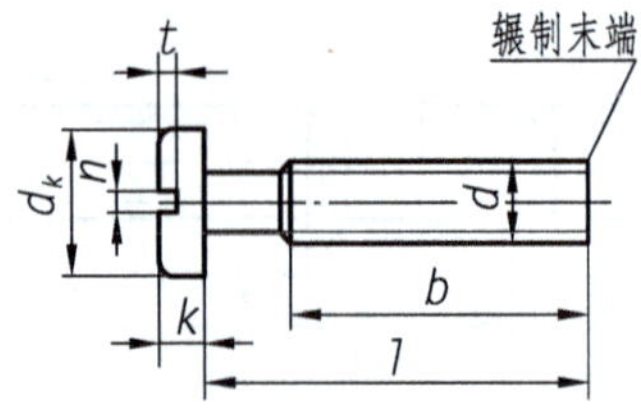

开槽沉头螺钉（GB/T 68—2016）

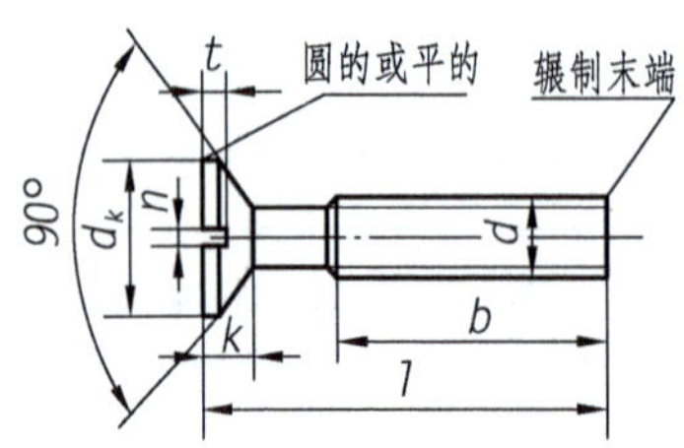

开槽半沉头螺钉（GB/T 69—2016）

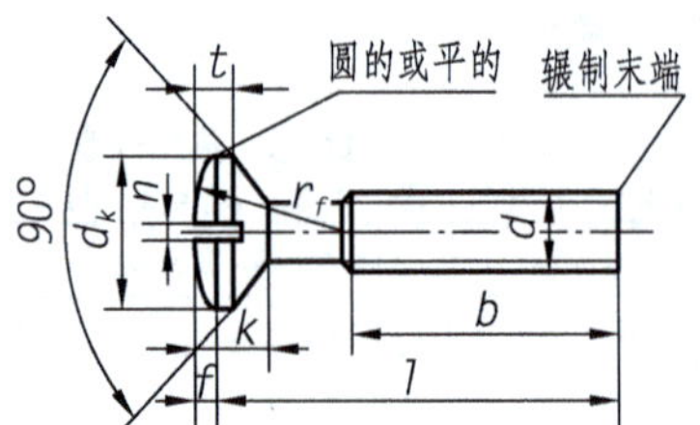

（无螺纹部分杆径约等于中径或允许等于螺纹大径）

标记示例：

螺钉 GB/T 67　M5×60

（螺纹规格 d=M5、公称长度 l=60 mm、性能等级为 4.8 级、不经表面处理的开槽盘头螺钉）

<table>
<tr><th rowspan="2">螺钉规格 d</th><th rowspan="2">P</th><th rowspan="2">b_{min}</th><th rowspan="2">$n_{公称}$</th><th colspan="3">k_{max}</th><th colspan="3">$d_{k\,max}$</th><th colspan="4">t_{min}</th><th colspan="3">$l_{范围}$</th><th colspan="3">全螺纹时最大长度</th></tr>
<tr><th>Ⅰ</th><th>Ⅱ</th><th>Ⅲ Ⅳ</th><th>Ⅰ</th><th>Ⅱ</th><th>Ⅲ Ⅳ</th><th>Ⅰ</th><th>Ⅱ</th><th>Ⅲ</th><th>Ⅳ</th><th>Ⅰ</th><th>Ⅱ</th><th>Ⅲ Ⅳ</th><th>Ⅰ</th><th>Ⅱ</th><th>Ⅲ Ⅳ</th></tr>
<tr><td>M2</td><td>0.4</td><td rowspan="2">25</td><td>0.5</td><td>1.4</td><td>1.3</td><td>1.2</td><td>3.8</td><td>4</td><td>3.8</td><td>0.6</td><td>0.5</td><td>0.4</td><td>0.8</td><td>3～20</td><td>2.5～20</td><td>3～20</td><td colspan="3" rowspan="2">30</td></tr>
<tr><td>M3</td><td>0.5</td><td>0.8</td><td>2</td><td>1.8</td><td>1.65</td><td>5.5</td><td>5.6</td><td>5.5</td><td>0.85</td><td>0.7</td><td>0.6</td><td>1.2</td><td>4～30</td><td>4～30</td><td>5～30</td></tr>
<tr><td>M4</td><td>0.7</td><td rowspan="5">38</td><td rowspan="2">1.2</td><td>2.6</td><td>2.4</td><td rowspan="2">2.7</td><td>7</td><td>8</td><td>8.4</td><td>1.1</td><td>1</td><td>1</td><td>1.6</td><td>5～40</td><td>5～40</td><td>6～40</td><td rowspan="5">40</td><td rowspan="5">40</td><td rowspan="5">45</td></tr>
<tr><td>M5</td><td>0.8</td><td>3.3</td><td>3</td><td>8.5</td><td>9.5</td><td>9.3</td><td>1.3</td><td>1.2</td><td>1.1</td><td>2</td><td>6～50</td><td>6～50</td><td>8～50</td></tr>
<tr><td>M6</td><td>1</td><td>1.6</td><td>3.9</td><td>3.6</td><td>3.3</td><td>10</td><td>12</td><td>11.3</td><td>1.6</td><td>1.4</td><td>1.2</td><td>2.4</td><td colspan="3">8～60</td></tr>
<tr><td>M8</td><td>1.25</td><td>2</td><td>5</td><td>4.8</td><td>4.65</td><td>13</td><td>16</td><td>15.8</td><td>2</td><td>1.9</td><td>1.8</td><td>3.2</td><td colspan="3">10～80</td></tr>
<tr><td>M10</td><td>1.5</td><td>2.5</td><td>6</td><td>6</td><td>5</td><td>16</td><td>20</td><td>18.3</td><td>2.4</td><td>2.4</td><td>2</td><td>3.8</td><td colspan="3">12～80</td></tr>
<tr><td>$l_{系列}$</td><td colspan="19">2，2.5，3，4，5，6，8，10，12，（14），16，20～50（5 进位），（55），60，（65），70，（75），80</td></tr>
</table>

注：① 螺纹公差：6 g；机械性能等级：4.8，5.8；产品等级：A。

② Ⅰ表示 GB/T 65—2000，Ⅱ表示 GB/T 67—2008，Ⅲ表示 GB/T 68—2000，Ⅳ表示 GB/T 69—2000。

附表 8 螺钉（二）

单位：mm

开槽锥端紧定螺钉（摘自 GB/T 71—1985）

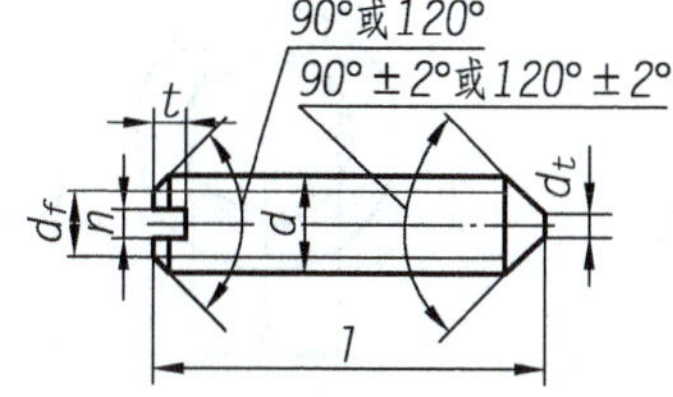

开槽平端紧定螺钉（摘自 GB/T 73—2017）

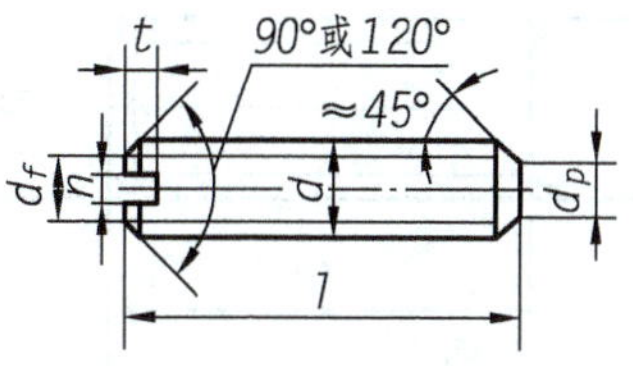

开槽长圆柱端紧定螺钉（摘自 GB/T 75—1985）

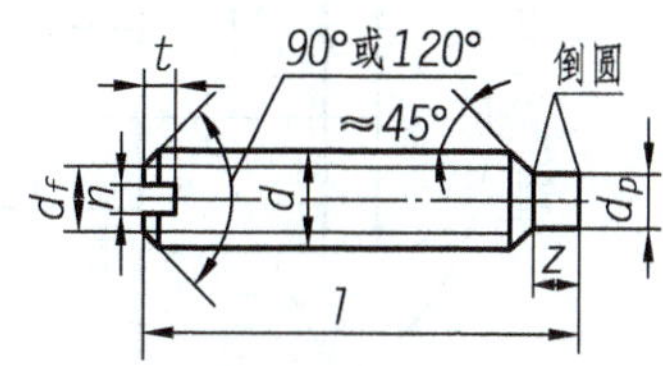

标记示例：螺钉 GB/T 71 M5×20

（螺纹规格 d=M5、公称长度 l=20 mm、性能等级为 14H 级、表面氧化的开槽端紧定螺钉）

螺纹规格 d	P	$d_f \approx$	$d_{t\,max}$	$d_{p\,max}$	公称 n	t_{max}	z_{max}	$l_{范围}$		
								GB/T 71	GB/T 73	GB/T 75
M2	0.4	螺纹小径	0.2	1	0.25	0.84	1.25	3～10	2～10	3～10
M3	0.5		0.3	2	0.4	1.05	1.75	4～16	3～16	5～16
M4	0.7		0.4	2.5	0.6	1.42	2.25	6～20	4～20	6～20
M5	0.8		0.5	3.5	0.8	1.63	2.75	8～25	5～25	8～25
M6	1		1.5	4	1	2	3.25	8～30	6～30	8～30
M8	1.25		2	5.5	1.2	2.5	4.3	10～40	8～40	10～40
M10	1.5		2.5	7	1.6	3	5.3	12～50	10～50	12～50
M12	1.75		3	8.5	2	3.6	6.3	14～60	12～60	14～60
$l_{系列}$	2，2.5，3，4，5，6，8，10，12，（14），16，20，25，30，35，40，45，50，（55），60									

注：螺纹公差：6 g；机械性能等级：14H，22H；产品等级：A。

附表 9　内六角圆柱头螺钉（摘自 GB/T 70.1—2008）　　单位：mm

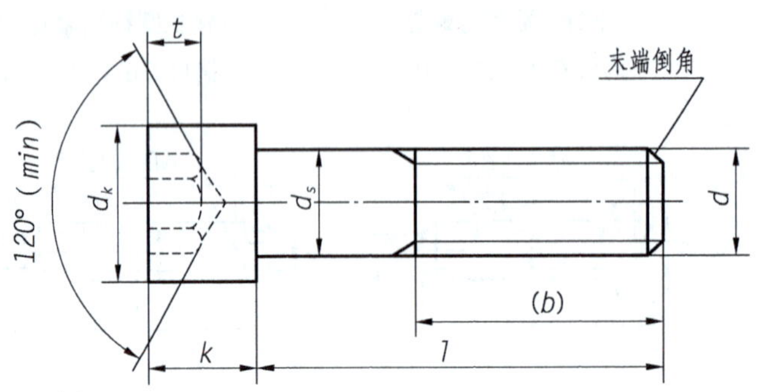

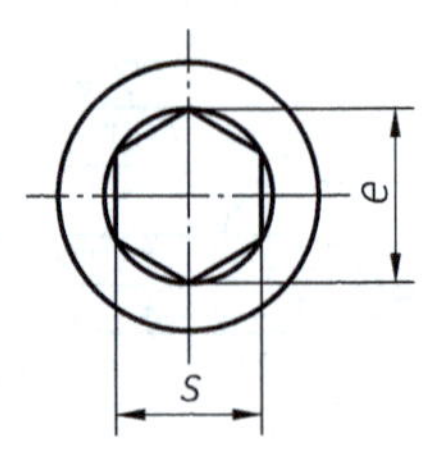

标记示例：

螺钉 GB/T 70.1　M5×20

（螺纹规格 d=M5、公称长度 l=20 mm、性能等级为 8.8 级、表面氧化的 A 级内六角圆柱头螺钉）

螺纹规格 d		M4	M5	M6	M8	M10	M12	M14	M16	M20	M24	M30	M36
螺距 P		0.7	0.8	1	1.25	1.5	1.75	2	2	2.5	3	3.5	4
$b_{参考}$		20	22	24	28	32	36	40	44	52	60	72	84
$d_{k\ max}$	光滑头部	7	8.5	10	13	16	18	21	24	30	36	45	54
	滚花头部	7.22	8.72	10.22	13.27	16.27	18.27	21.33	24.33	30.33	36.39	45.39	54.46
k_{max}		4	5	6	8	10	12	14	16	20	24	30	36
t_{min}		2	2.5	3	4	5	6	7	8	10	12	15.5	19
$s_{公称}$		3	4	5	6	8	10	12	14	17	19	22	27
e_{min}		3.443	4.583	5.723	6.683	9.149	11.429	13.716	15.996	19.437	21.734	25.154	30.854
$d_{s\ max}$		4	5	6	8	10	12	14	16	20	24	30	36
$l_{范围}$		6～40	8～50	10～60	12～80	16～100	20～120	25～140	25～160	30～200	40～200	45～200	55～200
全螺纹时最大长度		25	25	30	35	40	50	55	60	70	80	100	110
$l_{系列}$		6，8，10，12，14，16，20～65（5 进位），70～160（10 进位），180，200											

注：括号内的规格尽可能不用。末端按 GB/T 2—2001 规定。

附表 10 垫 圈

单位：mm

小垫圈—A 级（摘自 GB/T 848—2002），平垫圈—A 级（摘自 GB/T 97.1—2000）
平垫圈—倒角型—A 级（摘自 GB/T 97.2—2000），平垫圈—C 级（摘自 GB/T 95—2002）
大垫圈—A 级（摘自 GB/T 96.1—2002），特大垫圈—C 级（摘自 GB/T 5287—2002）

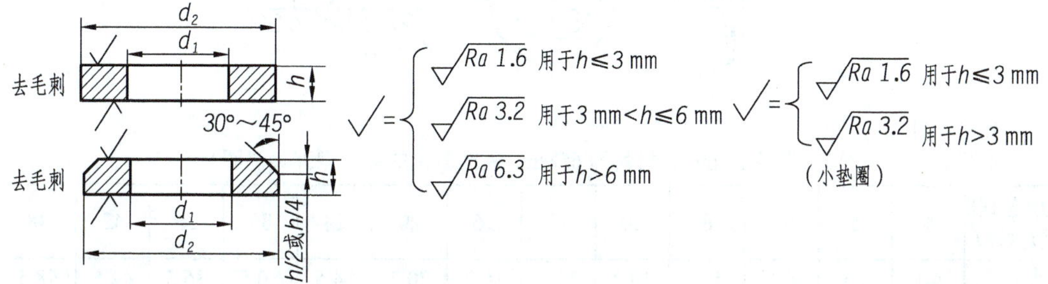

标记示例：

垫圈 GB/T 97.1 8

（标准系列、公称规格 8 mm、由钢制造的硬度等级为 200 HV 级、不经表面处理、产品等级为 A 级的平垫圈）

<table>
<tr><th colspan="2">公称规格（螺纹尺寸）d</th><th>1.6</th><th>2</th><th>2.5</th><th>3</th><th>4</th><th>5</th><th>6</th><th>8</th><th>10</th><th>12</th><th>16</th><th>20</th><th>24</th><th>30</th><th>36</th></tr>
<tr><td rowspan="6">$d_{1\ min}$</td><td>GB/T 848</td><td rowspan="2">1.7</td><td rowspan="2">2.2</td><td rowspan="2">2.7</td><td rowspan="2">3.2</td><td rowspan="2">4.3</td><td rowspan="3">5.3</td><td rowspan="3">6.4</td><td rowspan="3">8.4</td><td rowspan="3">10.5</td><td rowspan="3">13</td><td rowspan="3">17</td><td rowspan="3">21</td><td rowspan="3">25</td><td rowspan="3">31</td><td rowspan="3">37</td></tr>
<tr><td>GB/T 97.1</td></tr>
<tr><td>GB/T 97.2</td><td>—</td><td>—</td><td>—</td><td>—</td><td>—</td></tr>
<tr><td>GB/T 95</td><td>1.8</td><td>2.4</td><td>2.9</td><td>3.4</td><td>4.5</td><td>5.5</td><td>6.6</td><td>9</td><td>11</td><td>13.5</td><td>17.5</td><td>22</td><td>26</td><td>33</td><td>39</td></tr>
<tr><td>GB/T 96.1</td><td>—</td><td>—</td><td>—</td><td>3.2</td><td>4.3</td><td>5.3</td><td>6.4</td><td>8.4</td><td>10.5</td><td>13</td><td>17</td><td>21</td><td>25</td><td>33</td><td>39</td></tr>
<tr><td>GB/T 5287</td><td>—</td><td>—</td><td>—</td><td>—</td><td>—</td><td>5.5</td><td>6.6</td><td>9</td><td>11</td><td>13.5</td><td>17.5</td><td>22</td><td>26</td><td>33</td><td>39</td></tr>
<tr><td rowspan="6">$d_{2\ max}$</td><td>GB/T 848</td><td>3.5</td><td>4.5</td><td>5</td><td>6</td><td>8</td><td>9</td><td>11</td><td>15</td><td>18</td><td>20</td><td>28</td><td>34</td><td>39</td><td>50</td><td>60</td></tr>
<tr><td>GB/T 97.1</td><td>4</td><td>5</td><td>6</td><td>7</td><td>9</td><td rowspan="3">10</td><td rowspan="3">12</td><td rowspan="3">16</td><td rowspan="3">20</td><td rowspan="3">24</td><td rowspan="3">30</td><td rowspan="3">37</td><td rowspan="3">44</td><td rowspan="3">56</td><td rowspan="3">66</td></tr>
<tr><td>GB/T 97.2</td><td>—</td><td>—</td><td>—</td><td>—</td><td>—</td></tr>
<tr><td>GB/T 95</td><td>4</td><td>5</td><td>6</td><td>7</td><td>9</td></tr>
<tr><td>GB/T 96.1</td><td>—</td><td>—</td><td>—</td><td>9</td><td>12</td><td>15</td><td>18</td><td>24</td><td>30</td><td>37</td><td>50</td><td>60</td><td>72</td><td>92</td><td>110</td></tr>
<tr><td>GB/T 5287</td><td>—</td><td>—</td><td>—</td><td>—</td><td>—</td><td>18</td><td>22</td><td>28</td><td>34</td><td>44</td><td>56</td><td>72</td><td>85</td><td>105</td><td>125</td></tr>
<tr><td rowspan="6">h</td><td>GB/T 848</td><td rowspan="2">0.3</td><td rowspan="2">0.3</td><td rowspan="2">0.5</td><td rowspan="2">0.5</td><td>0.5</td><td rowspan="4">1</td><td rowspan="4">1.6</td><td rowspan="4">1.6</td><td>1.6</td><td>2</td><td>2.5</td><td rowspan="4">3</td><td rowspan="4">4</td><td rowspan="4">4</td><td rowspan="4">5</td></tr>
<tr><td>GB/T 97.1</td><td>0.8</td><td rowspan="3">2</td><td rowspan="3">2.5</td><td rowspan="3">3</td></tr>
<tr><td>GB/T 97.2</td><td>—</td><td>—</td><td>—</td><td>—</td><td>—</td></tr>
<tr><td>GB/T 95</td><td>0.3</td><td>0.3</td><td>0.5</td><td>0.5</td><td>0.8</td></tr>
<tr><td>GB/T 96.1</td><td>—</td><td>—</td><td>—</td><td>0.8</td><td>1</td><td>1</td><td>1.6</td><td>2</td><td>2.5</td><td>3</td><td>3</td><td>4</td><td>5</td><td>6</td><td>8</td></tr>
<tr><td>GB/T 5287</td><td>—</td><td>—</td><td>—</td><td>—</td><td>—</td><td>2</td><td>2</td><td>3</td><td>3</td><td>4</td><td>5</td><td>6</td><td>6</td><td>6</td><td>8</td></tr>
</table>

注：① A 级适用于精装配系列，C 级适用于中等装配系列。

② C 级垫圈没有 *Ra* 3.2 和去毛刺的要求。

③ GB/T 848—2002 主要用于圆柱头螺钉，其他用于标准的六角螺栓、螺母和螺钉。

附表 11　标准型弹簧垫圈（摘自 GB/T 93—1987）　单位：mm

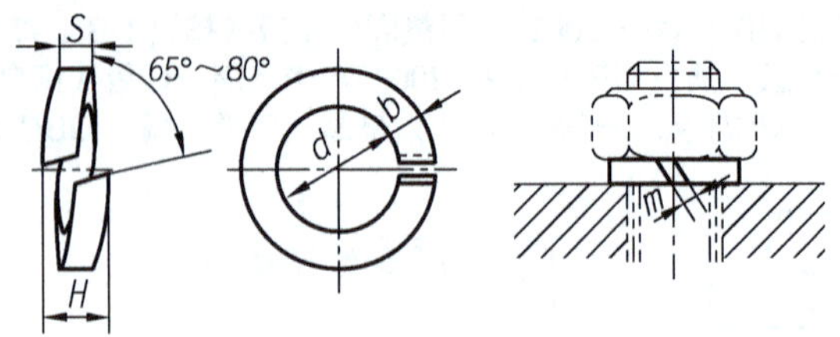

标记示例：

垫圈 GB/T 93　10（规格 10 mm、材料为 65Mn、表面氧化的标准型弹簧垫圈）

规格（螺纹大径）	4	5	6	8	10	12	16	20	24	30	36	42	48
d_{min}	4.1	5.1	6.1	8.1	10.2	12.2	16.2	20.2	24.5	30.5	36.5	42.5	48.5
$S(b)_{公称}$	1.1	1.3	1.6	2.1	2.6	3.1	4.1	5	6	7.5	9	10.5	12
$m\leqslant$	0.55	0.65	0.8	1.05	1.3	1.55	2.05	2.5	3	3.75	4.5	5.25	6
H_{max}	2.75	3.25	4	5.25	6.5	7.75	10.25	12.5	15	18.75	22.5	26.25	30

注：*m* 应大于零。

附表 12　普通平键的尺寸与公差（摘自 GB/T 1096—2003）　单位：mm

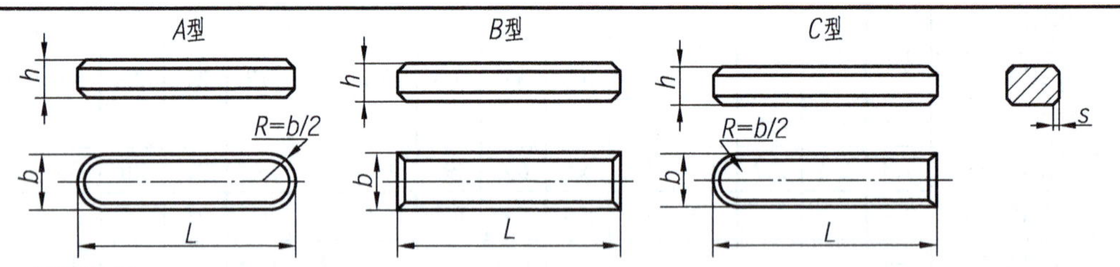

标记示例：

圆头普通平键（A 型），$b=16$ mm，$h=10$ mm，$L=100$ mm：GB/T 1096　键　16×10×100

平头普通平键（B 型），$b=16$ mm，$h=10$ mm，$L=100$ mm：GB/T 1096　键 B　16×10×100

单圆头普通平键（C 型），$b=16$ mm，$h=10$ mm，$L=100$ mm：GB/T 1096　键 C　16×10×100

<table>
<tr><td rowspan="2">宽度 b</td><td colspan="2">公称尺寸</td><td>2</td><td>3</td><td>4</td><td>5</td><td>6</td><td>8</td><td>10</td><td>12</td><td>14</td><td>16</td><td>18</td><td>20</td><td>22</td></tr>
<tr><td colspan="2">极限偏差（h8）</td><td colspan="2">0
−0.014</td><td colspan="3">0
−0.018</td><td colspan="2">0
−0.022</td><td colspan="4">0
−0.027</td><td colspan="2">0
−0.033</td></tr>
<tr><td rowspan="3">高度 h</td><td colspan="2">公称尺寸</td><td>2</td><td>3</td><td>4</td><td>5</td><td>6</td><td>7</td><td>8</td><td>8</td><td>9</td><td>10</td><td>11</td><td>12</td><td>14</td></tr>
<tr><td rowspan="2">极限偏差</td><td>矩形（h11）</td><td colspan="2">—</td><td colspan="3">—</td><td colspan="5">0
−0.090</td><td colspan="3">0
−0.010</td></tr>
<tr><td>方形（h8）</td><td colspan="2">0
−0.014</td><td colspan="3">0
−0.018</td><td colspan="5">—</td><td colspan="3">—</td></tr>
<tr><td colspan="3">倒角或圆角 s</td><td colspan="3">0.16～0.25</td><td colspan="3">0.25～0.40</td><td colspan="5">0.40～0.60</td><td colspan="2">0.60～0.80</td></tr>
<tr><td colspan="3">L 的基本尺寸范围</td><td>6～20</td><td>6～36</td><td>8～45</td><td>10～56</td><td>14～70</td><td>18～90</td><td>22～110</td><td>28～140</td><td>36～160</td><td>45～180</td><td>50～200</td><td>56～220</td><td>63～250</td></tr>
</table>

注：*L* 系列：6～22（2 进位），25，28，32，36，40，45，50，56，63，70，80，90，100，110，125，140，160，180，200，220，250。

附表 13　普通平键键槽的尺寸及公差（摘自 GB/T 1095—2003）　单位：mm

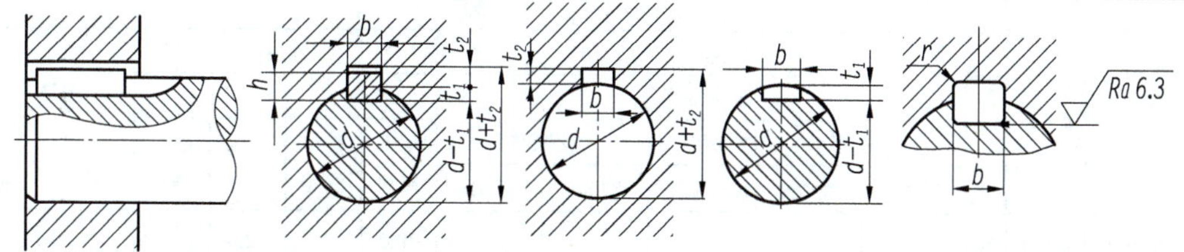

在工作图中，轴槽深用 t_1 或（$d-t_1$）标注，轮毂槽深用（$d+t_2$）标注。
轴槽、轮毂槽的键槽宽度 b 两侧面粗糙参数 Ra 值推荐为 1.6～3.2 μm。

轴的直径 d	键尺寸 $b\times h$	键槽											
		宽度 b						深度				半径 r	
		基本尺寸	极限偏差					轴 t_1		毂 t_2			
			正常联结		紧密联结	松联结		基本尺寸	极限偏差	基本尺寸	极限偏差		
			轴 N9	毂 JS9	轴和毂 P9	轴 H9	毂 D10					min	max
自 6～8	2×2	2	−0.004 −0.029	±0.012 5	−0.006 −0.031	+0.025 0	+0.060 +0.020	1.2	+0.10 0	1	+0.10 0	0.08	0.16
＞8～10	3×3	3						1.8		1.4			
＞10～12	4×4	4	0 −0.030	±0.015	−0.012 −0.042	+0.030 0	+0.078 +0.030	2.5		1.8			
＞12～17	5×5	5						3.0		2.3		0.16	0.25
＞17～22	6×6	6						3.5		2.8			
＞22～30	8×7	8	0 −0.036	±0.018	−0.015 −0.051	+0.036 0	+0.098 +0.040	4.0	+0.20 0	3.3	+0.20 0		
＞30～38	10×8	10						5.0		3.3		0.25	0.40
＞38～44	12×8	12	0 −0.043	±0.021 5	−0.018 −0.061	+0.043 0	+0.120 +0.050	5.0		3.3			
＞44～50	14×9	14						5.5		3.8			
＞50～58	16×10	16						6.0		4.3			
＞58～65	18×11	18						7.0		4.4			
＞65～75	20×12	20	0 −0.052	±0.026	−0.022 −0.074	+0.052 0	+0.149 +0.065	7.5		4.9		0.40	0.60
＞75～85	22×14	22						9.0		5.4			
＞85～95	25×14	25						9.0		5.4			
＞95～110	28×16	28						10.0		6.4			
＞110～130	32×18	32	0 −0.062	±0.031	−0.026 −0.088	+0.062 0	+0.180 +0.080	11.0		7.4			
＞130～150	36×20	36						12.0	+0.30 0	8.4	+0.30 0	0.70	1.0
＞150～170	40×22	40						13.0		9.4			
＞170～200	45×25	45						15.0		10.4			
＞200～230	50×28	50						17.0		11.4			

（续表）

轴的直径 d	键尺寸 $b\times h$	键槽											
		宽度 b						深度				半径 r	
		基本尺寸	极限偏差					轴 t_1		毂 t_2			
			正常联结		紧密联结	松联结		基本尺寸	极限偏差	基本尺寸	极限偏差		
			轴 N9	毂 JS9	轴和毂 P9	轴 H9	毂 D10					min	max
>230～260	56×32	56	0 −0.074	±0.037	−0.032 −0.106	+0.074 0	+0.220 +0.100	20.0	+0.30 0	12.4	+0.30 0	1.2	1.6
>260～290	63×32	63						20.0		12.4			
>290～330	70×36	70						22.0		14.4			
>330～380	80×40	80						25.0		15.4		2.0	2.5
>380～440	90×45	90	0 −0.087	±0.0435	−0.037 −0.124	+0.087 0	+0.260 +0.120	28.0		17.4			
>440～500	100×50	100						31.0		19.5			

注：（$d-t_1$）和（$d+t_2$）两组组合尺寸的极限偏差按相应的 t_1 和 t_2 的极限偏差选取，但（$d-t_1$）极限偏差应取负号（−）。

附表 14　圆柱销（摘自 GB/T 119.1—2000）

单位：mm

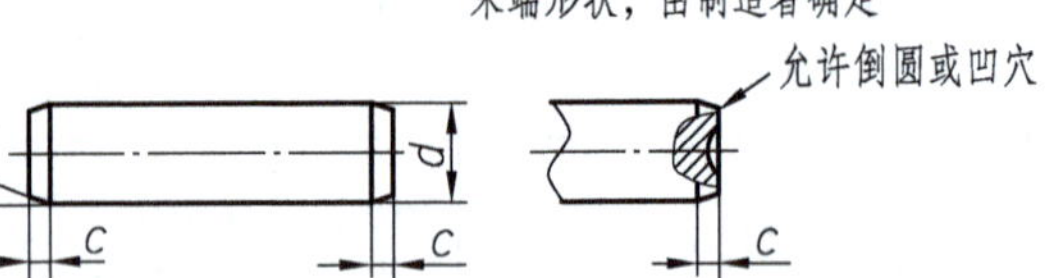

标记示例：

销 GB/T 119.1　6 m6×30

（公称直径 d = 6 mm、公差为 m6、公称长度 l = 30 mm、材料为钢、不经淬火、不经表面处理的圆柱销）

销 GB/T 119.1　6 m6×30—A1

（公称直径 d = 6 mm、公差为 m6、公称长度 l = 30 mm、材料为 A1 组奥氏体不锈钢、表面简单处理的圆柱销）

d（公称）m6/h8	2	3	4	5	6	8	10	12	16	20	25
$c\approx$	0.35	0.5	0.63	0.8	1.2	1.6	2	2.5	3	3.5	4
$l_{范围}$	6～20	8～30	8～40	10～50	12～60	14～80	18～95	22～140	26～180	35～200	50～200
$l_{系列}$（公称）	2，3，4，5，6～32（2 进位），35～100（5 进位），120～200（按 20 递增）										

附表 15　圆锥销（摘自 GB/T 117—2000）　　单位：mm

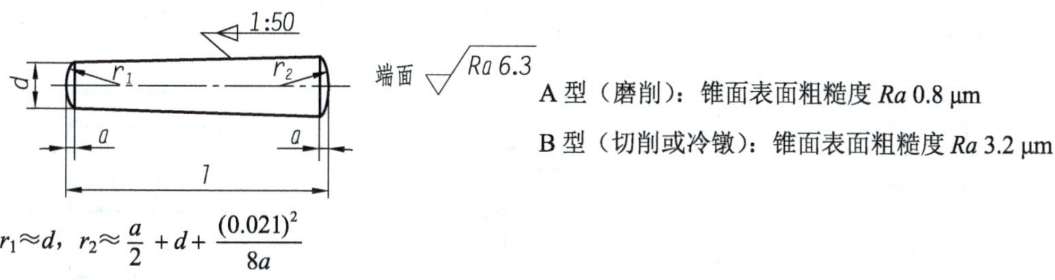

A 型（磨削）：锥面表面粗糙度 Ra 0.8 μm

B 型（切削或冷镦）：锥面表面粗糙度 Ra 3.2 μm

$r_1 \approx d$，$r_2 \approx \dfrac{a}{2} + d + \dfrac{(0.021)^2}{8a}$

标记示例：

销　GB/T 117 10×60

（公称直径 d = 10 mm、长度 l = 60 mm、材料为 35 钢、热处理硬度 28～38 HRC、表面氧化处理的 A 型圆锥销）

$d_{公称}$ h10	2	2.5	3	4	5	6	8	10	12	16	20	25
$a \approx$	0.25	0.3	0.4	0.5	0.63	0.8	1.0	1.2	1.6	2.0	2.5	3.0
$l_{范围}$	10～35	10～35	12～45	14～55	18～60	22～90	22～120	26～160	32～180	40～200	45～200	50～200
$l_{系列}$	2，3，4，5，6～32（2 进位），35～100（5 进位），120～200（20 进位）											

附表 16　开口销（摘自 GB/T 91—2000）　　单位：mm

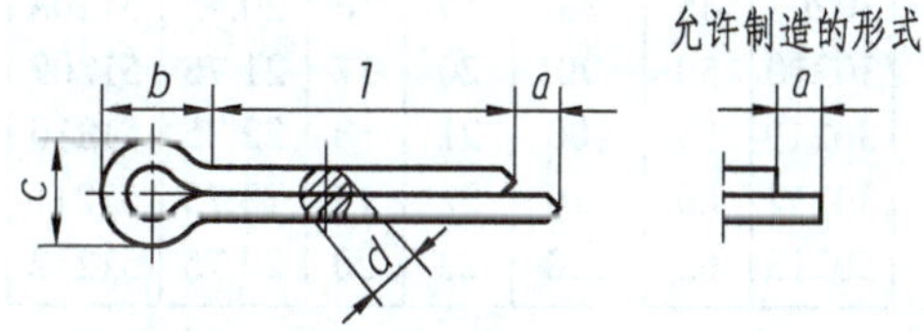

标记示例：

公称规格为 5 mm、公称长度 l = 50 mm、材料为低碳钢、不经表面处理的开口销：销　GB/T 91　5×50

d	公称	0.8	1	1.2	1.6	2	2.5	3.2	4	5	6.3	8	10
	max	0.7	0.9	1	1.4	1.8	2.3	2.9	3.7	4.6	5.9	7.5	9.5
	min	0.6	0.8	0.9	1.3	1.7	2.1	2.7	3.5	4.4	5.7	7.3	9.3
c_{max}		1.4	1.8	2	2.8	3.6	4.6	5.8	7.4	9.2	11.8	15	19
$b \approx$		2.4	3	3	3.2	4	5	6.4	8	10	12.6	16	20
a_{max}		1.6		2.5				3.2	4				6.3
$l_{范围}$		5～16	6～20	8～25	8～32	10～40	12～50	14～63	18～80	22～100	32～125	40～160	45～200
$l_{系列}$		4，5，6～22（2 进位），25，28～32（2 进位），36，40，45，50，56，63，71，80，90，100，112，125，140～200（20 进位）											

注：销孔的公称直径等于 $d_{公称}$，$d_{min} \leqslant$（销的直径）$\leqslant d_{max}$。

附表 17　滚动轴承

单位：mm

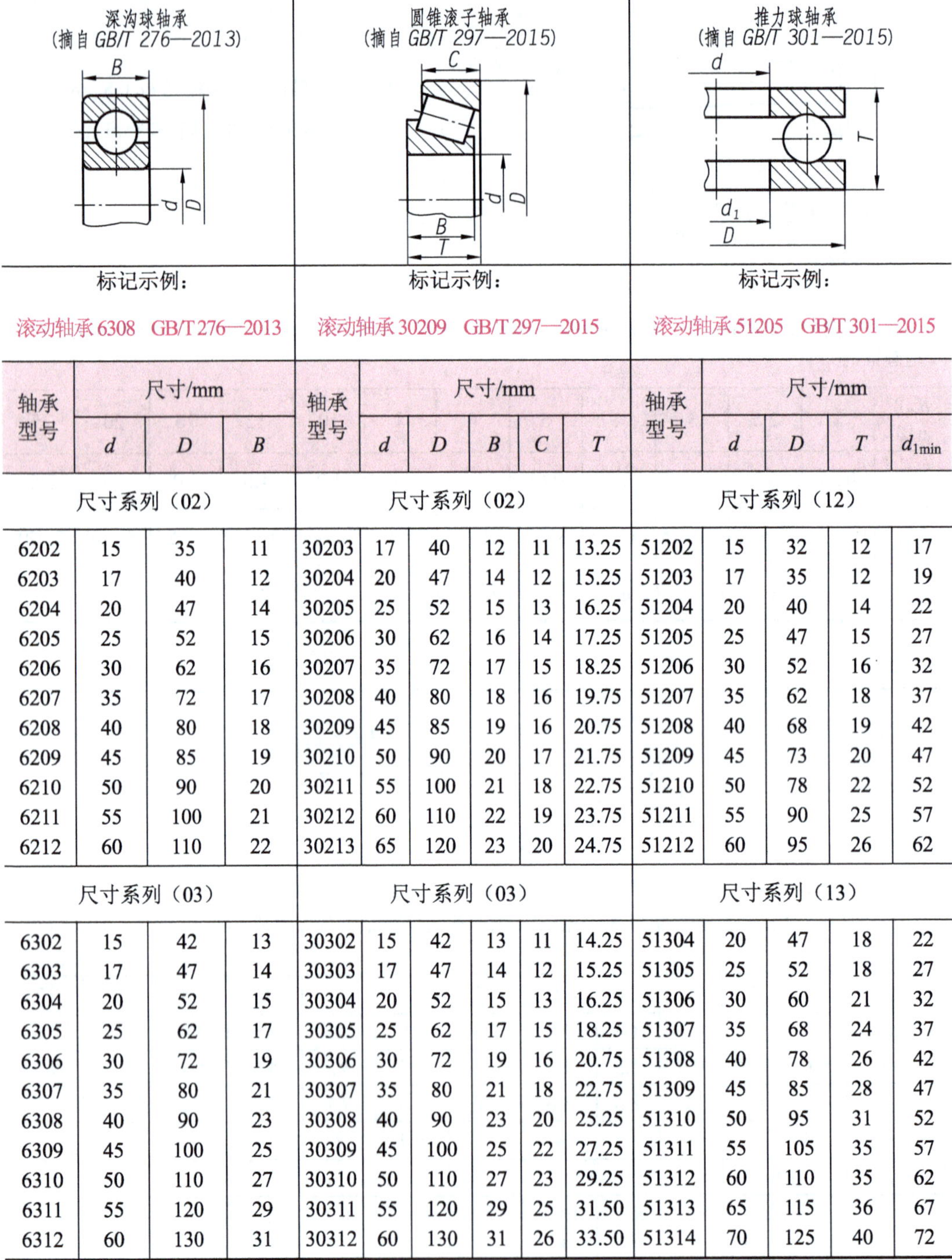

深沟球轴承（摘自 GB/T 276—2013）

标记示例：

滚动轴承 6308　GB/T 276—2013

轴承型号	尺寸/mm		
	d	*D*	*B*
尺寸系列（02）			
6202	15	35	11
6203	17	40	12
6204	20	47	14
6205	25	52	15
6206	30	62	16
6207	35	72	17
6208	40	80	18
6209	45	85	19
6210	50	90	20
6211	55	100	21
6212	60	110	22
尺寸系列（03）			
6302	15	42	13
6303	17	47	14
6304	20	52	15
6305	25	62	17
6306	30	72	19
6307	35	80	21
6308	40	90	23
6309	45	100	25
6310	50	110	27
6311	55	120	29
6312	60	130	31

圆锥滚子轴承（摘自 GB/T 297—2015）

标记示例：

滚动轴承 30209　GB/T 297—2015

轴承型号	尺寸/mm				
	d	*D*	*B*	*C*	*T*
尺寸系列（02）					
30203	17	40	12	11	13.25
30204	20	47	14	12	15.25
30205	25	52	15	13	16.25
30206	30	62	16	14	17.25
30207	35	72	17	15	18.25
30208	40	80	18	16	19.75
30209	45	85	19	16	20.75
30210	50	90	20	17	21.75
30211	55	100	21	18	22.75
30212	60	110	22	19	23.75
30213	65	120	23	20	24.75
尺寸系列（03）					
30302	15	42	13	11	14.25
30303	17	47	14	12	15.25
30304	20	52	15	13	16.25
30305	25	62	17	15	18.25
30306	30	72	19	16	20.75
30307	35	80	21	18	22.75
30308	40	90	23	20	25.25
30309	45	100	25	22	27.25
30310	50	110	27	23	29.25
30311	55	120	29	25	31.50
30312	60	130	31	26	33.50

推力球轴承（摘自 GB/T 301—2015）

标记示例：

滚动轴承 51205　GB/T 301—2015

轴承型号	尺寸/mm			
	d	*D*	*T*	$d_{1\min}$
尺寸系列（12）				
51202	15	32	12	17
51203	17	35	12	19
51204	20	40	14	22
51205	25	47	15	27
51206	30	52	16	32
51207	35	62	18	37
51208	40	68	19	42
51209	45	73	20	47
51210	50	78	22	52
51211	55	90	25	57
51212	60	95	26	62
尺寸系列（13）				
51304	20	47	18	22
51305	25	52	18	27
51306	30	60	21	32
51307	35	68	24	37
51308	40	78	26	42
51309	45	85	28	47
51310	50	95	31	52
51311	55	105	35	57
51312	60	110	35	62
51313	65	115	36	67
51314	70	125	40	72

附表 18 中心孔表示法（摘自 GB/T 4459.5—1999） 单位：mm

	R 型	A 型	B 型	C 型
型式及标记示例	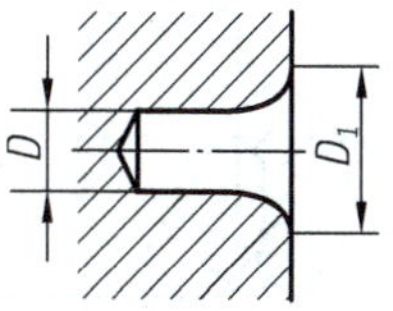 GB/T 4459.5—R3.15/6.7 $D = 3.15$ mm，$D_1 = 6.7$ mm	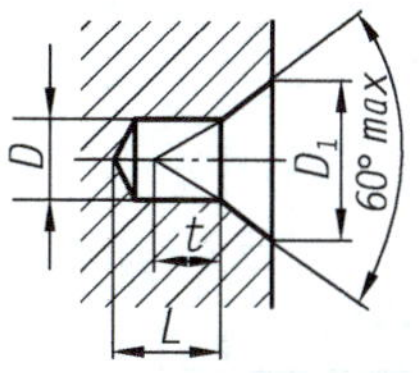 GB/T 4459.5—A4/8.5 $D = 4$ mm，$D_1 = 8.5$ mm	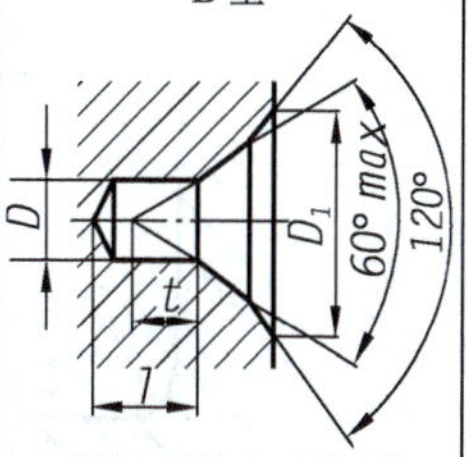 GB/T 4459.5—B2.5/8 $D = 2.5$ mm，$D_1 = 8$ mm	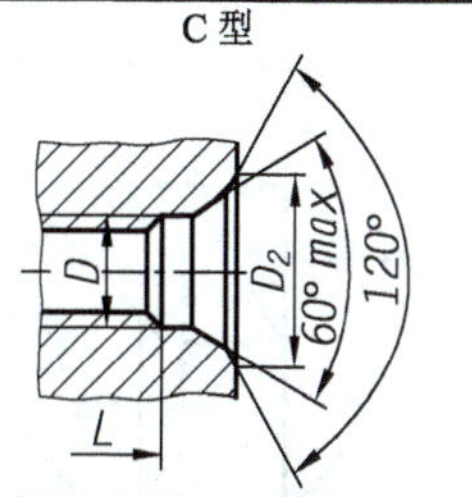 GB/T 4459.5—CM10L30/16.3 $D =$ M10，$L = 30$ mm，$D_2 = 16.3$ mm
用途	通常用于需要提高加工精度的场合	通常用于加工后可以保留的场合（多数情况）	通常用于加工后必需要保留的场合	通常用于一些需要带压紧装置的零件

	要求	规定表示法	简化表示法	说明
中心孔表示法	在完工的零件上要求保留中心孔	 GB/T 4459.5-B4/12.5	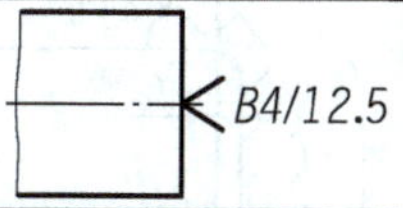 B4/12.5	采用 B 型中心孔 $D = 4$ mm，$D_1 = 12.5$ mm 在完工的零件上要求保留
	在完工的零件上可以保留中心孔（是否保留都可以，多数情况如此）	 GB/T 4459.5-A2/4.25	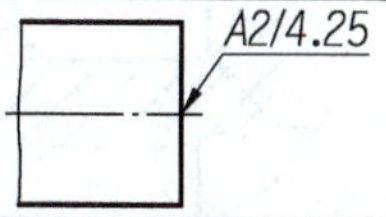 A2/4.25	采用 A 型中心孔 $D = 2$ mm，$D_1 = 4.25$ mm 在完工的零件上是否保留都可以
		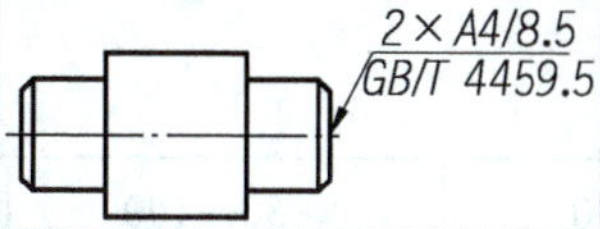 2×A4/8.5 GB/T 4459.5	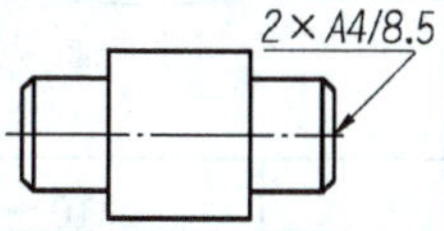 2×A4/8.5	采用 A 型中心孔 $D = 4$ mm，$D_1 = 8.5$ mm 轴的两端中心孔相同，可只在一端注出，但应注出数量
	在完工的零件上不允许保留中心孔	 GB/T 4459.5-A1.6/3.35	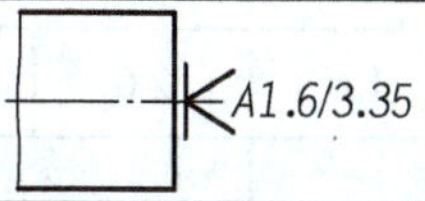 A1.6/3.35	采用 A 型中心孔 $D = 1.6$ mm，$D_1 = 3.35$ mm 在完工的零件上不允许保留

注：① 对标准中心孔，在图样中可不绘制其详细结构。
② 简化标注时，可省略标准编号。
③ 尺寸 l 取决于中心钻的长度，不能小于 t；尺寸 L 取决于零件的功能要求。

中心孔的尺寸参数

导向孔直径 D（公称尺寸）	R 型	A 型		B 型		C 型	
	锥孔直径 D_1	锥孔直径 D_1	参照尺寸 t	锥孔直径 D_1	参照尺寸 t	公称尺寸 D	公称尺寸 D_2
1	2.12	2.12	0.9	3.15	0.9	M3	5.8
1.6	3.35	3.35	1.4	5	1.4	M4	7.4
2	4.25	4.25	1.8	6.3	1.8	M5	8.8
2.5	5.3	5.3	2.2	8	2.2	M6	10.5
3.15	6.7	6.7	2.8	10	2.8	M8	13.2
4	8.5	8.5	3.5	12.5	3.5	M10	16.3
(5)	10.6	10.6	4.4	16	4.4	M12	19.8
6.3	13.2	13.2	5.5	18	5.5	M16	25.3
(8)	17	17	7	22.4	7	M20	31.3
10	21.2	21.2	8.7	28	8.7	M24	38

注：尽量避免使用括号中的尺寸。

附表 19　砂轮越程槽（摘自 GB/T 6403.5—2008）　　单位：mm

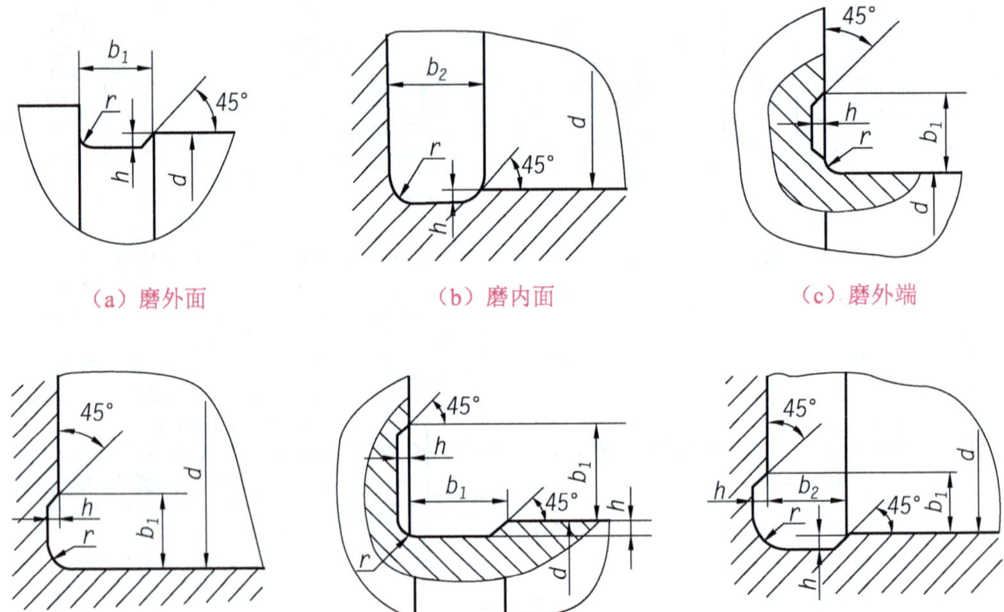

（a）磨外面　（b）磨内面　（c）磨外端

（d）磨内端面　（e）磨外圆及端面　（f）磨内圆及端面

<table>
<tr><td>d</td><td colspan="3">≤10</td><td colspan="2">>10～50</td><td colspan="2">>50～100</td><td colspan="2">>100</td></tr>
<tr><td>b_1</td><td>0.6</td><td>1.0</td><td>1.6</td><td>2.0</td><td>3.0</td><td>4.0</td><td>5.0</td><td rowspan="2">8.0</td><td rowspan="2">10</td></tr>
<tr><td>b_2</td><td>2.0</td><td colspan="2">3.0</td><td colspan="2">4.0</td><td colspan="2">5.0</td></tr>
<tr><td>h</td><td>0.1</td><td colspan="2">0.2</td><td>0.3</td><td colspan="2">0.4</td><td>0.6</td><td>0.8</td><td>1.2</td></tr>
<tr><td>r</td><td>0.2</td><td colspan="2">0.5</td><td>0.8</td><td colspan="2">1.0</td><td>1.6</td><td>2.0</td><td>3.0</td></tr>
</table>

注：① 越程槽内与直线相交处，不允许产生尖角。

② 越程槽深度 h 与圆弧半径 r 要满足 $r \leqslant 3h$。

附表 20　孔的基本偏差数值

公称尺寸/mm		基本偏																				
		下极限偏差 EI																				
		所有标准公差等级											IT6	IT7	IT8	≤IT8	>IT8	≤IT8	>IT8	≤IT8	>IT8
大于	至	A	B	C	CD	D	E	EF	F	FG	G	H	JS	J			K		M		N	
–	3	+270	+140	+60	+34	+20	+14	+10	+6	+4	+2	0	偏差=$\pm\frac{ITn}{2}$，式中 IT*n* 是 IT 数值	+2	+4	+6	0	0	–2	–2	–4	–4
3	6	+270	+140	+70	+46	+30	+20	+14	+10	+6	+4	0		+5	+6	+10	–1+Δ		–4+Δ	–4	–8+Δ	0
6	10	+280	+150	+80	+56	+40	+25	+18	+13	+8	+5	0		+5	+8	+12	–1+Δ		–6+Δ	–6	–10+Δ	0
10	14	+290	+150	+95		+50	+32		+16		+6	0		+6	+10	+15	–1+Δ		–7+Δ	–7	–12+Δ	0
14	18																					
18	24	+300	+160	+110		+65	+40		+20		+7	0		+8	+12	+20	–2+Δ		–8+Δ	–8	–15+Δ	0
24	30																					
30	40	+310	+170	+120		+80	+50		+25		+9	0		+10	+14	+24	–2+Δ		–9+Δ	–9	–17+Δ	0
40	50	+320	+180	+130																		
50	65	+340	+190	+140		+100	+60		+30		+10	0		+13	+18	+28	–2+Δ		–11+Δ	–11	–20+Δ	0
65	80	+360	+200	+150																		
80	100	+380	+220	+170		+120	+72		+36		+12	0		+16	+22	+34	–3+Δ		–13+Δ	–13	–23+Δ	0
100	120	+410	+240	+180																		
120	140	+460	+260	+200		+145	+85		+43		+14	0		+18	+26	+41	–3+Δ		–15+Δ	–15	–27+Δ	0
140	160	+520	+280	+210																		
160	180	+580	+310	+230																		
180	200	+660	+340	+240		+170	+100		+50		+15	0		+22	+30	+47	–4+Δ		–17+Δ	–17	–31+Δ	0
200	225	+740	+380	+260																		
225	250	+820	+420	+280																		
250	280	+920	+480	+300		+190	+110		+56		+17	0		+25	+36	+55	–4+Δ		–20+Δ	–20	–34+Δ	0
280	315	+1 050	+540	+330																		
315	355	+1 200	+600	+360		+210	+125		+62		+18	0		+29	+39	+60	–4+Δ		–21+Δ	–21	–37+Δ	0
355	400	+1 350	+680	+400																		
400	450	+1 500	+760	+440		+230	+135		+68		+20	0		+33	+43	+66	–5+Δ		–23+Δ	–23	–40+Δ	0
450	500	+1 650	+840	+480																		
500	560					+260	+145		+76		+22	0					0		–26		–44	
560	630																					
630	710					+290	+160		+80		+24	0					0		–30		–50	
710	800																					
800	900					+320	+170		+86		+26	0					0		–34		–56	
900	1 000																					
1 000	1 120					+350	+195		+98		+28	0					0		–40		–66	
1 120	1 250																					
1 250	1 400					+390	+220		+110		+30	0					0		–48		–78	
1 400	1 600																					
1 600	1 800					+430	+240		+120		+32	0					0		–58		–92	
1 800	2 000																					
2 000	2 240					+480	+260		+130		+34	0					0		–68		–110	
2 240	2 500																					
2 500	2 800					+520	+290		+145		+38	0					0		–76		–135	
2 800	3 150																					

注：① 公称尺寸小于或等于 1 mm 时，基本偏差 A 和 B 及大于 IT8 的 N 均不采用。

② 公差带 JS7～JS11，若 IT*n* 数值为奇数，则取偏差 = $\pm\frac{ITn-1}{2}$。

（摘自 GB/T 1800.1—2009）　　单位：μm

差数值													Δ值					
上极限偏差 ES																		
≤IT7	标准公差等级大于 IT7												标准公差等级					
P至ZC	P	R	S	T	U	V	X	Y	Z	ZA	ZB	ZC	IT3	IT4	IT5	IT6	IT7	IT8
在大于 IT7 的相应数值上增加一个Δ值	−6	−10	−14		−18		−20		−26	−32	−40	−60	0	0	0	0	0	0
	−12	−15	−19		−23		−28		−35	−42	−50	−80	1	1.5	1	3	4	6
	−15	−19	−23		−28		−34		−42	−52	−67	−97	1	1.5	2	3	6	7
	−18	−23	−28		−33		−40		−50	−64	−90	−130	1	2	3	3	7	9
						−39	−45		−60	−77	−108	−150						
	−22	−28	−35		−41	−47	−54	−63	−73	−98	−136	−188	1.5	2	3	4	8	12
				−41	−48	−55	−64	−75	−88	−118	−160	−218						
	−26	−34	−43	−48	−60	−68	−80	−94	−112	−148	−200	−274	1.5	3	4	5	9	14
				−54	−70	−81	−97	−114	−136	−180	−242	−325						
	−32	−41	−53	−66	−87	−102	−122	−144	−172	−226	−300	−405	2	3	5	6	11	16
		−43	−59	−75	−102	−120	−146	−174	−210	−274	−360	−480						
	−37	−51	−71	−91	−124	−146	−178	−214	−258	−335	−445	−585	2	4	5	7	13	19
		−54	−79	−104	−144	−172	−210	−254	−310	−400	−525	−690						
	−43	−63	−92	−122	−170	−202	−248	−300	−365	−470	−620	−800	3	4	6	7	15	23
		−65	−100	−134	−190	−228	−280	−340	−415	−535	−700	−900						
		−68	−108	−146	−210	−252	−310	−380	−465	−600	−780	−1 000						
	−50	−77	−122	−166	−236	−284	−350	−425	−520	−670	−880	−1 150	3	4	6	9	17	26
		−80	−130	−180	−258	−310	−385	−470	−575	−740	−960	−1 250						
		−84	−140	−196	−284	−340	−425	−520	−640	−820	−1 050	−1 350						
	−56	−94	−158	−218	−315	−385	−475	−580	−710	−920	−1 200	−1 550	4	4	7	9	20	29
		−98	−170	−240	−350	−425	−525	−650	−790	−1 000	−1 300	−1 700						
	−62	−108	−190	−268	−390	−475	−590	−730	−900	−1 150	−1 500	−1 900	4	5	7	11	21	32
		−114	−208	−294	−435	−530	−660	−820	−1 000	−1 300	−1 650	−2 100						
	−68	−126	−232	−330	−490	−595	−740	−920	−1 100	−1 450	−1 850	−2 400	5	5	7	13	23	34
		−132	−252	−360	−540	−660	−820	−1 000	−1 250	−1 600	−2 100	−2 600						
	78	−150	−280	−400	−600													
		−155	−310	−450	−660													
	−88	−175	−340	−500	−740													
		−185	−380	−560	−840													
	−100	−210	−430	−620	−940													
		−220	−470	−680	−1 050													
	−120	−250	−520	−780	−1 150													
		−260	−580	−840	−1 300													
	−140	−300	−640	−960	−1 450													
		−330	−720	−1 050	−1 600													
	−170	−370	−820	−1 200	−1 850													
		−400	−920	−1 350	−2 000													
	−195	−440	−1 000	−1 500	−2 300													
		−460	−1 100	−1 650	−2 500													
	−240	−550	−1 250	−1 900	−2 900													
		−580	−1 400	−2 100	−3 200													

③ 对小于或等于 IT8 的 K，M，N 和小于或等于 IT7 的 P～ZC，所需 Δ 从表内右侧选取。

例如，18～30 mm 段的 K7：Δ = 8 μm，所以 ES = −2 + 8 = +6 (μm)

18～30 mm 段的 S6：Δ = 6 μm，所以 ES = −35 + 4 = −31 (μm)

④ 特殊情况：250～315 mm 段的 M6，ES = −9 μm （代替−11 μm）。

附表 21　轴的基本偏差数值

公称尺寸/mm																	基本偏
		上极限偏差 es															
		所有标准公差等级												IT5 和 IT6	IT7	IT8	IT4 ～IT7
大于	至	a	b	c	cd	d	e	ef	f	fg	g	h	js	j			
–	3	–270	–140	–60	–34	–20	–14	–10	–6	–4	–2	0	偏差 = $\pm\frac{\mathrm{IT}n}{2}$，式中 IT$n$ 是 IT 数值	–2	–4	–6	0
3	6	–270	–140	–70	–46	–30	–20	–14	–10	–6	–4	0		–2	–4		+1
6	10	–280	–150	–80	–56	–40	–25	–18	–13	–8	–5	0		–2	–5		+1
10	14	–290	–150	–95		–50	–32		–16		–6	0		–3	–6		+1
14	18																
18	24	–300	–160	–110		–65	–40		–20		–7	0		–4	–8		+2
24	30																
30	40	–310	–170	–120		–80	–50		–25		–9	0		–5	–10		+2
40	50	–320	–180	–130													
50	65	–340	–190	–140		–100	–60		–30		–10	0		–7	–12		+2
65	80	–360	–200	–150													
80	100	–380	–220	–170		–120	–72		–36		–12	0		–9	–15		+3
100	120	–410	–240	–180													
120	140	–460	–260	–200		–145	–85		–43		–14	0		–11	–18		+3
140	160	–520	–280	–210													
160	180	–580	–310	–230													
180	200	–660	–340	–240		–170	–100		–50		–15	0		–13	–21		+4
200	225	–740	–380	–260													
225	250	–820	–420	–280													
250	280	–920	–480	–300		–190	–110		–56		–17	0		–16	–26		+4
280	315	–1 050	–540	–330													
315	355	–1 200	–600	–360		–210	–125		–62		–18	0		–18	–28		+4
355	400	–1 350	–680	–400													
400	450	–1 500	–760	–440		–230	–135		–68		–20	0		–20	–32		+5
450	500	–1 650	–840	–480													
500	560					–260	–145		–76		–22	0					0
560	630																
630	710					–290	–160		–80		–24	0					0
710	800																
800	900					–320	–170		–86		–26	0					0
900	1 000																
1 000	1 120					–350	–195		–98		–28	0					0
1 120	1 250																
1 250	1 400					–390	–220		–110		–30	0					0
1 400	1 600																
1 600	1 800					–430	–240		–120		–32	0					0
1 800	2 000																
2 000	2 240					–480	–260		–130		–34	0					0
2 240	2 500																
2 500	2 800					–520	–290		–145		–38	0					0
2 800	3 150																

注：① 公称尺寸小于或等于 1 mm 时，基本偏差 a 和 b 均不采用。

② 公差带 js7～js11，若 ITn 数值为奇数，则取偏差 = $\pm\frac{\mathrm{IT}n-1}{2}$。

（摘自 GB/T 1800.1—2009） 单位：μm

差数值														
下极限偏差 ei														
≤IT3 >IT7	所有标准公差等级													
k	m	n	p	r	s	t	u	v	x	y	z	za	zb	zc
0	+2	+4	+6	+10	+14		+18		+20		+26	+32	+40	+60
0	+4	+8	+12	+15	+19		+23		+28		+35	+42	+50	+80
0	+6	+10	+15	+19	+23		+28		+34		+42	+52	+67	+97
0	+7	+12	+18	+23	+28		+33		+40		+50	+64	+90	+130
								+39	+45		+60	+77	+108	+150
0	+8	+15	+22	+28	+35		+41	+47	+54	+63	+73	+98	+136	+188
						+41	+48	+55	+64	+75	+88	+118	+160	+218
0	+9	+17	+26	+34	+43	+48	+60	+68	+80	+94	+112	+148	+200	+274
						+54	+70	+81	+97	+114	+136	+180	+242	+325
0	+11	+20	+32	+41	+53	+66	+87	+102	+122	+144	+172	+226	+300	+405
				+43	+59	+75	+102	+120	+146	+174	+210	+274	+360	+480
0	+13	+23	+37	+51	+71	+91	+124	+146	+178	+214	+258	+335	+445	+585
				+54	+79	+104	+144	+172	+210	+254	+310	+400	+525	+690
0	+15	+27	+43	+63	+92	+122	+170	+202	+248	+300	+365	+470	+620	+800
				+65	+100	+134	+190	+228	+280	+340	+415	+535	+700	+900
				+68	+108	+146	+210	+252	+310	+380	+465	+600	+780	+1 000
0	+17	+31	+50	+77	+122	+166	+236	+284	+350	+425	+520	+670	+880	+1 150
				+80	+130	+180	+258	+310	+385	+470	+575	+740	+960	+1 250
				+84	+140	+196	+284	+340	+425	+520	+640	+820	+1 050	+1 350
0	+20	+34	+56	+94	+158	+218	+315	+385	+475	+580	+710	+920	+1 200	+1 550
				+98	+170	+240	+350	+425	+525	+650	+790	+1 000	+1 300	+1 700
0	+21	+37	+62	+108	+190	+268	+390	+475	+590	+730	+900	+1 150	+1 500	+1 900
				+114	+208	+294	+435	+530	+660	+820	+1 000	+1 300	+1 650	+2 100
0	+23	+40	+68	+126	+232	+330	+490	+595	+740	+920	+1 100	+1 450	+1 850	+2 400
				+132	+252	+360	+540	+660	+820	+1 000	+1 250	+1 600	+2 100	+2 600
0	+26	+44	+78	+150	+280	+400	+600							
				+155	+310	+450	+660							
0	+30	+50	+88	+175	+340	+500	+740							
				+185	+380	+560	+840							
0	+34	+56	+100	+210	+430	+620	+940							
				+220	+470	+680	+1 050							
0	+40	+66	+120	+250	+520	+780	+1 150							
				+260	+580	+840	+1 300							
0	+48	+78	+140	+300	+640	+960	+1 450							
				+330	+720	+1 050	+1 600							
0	+58	+92	+170	+370	+820	+1 200	+1 850							
				+400	+920	+1 350	+2 000							
0	+68	+110	+195	+440	+1 000	+1 500	+2 300							
				+460	+1 100	+1 650	+2 500							
0	+76	+135	+240	+550	+1 250	+1 900	+2 900							
				+580	+1 400	+2 100	+3 200							

附表 22　孔的极限偏差

代号	A	B		C	D		E		F		G		H						
公称尺寸/mm	公　差																		
	11	11	12	*11	*9	10	8	9	*8	9	6	*7	6	*7	*8	*9	*10	*11	*12
>0～3	+330 +270	+200 +140	+240 +140	+12 0	+45 +20	+60 +20	+28 +14	+39 +14	+20 +6	+31 +6	+8 +2	+12 +2	+6 0	+10 0	+14 0	+25 0	+40 0	+60 0	+100 0
>3～6	+345 +270	+215 +140	+260 +140	+14 5	+60 +30	+78 +30	+38 +20	+50 +20	+28 +10	+40 +10	+12 +4	+16 +4	+8 0	+12 0	+18 0	+30 0	+48 0	+75 0	+120 0
>6～10	+370 +280	+240 +150	+300 +150	+170 +80	+76 +40	+98 +40	+47 +25	+61 +25	+35 +13	+49 +13	+14 +5	+20 +5	+9 0	+15 0	+22 0	+36 0	+58 0	+90 0	+150 0
>10～18	+400 +290	+260 +150	+330 +150	+205 +95	+93 +50	+120 +50	+59 +32	+75 +32	+43 +16	+59 +16	+17 +6	+24 +6	+11 0	+18 0	+27 0	+43 0	+70 0	+110 0	+180 0
>18～24	+430 +300	+290 +160	+370 +160	+240 +110	+117 +65	+149 +65	+73 +40	+92 +40	+53 +20	+72 +20	+20 +7	+28 +7	+13 0	+21 0	+33 0	+52 0	+84 0	+130 0	+210 0
>24～30																			
>30～40	+470 +310	+330 +170	+420 +170	+280 +120	+142 +80	+180 +80	+89 +50	+112 +50	+64 +25	+87 +25	+25 +9	+34 +9	+16 0	+25 0	+39 0	+62 0	+100 0	+160 0	+250 0
>40～50	+480 +320	+340 +180	+430 +180	+290 +130															
>50～65	+530 +340	+380 +190	+490 +190	+330 +140	+174 +100	+220 +100	+106 +60	+13 4 +60	+76 +30	+104 +30	+29 +10	+40 +10	+19 0	+30 0	+46 0	+74 0	+120 0	+190 0	+300 0
>65～80	+550 +360	+390 +200	+500 +200	+340 +150															
>80～100	+600 +380	+440 +220	+570 +220	+390 +170	+207 +120	+260 +120	+125 +72	+159 +72	+90 +36	+123 +36	+34 +12	+47 +12	+22 0	+35 0	+54 0	+87 0	+140 0	+220 0	+350 0
>100～120	+630 +410	+460 +240	+590 +240	+400 +180															
>120～140	+710 +460	+510 +260	+660 +260	+450 +200	+245 +145	+305 +145	+148 +85	+185 +85	+106 +43	+143 +43	+39 +14	+54 +14	+25 0	+40 0	+63 0	+100 0	+160 0	+250 0	+400 0
>140～160	+770 +520	+530 +280	+680 +280	+460 +210															
>160～180	+830 +580	+560 +310	+710 +310	+480 +230															
>180～200	+950 +660	+630 +340	+800 +340	+530 +240	+285 +170	+355 +170	+172 +100	+215 +100	+122 +50	+165 +50	+44 +15	+61 +15	+29 0	+46 0	+72 0	+115 0	+185 0	+290 0	+460 0
>200～225	+1 030 +740	+670 +380	+840 +380	+550 +260															
>225～250	+1 110 +820	+710 +420	+880 +420	+570 +280															
>250～280	+1 240 +920	+800 +480	+1 000 +480	+620 +300	+320 +190	+400 +190	+191 +110	+240 +110	+137 +56	+186 +56	+49 +17	+69 +17	+32 0	+52 0	+81 0	+130 0	+210 0	+320 0	+520 0
>280～315	+1 370 +1 050	+860 +540	+1 060 +540	+650 +330															
>315～355	+1 560 +1 200	+960 +600	+1 170 +600	+720 +360	+350 +210	+440 +210	+214 +125	+265 +125	+151 +62	+202 +62	+54 +18	+75 +18	+36 0	+57 0	+89 0	+140 0	+230 0	+360 0	+570 0
>355～400	+1 710 +1 350	+1 040 +680	+1 250 +680	+760 +400															
>400～450	+1 900 +1 500	+1 160 +760	+1 390 +760	+840 +440	+385 +230	+480 +230	+232 +135	+290 +135	+165 +68	+223 +68	+60 +20	+83 +20	+40 0	+63 0	+97 0	+155 0	+250 0	+400 0	+630 0
>450～500	+2 050 +1 650	+1 240 +840	+1 470 +840	+880 +480															

注：带*者为优先公差带。

（摘自 GB/T 1800.2—2009） 单位：μm

JS		K		M		N		P		R		S		T		U
等 级																
7	8	6	*7	7	8	6	*7	6	*7	6	7	6	*7	6	7	*7
±5	±7	0 -6	0 -10	-2 -12	-2 -16	-4 -10	-4 -14	-6 -12	-6 -16	-10 -16	-10 -20	-14 -20	-14 -24			-18 -28
±6	±9	+2 -6	+3 -9	0 -12	+2 -16	-5 -13	-4 -16	-9 -17	-8 -20	-12 -20	-11 -23	-16 -24	-15 -27			-19 -31
±7	±11	+2 -7	+5 -10	0 -15	+1 -21	-7 -16	-4 -19	-12 -21	-9 -24	-16 -25	-13 -28	-20 -29	-17 -32			-22 -37
±9	±13	+2 -9	+6 -12	0 -18	+2 -25	-9 -20	-5 -23	-15 -26	-11 -29	-20 -31	-16 -34	-25 -36	-21 -39			-26 -44
±10	±16	+2 -11	+6 -15	0 -21	+4 -29	-11 -24	-7 -28	-18 -31	-14 -35	-24 -37	-20 -41	-31 -44	-27 -48			-33 -54
														-37 -50	-33 -54	-40 -61
±12	±19	+3 -13	+7 -18	0 -25	+5 -34	-12 -28	-8 -33	-21 -37	-17 -42	-29 -45	-25 -50	-38 -54	-34 -59	-43 -59	-39 -64	-51 -76
														-49 -65	-45 -70	-61 -86
±15	±23	+4 -15	+9 -21	0 -30	+5 -41	-14 -33	-9 -39	-26 -45	-21 -51	-35 -54	-30 -60	-47 -66	-42 -72	-60 -79	-55 -85	-76 -106
										-37 -56	-32 -62	-53 -72	-48 -78	-69 -88	-64 -94	-91 -121
±17	±27	+4 -18	+10 -25	0 -35	+6 -48	-16 -38	-10 -45	-30 -52	-24 -59	-44 -66	-38 -73	-64 -86	-58 -93	-84 -106	-78 -113	-111 -146
										-47 -69	-41 -76	-72 -94	-66 -101	-97 -119	-91 -126	-131 -166
±20	±31	+4 -21	+12 -28	0 -40	+8 -55	-20 -45	-12 -52	-36 -61	-28 -68	-56 -81	-48 -88	-85 -110	-77 -117	-115 -140	-107 -147	-155 -195
										-58 -83	-50 -90	-93 -118	-85 -125	-127 -152	-119 -159	-175 -215
										-61 -86	-53 -93	-101 -126	-93 -133	-139 -164	-131 -171	-195 -235
±23	±36	+5 -24	+13 -33	0 -46	+9 -63	-22 -51	-14 -60	-41 -70	-33 -79	-68 -97	-60 -106	-113 -142	-105 -151	-157 -186	-149 -195	-219 -265
										-71 -100	-63 -109	-121 -150	-113 -159	-171 -200	-163 -209	-241 -287
										-75 -104	-67 -113	-131 -160	-123 -169	-187 -216	-179 -225	-267 -313
±26	±40	+5 -27	+16 -36	0 -52	+9 -72	-25 -57	-14 -66	-47 -79	-36 -88	-85 -117	-74 -126	-149 -181	-138 -190	-209 -241	-198 -250	-295 -347
										-89 -121	-78 -130	-161 -193	-150 -202	-231 -263	-220 -272	-330 -382
±28	±44	+7 -29	+17 -40	0 -57	+11 -78	-26 -62	-16 -73	-51 -87	-41 -98	-97 -133	-87 -144	-179 -215	-169 -226	-257 -293	-247 -304	-369 -426
										-103 -139	-93 -150	-197 -233	-187 -244	-283 -319	-273 -330	-414 -471
±31	±48	+8 -32	+18 -45	0 -63	+11 -86	-27 -67	-17 -80	-55 -95	-45 -108	-113 -153	-103 -166	-219 -259	-209 -272	-317 -357	-307 -370	-467 -530
										-119 -159	-109 -172	-239 -279	-229 -292	-347 -387	-337 -400	-517 -580

附表 23　轴的极限偏差

代号	a	b	c	d	e		f		g		h							js	k	
公称尺寸/mm																		等		
	11	11	*11	*9	7	8	*7	8	*6	7	5	*6	*7	8	*9	10	*11	6	*6	7
＞0 ～3	−270 −330	−140 −200	−60 −120	−20 −45	−14 −24	−14 −28	−6 −16	−6 −20	−2 −8	−2 −12	0 −4	0 −6	0 −10	0 −14	0 −25	0 −40	0 −60	±3	+6 0	+10 0
＞3 ～6	−270 −345	−140 −215	−70 −145	−30 −60	−20 −32	−20 −38	−10 −22	−10 −28	−4 −12	−4 −16	0 −5	0 −8	0 −12	0 −18	0 −30	0 −48	0 −75	±4	+9 +1	+13 +1
＞6 ～10	−280 −370	−150 −240	−80 −170	−40 −76	−25 −40	−25 −47	−13 −28	−13 −35	−5 −14	−5 −20	0 −6	0 −9	0 −15	0 −22	0 −36	0 −58	0 −90	±4.5	+10 +1	+16 +1
＞10 ～14 ＞14 ～18	−290 −400	−150 −260	−95 −205	−50 −93	−32 −50	−32 −59	−16 −34	−16 −43	−6 −17	−6 −24	0 −8	0 −11	0 −18	0 −27	0 −43	0 −70	0 −110	±5.5	+12 +1	+19 +1
＞18 ～24 ＞24 ～30	−300 −430	−160 −290	−110 −240	−65 −117	−40 −61	−40 −73	−20 −41	−20 −53	−7 −20	−7 −28	0 −9	0 −13	0 −21	0 −33	0 −52	0 −84	0 −130	±6.5	+15 +2	+23 +2
＞30 ～40	−310 −470	−170 −330	−120 −280	−80 −142	−50 −75	−50 −89	−25 −50	−25 −64	−9 −25	−9 −34	0 −11	0 −16	0 −25	0 −39	0 −62	0 −100	0 −160	±8	+18 +2	+27 +2
＞40 ～50	−320 −480	−180 −340	−130 −290																	
＞50 ～65	−340 −530	−190 −380	−140 −330	−100 −174	−60 −90	−60 −106	−30 −60	−30 −76	−10 −29	−10 −40	0 −13	0 −19	0 −30	0 −46	0 −74	0 −120	0 −190	±9.5	+21 +2	+32 +2
＞65 ～80	−360 −550	−200 −390	−150 −340																	
＞80 ～100	−380 −600	−220 −440	−170 −390	−120 −207	−72 −107	−72 −126	−36 −71	−36 −90	−12 −34	−12 −47	0 −15	0 −22	0 −35	0 −54	0 −87	0 −140	0 −220	±11	+25 +3	+38 +3
＞100 ～120	−410 −630	−240 −460	−180 −400																	
＞120 ～140	−460 −710	−260 −510	−200 −450	−145 −245	−85 −125	−85 −148	−43 −83	−43 −106	−14 −39	−14 −54	0 −18	0 −25	0 −40	0 −63	0 −100	0 −160	0 −250	±12.5	+28 +3	+43 +3
＞140 ～160	−520 −770	−280 −530	−210 −460																	
＞160 ～180	−580 −830	−310 −560	−230 −480																	
＞180 ～200	−660 −950	−340 −630	−240 −530	−170 −285	−100 −146	−100 −172	−50 −96	−50 −122	−15 −44	−15 −61	0 −20	0 −29	0 −46	0 −72	0 −115	0 −185	0 −290	±14.5	+33 +4	+50 +4
＞200 ～225	−740 −1 030	−380 −670	−260 −550																	
＞225 ～250	−820 −1 110	−420 −710	−280 −570																	
＞250 ～280	−920 −1 240	−480 −800	−300 −620	−190 −320	−110 −162	−110 −191	−56 −108	−56 −137	−17 −49	−17 −69	0 −23	0 −32	0 −52	0 −81	0 −130	0 −210	0 −320	±16	+36 +4	+56 +4
＞280 ～315	−1 050 −1 370	−540 −860	−330 −650																	
＞315 ～355	−1 200 −1 560	−600 −960	−360 −720	−210 −350	−125 −182	−125 −214	−62 −119	−62 −151	−18 −54	−18 −75	0 −25	0 −36	0 −57	0 −89	0 −140	0 −230	0 −360	±18	+40 +4	+61 +4
＞355 ～400	−1 350 −1 710	−680 −1 040	−400 −760																	
＞400 ～450	−1 500 −1 900	−760 −1 160	−440 −840	−230 −385	−135 −198	−135 −232	−68 −131	−68 −165	−20 −60	−20 −83	0 −27	0 −40	0 −63	0 −97	0 −155	0 −250	0 −400	±20	+45 +5	+68 +5
＞450 ～500	−1 650 −2 050	−840 −1 240	−480 −880																	

注：带*者为优先公差带。

（摘自 GB/T 1800.2—2009） 单位：μm

m		n		p		r		s		t		u	v	x	y	z
	级															
6	7	5	*6	*6	7	6	7	5	*6	*6	7	*6	6	6	6	6
+8 +2	+12 +2	+8 +4	+10 +4	+12 +6	+16 +6	+16 +10	+20 +10	+18 +14	+20 +14			+24 +18		+26 +20		+32 +26
+12 +4	+16 +4	+13 +8	+16 +8	+20 +12	+24 +12	+23 +15	+27 +15	+24 +19	+27 +19			+31 +23		+36 +28		+43 +35
+15 +6	+21 +6	+16 +10	+19 +10	+24 +15	+30 +15	+28 +19	+34 +19	+29 +23	+32 +23			+37 +28		+43 +34		+51 +42
+18 +7	+25 +7	+20 +12	+23 +12	+29 +18	+36 +18	+34 +23	+41 +23	+36 +28	+39 +28			+44 +33		+51 +40		+61 +50
													+50 +39	+56 +45		+71 +60
+21 +8	+29 +8	+24 +15	+28 +15	+35 +22	+43 +22	+41 +28	+49 +28	+44 +35	+48 +35			+54 +41	+60 +47	+67 +54	+76 +63	+86 +73
										+54 +41	+62 +41	+61 +48	+68 +55	+77 +64	+88 +75	+101 +88
+25 +9	+34 +9	+28 +17	+33 +17	+42 +26	+51 +26	+50 +34	+59 +34	+54 +43	+59 +43	+64 +48	+73 +48	+76 +60	+84 +68	+96 +80	+110 +94	+128 +112
										+70 +54	+79 +54	+86 +70	+97 +81	+113 +97	+130 +114	+152 +136
+30 +11	+41 +11	+33 +20	+39 +20	+51 +32	+62 +32	+60 +41	+71 +41	+66 +53	+72 +53	+85 +66	+96 +66	+106 +87	+121 +102	+141 +122	+163 +144	+191 +172
						+62 +43	+72 +43	+72 +59	+78 +59	+94 +75	+105 +75	+121 +102	+139 +120	+165 +146	+193 +174	+229 +210
+35 +13	+48 +13	+38 +23	+45 +23	+59 +37	+72 +37	+73 +51	+86 +51	+86 +71	+93 +71	+113 +91	+126 +91	+146 +124	+168 +146	+200 +178	+236 +214	+280 +258
						+76 +54	+89 +54	+94 +79	+101 +79	+126 +104	+139 +104	+166 +144	+194 +172	+232 +210	+276 +254	+332 +310
+40 +15	+55 +15	+45 +27	+52 +27	+68 +43	+83 +43	+88 +63	+103 +63	+110 +92	+117 +92	+147 +122	+162 +122	+195 +170	+227 +202	+273 +248	+325 +300	+390 +365
						+90 +65	+105 +65	+118 +100	+125 +100	+159 +134	+174 +134	+215 +190	+253 +228	+305 +280	+365 +340	+440 +415
						+93 +68	+108 +68	+126 +108	+133 +108	+171 +146	+186 +146	+235 +210	+277 +252	+335 +310	+405 +380	+490 +465
+46 +17	+63 +17	+51 +31	+60 +31	+79 +50	+96 +50	+106 +77	+123 +77	+142 +122	+151 +122	+195 +166	+212 +166	+265 +236	+313 +284	+379 +350	+454 +425	+549 +520
						+109 +80	+126 +80	+150 +130	+159 +130	+209 +180	+226 +180	+287 +258	+339 +310	+414 +385	+499 +470	+604 +575
						+113 +84	+130 +84	+160 +140	+169 +140	+225 +196	+242 +196	+313 +284	+369 +340	+454 +425	+549 +520	+669 +640
+52 +20	+72 +20	+57 +34	+66 +34	+88 +56	+108 +56	+126 +94	+146 +94	+181 +158	+190 +158	+250 +218	+270 +218	+347 +315	+417 +385	+507 +475	+612 +580	+742 +710
						+130 +98	+150 +98	+193 +170	+202 +170	+272 +240	+292 +240	+382 +350	+457 +425	+557 +525	+682 +650	+822 +790
+57 +21	+78 +21	+62 +37	+73 +37	+98 +62	+119 +62	+144 +108	+165 +108	+215 +190	+226 +190	+304 +268	+325 +268	+426 +390	+511 +475	+626 +590	+766 +730	+936 +900
						+150 +114	+171 +114	+233 +208	+244 +208	+330 +294	+351 +294	+471 +435	+566 +530	+696 +660	+856 +820	+1 036 +1 000
+63 +23	+86 +23	+67 +40	+80 +40	+108 +68	+131 +68	+166 +126	+189 +126	+259 +232	+272 +232	+370 +330	+393 +330	+530 +490	+635 +595	+780 +740	+960 +920	+1 140 +1 100
						+172 +132	+195 +132	+279 +252	+292 +252	+400 +360	+423 +360	+580 +540	+700 +660	+860 +820	+1 040 +1 000	+1 290 +1 250

参考文献

[1]《机械制图》国家标准工作组. 机械制图新旧标准代换教程[M]. 北京：中国标准出版社，2003.

[2] 全国技术产品文件标准化技术委员会. 技术产品文件标准汇编　技术制图卷 [S]. 北京：中国标准出版社，2007.

[3] 全国技术产品文件标准化技术委员会. 技术产品文件标准汇编　机械制图卷 [S]. 北京：中国标准出版社，2007.

[4] 刘永田. 画法几何与机械制图（第 2 版）[M]. 北京：北京航空航天大学，2012.

[5] 叶琳. 画法几何与机械制图（第 2 版）[M]. 西安：西安电子科技大学，2012.

[6] 大连理工大学工程画教研室. 机械制图（第 4 版）[M]. 北京：高等教育出版社，1993.

[7] 同济大学，上海交通大学. 机械制图（第 3 版）[M]. 北京：高等教育出版社，1988.

[8] 武建设，陈友伟. 机械制图 [M]. 镇江：江苏大学出版社，2013.

[9] 金大鹰. 机械制图（第 3 版）[M]. 北京：机械工业出版社，2013.